燃气冷热电联供工程设计

段洁仪　王建国　冯继蓓　杨　杰　等编著

U0202472

中国建筑工业出版社

图书在版编目（CIP）数据

燃气冷热电联供工程设计/段洁仪等编著. —北京：中国建筑工业出版社，2019.10（2025.2重印）
ISBN 978-7-112-23751-7

Ⅰ.①燃… Ⅱ.①段… Ⅲ. ①天然气-热电冷联供-工程设计 Ⅳ.①TU996

中国版本图书馆 CIP 数据核字（2019）第 093043 号

责任编辑：张文胜　姚荣华
责任设计：李志立
责任校对：张　颖

燃气冷热电联供工程设计
段洁仪　王建国　冯继蓓　杨　杰　等编著
*
中国建筑工业出版社出版、发行（北京海淀三里河路 9 号）
各地新华书店、建筑书店经销
北京佳捷真科技发展有限公司制版
建工社（河北）印刷有限公司印刷
*
开本：787×1092 毫米　1/16　印张：25½　字数：632 千字
2019 年 8 月第一版　　2025 年 2 月第三次印刷
定价：**72.00** 元
ISBN 978-7-112-23751-7
（34052）

序

我国能源发展“十三五”规划指出，能源是人类社会生存发展的重要物质基础，攸关国计民生和国家战略竞争力。当前，世界能源格局深刻调整，供求关系总体缓和，应对气候变化进入新阶段，新一轮能源革命蓬勃兴起。我国经济发展步入新常态，能源消费增速趋缓，发展质量和效率问题突出，供给侧结构性改革刻不容缓，能源转型变革任重道远。

天然气是清洁、低碳、便利的能源，目前，世界各国都在加快进行天然气的开采和使用，2017年天然气在一次能源的消费量占比，美国为28.4%，日本为22.1%，欧盟为23.8%，经济合作与发展组织（OECD）为25.7%。2018年，我国的天然气消费量在一次能源的占比仅为7.8%。我国的天然气消费发展空间巨大，如何高效、经济地利用天然气资源已成为燃气应用的关键问题。

1980年，世界著名的工程热物理科学家吴仲华院士根据热力学第一定律和热力学第二定律提出了“分配得当、各得所需；温度对口、梯级利用”十六字科学用能方针。燃气冷热电联供分布式能源建设在用户附近，依照“梯级利用”原理，将发电后的余热用来制冷、供热，满足各种用户不同的能源需求，提高系统的能源利用率，减少了对环境的污染。此外，通过智慧的电网、热网、冷网和燃气管网，燃气冷热电联供系统与各种可再生能源的分布式能源系统科学配置，多能互补，正在成为21世纪电力工业和能源工业发展的重要方向。

目前，我国的燃气冷热电联供分布式能源正处于规模化发展阶段。加强终端供能系统统筹规划和一体化建设，在新城镇、新工业园区、新建大型公用设施（机场、车站、医院、学校等）、商务区等新增用能区域，实施终端一体化集成供能工程，根据当地资源禀赋因地制宜地推广燃气冷热电联供分布式能源，是新时期能源发展重要任务之一。

本书是燃气冷热电联供工程方面的综合性设计手册，编写者为国家标准和行业标准的制定者，是该领域长期从事燃气冷热电联供技术开发、设计和应用的专家，且有着较丰富的工程项目经验。本书是大量工程实践中应用的总结，相信可以为建设单位、设计单位、运营管理单位提供丰富的信息资料，为我国燃气冷热电联供技术的应用有推动作用。

刘贺明

前　言

燃气冷热电联供技术属于分布式能源，主要是利用燃气轮机或燃气内燃机燃烧燃气发电，并对作功后的余热进一步回收，用来制冷、供热和供生活热水。因其技术成熟、能源利用率高、建设周期短、投资相对较低以及靠近用户输送能耗低、可以参与电力调峰等特点和优势，已经在国际上得到了迅速地推广。由于燃气冷热电联供系统可以达到很高的能源利用效率，首先在国外得到快速发展，从 20 世纪 70 年代末开始发展到现在，在美国、欧洲、日本等世界上很多国家和地区得到大力发展，我国自 1998 年第一个项目建成开始，燃气冷热电联供分布式能源经过了二十余年的探索和发展，已经逐步进入到实质性开发实施阶段，北京、上海、广东、四川、浙江等省市的开发区、办公楼、宾馆、火车站、机场、大学城等已有一批示范工程投运，取得了明显的经济、环境和社会效益。

随着我国能源结构调整及节能减排政策的推动，天然气在能源利用中的比重将不断增加，风能、太阳能、生物质能等可再生能源的应用也在不断兴起。以燃气冷热电联供分布式能源为支撑，并与可再生分布式能源相结合的区域能源供应在我国引起广泛重视。因此，在我国推广发展燃气冷热电联供技术，对提高能源综合利用效率，扩大能源资源的综合利用范围具有十分重要的意义。

北京市煤气热力工程设计院自 1999 年开始研究燃气冷热电联供技术及应用，2000 年成功完成北京市第一个燃气冷热电联供工程的设计，2010 年主编完成行业标准《燃气冷热电三联供工程技术规程》CJJ 145-2010，2013 年设计完成国家四个燃气冷热电联供分布式能源示范项目之一的中石油数据中心分布式能源项目设计。2016 年主编完成国家标准《燃气冷热电联供工程技术规范》GB 51131-2016。为推动行业技术进步、促进行业健康发展，由《燃气冷热电联供工程技术规范》主编人段洁仪组织北京市煤气热力工程设计院从事燃气冷热电联供技术研究和设计的技术专家，借鉴国内外最新技术发展状况，总结二十年来咨询和设计经验，完成了本书的编著。

本书主编：段洁仪；副主编：王建国、冯继蓓、杨杰；各章节编著分工：第一章：段洁仪；第二章：冯继蓓；第三章：杨杰、梁永建、刘素亭；第四章：王建国、刘素亭；第五章：冯继蓓、高峻；第六章：聂鑫、王建国；第七章：陈涛、冯继蓓；第八章：孙明烨；第九章：王建国、邴守启；第十章：李慧梅、王建国；第十一章：郑海亮；第十二章：宋玉梅；第十三章：郭艳红、段洁仪；第十四章：段洁仪；第十五章：杨杰。参加本书编著工作的还有景源、白丽莹、向素平等。

本书重点介绍了燃气冷热电联供工程设计涉及的系统形式、负荷确定、主机设备选择、余热利用、接入系统、运行与控制、燃气及辅助系统、电气及监控系统、能源站布置、经济及综合评价方法等内容，并介绍了燃气冷热电联供技术及应用在国内外的发展历程及现状、行业关注的热点和问题、工程项目实例及常用的主要设备等内容。在编制过程中参考了同行专家大量的书籍、手册、标准、论文等资料，在此一并表示感谢，参考文献中有遗漏之处敬请谅解。

希望本书能对从事燃气冷热电联供技术的教学科研、咨询设计、工程建设、运行管理和政策制定等相关人员提供参考，能为我国燃气冷热电联供技术在国内的大力推广和应用提供帮助和支持。

目 录

序 …… Ⅲ
前言 …… Ⅳ
第一章 燃气冷热电联供技术发展概述 …… 1
第一节 历史沿革 …… 1
一、国外历史沿革 …… 1
二、我国历史沿革 …… 2
第二节 发展燃气冷热电联供技术的意义 …… 7
一、清洁高效利用，节能减排显著 …… 8
二、优化能源结构，减少土地占用 …… 8
三、保障供应安全，供能可靠性高 …… 9
四、削峰填谷平稳运行，电网、气网双重调峰 …… 9
五、有利多能互补，实现智慧能源 …… 10
第三节 支持政策 …… 10
一、国外支持政策 …… 11
二、我国支持政策 …… 17
第四节 热点及问题 …… 23
一、燃气价格与电力价格问题 …… 23
二、电力系统接入问题 …… 24
三、政策和投资环境问题 …… 24
四、设备国产化率及设备造价、运维问题 …… 25
五、氮氧化物排放指标问题 …… 25
六、天然气供应问题 …… 25
七、产业体系的整体竞争力问题 …… 25
第二章 燃气冷热电联供系统形式与分类 …… 26
第一节 按供电形式分类 …… 26
一、发电机组并网运行 …… 26
二、发电机组并网不上网运行 …… 27
三、发电机组孤网运行 …… 27
第二节 按原动机形式分类 …… 28
一、燃气轮机 …… 28
二、内燃机 …… 28
三、微型燃气轮机 …… 29
第三节 按发电余热形式分类 …… 29

一、烟气 …… 29
二、热水 …… 30
第四节 按冷热负荷形式分类 …… 30
一、蒸汽 …… 30
二、供暖空调热水 …… 30
三、空调冷水 …… 30
四、生活热水 …… 31
第五节 按余热利用形式分类 …… 31
一、余热锅炉利用烟气余热 …… 31
二、溴化锂吸收式冷温水机利用烟气余热 …… 31
三、溴化锂吸收式冷温水机利用冷却水余热 …… 31
四、溴化锂吸收式冷温水机利用烟气和冷却水余热 …… 31
五、水—水换热器利用冷却水余热 …… 31
第六节 不同形式的示例 …… 32
一、燃气轮机供电、余热锅炉供蒸汽 …… 32
二、燃气轮机供电、烟气型冷温水机供冷热水 …… 32
三、燃气内燃机供电、余热锅炉供热水 …… 32
四、燃气内燃机供电、烟气热水型冷温水机供冷热水 …… 33
五、燃气内燃机供电、烟气型冷温水机供冷热水、冷却水换热器供生活热水 …… 33
六、燃气冷热电联供与可再生能源联合供能 …… 33
第七节 冷热电联供工程设计注意事项 …… 34
一、冷热电联供工程的组成 …… 34
二、冷热电联供工程的设计原则 …… 35
第三章 冷热电负荷的确定 …… 37
第一节 冷热电负荷预测的目的和作用 …… 37
第二节 冷热电负荷预测的方法 …… 38
一、常规的预测方法 …… 38
二、计算机辅助模拟分析方法 …… 40
三、负荷预测的基本步骤 …… 45
第三节 电负荷预测计算 …… 45
一、电负荷预测定义 …… 45
二、电负荷预测分类 …… 46
三、电负荷计算 …… 47
第四节 热负荷计算 …… 48
一、供暖热负荷 …… 49
二、通风热负荷 …… 51
三、空调热负荷 …… 51
四、热水供应热负荷 …… 52
第五节 冷负荷计算 …… 58

一、冷负荷定义 …… 58
二、冷负荷计算 …… 58
三、计算示例 …… 61
第六节　冷热电逐时负荷计算 …… 66
一、各种不同建筑性质的分类 …… 66
二、负荷曲线的绘制 …… 67
三、逐时负荷计算示例 …… 67
第七节　冷热电年耗量计算 …… 71
一、公式计算法 …… 71
二、软件计算法 …… 72
第八节　冷热电负荷的综合确定 …… 73
第九节　注意事项 …… 74
第四章　发电设备选择 …… 75
第一节　发电设备简介 …… 75
一、燃气轮机 …… 75
二、燃气内燃机 …… 78
三、微型燃气轮机 …… 82
第二节　发电设备选择 …… 84
一、发电设备类型选择原则 …… 84
二、发电设备容量确定 …… 86
三、注意事项 …… 88
第五章　余热利用系统 …… 90
第一节　余热利用系统的意义和作用 …… 90
一、余热利用系统的设置原则 …… 90
二、余热利用指标 …… 91
三、提高余热利用率的方法 …… 92
第二节　余热利用系统及分类 …… 92
一、发电设备的余热种类 …… 92
二、热力供应形式 …… 94
三、余热利用系统形式 …… 94
第三节　余热利用系统余热量确定 …… 96
一、烟气余热量 …… 96
二、冷却水余热量 …… 97
三、不同环境温度下发电设备的余热量 …… 98
第四节　余热利用系统主要设备 …… 99
一、余热锅炉 …… 99
二、余热型溴化锂吸收式冷温水机 …… 103
三、烟气吸收式热泵 …… 108
四、烟气冷凝换热器 …… 109

五、水—水换热器 …… 110
第五节 补能系统及设备 …… 113
一、补能系统 …… 113
二、补能设备 …… 114
第六节 注意事项 …… 126
第六章 接入系统 …… 128
第一节 电气主接线 …… 128
一、发电机—变压器单元接线 …… 129
二、单母线接线 …… 129
三、单母线分段接线 …… 129
第二节 接入系统一次方案 …… 131
一、接入电网的形式 …… 131
二、接入电压等级 …… 132
三、接入点选择原则 …… 132
四、燃气冷热电联供站典型接线方案 …… 133
五、短路电流计算 …… 133
六、主要设备选择 …… 135
第三节 电能质量、功率控制以及运行适应性 …… 137
一、电能质量 …… 137
二、有功功率控制 …… 137
三、无功功率与电压调节 …… 137
四、运行适应性 …… 138
第四节 继电保护及安全自动装置 …… 139
一、电压保护 …… 139
二、频率保护 …… 139
三、线路保护 …… 140
四、母线保护 …… 140
五、孤岛检测及安全自动装置 …… 140
六、其他 …… 141
第五节 系统调度自动化、通信及计量 …… 141
一、调度自动化 …… 141
二、系统通信与信息 …… 143
三、计量 …… 143
第六节 接入系统设计实例 …… 144
一、实例（一） …… 144
二、实例（二） …… 144
第七章 联供工程运行与控制 …… 146
第一节 联供工程运行与控制的概述 …… 146
一、意义和作用 …… 146

二、联供系统控制原则 …… 147
第二节　运行模式 …… 147
一、运行模式概述 …… 147
二、冬季运行模式 …… 148
三、夏季运行模式 …… 153
四、过渡季运行模式 …… 157
第三节　控制模式 …… 157
一、发电机组系统控制 …… 157
二、余热溴化锂型冷（温）水机组系统控制 …… 160
三、制冷系统控制 …… 161
四、供热系统控制 …… 164
五、蓄能系统控制 …… 167
第四节　注意事项 …… 168
一、运行模式相对复杂 …… 168
二、控制模式相对复杂 …… 169
三、控制工况转换相对复杂 …… 170
第八章　燃气供应系统 …… 171
第一节　燃气的性质及分类 …… 171
一、燃气与燃气的性质 …… 171
二、城镇燃气分类 …… 174
三、天然气的种类 …… 176
第二节　城市燃气输配系统 …… 178
一、压力级制 …… 178
二、与城市燃气管网连接的燃气冷热电联供系统 …… 179
第三节　原动机对气体燃料的技术要求 …… 179
一、燃气轮机对气体燃料的一般要求 …… 180
二、内燃机对气体燃料的要求 …… 184
第四节　增压系统 …… 186
一、压缩机 …… 186
二、缓冲装置 …… 190
第五节　联供系统的燃气供应 …… 190
一、燃气调压计量模块 …… 190
二、天然气前置模块 …… 192
三、安全与自控 …… 193
第六节　主要燃气设备 …… 194
一、计量设备 …… 194
二、调压稳压设备 …… 200
三、过滤器 …… 204
四、安全装置 …… 205

五、激光甲烷检测设备 …… 206
第九章 辅助系统 …… 210
第一节 烟风系统 …… 210
一、烟风道、烟囱设置原则 …… 210
二、烟风管道材料、规格及制作要求 …… 211
三、烟风系统设计计算 …… 213
第二节 通风系统 …… 218
一、通风系统分类 …… 218
二、能源站通风系统的作用 …… 219
三、能源站通风量确定 …… 221
四、通风系统方案 …… 224
五、设计注意事项 …… 226
六、通风设备及风道 …… 228
第三节 消防系统 …… 231
一、能源站消防特点和措施 …… 231
二、能源站消防设施 …… 233
第四节 环保措施 …… 238
一、烟气排放 …… 238
二、降噪 …… 242
三、防振 …… 243
第十章 能源站布置 …… 244
第一节 站址选择 …… 244
一、独立式能源站选址原则 …… 244
二、楼宇式能源站布置原则 …… 245
第二节 独立式能源站总平面布置 …… 248
一、独立式能源站总平面布置原则 …… 249
二、独立式能源站各单体建筑物的火灾危险性、耐火等级及防火间距 …… 249
三、独立式能源站内道路设计 …… 250
四、独立式能源站总平面设计的其他要求 …… 251
第三节 建筑与结构 …… 251
一、一般规定 …… 251
二、建筑布置 …… 252
三、防火、防爆 …… 252
四、建筑节能 …… 255
五、建筑装修 …… 255
六、建筑结构 …… 256
七、抗震设计 …… 256
第四节 机房设备布置 …… 257
一、原动机及余热设备 …… 257

二、汽轮机 …… 258

三、其他设备及注意事项 …… 258

第十一章　供配电系统 …… 260

第一节　设计原则 …… 260

第二节　负荷分级及供电要求 …… 261

一、负荷分级 …… 261

二、供电要求 …… 262

第三节　系统设计要求 …… 262

一、电源选择 …… 263

二、电压选择 …… 263

三、高压配电方式 …… 264

四、低压配电方式 …… 264

五、照明配电系统 …… 265

六、接地形式 …… 266

第四节　设备及选择 …… 267

一、变压器的选择 …… 267

二、变配电室其他主要设备及配置 …… 268

第五节　注意事项 …… 273

第十二章　监控系统 …… 275

第一节　必要性及设计原则 …… 275

第二节　构成及功能 …… 276

第三节　监控中心的功能及配置要求 …… 277

一、监控中心硬件功能及配置要求 …… 277

二、监控软件 …… 278

第四节　网络结构及网络安全 …… 282

第五节　现场控制单元的功能及配置要求 …… 283

第六节　仪表及执行机构的选型要求 …… 283

一、温度仪表的选型、安装要求 …… 284

二、压力/差压测量仪表 …… 284

三、流量仪表 …… 284

四、电动执行机构 …… 284

第十三章　经济评价 …… 285

第一节　经济评价总则 …… 285

一、编制依据与原则 …… 285

二、评价内容 …… 285

三、评价参数与计算期 …… 285

四、评价结论 …… 286

第二节　资金来源与融资方案 …… 286

第三节　财务效益与费用估算 …… 286

一、需求分析…… 286
二、效益估算…… 287
第四节 财务分析…… 295
一、融资前分析与融资后分析 …… 296
二、财务分析…… 296
第五节 经济费用效益分析…… 300
一、评价方法…… 300
二、经济费用效益分析 …… 300
三、转移支付…… 301
四、影子价格及有关参数 …… 301
五、在财务分析的基础上进行费用与效益的调整 …… 302
六、经济费用效益分析报表 …… 303
第六节 不确定性分析和风险分析…… 304
一、不确定性分析 …… 304
二、风险分析…… 305
第七节 不同投资运营模式下的经济评价…… 305
一、燃气冷热电联供项目的投资运营模式…… 306
二、联供项目的不同收益模式 …… 307
三、不同投资模式和收益模式的经济评价…… 308
第八节 案例…… 308
一、资金来源与融资方案 …… 308
二、财务效益与费用估算 …… 308
三、财务分析…… 310
四、不确定性分析 …… 326
五、结论…… 326
第十四章 综合评价 …… 328
第一节 能效评价…… 328
一、年平均能源综合利用率 …… 328
二、余热利用率…… 329
三、节能率 …… 329
四、综合能效评价指标 …… 330
第二节 环境影响评价…… 332
一、环境影响评价概述 …… 332
二、环境影响评价适用标准 …… 333
三、环境影响评价内容 …… 339
第三节 项目后评价…… 343
一、项目后评价的目的 …… 344
二、主要依据与方法 …… 344
三、评价内容…… 344

四、职责划分…… 345
五、实施 …… 345
第四节　与常规清洁供能形式的比较 …… 346
一、常规清洁供能形式 …… 347
二、燃气冷热电联供系统与常规供能系统的比较 …… 347
第十五章　燃气冷热电联供工程典型项目简介 …… 359
第一节　市场发展状况 …… 359
第二节　发展前景展望 …… 359
第三节　工程项目简介 …… 360
一、园区工程…… 360
二、机场工程…… 362
三、数据中心工程 …… 365
四、医院工程…… 368
五、酒店工程…… 370
六、综合体工程…… 373
附录　主要设备索引 …… 376
第一节　燃气内燃机 …… 376
一、卡特彼勒（Caterpillar） …… 376
二、康明斯（Cummins） …… 378
三、颜巴赫（Jenbacher） …… 378
四、瓦锡兰（WARTSILA） …… 379
五、胜动 …… 380
六、济柴 …… 380
七、潍柴 …… 381
八、康菱 …… 382
九、康达 …… 383
第二节　燃气轮机 …… 384
一、索拉（Solar） …… 384
二、西门子（Siemens） …… 384
三、川崎重工（Kawasaki） …… 385
四、和兰透平…… 385
五、南方燃机…… 386
第三节　微型燃气轮机 …… 386
一、凯普斯通（Capstone） …… 386
二、热电一体机…… 387
参考文献 …… 388

第一章 燃气冷热电联供技术发展概述

燃气冷热电联供系统是指将发电系统以小规模、小容量、模块化、分散式的方式布置在用户附近，可联合输出电、热和冷能的系统。燃气冷热电联供系统主要是利用燃气轮机、燃气内燃机和微燃机等燃烧燃气发电，并对作功后的余热进一步回收，用来制冷、供热和供生活热水。燃气冷热电联供属于分布式能源，是相对于集中式供电方式而言的，一般单机容量小于25MW，总装机容量小于200MW。

第一节 历史沿革

一、国外历史沿革[①]

由于燃气冷热电联供系统可以达到较高的能源利用效率，从20世纪70年代末开始在国外得到快速发展，美国已建成6000多座燃气分布式能源站，只有5000多万人口的英国燃气分布式能源站就有1000多座，丹麦更是大力提倡科学用能，扶植分布式能源，积极发展冷、热、电联产，依靠提高能源利用效率支持国民经济发展，世界上很多国家也都非常重视冷热电联供技术的发展，并制定了一系列相关的鼓励政策。本节主要介绍美国、欧洲和日本的冷热电联供系统发展情况。

（一）美国

美国是全球发展新型能源系统的先驱，从1978年开始提倡发展小型燃气分布式热电联产技术，1980～1995年的15年间由装机容量12GW增加至45GW。2000年，美国在商业、公共建筑中建有约700多个燃气分布式能源项目，总装机容量约3.5GW；工业项目中建有燃气分布式能源项目600多个，总装机容量约29GW。美国加利福尼亚州大停电以后进一步加大了燃气分布式能源的建设力度，到2003年总装机容量达到56GW，占全美电力总装机容量的7%。

美国政府把进一步推进“分布式热电联产系统”列为长远发展规划，并制定了明确的战略目标：在2010年20%的新建商用或办公建筑中使用燃气分布式能源的供能模式，计划燃气分布式能源发电装机容量达到92GW，占全国总用电量的14%；到2020年在新建办公楼或商业建筑群中应用燃气分布式能源技术的比例将提高到50%，发电装机容量新增95GW，占到全国总用电量的29%。

目前，美国相关组织正抓住各种机会排除障碍，使冷热电联产技术被建筑业广泛利

① 林世平.燃气冷热电分布式能源技术应用手册［M］.北京：中国电力出版社，2014.

用。以开发和盈利为目的，天然气公司、电力行业和暖通空调行业的制造者正在进行广泛地合作，提出了“分布式能源系统2020年纲领”，目的是到2020年使燃气冷热电分布式能源系统成为商用建筑、写字楼、民用建筑高效使用矿物燃料的典范。

（二）欧洲

欧洲的分布式能源发电站占总发电量的9%（其中丹麦、芬兰和荷兰已经达到30%以上），目前，欧洲已投入运行的燃气分布式能源项目电力供应占整个欧洲电力生产的10%左右，项目规模从几千瓦到几百兆瓦不等。

丹麦从20世纪80年代开始推广分布式能源技术，燃气分布式能源的占有率在整个能源系统中已经接近60%，2006年底丹麦燃气分布式热电联产装机容量已经达到5.69GW。

英国自1990年以来，分布式能源项目装机规模翻了不止一番，根据2008年《英国能源统计摘要》，2007年英国燃气分布式能源项目的装机容量达到5474MW，所发电量达到28.6TWh，相当于英国总发电量的7%。英国燃气分布式能源项目主要遍布在各大饭店、购物商城、休闲中心、医院、综合性大学、机场、公共建筑、商业建筑及其他相应场所。

德国是欧洲最大的燃气分布式能源市场，50%的电力需求将通过燃气分布式能源技术覆盖。2005年燃气分布式能源项目装机容量达到21GW，发电量占12.5%。德国政府计划到2020年将燃气分布式能源发电比例从目前12.5%的水平增加一倍达到25%。德国联邦政府将能源效率增加一倍作为综合性能源和气候计划的中心目标，正积极计划通过大力推广利用燃气分布式能源发电来实现这一目标。

欧洲各国一直致力于持续推广燃气冷热电分布式能源技术，2007年1月欧盟理事会通过了《高效能源行动方案》。该方案推出了一系列高效利用能源的标准及提高能效减排的措施，以实现欧盟至2020年减少能源消耗20%的目标，此方案无疑将继续推动燃气冷热电分布式能源在欧盟的发展。

（三）日本

日本是分布式能源技术应用较为成熟的国家之一，其中燃气冷热电分布式能源技术应用较为广泛。日本政府从立法、政府补贴、建立示范工程、低利率融资以及给予减免税等方面来促进节能措施的发展。日本燃气分布式能源1985年装机容量为20万kW，到2003年全国项目总装机容量为6.5GW。到2004年，装机容量达7GW，占发电总容量的23%。燃气分布式能源发电保持每年400～450MW的稳固增长幅度，年增长率为6%。

近年来，容量为1～300kW的小型燃气分布式发电系统出现在住宅及小型商务用户市场。在日本，超过2000家的家庭安装了1kW的附带热水储藏的小型燃气分布式供能系统。

二、我国历史沿革

（一）我国发展历程

自1998年第一个项目在我国建成开始，燃气冷热电联供分布式能源经过了二十余年的探索和发展，目前处于有序发展阶段，其发展历程大致可分为以下三个阶段：

阶段一：探索起步阶段（-2010 年）。这一阶段，国家没有出台针对性的支持政策，地方上只有上海出台了专项补贴办法。燃气冷热电联供工程的建设也没有规范依据，多是业主自主建设的示范性项目，以楼宇型项目为主，项目规模较小，大多采用自发自用模式。项目主要分布在北京、上海、广东等地，这一时期具有代表性的项目有：上海黄浦区中心医院项目（燃气内燃机）、上海浦东国际机场项目（燃气轮机）、北京燃气集团大楼项目（燃气内燃机）、北京次渠门站项目（燃气微燃机）等。这一阶段面临的问题较多，发电并网问题、建设规范性问题、系统集成问题和新技术认知问题等均不同程度的存在，亟需国家出台鼓励政策和规范性要求以推动燃气冷热电联供系统的应用。

阶段二：政策推动阶段（2011～2015 年）。2011 年 10 月，国家发展改革委、财政部、住房城乡建设部、国家能源局联合发布《关于发展天然气分布式能源的指导意见》，明确了天然气分布式能源的发展目标和具体政策措施。提出“十二五”期间我国将建设 1000 个左右天然气分布式能源项目，并拟建设 10 个左右各类典型特征的分布式能源示范区域，2020 年初步实现分布式能源装备产业化。2012 年 6 月，国家发展改革委、财政部、住房和城乡建设部、国家能源局联合发布《关于下达首批国家天然气分布式能源示范项目的通知》，安排建设 4 个首批国家天然气分布式能源示范项目。2013 年 9 月，国务院发布《大气污染防治行动计划》，制定了我国未来五年大气污染防治的时间表和路径图，全国各地政府据此制定了煤改气行动计划。2013 年开始国家电网也相继出台了《关于做好分布式电源并网服务工作的意见》、《国家电网公司关于印发〈分布式电源并网相关意见和规范（修订版）〉的通知》《关于分布式电源并网服务管理规则的通知》等，并首次放开了发电并网的限制。由于政策引领，全国开始大范围推广建设示范项目，上海、青岛等大城市率先，各地纷纷出台财政补贴等落地的支持政策，为推动燃气冷热电联供项目更快、更健康发展奠定了基础。

阶段三：有序发展阶段（2015 年至今）。经过十几年的自主探索和“十二五”期间国家政策的大力推动，特别是国家环保政策引领下的天然气大发展，使得燃气冷热电联供项目的发展进入了有序、理智的发展阶段。2015 年天然气价格改革，上半年实现了存量气与增量气价格并轨，下半年再次将非居民用天然气门站价格下调至 0.7 元/m^3，气价下降降低了天然气分布式能源系统的燃料成本和市场风险，也改善了天然气分布式能源项目的经济性。在新的发展环境和机遇下，地方政府、燃气供应企业、电力企业、能源服务企业等充分认识到了冷热电联供系统的优势，燃气冷热电联供系统越来越广泛地出现在酒店、医院、数据中心、大型公共建筑综合体、园区等有冷热电负荷需要的供能选择方案中。全国范围内，成功投资、建设、运行的项目也越来越多，商业模式也更加多元化。

（二）市场发展情况[①]

根据 2016 年中国城市燃气协会分布式能源专业委员会《天然气分布式能源产业发展报告》的统计，从 1998 年国内第一个天然气分布式能源项目建成开始，到 2014 年天然气分布式能源已建项目共 113 个，装机 1309697kW。2015 年已建项目 14 个，装机 95774kW；在建项目 69 个，装机 1603174kW；筹建项目 92 个，装机 8114800kW，总装

① 中国城市燃气协会分布式能源专业委员会.天然气分布式能源产业发展报告 2016，2016.

机容量 11123445kW。截至 2015 年年底，我国天然气分布式能源项目（单机规模小于或等于 50MW，总装机容量 200MW 以下）共计 288 个，总装机超过 11123MW（见表 1-1）。其中已建项目 127 个，装机 1405.5MW；在建项目 69 个，装机 1603.2MW；已建在建项目合计装机 3008.6MW；筹建项目 92 个，装机 8114.8MW。

我国天然气分布式能源项目总体情况　　表 1-1

项目数量(个)	项目装机(MW)	平均装机(MW/个)
288	11123	38.6

1. 不同类型项目发展情况（见表 1-2）

我国不同类型天然气分布式能源项目情况　　表 1-2

项目类型	项目数量(个)	项目数量占比(%)	装机容量(kW)	装机容量占比(%)	平均装机(kW)
楼宇型	133	46.18	231013	2.08	1736.94
区域型	155	53.82	10892432	97.92	70273.75
总计	288	100.00	11123445	100.00	38623.1

2. 不同用户类型项目发展情况（见表 1-3）

我国不同用户类型天然气分布式能源项目情况　　表 1-3

用户类型	项目数量(个)	项目数量占比(%)	装机容量(kW)	装机容量占比(%)
工业园区	81	28.13	8486298	76.29
其他园区	26	9.03	1256184	11.29
综合商业体	21	7.29	425194	3.82
数据中心	16	5.56	387707	3.49
学校	13	4.51	170110	1.53
交通枢纽	9	3.13	158049	1.42
其他	14	4.86	106879	0.96
办公楼	63	21.88	71565	0.64
医院	32	11.11	49379	0.44
酒店	13	4.51	12080	0.11

注：此表按照装机容量从多到少统计

3. 不同省份项目发展情况（见表 1-4）

我国部分省份天然气分布式能源项目情况　　表 1-4

省份	项目数量(个)				数量占比(%)	总装机(kW)	装机占比(%)
	已建	在建	筹建	合计			
四川	5	9	17	31	10.76	2541738	22.85
广东	8	6	8	22	7.64	1725506	15.51
江苏	7	5	5	17	5.9	1430665	12.86

续表

省份	项目数量(个)				数量占比(%)	总装机(kW)	装机占比(%)
	已建	在建	筹建	合计			
陕西	3	2	14	19	6.6	1199139	10.78
北京	23	4	5	32	11.11	766330	6.89
广西	2	1	1	4	1.39	640300	5.76
天津	5	2	6	13	4.51	505619	4.55
安徽	2	3	4	9	3.13	505060	4.54
上海	46	8	3	57	19.79	395524	3.56
湖南	4	7	5	16	5.56	367662	3.31
浙江	3	5	8	16	5.56	278455	2.5
重庆	3	1	4	8	2.78	226930	2.04
河南	0	2	1	3	1.04	158000	1.42
海南	0	0	1	1	0.35	80000	0.72
云南	0	0	1	1	0.35	77800	0.70
湖北	2	0	3	5	1.74	60500	0.54
江西	1	0	0	1	0.35	50926	0.46
河北	2	5	3	10	3.47	50550	0.45
山东	6	4	1	11	3.82	22478	0.20
福建	0	1	0	1	0.35	33200	0.30
吉林	1	1	0	2	0.69	3189	0.03
黑龙江	1	1	0	2	0.69	1254	0.01
宁夏	0	1	0	1	0.35	1200	0.01
内蒙古	0	1	2	3	1.04	930	0.01
辽宁	1	0	0	1	0.35	400	0
香港	1	0	0	1	0.35	60	0
新疆	1	0	0	1	0.35	30	0
合计	127	69	92	288	100	11123445	100

注：1. 数据来源于各省份能源主管部门和专委会数据。
　　2. 此表数据装机容量从大到小排序

4. 不同动力设备项目发展情况（见表 1-5）

我国已建项目采用各动力设备占比　　表 1-5

动力设备类型	项目数量 (个)	项目数量 占比(%)	装机规模 (kW)	项目装机 占比(%)	设备数量 (台)
燃气轮机	17	13.39	1153940	82.10	32
燃气内燃机	69	54.33	243226	17.31	133

续表

动力设备类型	项目数量（个）	项目数量占比（%）	装机规模（kW）	项目装机占比（%）	设备数量（台）
微燃机	44	34.65	8205	0.58	73

注：1. 由于表中未统计外燃机及联合循环蒸汽轮机装机容量，故设备装机规模之和不完全等于项目总装机容量之和。

2. 由于个别项目无法确定设备台数，故设备数量项为不完全统计。

（三）重点区域发展情况

随着我国能源结构调整及减排压力增大，天然气在能源利用中的比重不断增加，以风能、太阳能、生物质能为能源的发电系统也在不断兴起，燃气冷热电联供项目在我国引起广泛重视。目前，燃气冷热电联供在我国已经逐步进入到实质性开发实施阶段，北京、上海、广州、四川、浙江等地的开发区、办公楼、宾馆、火车站、机场、大学城等已有一批示范工程投运，取得了明显的经济、环境和社会效益，其中以上海、北京和广州三个城市取得的成绩较为突出。

1. 上海市

上海市燃气冷热电分布式能源开发已达 20 余年，2008 年之前受制于天然气缺乏及并网限制，一直发展缓慢。目前共计建设了近 50 个项目，积累了可贵的实战经验。全国首部分布式供能系统地方法规已在上海正式颁布实施，分布式能源的专业民间团体成立并开展有效活动，市区二级分别建立了推进办公室，并发布了优惠政策。上海已建成了一批燃气冷热电分布式能源项目，其中包括已运行 11 年的浦东国际机场能源中心 4000kW 燃气轮机冷热电联供供能项目，获得了较好的经济效益。浦东国际机场能源中心通过燃气轮机热电联供系统，在供冷、供热的同时，产生的多余电量通过机场 35kV 航飞变电站 10kV 母线与市电并网，为机场其他用户供电，在技术上还可向市网送电。燃气轮机组通过发电机组供电，通过余热锅炉供热，产生的电和蒸汽通过离心式冷水机组和溴化锂吸收式空调机组供冷，构成燃气冷热电分布式能源系统。

2. 北京市

目前，北京市已建成 20 余个燃气冷热电分布式能源项目，但由于电力并网、经济性和技术问题，部分项目没有正常运行。典型项目有：北京燃气中国石油科技创新基地（A-29）能源站（中石油数据中心冷热电三联供）项目、北京日出东方凯宾斯基酒店能源站项目、北京蟹岛度假村能源站项目、北京京会花园酒店三联供工程等。中石油数据中心冷热电联供项目，是国家发展改革委等四部委首批四个天然气分布式能源示范项目之一，是国内首个为数据中心供能的冷热电联供项目。该项目具有发电机组单机容量大、台数多，能源中心的发电总装机容量大，并网、切换、备份等运行模式多而复杂，引入自然冷却系统，与余热供冷、电制冷一同为数据中心供冷等特点。

3. 广州市

2003 年由华南理工大学华贲教授主持完成的《广州大学城区域能源规划研究》在广州通过专家审查。该规划研究提出采取先进的燃气轮机冷热电分布式能源技术，通过能源服务公司和 BOT 方式解决区内 10 所大学的冷热电供应。该项目计划装机总容量 125MW，燃料利用广东 LNG 项目的天然气资源，采用燃气轮机作为动力源发电，将余热生产蒸汽再次驱动蒸汽轮机组发电，做功后的乏汽通过蒸汽管道送往 5 个大型集中制冷站进行区域供冷，最大负荷 11 万冷吨，系统综合热效率达 80.9%。

4. 其他地区

天然气分布式能源的发展与经济发展水平、政策扶持力度、环境保护要求和清洁发展机制高度相关。在行业发展早期，只在北京、上海、广州等经济发达的地区发展较多，目前已向国内的二三线城市渗透发展。从最初的东部沿海地区向天然气资源丰富的西南、西北地区渗透，逐渐呈现普及态势。从天然气分布式能源项目分布情况来看，主要分布在京津冀鲁、长三角、珠三角及川渝等地区，约占项目总数量 80%，占总装机容量的 76%。主要原因是这些地区城市化程度高，产业投资能力和能源价格承受能力强；环境污染问题严重，政府积极发展清洁能源产业；冷热电负荷集中且需求较大，适合建设天然气分布式能源项目。此外，在人口密集、工业发达、经济水平较高、冷热电负荷需求较大、具备丰富气源的其他地区，天然气分布式能源也得到了一定的发展。

（四）技术发展情况

燃气冷热电联供技术具有能源利用效率高、环境负面影响小、提高能源供应可靠性和经济效益好的特点。我国人口多，资源有限，必须立足于现有的能源资源，提高能源综合利用效率，扩大能源资源的综合利用范围，燃气冷热电联供技术则是解决问题的关键技术之一。

1. 燃气冷热电联供技术成熟

经过十几年的摸索和吸收国外先进技术，我国在系统的集成配置、优化运行、监测控制等方面都积累了宝贵的经验，并在国内部分项目进行了成功的应用，实证了系统的技术成熟。

2. 核心设备依然依靠进口

燃气冷热电联供系统的核心设备，如：燃气轮机、燃气内燃机等仍然依赖进口，投资较大，但近几年国内也生产出了一些符合国情的配套设备，分布式能源系统主要设备完全依赖进口状况已开始改变，但核心设备原动机还主要依靠国外设备厂商。

3. 多个示范项目取得成功

全国范围内多个燃气冷热电联供工程的成功设计、建设和投产运行为行业的发展奠定了坚实基础。尤其是国家标准《燃气冷热电联供工程技术规范》GB 51131-2016、《分布式电源并网技术要求》GB/T 33593-2017 和电力行业标准《燃气分布式供能站设计规范》DL/T 5508-2015 的颁布实施，推动了工程项目的规范建设。

4. 初步形成了可承担跨行业设计、建设和运行的人才队伍

燃气冷热电联供技术涉及多个跨行业的技术领域，首先是电力、燃气等长期垄断的行业，然后是建筑供能行业的暖通空调领域，能够承担跨行业技术任务的人才力量是保障项目成功的关键。

第二节　发展燃气冷热电联供技术的意义

燃气冷热电联供系统供能作为分布式能源的一种，因其技术成熟，能源利用率可高达

70%～80%，建设周期短、投资相对较低以及靠近用户供能输能损耗低，还可以参与电力调峰等特点和优势，已经在国际上得到了迅速地推广。因此，在我国发展燃气冷热电联供技术具有十分重要的意义。

一、清洁高效利用，节能减排显著

科学用能原理是分布式能源理论体系的精髓，即通过“分配得当、各得所需、温度对口、梯级利用”的方式优化配置资源，最大限度提高一次能源利用效率，并减少能源转换过程中的浪费。对于燃气冷热电联供分布式能源系统来说，能源梯级利用是其技术经济特征的核心优势。

传统的电厂在将燃料转化为电能后，往往抛弃了大量多余的热能，而且由于一般远离用户，需要长距离的高压输电网和低压配电网输送给用户，并由此造成输配电的进一步损耗，因此，传统的供能方式效率较低，最高只能达到40%左右，大量的能源被浪费。而燃气冷热电联供分布式能源系统则通过冷热电联供的方式，采用能量梯级利用原理，先发电，再利用发电余热供热、供冷，由于贴近用户，可实现就近供能，同时实现了能源从高品位到低品位的优化利用，使一次能源综合利用效率高达70%～80%，并大幅减少了输配电的损耗。

由于天然气在燃烧过程中基本不排放烟尘与二氧化硫等有害物质，等热值的天然气二氧化碳排放量约为石油的54%和煤炭的48%。因此，建设燃气冷热电联供分布式能源系统是作为高品质能源的天然气的最佳使用途径。由于燃料本身的低碳清洁以及实现了能源梯级利用，燃气冷热电联供分布式能源系统较之传统的电、热、冷分产系统，具有显著的节能减排收益。

二、优化能源结构，减少土地占用

我国早已超越美国成为世界第一的能源消费和碳排放的国家，然而由于资源禀赋、粗放型发展以及政策性的原因，导致以煤为主的能源结构长期难以调整。我国煤炭占一次能源消费的比重高达66%，而世界平均水平只有30%，作为清洁化石能源的天然气，2018年占我国一次能源消费的比重仅有7.8%，而世界平均水平则为25%，我国人均用气水平也仅为国际平均水平的31%。煤电是我国电力装机和发电的主要机组，煤电装机占比超过60%，煤电发电量占比则超过70%，而燃气装机和发电量占比则小于4%。

过度依赖煤炭的能源结构以及煤炭分散使用程度高的现状，造成我国能源利用效率始终不高，对土壤、水和大气的污染严重，煤炭铁路公路运输不堪重负，开采煤炭安全事故频发，国际温室气体减排压力巨大。降低煤炭在一次能源消费中的占比、提高煤炭集中发电比例是调整我国能源结构、推动能源转型的重要战略目标。而从资源赋存和国内外发展条件来看，天然气具有资源量不断提高、输送损耗低、分布广泛、清洁环保、经济性逐步提高的特点，大力发展燃气冷热电联供分布式能源能够有效发挥协同效应，有助于解决能源效率低、系统安全、环境污染、碳排放和可再生能源并网消纳等一系列问题。燃气冷热电联供分布式能源具有灵活性、体量小等特点，管道供气不需要煤场，大幅度减少了城市能源系统的土地占用。

三、保障供应安全，供能可靠性高

我国资源与需求逆向分布的基本格局，决定了在一定时期内还要在能源资源富集地区集中发展大型火力发电、大型水电、大型核电基地并大规模利用风能和太阳能发电，同时通过铁路、水运网络和发展远距离特高压输电网络，形成以北煤南运、西电东输为特征的大范围跨区域能源输送和配置格局。这种集中的供能方式会在能源传输过程中带来损耗和环境污染，更会给能源供应的安全性和可靠性带来极大的风险。由于严重依赖大规模的能源基础设施建设，不仅包括远距离的能源输送网络，还需要在负荷区域建设能源站和储备调峰设施，随着用能负荷和可再生能源装机容量的快速增长，给能源基础设施在供需两侧都带来了巨大的调节风险和设备闲置问题。而一旦由于战争或是其他原因造成电网等基础设施一处出现故障，就会带来巨大的影响，引起大面积的停电，损失不可估量。

而燃气冷热电联供分布式能源正是由于贴近用户、运行灵活，不但可以大幅降低能源输送的损失和成本，而且可以作为大电网的有效补充，降低可再生能源发电、电力需求负荷对大电网的影响以及燃气负荷对城市气网的影响，促进可再生能源并网消纳，保障能源网络的稳定性。无论燃气冷热电联供分布式能源和电网任何一方发生故障，都可以彼此安全脱离，互不影响。

此外，对于没有架设电网的边远地区或分散的用户、对供电安全稳定性要求较高的医院、银行等特殊用户、能源需求较为多样化的用户，都可以采用燃气冷热电联供分布式能源，满足特殊地点和用户的个性化需求。

四、削峰填谷平稳运行，电网、气网双重调峰

随着我国经济持续较快发展以及能源基础设施的建设，电力和天然需求快速提高，但负荷时间分布极不均衡（特别是在用能负荷高的地区），冬夏季节和昼夜峰谷差别很大。为保障有效平稳供给，天然气主要依靠在负荷区域增加储气装置来调节（按照全年最高用气负荷来设计），由于季节峰谷差太大（北京高达 1∶10），调峰气量很大，带来了峰期用气短缺、谷期大量燃气装置闲置的问题。而电力由于难以大规模存储，具有瞬时供需平衡的特征，为保障电力供给安全，一方面要增加调峰电源以提高供电能力，另一方面要进行电力需求侧管理，目前主要是通过实施峰谷差别电价等政策，鼓励用户高峰少用电、低谷多用电，以达到削峰填谷的目的。

由于电力和天然气季节和昼夜负荷具有逆向分布的特点，可以通过发展燃气冷热电联供分布式能源来有效缓解负荷地区的电力、天然气削峰填谷、平稳运行的问题。主要体现在两方面：

一是体现在电力和天然气季节峰谷差的互不调剂上。城市地区尤其是北京等大城市，电力需求的高峰期在夏天，天然气需求的高峰期在冬天。在这些地区发展燃气冷热电联供分布式能源，夏天多用燃气发电供冷，在增加电力供给的同时还减少了空调、制冷设备的用电，不仅有力地缓解了夏天电力供给不足的矛盾，也可增加天然气消费，缓解夏季燃气过剩的矛盾。

二是体现在昼夜电力峰谷差的削峰填谷上。燃气冷热电联供分布式能源具有运行灵

活、启停方便的特点，可在白天多发电并向电网供电参与调峰，晚上少发电或不发电而更多使用大电网谷电，为电网削峰填谷和最大限度接纳风电、水电、光伏发电上网创造条件，同时，也通过利用电网峰谷差别化电价获得经济效益。

五、有利多能互补，实现智慧能源

燃气冷热电联供分布式能源给传统的化石能源利用增加了互联网基因。能源互联网开放共享，能源综合效率明显改善，可再生能源比重显著增加，化石能源清洁高效利用得到推动，大众参与程度及用户体验大幅提升，有力支撑能源革命。主要表现为：

第一，有利于推动清洁及可再生能源智能化生产与清洁替代。鼓励用户侧建设冷热电联供、热泵等综合能源利用基础设施，提高分布式可再生能源综合利用水平；促进可再生能源与化石能源的协同生产，推动对散烧煤等低效化石能源利用的清洁替代；鼓励建设与化石能源配套的储冷、储热调节设施，增强供能灵活性、柔性化，实现化石能源高效的梯级利用与深度调峰；加快化石能源生产、管理和调度体系的智能化改造；建设市场导向的生产计划决策平台与智能化信息管理系统，实现化石能源需求侧与供给侧的高效匹配，实现供应链运营集约高效。

第二，推动分布式储能将有利于区域微网形成完整闭环。开发储电、储热、储冷、清洁燃料存储等多类型、大容量、低成本、高效率、长寿命的储能系统，将有利于燃气冷热电联供分布式能源形成微网完整闭环。推动建设小区、楼宇、家庭应用场景下的分布式储能设备，实现储能设备的混合配置、高效管理、友好并网。

多能互补集成优化示范工程主要有两种模式：一是面向终端用户电、热、冷、汽等多种用能需求，因地制宜、统筹开发、互补利用传统能源和新能源，优化布局建设一体化集成供能基础设施，通过天然气冷热电联供、分布式可再生能源和能源智能微网等方式，实现多能协同供应和能源综合梯级利用；二是利用大型综合能源基地风能、太阳能、水能、煤炭、天然气等资源组合优势，推进风光水火储多能互补系统建设运行。

建设多能互补集成优化示范工程是构建“互联网＋”智慧能源系统的重要任务之一，有利于提高能源供需协调能力，推动能源清洁生产和就近消纳，减少弃风、弃光、弃水限电，促进可再生能源消纳，是提高能源系统综合效率的重要抓手，对于建设清洁低碳、安全高效的现代能源体系具有重要的现实意义和深远的战略意义。

第三节　支持政策

燃气冷热电联供技术在能源转换效率方面具有的突出优势，使得其在世界各国的能源领域逐步具有显著地位。目前，世界各国都把冷热电联供技术作为节约能源、改善环境和应对气候变化的重要措施，积极地、因地制宜地提倡不同形式、不同规模的冷热电联供系统，并且各国政府也都不同程度地从法律、法规、规划、技术标准及税收等方面制定了相应的推广冷热电联供发展的优惠政策。本节重点介绍燃气冷热联供技术推广和发展过程中国内外有关的政策支持等情况。

一、国外支持政策[①]

（一）国外支持政策综述

目前，国际上支持冷热电联供发展的政策主要可以分为七大类。

1. 财政政策

财政政策方面主要包括以下各项措施：

（1）初始投资支持。在项目投资时给予相应的财政支持，如直接的项目补贴、财税优惠及加速折旧等。

（2）运营支持。常用的运营支持方式是强制的电网回购剩余电量，要求电网提供备用电力保障、燃料税豁免等方式。

（3）研发资助。针对燃气冷热电联供技术，政府给予一定资助，以帮助联供系统产品的商业化。

（4）政策作用。通过一定的财政支持政策，大力推动燃气冷热电联供技术的发展。

（5）承担额外的投资成本。与常规供电、热、冷方式相比，燃气冷热电联供系统尽管运营成本较低，但通常需要更高的初始投资。因此，以补贴或低息贷款等方式承担部分投资的政策，可以帮助投资者解决初始投资资金紧张问题。

（6）外部成本内部化。财政支持反映了燃气冷热电联供项目与传统供能项目相比，其对环境和社会的贡献。

（7）关注市场失灵。能源市场并不总是开放和竞争性的，比如用电紧张地区，燃气冷热电联供项目收益性与电厂相比要差一些，财政的支持能够调节项目在电力市场的不足。

（8）应用国家。国际上有许多国家和地区采用财政政策中的不同措施来支持燃气冷热电联供技术的发展：

1）电网回购：波兰、西班牙、德国、荷兰、丹麦、捷克、匈牙利、印度等；

2）投资补贴：意大利、荷兰、西班牙、比利时、美国、加拿大、印度、韩国、日本等；

3）财税支持：荷兰、瑞典、比利时、意大利、德国、英国、美国、韩国、印度、日本等。

2. 公共事业公司配额义务政策

（1）该政策要求电力供应商必须提供一定比例的来自冷热电联供系统的电力，保证联供系统的电力市场。电力供应商可以用两种方式满足要求：拥有联供系统电站；从联供系统电站或市场上购买，能源市场监管部门进行认证管理，配额证书可在市场交易。

该政策通过对电力供应商的配额要求为冷热电联供创造市场，同时为联供系统电力分配交易证书，便于进行市场交易。

（2）应用国家有比利时、波兰、意大利等。

3. 指定地方基础设施和供热规划

（1）为了能够高效地供冷供热，地方基础设施和供热规划通过确认和平衡供需，确定

---

① 杨旭中等. 燃气三联供系统规划设计建设与运行［M］. 北京：中国电力出版社. 2014.

合理的供应结构，支持高效的供应方案，如冷热电联供系统。

(2) 对一定规模的建筑物，强调能源供应的优化，建筑标准对建筑的能效设定要求，该要求可以用节能措施、可再生能源发电和冷热电联供满足。

(3) 通过规划促进联供系统的发展：

1) 能源、供热、供冷协同规划，确定通过地方区域管网输送稳定的冷、热负荷；

2) 帮助联供系统投资商克服供热、供冷管网的初始投资成本问题；

3) 设定建筑标准，促进小型楼宇式联供系统的应用，成千上万的新建建筑大量应用冷热电联供系统供冷热，降低了规模成本；

4) 应用国家有丹麦、芬兰、意大利、俄罗斯、瑞典、波多黎各、韩国、英国、德国、奥地利等。

4. 气候变化配额降低政策

(1) 冷热电联供项目尽管减少了全球的温室气体排放，但增加了当地的排放。如果当地的排放交易方案在设计上不考虑到这点，那么冷热电联供项目将不得不比供热锅炉或公共电网供电模式购买更多的配额，这不能正确反映冷热电联供项目对大气排放的贡献，也将对冷热电联供项目的发展带来消极影响。

(2) 一些国家引入新的配额分配方案来克服冷热电联供项目面临的问题，同时推动排放交易方案考虑冷热电联供项目的状况，不应该惩罚冷热电联供项目。

(3) 应用国家和地区有欧盟等。

5. 清洁发展机制

(1) 清洁发展机制将燃气冷热电联供分布式能源纳入补偿范围，可以参加碳交易，对发达国家或发展中国家企业采用的燃气冷热电联供分布式能源的减排量制定了方法论并予以核定。

(2) 减排交易可以在欧盟国家或美国芝加哥交易所进行交易。

6. 入网政策

在入网措施中，国际上主要采取了制定入网接入标准和确定优先接入等措施。

(1) 接入标准。对接入输变电网络，根据电压等级提供清晰的接入规则，流程清晰而且透明。

(2) 优先接入。对于冷热电联供项目所发电力实行优先接入电网政策。

(3) 净电表。允许电能通过电表双向流动，并保证销售价等于购买价。

(4) 优先调度。保证了冷热电联供项目发电的优先权。

(5) 许可豁免。允许冷热电联供项目在没有发电机许可证的情况下发电，以帮助降低成本。

(6) 对电网的激励。使电网不会因接入冷热电联供系统而使得收入减少：

1) 将电量和利润间的联系分离；

2) 允许或鼓励电网开发冷热电联供系统电站；

3) 允许电网在系统使用的收费上灵活掌握；

4) 电网接入措施使得冷热电联供项目能够向电网售出任何多余的电能，而且在需求超过冷热电联供所发电力时从公共电网购电；

5) 应用国家有美国、英国、荷兰和德国等。

7. 能力建设（拓展和研发）政策

（1）拓展和教育提高了对冷热电联供技术的认识，通过各种活动和培训项目使潜在用户认识冷热电联供技术及其适用性，研发支持了冷热电联供技术和应用的发展，研发资助也可以用于潜在用户的培训。

（2）应用国家有德国、荷兰和日本。

（二）美国

美国从 1978 年开始提倡发展小型热电联产，目前除了继续坚持发展小型热电联产之外，正走向高效利用能源资源的小型冷热电联供——分布式能源系统。

美国联邦政府在 1987 年颁布的能源法中规定，经营电网的电力公司必须收购热电厂的电力产品，其电价和收购电量以长期合同的形式固定。进入 20 世纪 90 年代，在放松对公益事业管制的呼声中，又允许独立电厂将自发的电力直销用户，电力公司只收相应的“通道”（电网）费用。为了提高能源利用效率，2001 年，“美国能源政策”提出了给予热电联产 10%～20%的税收优惠和简便的审批程序的政策性建议措施，鼓励提高能源的生产与使用效率。另外，近几年美国能源部资助了十多个有关热电联产方面的科研项目。目前，美国联邦能源委员会已发布小型发电机互联标准，很多州和地区也已开始制定自己的与热电联产有关的联网政策、排放标准及税收政策。

总体来讲，美国支持分布式能源发展的优惠政策具体主要集中在以下三点：

（1）给予分布式能源项目减免部分投资税；

（2）缩短分布式能源项目资产的折旧年限；

（3）使分布式能源项目获得经营许可证的程序简单化。

（三）日本

日本将热电联产作为 21 世纪城市建设必不可少的设施，认为它是一项附加值很高的社会资本。因此，日本制定了相关的法令和优惠政策以保证该项事业的发展。相关法令有《供热法》《城市规划法》《防止公害法》和关于推动热电联产发展的指导标准等。在这些法令中明确规定，在新建和改建 3 万 m^2 以上的建筑物时，一定要纳入到城市的冷热电联供系统中。优惠政策有鼓励银行、财团对冷热电联供系统出资、融资；对城市冷热电联供单位进行减税或免税。措施上也是有条件、有限度地允许这些分布式发电系统上网，并且通过优惠的环保资金予以支持。

1. 税赋

（1）对防治环境污染的能源项目投资执行促进税标准（租特法第 42 条第 5 款），供热设施及用户端设备，投产年折旧率按 30%计算，并减免税 7%。

（2）对区域供热工程费用核算执行特定标准（法人税法第 45 条）。

（3）有关供热的固定资产税执行特定标准（地方税法第 349 条第 3 款）：区域供热用折旧资产税，投产最初 5 年减免 2/3、第二个 5 年减免 1/3。

（4）免除供热设施占地的特别土地保有税（地方税法第 566 条）。

（5）免除与供热行业有关的事业所得税（地方税法第 701 条第 34 款）。

2. 银行融资

针对区域供热系统需要大规模投资，日本有关金融机构长期施行通融资金、低利息等制度。

（1）日本开发银行及北海道东北开发公库融资比例为设备额（含用户端）的40%（开发银行为购地提供30%），特别利率为3%/a（一般低息为6%/a）。

（2）公害防止事业团：

1）融资比例：设备额的70%（大企业），80%（中小企业及地方公共团体）。

2）支付利息：大企业：5.60%/a（前3年），5.80%/a（第4年以后）；中小企业及地方团体：4.55%/a（前3年），4.75%/a（第4年以后）。

（3）新能源财团给予利率补贴（余热利用）：

1）补贴条件：融资额在5亿日元（按1∶105汇率约合476.2万美元）以内。

2）补贴比例：3%/a的利息补贴。

3. 政府补贴

（1）日本通产省每年对有效利用低品位能源的区域供热系统，其设计、管理等均为上乘的企业发放一定数额的行业补助金，以促进该行业的积极发展。其补贴额逐年呈上升趋势。1992年公布补助金额为19.28亿日元（约合1840万美元），补助比例为全行业数的15%。

（2）预开展该行业的科研补助金：

1）补助金额：2亿日元（约合190.5万美元）。

2）补助对象：地方公共团体等。

3）补助比例：50%。

（3）行业普及宣传补助金：

1）补助金额：0.25亿日元（约合23.8万美元）。

2）补助对象：新能源财团。

（4）行业科研开发补助金：

1）补助金额：8.49亿日元（约合808.6万美元）。

2）补助对象：新能源产业技术综合开发机构。

（5）20世纪80年代末，日本鼓励冷热电联供技术发展的优惠政策包括修订《电力事业法》在内的一系列放宽管制的办法出台；1995年底日本又批准了新修订的《电力事业法》。其中最重要的变化是允许非公共事业类的供应商对需求大的用户售电，以前该项售电业务通常被电力公司所垄断。

（四）丹麦

丹麦在热电联产方面实行的是有计划的市场经济方式，政府对热电联产的优惠政策最多、最落实，以下几点对热电联产的推广极为重要：

（1）热力规划中，保留热电联产供热区域，避免与其他能源竞争。

（2）建立合理的热电联产—电力定价规则，与燃料成本挂钩，确保热电联产与热电分产相比具有经济优势。

（3）参考污染物（氮氧化物、二氧化碳）排放—税收/补贴条例安排能源税收、投资补贴用于热电联产项目的支持。

丹麦在热电联产方面给予优惠政策与法规的具体做法为：

（1）1981年，丹麦制定了集中供热的法规，城市供热规划由中央政府批准，强制实行区域集中供热，不搞竞争，从法律上解决了热电的电力上网问题。

（2）1990年，丹麦议会通过了必须将1MW（1.3t/h）以上的燃煤锅炉改造成天然气或垃圾热电厂，热网工程费用可从政府得到30%的补贴。

（3）1992～1996年，针对因改造导致热用户热价增高的问题，政府对区域供热改造为小型热电联产和生物能系统给予投资补贴。五年期间，政府每年拨款5000万丹麦克朗①。

（4）1992年，政府对以天然气或可再生燃料为基础的小型热电联产和工业化热电联产的电力生产向热网转卖时给予补贴，这项补贴为每兆瓦时100丹麦克朗；而基于沼气和稻草的热电联产或以木料为燃料的小型试验或示范工厂，会获得每兆瓦时170丹麦克朗的额外补贴。

（5）1993～2002年，为了推广区域供热系统的应用和促进大型区域供热系统，政府对在热电联产供热区域内1950年前建造的房屋中装有中央供热系统的用户给予补贴，这项补贴一般为总成本的30%～50%。

（6）1995年，电力供应法案的一项修正案规定，独立生产者（小型热电联产等）出售的电力应遵照可避免成本原则定价，其中包括设施节省出的长期投资成本。

（7）1995年，在工商业中引入环保税。全部税收所得作为投资拨款返还给工商业。其中约40%的款项将发放给工业热电联产。在全国范围内征收二氧化碳排放税，按热电厂上网电量对电价按人民币0.15元/kWh进行补贴。

（8）1997年，政府给予以废弃物或天然气为燃料的小型热电联产的补贴为每千瓦时70丹麦克朗。对装机容量不超过4MW的工厂补贴以8年为限；对4MW以上的工厂奖励年限为6年。

（9）1998年，电力供应法案的一项修正案在负载调度方面对小型热电联产和可再生燃料生产的电力给予优先，该法案还为大型热电联产工厂引入了经济担保，以确保联产。

（10）1998年1月1日，丹麦部分电力市场对外开放，允许自由竞争。用电量超过11MWh的工业用户和输电公司如今可以自由选择供电商，这部分约占市场开放的90%。与此同时，法案要求所有用户优先使用基于分布式热电联供、工业化热电联产的电力，以及可持续使用的能源。

（五）荷兰

荷兰的热电联产发展水平在欧盟名列前茅。荷兰的温室中都装有小型活塞式燃气发电机组，废气中的二氧化碳排入温室中被植物光合作用吸收，既可以减排二氧化碳还可以提高植物的产量。

荷兰政府把热电联产作为达到京都议定书规定的减排二氧化碳的主要手段以及节能的一项重要措施，并采取多种鼓励政策促进热电联产的发展，其中包括：

（1）应用热电联产可免除能源调节税，电力自用；

（2）1998年在供热法案的基础上又提出了热电联产激励计划，主要措施是投资许可、

① 根据2019年4月汇率，1丹麦克朗约合人民币1.0133元。

优惠的燃气税率和建立一个热电联产促进机构；

（3）荷兰新的电力法案给予热电联产以特殊地位，即规定热电联产的发电量优先上网，并对用于公用电网的电力按照最小税率征税；

（4）荷兰政府还规定对有稳定热负荷的热电厂，其天然气价格较其他工业用户便宜2美分/m^3。

（六）法国

（1）法国对热电联产的投资给予15%的政策补贴。

（2）对于冷热电联供，法国以电力公司和法国煤气公司为主，为用户提供燃气冷热电联供项目实施的技术、资金、服务以及后期的运行、维护、管理。政策规定，当燃气冷热电联供系统满足基本的技术条件后，电力部门必须允许该系统上网售电。

（七）德国

自开展电力市场自由化改革后，德国的电价从1998年的水平下降了30%。电价的下滑使热电联产的竞争力下降，热电联产工业受到影响。为了扭转这种局面，政府出台了新的扶持政策，即：

（1）对于总效率达到70%以上的电厂免征0.085tce/kWh的天然气税；

（2）对自备电厂完全免除电力税；

（3）总效率达到57.5%以上的联合循环电厂免税；

（4）传统利用锅炉的电厂，其天然气税从0.164tce/kWh调高至0.348tce/kWh。

2002年1月25日，德国通过了新的热电法，其激励热电联产发展的优惠政策包括：

（1）某些类型的热电企业享有并网权；并网，双向交易；不并网，高额补贴。

（2）热电联产电厂在正常售电价格之上还可以按每千瓦时售电量获得补贴。

（3）热电近距离输电方式所节约的电网建设和输送成本返还热电联产电厂。

该部新法律对已有的热电联产电厂不限规模给予鼓励；对未来2MW以下新建的利用燃料电池技术的热电联产电厂亦给予长期补贴，以鼓励新技术发展，补贴资金通过小幅调高电网使用费来平衡。德国政府正在采取措施鼓励发展小型热电联产系统，尤其是在其东部地区。

（八）英国

（1）英国从上至下都积极支持分布式能源和热电联产。1995～2001年间，英国的热电联产获得高速发展，热电联产量由1995年的3390MW增加到2001年的4801MW，增幅达41.6%，2010年达到10000MW。英国政府在2001年采取了一系列的措施，包括免除气候变化税、免除商务税、高质量的热电联产项目还有资格申请政府对采用节约能源技术项目的补贴金。英国政府还颁布了一套指南，规定所有发电项目开发商在项目上报之前都要认真考虑使用热电联产技术的可能性。其他的措施，如免税、电力贸易细则的修改、刺激热电联产热负荷的增长等也都提上了议事日程。

（2）英国分布式能源取得了很大的成功，原因是英国政府为分布式能源的发展创造了必需的市场和政策条件，这些条件包括合适的能源价格（用电和燃气的比价）、使用合适的燃料、认识局部供电的价值、当局的政策规定、发展新的财务管理方式等：

1）能源价格。热电联产技术是同时供热和供电最经济的技术，它需要和现有的发电设备竞争，特别是如果热电联产的环保优势不能在能源价格中体现出来，就会影响热电联产的发展。为此，英国自2001年4月10日起实施气候变化税，使热电联产可以节省20%的能源费用。与此同时，电价与天然气价格比也非常重要，热电联产是一项长期投资（10～15年），需要合理的（或优惠的）燃气价格和合理的用电价格。英国电力工业中使用天然气发电的比重较大，而且电力工业已经私有化，电力价格按市场定价，电价与天然气价格比比较合理。

2）燃料。燃气冷热电联供系统使用的燃料是天然气，也可以使用生物质（包括垃圾）制气。天然气的充分供应以及天然气管网的合理收费，对燃气冷热电联供项目的发展影响很大。英国工业及商业使用天然气为燃料的比重达68%，能够充分供应天然气，不仅促进了燃气冷热电联供的发展，同时也提高了天然气的销售量。

3）认识局部供电的价值。发展燃气冷热电联供技术可以节省公共电力的装机容量、输配电系统费用，可以不受输配电网容量的限制，还可以减少输配电的损失。要发展燃气冷热电联供技术，必须有透明的输配和终端用电的价格，公用电力部门愿意让联供系统分享发、输、配电设施节省带来的效益；公用电力部门愿意接受联供系统的剩余电力。

4）当局的政策规定。英国规定允许一定限量内的电力直接销售，政府鼓励燃气分布式能源系统的发展，例如英国政府改变政策并推迟CCGTS推出，从而引来对超过1200MW的新的热电联产项目的投资。对住宅用热电联产和小型工业用热电联产给予投资补贴，采取指导、案例分析、软件及热电联产俱乐部向用户提供技术与经济信息和建议。

5）融资。英国近期有超过75%的热电联产项目得到第三方贷款，通常将其提供给电力或天然气事业部门的能源服务公司（ESCO）。ESCO通过热电联产项目获得客户，其签订的合同千差万别，ESCO有的机构几乎将整个能源设施全部“外包”。

热电联产项目承包商负责场所内的热电联产系统设备全部设计、安装、投资、操作及维护，ESCO有的机构仅将热电联产项目的运行和维护任务转包出去，而该项目的设备则由其他承包商按资本购买并负责安装。在上述两种情况下，ESCO承包商将以双方同意的价格向有关机构供应热能和电力。通常，ESCO承包商还将负责采购燃料、管理安装场所内的其他能源设备，以及采购传统能源。

总之，从英国发展热电联产的经验来看，仅仅依靠市场调节是不够的，还必须依靠政府的政策。为了发展热电联产，必须使电力和天然气有合理的比价、有充足的天然气供应、规定公用电网必须接受热电联产的剩余电力，以及解决能源利用中的外部成本。成立能源服务公司（ESCO）作为支持政策的托付，也是一种办法。

二、我国支持政策

（一）全国性支持政策

1.《关于发展天然气分布式能源的指导意见》（发改能源［2011］2196号）

2011年4月，国务院政策研究室提出了《关于加快天然气冷热电联供能源发展的建议》，报告显示，2015年和2020年天然气分布式能源系统装机容量可分别达到

7800 万 kW 和 1.2 亿 kW。同年 10 月，国家发展改革委、财政部、住房城乡建设部、国家能源局联合发布《关于发展天然气分布式能源的指导意见》（发改能源［2011］2196 号）（下称《意见》），《意见》提出："十二五"期间我国将建设 1000 个左右天然气分布式能源项目，并拟建设 10 个左右各类典型特征的分布式能源示范区域；未来 5～10 年内在分布式能源装备核心能力和产品研制应用方面取得实质性突破，初步形成具有自主知识产权的分布式能源装备产业体系。同时，《意见》还指出：中央相关部门将研究制定天然气分布式能源专项规划，并研究制定天然气分布式能源电网接入、并网运行、设计等技术标准和规范；中央财政还将对天然气分布式能源发展给予投资奖励、贴息、税收优惠等适当支持和优惠政策；国家价格主管部门也将会同相关部门研究天然气分布式能源上网电价形成机制及运行机制等体制问题。

2.《关于下达首批国家天然气分布式能源示范项目的通知》（发改能源［2012］1571 号）

2012 年 6 月 1 日，国家发展改革委、财政部、住房城乡建设部、国家能源局联合发布《关于下达首批国家天然气分布式能源示范项目的通知》（发改能源［2012］1571 号），提出了建设"4 个首批国家天然气分布式能源示范项目"（见表 1-6），以及"请有关省市积极支持首批示范项目建设，协助办理相关配套文件"、"中央财政将对首批示范项目给予适当支持"等主要政策措施。

首批天然气分布式能源示范项目清单　　表 1-6

序号	项目名称	项目地址	项目规模
1	华电集团泰州医药城楼宇型分布式能源站工程	江苏	4000kW
2	中海油天津研发产业基地分布式能源项目	天津	4358kW
3	北京燃气中国石油科技创新基地(A-29)能源站项目	北京	13312kW
4	华电集团湖北武汉创意天地分布式能源站项目	湖北	19160kW

3.《关于做好分布式电源并网服务工作的意见》

2013 年 2 月 27 日，国家电网发布《关于做好分布式电源并网服务工作的意见》，提出了并网服务对象包括"以 10kV 及以下电压等级接入电网，且单个并网总装机容量不超过 6MW 的天然气分布式能源发电项目"，以及"为分布式电源项目接入电网提供便利条件，为接入系统工程建设开辟绿色通道"、"建于用户内部场所的分布式电源项目，发电量可全部上网、全部自用或自发自用余电上网，由用户自行选择，用户不足电量由电网提供。公司免费提供关口计量装置和发电量计量用电能表"等优惠政策措施。

4.《天然气分布式能源示范项目实施细则》

2014 年 12 月，国家发展改革委、住房城乡建设部、国家能源局三部委联合印发《天然气分布式能源示范项目实施细则》（下称《细则》）。《细则》中就天然气分布式能源示范项目的申报、评选、实施、验收、后评估，以及激励政策等做了一系列较全面的规定，旨在完善天然气分布式能源示范项目审核、申报等管理程序，推动天然气分布式能源快速、健康、有序发展。

5.《关于推进多能互补集成优化示范工程建设的实施意见》（发改能源［2016］1430 号）

2016 年 7 月 4 日，国家发展改革委、国家能源局发布《关于推进多能互补集成优化示范工程建设的实施意见》（下称《意见》）。《意见》中提出两种多能互补集成优化示范工程模式，其中一种即为“面向终端用户电、热、冷、气等多种用能需求，因地制宜、统筹开发、互补利用传统能源和新能源，优化布局建设一体化集成供能基础设施，通过天然气热电冷三联供、分布式可再生能源和能源智能微网等方式，实现多能协同供应和能源综合梯级利用”。《意见》提出：“通过天然气热电冷三联供、分布式可再生能源和能源智能微网等方式实现多能互补和协同供应，为用户提供高效智能的能源供应和相关增值服务，同时实施能源需求侧管理，推动能源就地清洁生产和就近消纳，提高能源综合利用效率。”

6.《加快推进天然气利用的意见》（发改能源［2017］1217号）

2017年6月23日，国家发展改革委、财政部、住房城乡建设部、国家能源局等多部位联合发布《加快推进天然气利用的意见》（下称《意见》）。《意见》中提到要大力发展天然气分布式能源，在大中城市具有冷热电需求的能源负荷中心、产业和物流园区、旅游服务区、商业中心、交通枢纽、医院、学校等推广天然气分布式能源示范项目。《意见》并指出，在管网未覆盖区域开展以LNG为气源的分布式能源应用试点。

7. 政策汇总

表1-7和表1-8为国家层面和电网公司近年来关于分布式能源领域的政策措施。

国家层面政策措施 **表1-7**

序号	时间	单位	文件号	名称
1	2011年10月	国家发展改革委、财政部、住房城乡建设部、国家能源局	发改能源［2011］2196号	《关于发展天然气分布式能源的指导意见》
2	2013年7月	国家发展改革委	发改能源［2013］1381号	《分布式发电管理暂行办法》
3	2014年10月	国家发展改革委、国家能源局、住房城乡建设部	发改能源［2014］2382号	《关于印发天然气分布式能源示范项目实施细则的通知》
4	2014年12月	国家发展改革委	发改价格［2014］3009号	《国家发展改革委关于规范天然气发电上网电价管理有关问题的通知》
5	2015年3月	国务院	中发[2015]9号	《中共中央国务院关于进一步深化电力体制改革的若干意见》
6	2016年7月	国家发展改革委、国家能源局	发改能源［2016］1430号	国家发改委国家能源局关于推进多能互补集成优化示范工程建设的实施意见
7	2016年7月	国家能源局	国能总监管［2016］472号	国家能源局综合司关于同意印发《京津唐电网电力用户与发电企业直接交易暂行规则》的函
8	2016年10月	国家发展改革委、国家能源局	发改经体［2016］2120号	国家发展改革委国家能源局关于印发《售电公司准入与退出管理办法》和《有序放开配电网业务管理办法》的通知

续表

序号	时间	单位	文件号	名称
9	2016年11月	国家发展改革委、国家能源局		电力发展"十三五"规划(2016-2020年)
10	2016年11月	国家发展改革委		国家发展改革委关于向社会公开征求《省级电网输配电价定价办法(试行)》意见的公告
11	2016年11月	国务院办公厅	国办发[2016]81号	《国务院办公厅关于印发控制污染物排放许可制实施方案的通知》
12	2017年6月	国家发展改革委、财政部、住房城乡建设部、国家能源局等	发改能源[2017]1217号	《加快推进天然气利用的意见》
13	2018年3月	国家发展改革委国家能源局	发改能源规[2018]424号	《增量配电业务配电区域划分实施办法(试行)》
14	2018年6月	国务院		《关于全面加强生态环境保护坚决打好污染防治攻坚战的意见》
15	2018年7月	国家能源局综合司	国能综通资质[2018]102号	《关于简化优化许可条件加快推进增量配电项目电力业务许可工作的通知》
16	2018年7月	国家发展改革委国家能源局	发改运行[2018]1027号	《关于积极推进电力市场化交易,进一步完善交易机制的通知》
17	2018年9月	国务院	国发[2018]31号	《关于促进天然气协调稳定发展的若干意见》

电网公司政策措施 **表1-8**

序号	时间	单位	文件号	名称
1	2013年2月	国家电网		《关于做好分布式电源并网服务工作的意见》
2	2013年11月	国家电网	国家电网办[2013]1781号	《国家电网公司关于印发分布式电源并网相关意见和规范(修订版)》的通知
3	2014年1月	国家电网	国家电网营销[2014]174号	《关于分布式电源并网服务管理规则的通知》
4	2016年10月	国家电网	国家电网营销[2016]795号	《国家电网公司关于做好售电公司、市场交易用户供电服务工作的通知》

（二）地方性支持政策

1. 上海市发布《上海市天然气分布式供能系统和燃气空调发展专项扶持办法》

上海市先后发布了三期专项扶持办法。第一期专项扶持办法比较简单，只规定了补贴对象、补贴标准、补贴程序等，按总装机容量每千瓦补贴700元。第二期专项扶持办法在原来的基础上明确了资金来源以及保障气源、优先考虑、并网服务等内容，提出按总装机给予1000元/kW的资金补贴。第三期专项扶持办法进一步完善政策，提出天然气价格优惠、纳入电网规划范畴、开展后评估等新的措施，注重项目建成后的运行效果，有效避免了项目只建不上的尴尬境地。

上海市是全国首个发布燃气分布式能源专项扶持办法的省市，不仅促进了上海地区天然气分布式能源的发展，而且为各地制订相应的政策提供了参考和借鉴。

2. 长沙市印发《长沙市促进天然气分布式能源产业发展暂行办法》（长政办发［2014］6号）

2014年1月28日，长沙市人民政府办公厅印发了《长沙市促进天然气分布式能源产业发展暂行办法》。办法明确了“给予项目3000元/kW装机规模补贴，最高5000万元封顶”的补贴标准，并从组织领导、机制完善、特许经营、投资补贴、税收减免、财政奖励等方面提出了具体的可操作性措施，为下一阶段推进天然气分布式能源发展提供了强力的政策支持。

3. 青岛市印发《青岛市加快清洁能源供热发展若干政策》（青政办发［2014］24号）

2014年12月15日，青岛市人民政府办公厅印发《青岛市加快清洁能源供热发展若干政策》。政策明确“对新建天然气分布式能源供热项目，按照1000元/千瓦的标准给予设备投资补贴，年平均能源综合利用效率达到70%及以上的再给予1000元/千瓦的补贴。每个项目享受的补贴金额最高不超过3000万元。”同时，对天然气分布式能源供热项目每立方米用气补贴1.32元、积极争取燃气蒸汽联合循环热电联产项目和天然气分布式能源供热项目上网电价支持政策。

2016年8月5日，青岛西海岸新区管委办公室和青岛市黄岛区人民政府办公室联合发布《关于印发青岛市黄岛区清洁能源供热发展若干政策实施细则的通知》。实施细则所称清洁能源供热，是指利用污水源、海水源、土壤源、空气源、太阳能、生物质能、天然气等能源为特定区域实行集中供热。新建天然气分布式能源项目竣工验收合格后，财政资金按照发电装机容量1000元/kW的标准给予设备投资补贴。分布式能源项目投产运行两年后，经审查年平均能源综合利用效率达到70%及以上的，财政资金再给予1000元/kW的补贴。每个项目享受的补贴金额最高不超过3000万元。天然气分布式能源供热项目每立方米用气补贴0.52元。

4. 邯郸市印发《关于在主城区公共建筑实行清洁能源分布式供能系统的若干意见》（邯政［2015］32号）

2016年3月28日，邯郸市人民政府印发《关于在主城区公共建筑实行清洁能源分布式供能系统的若干意见》。指出，今后主城区内所有政府性投资和国有投资新建1万m^2及以上公共建筑的用热、用冷，包含办公建筑、商业建筑、科教文卫建筑、通信建筑、交通运输建筑等，都要采用清洁能源分布式供能，并鼓励非政府投资的同类建筑优先使用清洁能源分布式供能。同时，还明确了支持政策：支持采用清洁能源分布式供能的项目建设单位可以申报国家、省、市清洁能源、节能减排等专项资金。对通过合同能源管理实施的清洁能源分布式供能项目，按照财政部、国家税务总局等有关规定执行相关优惠政策和资金补贴。对符合条件的节能服务公司实施合同能源管理项目，符合企业所得税税法有关规定的，自项目取得第一笔生产经营收入所属纳税年度起，第一年至第三年免征企业所得税，第四年至第六年按照25%的法定税率减半征收企业所得税。

5. 广东省发布《关于加快推进我省清洁能源建设的实施方案》的通知（粤发改能新函［2015］396号）

2015年7月13日，广东省发展改革委印发《关于加快推进我省清洁能源建设的实施方案》的通知（粤发改能新函［2015］396号）。广东省具有较大发展潜力的清洁能源主要包括核电、天然气发电，以及风电、太阳能光伏发电等可再生能源。实施方案按照这几种能源分别阐述其发展现状、发展目标、主要任务、重点工程及工作措施。天然气到2017年的发展目标是全省建成天然气供应能力约470亿m^3/a（新增天然气供应能力约120亿m^3/a），配套建成天然气主干管网约2863km（新增管网约863km），建成天然气发电（含热电联产、调峰电源、分布式电源）约2000万kW（新增装机容量约650万kW）。

6. 北京市发布《北京市高污染燃料禁燃区划定方案（试行）》（京政发［2014］21号）

2014年7月16日，北京市人民政府印发《北京市高污染燃料禁燃区划定方案（试行）》。方案要求禁燃区建成后单位和个人均不得再使用高污染燃料。以燃煤为例，按照方案，禁燃区建成后将全面使用电、天然气等清洁能源，任何单位不得使用燃用煤及制品的设施，居民取暖、炊事等也不再使用燃煤。禁燃区按照“统一划定，分步实施；由内到外，突出重点；结合发展，适时调整”的原则进行划定，主要范围包括：城六区、北京经济技术开发区、远郊区县十个新城建成区及全市市级及以上开发区。划定区域需在规定时限内完成建成禁燃区，全面禁止使用高污染燃料，到2020年建成区面积80%的区城建成禁燃区。

7. 重庆市天然气分布式能源相关政策

根据国家发展改革委、财政部、住房城乡建设部、国家能源局《关于发展天然气分布式能源的指导意见》（发改能源［2011］2196号）和《天然气分布式能源示范项目实施细则》（发改能源［2014］2832号），借鉴其他省市的经验并结合重庆实际，重庆市正在会同财政、物价、电力等有关部门研究起草加快重庆市天然气分布式能源发展的指导意见，从支持分布式能源项目开展市场化供能服务，优化天然气分布式能源外部发展环境，制定优惠价格政策，加大财税金融政策支持力度等方面，加快天然气分布式能源发展。

8. 天津市天然气分布式能源相关政策

2014年国家批复天津市作为节能减排财政政策综合示范城，建设实施期为2015～2017年，国家每年给天津市安排奖励资金6亿元，对符合要求的示范项目给予资金支持。天然气分布式能源作为新能源类示范项目，符合奖励资金支持范围。目前，天津市按照《财政部、国家发展改革委关于调整节能减排财政政策综合示范奖励资金分配和绩效评价办法的通知》（财建［2013］926号），对符合要求的天然气分布式能源项目给予节能减排财政政策综合示范城市奖励资金支持。

9. 江苏省天然气分布式能源政策

2018 年 11 月，江苏省物价局发布了《关于完善天然气发电上网电价管理的通知》，明确了天然气上网电价，并对天然气发电上网电价实行标杆电价政策，按照天然气发电平均先进成本、社会效益和承受能力、企业合理回报等原则确定上网电价。区域分布式机组按照 10 万级热电联产机组价格水平执行，楼宇分布式机组执行单一制电价，每千瓦时 0.772 元。建立气电价格联动机制，按照电价空间总额控制原则，当天然气价格出现较大变化时，在既有空间内对天然气发电上网电价适度调整。调价幅度按照天然气发电机组电量电价与气价联动计算公式执行，楼宇式机组按照 10 万级热电联产机组相应调整。

第四节　热点及问题

燃气冷热电联供在我国自 1998 年第一个项目建成开始，经过二十余年的探索和发展，国家和地方政府也相继出台了大量的鼓励发展政策和措施，建设了一批项目，但仍存在诸如能源价格、系统接入、区域供电以及政策及设备制造等较多的问题制约着燃气冷热电联供技术的推广和应用，本节将阐述目前行业普遍关注的热点及问题。

一、燃气价格与电力价格问题

燃气价格和电力价格对燃气冷热电联供项目的经济性有着至关重要的影响，国内各地的项目大多通过燃气价格优惠、电力价格补贴等方式给予一定支持。

过高的燃气价格是现有燃气分布式能源项目失去经济性的主要原因，因此燃气价格下降将对燃气冷热电联供项目起到极大的推动作用。目前国内天然气价格仍存在进一步下调空间，应坚持不懈地推进燃气价格的市场化改革，并提供必要的财税支持，为燃气分布式能源的发展创造良好的条件。电力能源体制和市场化改革缓慢，造成天然气气电价格比过高，直接影响了燃气冷热电联供分布式能源发展速度。与煤炭价格相比，燃气价格高出数倍，燃气在电力能源领域的能源替代市场作用不足、价格竞争力弱。

根据 2014 年 12 月国家发展改革委公布的《关于规范天然气发电上网电价管理有关问题的通知》，自 2015 年起，建立气电价格联动机制。当天然气价格出现较大变化时，天然气发电上网电价应及时调整，有条件的地方要积极采取财政补贴、气价优惠等措施疏导天然气发电价格矛盾。

推进天然气和电力能源体制和市场化改革，可以为燃气冷热电联供分布式能源发展提供良好外部环境，在天然气气源和发售电两个方面出台全国性政策，全面鼓励燃气冷热电联供分布式能源发展。在气源方面，政府可适当给予优惠门站气价、减免管网接入费用、保障燃气供给等鼓励措施；在发售电方面，应充分认识到气电的“绿电”本质和在能源互联网、保障电力安全中的重要作用，鼓励自发自用，全面放开就近直供，余电全额保障收购，与燃气价格形成联动，形成合理的发电侧余电上网补贴标准。“气改”和“电改”从成本和收入两方面同时作用于燃气冷热电联供分布式能源，可大大提升其经济效益，解决制约燃气分布式能源应用最为关键和最为核心的问题。

二、电力系统接入问题

虽然发展燃气冷热电联供分布式能源有利于电网的运行和满足快速增长的需要，但每建一个分布式发电站都相当于与电网公司形成市场竞争。因此，尽管国家已出台了允许分布式发电并网的政策，但在实际操作层面仍面临很多困难。燃气冷热电联供项目发电不能并网，使系统运行的稳定性和经济性大打折扣，造成不少项目上马后即停运，产生极大投资浪费。

另外，《中华人民共和国电力法》关于隔墙供电的诸多限制未破，也成为发展燃气冷热电联供分布式能源的一大障碍。对于楼宇型冷热电联供项目，冷热电负荷的匹配问题决定了项目的经济性，往往民用建筑冷热负荷大而电负荷小，电力不能隔墙供电，只能选择小发电机，项目的收益无法最大化。

三、政策和投资环境问题

（1）在政策和制度设计方面，主要是天然气和电力能源供应体制和市场化改革缓慢、节能环保清洁发展机制建设滞后，行业鼓励政策未有效落地，行政管理制度复杂，缺乏统筹规划和有效监管。

（2）统筹规划缺失，造成项目立项、实施困难。燃气冷热电联供分布式能源的开发必须与电网、供热、供冷及其他基础设施建设统筹协调，将天然气分布式供能纳入区域能源规划是较好的方式之一。因多数省份尚未开展燃气冷热电联供分布式能源规划编制以及将其纳入地区能源发展规划中的工作，造成项目在立项、实施过程中困难重重。

（3）法律障碍造成电力并网困境。虽然近年来国家层面和地方均出台诸多政策鼓励分布式能源的发展，但《中华人民共和国电力法》第二十五条规定："供电企业在批准的供电营业区内向用户供电。供电营业区的划分，应当考虑电网的结构和供电合理性等因素。一个供电营业区内只设立一个供电营业机构。省、自治区、直辖市范围内的供电营业区的设立、变更，由供电企业提出申请，经省、自治区、直辖市人民政府电力管理部门会同同级有关部门审查批准后，由省、自治区、直辖市人民政府电力管理部门发给《供电营业许可证》。跨省、自治区、直辖市的供电营业区的设立、变更，由国务院电力管理部门审查批准并发给《供电营业许可证》。"这导致新增供电主体十分困难，电力生产企业没有向终端用户直接供电的权利，用户也没有自由选择电力供应商的权利。电力并网困难，从根本上制约了燃气冷热电联供分布式能源的快速发展。

此外，由于电力并网困难，使得目前我国的燃气冷热电联供项目大多不会考虑分布式电源所发电力上网的运行方式，若今后一旦需要向配电网送电，联供系统不但需增加双向计量装置，且高峰和低谷电价如何计算也将成为一个主要问题而需慎重考虑。

（4）在经济和市场条件方面，主要是经济增速和能源需求放缓，天然气供应条件不完善，气电价格比偏高，供冷/供热价格偏低，融资难度比较大与成本高等造成项目经济效益差。

(5) 在社会发展和文化方面，主要存在城镇化发展和管理水平不高，节能环保、低碳发展的理念仍没有深入人心，全社会对燃气冷热电联供分布式能源的认识水平低等问题。

四、设备国产化率及设备造价、运维问题

我国燃气分布式能源的装备研发设计和制造能力薄弱造成核心动力设备、脱硝设备、备品备件等依赖进口，设备造价和运维成本高，供货周期长。国外进口动力设备供货周期一般半年，大修期一般超过半年，跟不上建设或运营进度要求。国产化的机组在可靠性、长寿命、性能等各个方面与国外品牌具有较大差距，经济性也没有明显优势。

五、氮氧化物排放指标问题

作为燃气冷热电联供系统中主要设备之一的燃气内燃发电机组，其氮氧化物排放量为250～500mg/Nm^3，经脱硝设备处理后，尽管可达到 75mg/Nm^3，但仍高于燃气锅炉的30mg/Nm^3 的排放指标，在排放要求严格的地区投资和运行费用有所增加。

六、天然气供应问题

随着国家环保政策的日趋严格，天然气替代煤炭成为趋势，天然气行业得到了快速发展，总体来说天然气在全国范围内持续、稳定供应是有保障的，但发展中的问题还是很多。尤其是冬季供气高峰的保障是困扰天然气供气企业和天然气用户的一大难题。以北京为例，天然气峰谷差达到 1∶10，造成高峰期对季节调峰储气设施、供气系统安全的极大挑战，冬季大范围的限气已发生过两次。

另外，天然气供应压力也限制了冷热电联供系统发电设备的机型，一般中压管线在城市分布较广，适用于燃气内燃机。燃气轮机需要高压燃气供应，除高压管线一般分布在城市外围外，燃气规范上对高压燃气入厂房，特别是入楼，有诸多限制，致使排放小、效率高的燃气轮机的应用难以推广。

七、产业体系的整体竞争力问题

目前，有部分燃气分布式能源项目存在负荷预测不准确、运营风险评估不完善、技术路线不合理等问题，导致项目无法正常运营或经济效益差。数据统计显示，全国大部分项目折算成满负荷的年运行小时数不到 3000h，接近一半的项目年均综合能源利用率不到75%，没有充分发挥燃气冷热电联供分布式能源的优势。部分项目因运营风险评估不完善，在建成多年后负荷始终不足，无法按期投产达产。目前，尽管相关从业企业可达数百家，但只有部分央企和地方国资企业具备较强的工程经验和技术实力，大部分中小企业专业背景不强、技术和管理能力薄弱，无法有效形成产业聚合和提升产业的整体竞争力。

第二章　燃气冷热电联供系统形式与分类

燃气冷热电联供系统形式可根据供电形式、原动机形式、发电余热形式、余热利用形式和冷热负荷形式的不同来分类。联供系统供电形式可分为并网、并网不上网和孤网运行；原动机形式主要为燃气轮机、内燃机和微型燃气轮机；发电余热形式主要是烟气和热水；余热利用形式可分为烟气余热利用、热水余热利用、烟气热水余热利用；冷热负荷形式可分为蒸汽、热水、冷水。

第一节　按供电形式分类

燃气冷热电联供系统的供电系统与常规供电系统的区别主要在于联供系统发电机与公共电网的关系。当用户用电负荷变化时，发电机与公共电网要满足用户用电负荷需要。

一、发电机组并网运行

燃气冷热电联供系统并网运行的发电机组与公共电网共同供应用户全部电负荷，燃气冷热电联供系统所发电力应优先满足项目自身用电需求（见图 2-1）。

发电机并网运行的燃气冷热电联供系统，设备选择和调节灵活，发电设备容量可以稍大，根据技术经济比较结果选择发电自用或多余电力上网，系统总发电量大，效益较好。

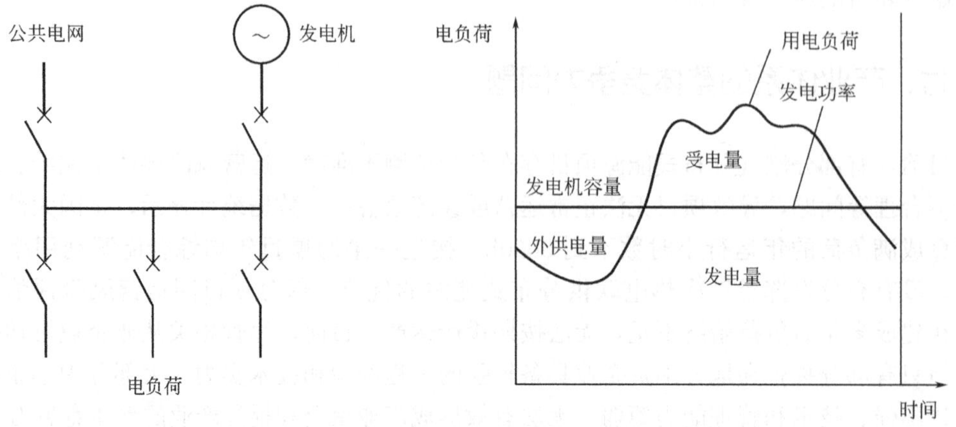

图 2-3　发电机组并网运行

二、发电机组并网不上网运行

当采用并网不上网运行方式时，发电机组与公共电网共同供应用户全部电负荷。为了保证不向公共电网输送电能，必须设置逆功率保护装置（见图 2-2），当检测出发电机组向公共电网反送电时立即报警。

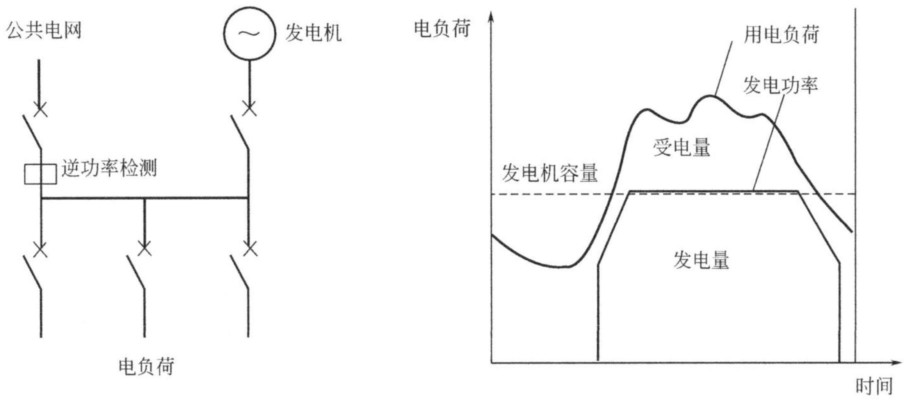

图 2-2　发电机组并网不上网运行

发电机并网不上网运行的系统，选择发电机容量时要考虑用户负荷变化规律，发电机跟踪用电负荷加减载，在用电负荷较低时段只能停机，因此发电机容量应小于用电负荷。

三、发电机组孤网运行

孤网运行的发电机组与公共电网之间设切换开关。根据用户电负荷的特性，可以整体切换（见图 2-3），也可以分别切换（见图 2-4）。分别切换能更好地适应负荷变化，发电机组负荷率较高，但系统较为复杂。

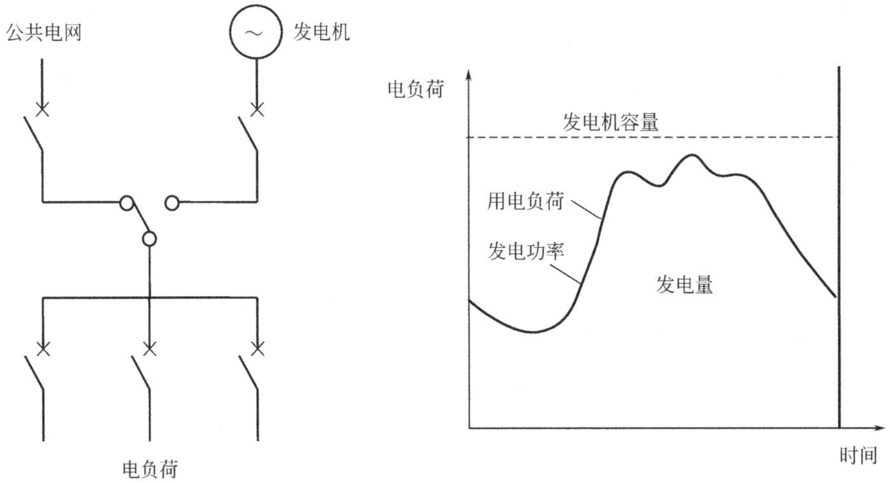

图 2-3　发电机组孤网运行电负荷整体切换

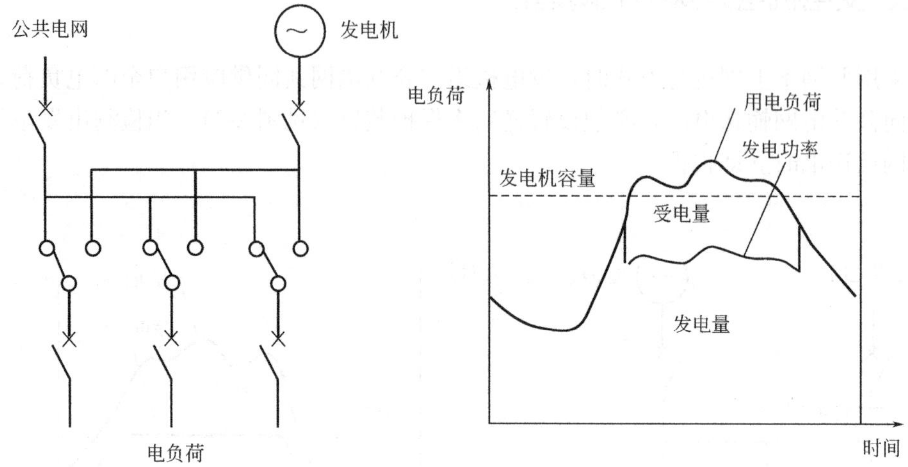

图 2-4　发电机组孤网运行电负荷分别切换

发电机孤网运行的系统，发电机总装机容量要大于用户用电负荷，且发电机单机容量要考虑最小用电负荷状态运行的可行性。孤网运行的发电机负荷率低，发电效率较低，经济效益较差。发电机孤网运行的系统适用于电力短缺的用户。

第二节　按原动机形式分类

本节简要介绍燃气冷热电联供系统常用的发电机组中三种原动机的形式及特点，分别是燃气轮机、燃气内燃机和微型燃气轮机。

一、燃气轮机

燃气轮机发电形式分为简单循环和燃气—蒸汽联合循环两大类，小型燃气冷热电联供系统主要采用简单循环发电形式（见图 2-5）。燃气与压缩后的空气进入燃烧室混合燃烧，产生高温高压气体进入透平机中膨胀做功驱动发电机发电，做功后排出的烟气可作为余热加以利用。燃气轮机发电效率为 30%～40%，可利用的余热主要是烟气，温度为 350～650℃，余热量占总输入热量的 40%～50%。

二、内燃机

燃气内燃机为往复活塞式内燃机，将燃料和空气混合在汽缸内燃烧，产生高温高压气体推动活塞作功，再将机械功输出驱动发电机发电（见图 2-6）。燃气内燃机发电效率为 30%～45%，利用余热有烟气和冷却水。燃气内燃机排出的烟气温度为 380～550℃，热量占总输入热量的 15%～20%；冷却水温度为 80～100℃，热量占总输入热量的 30%～50%。

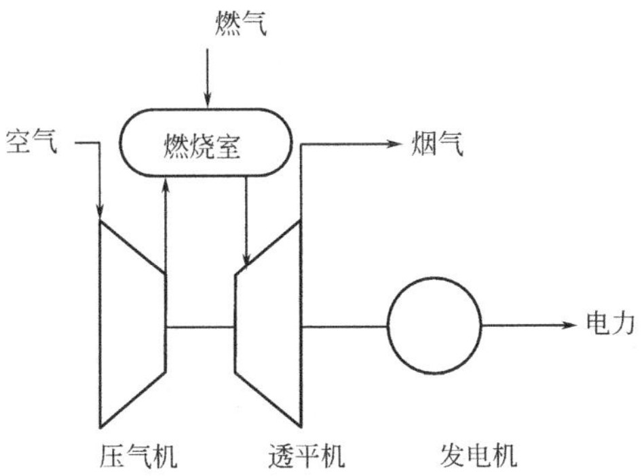

图 2-5　燃气轮机发电机组

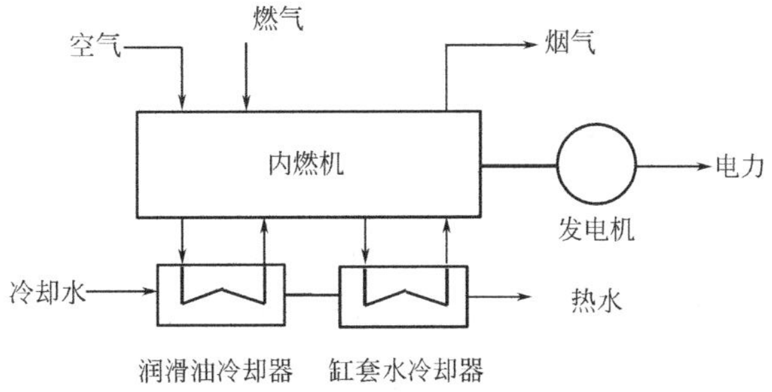

图 2-6　燃气内燃机发电机组

三、微型燃气轮机

微型燃气轮机是一种小型的燃气轮机，简称微燃机（见图 2-7）。一般微燃机发电机组装有回热器，在透平机做功后的烟气通过回热器预热空气，之后再进行余热利用。微燃机发电效率为 15%～30%，可利用的余热形式主要是烟气，温度 280～300℃，余热量占总输入热量的 20%～50%。

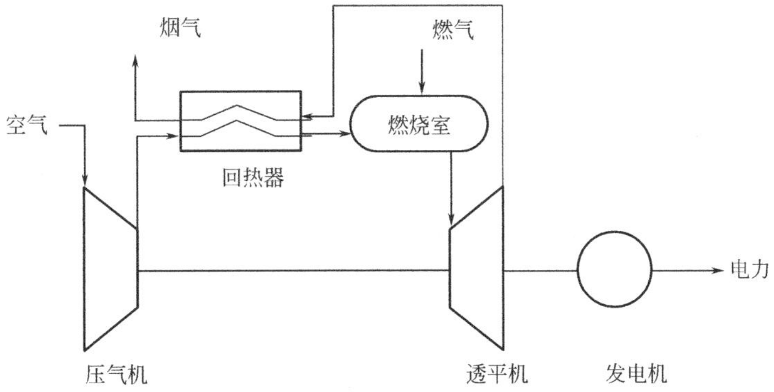

图 2-7　微型燃气轮机发电机组

第三节　按发电余热形式分类

发电余热的形式是选择余热利用系统形式的重要依据，发电余热主要分为烟气和热水两种形式。

一、烟气

烟气是燃气发电机组最重要的余热来源，燃气燃烧做功后排出的烟气温度较高，利用系统较简单，可以生产蒸汽、热水，或驱动吸收式制冷机生产冷水，供应生产、生活、建筑供暖及空调。燃气轮机、燃气内燃机和燃气微燃机均产生可利用的烟气余热，烟气余热利用后的排烟温度不宜高于120℃。

二、热水

冷却水是燃气内燃机的主要余热来源之一，内燃机缸套水温度较高热量、占比较大，可以生产热水，或驱动吸收式制冷机生产冷水，供应建筑供暖、空调及生活热水。燃气轮机的润滑油冷却、燃气内燃机的润滑油和中冷器冷却水温度较低，是否利用及利用量需要根据用户需求确定，可以用来加热温度较低的热水。内燃机冷却水余热利用后的出口温度不宜高于75℃。

第四节　按冷热负荷形式分类

燃气冷热电联供系统冷热负荷的形式主要取决于用户的负荷需求，联供系统可根据负荷形式选择原动机形式和余热利用方式。

一、蒸汽

蒸汽是供热的常用介质，温度和压力较高，用途广泛。蒸汽可以用于生产工艺驱动动力设备，可以驱动制冷机供应空调负荷，也可用于加热、消毒、供暖及供生活热水。

在燃气冷热电联供系统中，烟气余热可以通过余热锅炉生产蒸汽。

二、供暖空调热水

建筑供暖和空调系统的供热介质一般采用热水。散热器供暖系统推荐供水温度75℃，风机盘管空调系统推荐供水温度60℃，地面辐射供水温度可以低于40℃。

在燃气冷热电联供系统中，烟气余热和热水余热均可以通过余热锅炉、换热器或吸收式冷温水机生产供暖用热水。如果用户采用低温地面辐射供暖，还可以利用低温冷却水余热。

三、空调冷水

建筑空调系统的制冷介质为冷水。常规空调系统推荐冷水供水温度为7℃，区域供冷系统供水温度更低。

在燃气冷热电联供系统中，烟气余热和热水余热均可以通过吸收式冷温水机生产冷水。烟气可以驱动溴化锂双效吸收式制冷机，高温冷却水可以驱动溴化锂单效吸收式制冷机。

四、生活热水

生活热水供水温度为50～60℃。在燃气冷热电联供系统中，烟气余热和热水余热均可以通过余热锅炉、换热器或吸收式冷温水机生产生活热水。因供水温度较低，可利用低温冷却水余热和烟气冷凝潜热。

第五节　按余热利用形式分类

燃气冷热电联供系统常用余热利用设备为余热锅炉、溴化锂吸收式冷温水机及换热器等。余热利用设备与补充冷热能设备结合，共同供应用户冷热负荷。

一、余热锅炉利用烟气余热

余热锅炉直接利用烟气余热供蒸汽或热水。余热锅炉除可利用烟气余热外，还可以补燃增加供热能力。参见图2-8和图2-10。

二、溴化锂吸收式冷温水机利用烟气余热

烟气余热温度较高，温度高于170℃的烟气可以驱动溴化锂双效吸收式制冷机供应空调冷热水。参见图2-9。

三、溴化锂吸收式冷温水机利用冷却水余热

燃气内燃机高温冷却水温度80～100℃，可以驱动溴化锂单效吸收式制冷机供应空调冷热水。参见图2-10。

四、溴化锂吸收式冷温水机利用烟气和冷却水余热

燃气内燃机同时排出烟气余热和冷却水余热，可以利用一台溴化锂吸收式冷温水机组，同时吸收烟气和冷却水余热，烟气进入高压发生器，热水进入低压发生器，驱动溴化锂吸收式制冷机供应空调冷热水。参见图2-11。

五、水—水换热器利用冷却水余热

发电机组冷却水根据用户需求，可以通过水—水换热器供应供暖、空调、生活热水。参见图2-10和图2-12。

第六节　不同形式的示例

本节介绍几种在燃气冷热电联供系统的典型示例，可根据用户负荷特点选用联供系统和补充冷热能系统形式。

一、燃气轮机供电、余热锅炉供蒸汽

当热负荷主要为蒸汽或热水负荷时，联供系统余热利用设备宜采用余热锅炉，蒸汽、热水负荷由余热锅炉直接供应；冷负荷再由蒸汽型或热水型吸收式冷温水机供应（见图 2-8）。因燃气轮机排烟中含氧量较高，需要补燃时宜采用烟道补燃方式。余热不足部分可设蒸汽锅炉补充供应蒸汽。

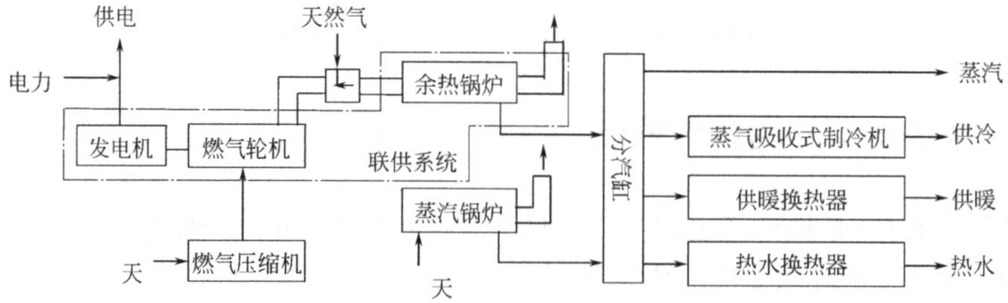

图 2-8　燃气轮机供电 + 余热锅炉供蒸汽

二、燃气轮机供电、烟气型冷温水机供冷热水

当热负荷主要为空调制冷、供热负荷时，联供系统余热利用设备宜采用溴化锂吸收式冷温水机，烟气直接进入烟气型吸收式冷温水机制冷、供热（见图 2-9）。当冷、热负荷不稳定时，应在排烟系统上设自动调节阀，在短时冷热负荷低时将多余烟气排放，以维持发电机稳定运行。

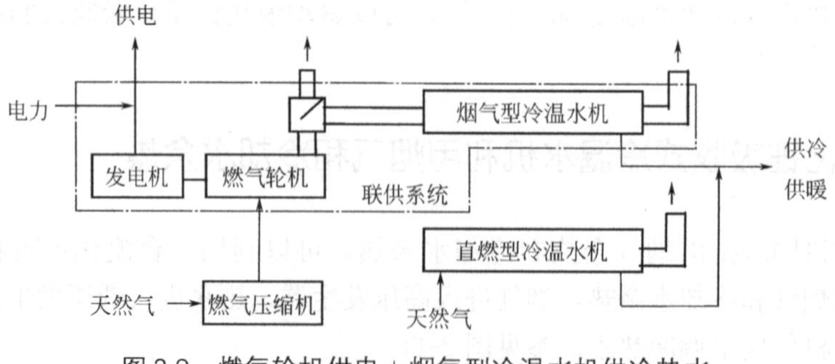

图 2-9　燃气轮机供电 + 烟气型冷温水机供冷热水

三、燃气内燃机供电、余热锅炉供热水

燃气内燃机余热可经余热锅炉生产热水。热水可直接利用或进入溴化锂吸收式冷

（温）水机制冷、供热（见图 2-10）。供应不同用途的冷热负荷的系统，余热利用设备宜按利用温度高低串联布置，对余热进行梯级利用。

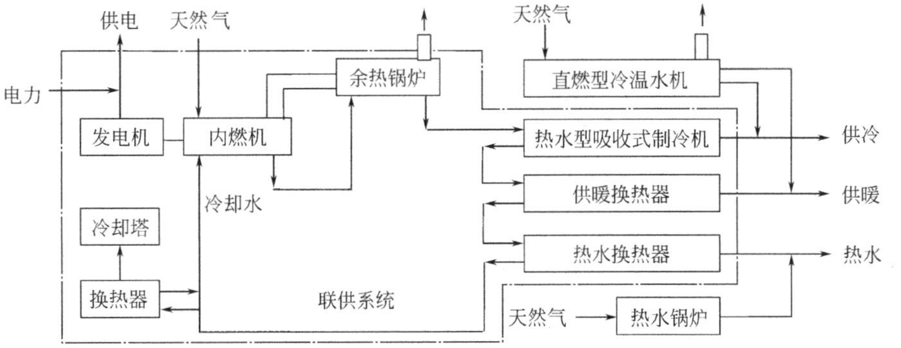

图 2-10　燃气内燃机供电 + 余热锅炉供热水

四、燃气内燃机供电、烟气热水型冷温水机供冷热水

当热负荷主要为空调制冷、供热负荷时，内燃机烟气和冷却水可直接进入溴化锂余热吸收式冷（温）水机制冷、供热（见图 2-11）。余热利用系统宜配置烟气冷凝器，可利用余热锅炉或吸收式冷温水机排烟余热加热热水。

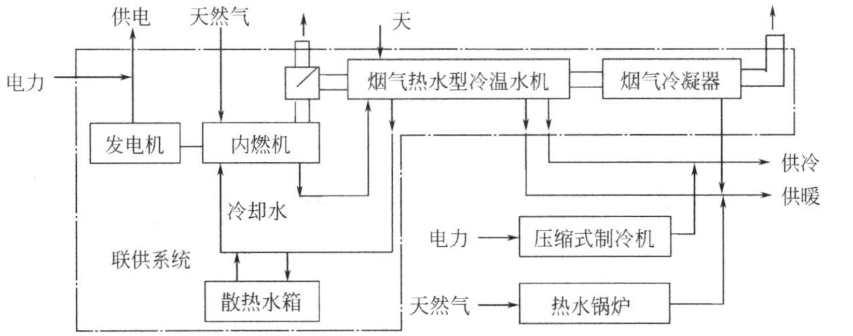

图 2-11　燃气内燃机供电 + 烟气热水型冷温水机供冷热水

五、燃气内燃机供电、烟气型冷温水机供冷热水、冷却水换热器供生活热水

内燃机各部分余热可分别利用，烟气可进入溴化锂余热吸收式冷（温）水机制冷、供暖；冷却水可进入换热器供生活热水（见图 2-12）。热负荷不稳定时可设蓄热装置平衡负荷波动。

六、燃气冷热电联供与可再生能源联合供能

燃气冷热电联供系统可以结合太阳能、风能、地热能等可再生能源，共同满足用户用

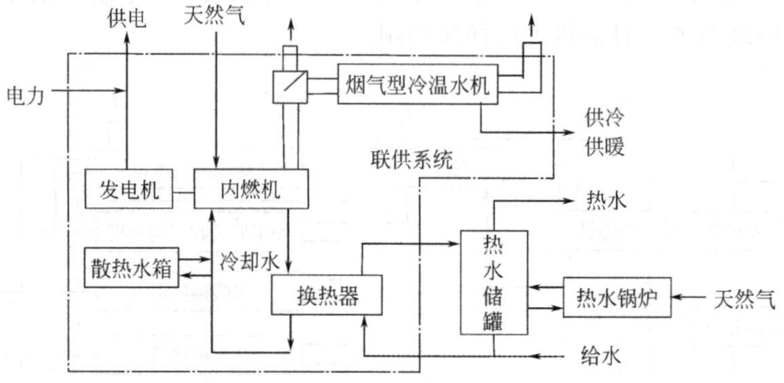

图 2-12　燃气内燃机供电 + 烟气型冷温水机供冷热水 + 冷却水换热器供生活热水

电、空调冷热水及生活热水（见图 2-13），可根据项目的需求采用最节能的运行方式。

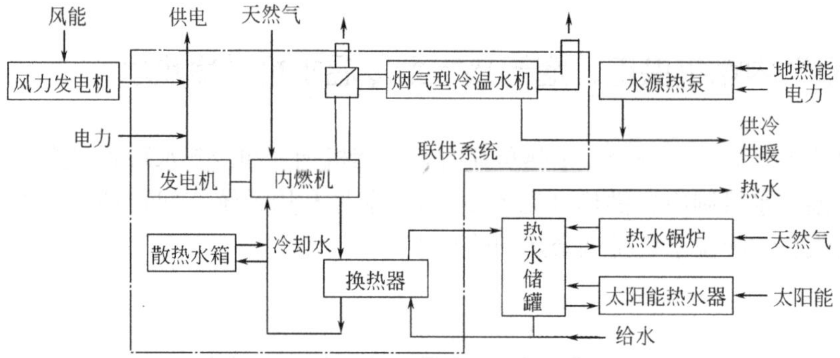

图 2-13　燃气冷热电联供 + 风力发电 + 地热供冷热 + 太阳能热水

第七节　冷热电联供工程设计注意事项

燃气冷热电联供工程是以冷热电联供为主要特征的工程项目，燃气冷热电联供工程设计的目标是节能、经济、安全，应根据用户冷热电负荷使用规律和项目建设条件综合优化。燃气冷热电联供工程不同于传统的热电联产工程，不以生产电能为主要目的，联供系统发电的目的是提高能源供应效率，实现一次能源的梯级利用。联供系统设计时，应遵循电能自发自用、余热利用最大化的原则。一般情况下，联供系统的发电机和余热利用设备容量均小于用户最大负荷需求，作为用户的冷热电供应中心，冷热电联供工程要满足供应区域内用户的全部冷热电负荷需求。因此，联供工程除配置联供系统设备外，还需配置补充电能及冷热能供应的设备，并随用户负荷变化调节冷热电输出功率。

一、冷热电联供工程的组成

燃气冷热电联供工程除包括联供系统外，还包括燃气供应系统、供配电系统、监控系统调峰系统及辅助设施。燃气冷热电联供工程主要包括以下几个主要部分（见图 2-14）：

（1）联供系统：工程项目中的动力发电系统和余热利用系统，其中动力发电系统主要指发电机组，一般由原动机、发电机、启动装置、控制装置等集成为整体设备；余热利用系统包括余热锅炉、余热吸收式冷（温）水机、换热器、水泵等。

（2）公共电网系统：工程项目中与联供系统并列的变配电系统、接入系统、控制及保护装置。

（3）供配电系统：工程项目中用户侧变配电装置。

（4）燃气供应系统：工程项目中燃气调压、计量、燃气加压、稳压等装置。

（5）监控系统：工程项目中各系统参数的监测、报警与控制装置。

（6）补充冷热能系统：补充冷热能供应设备可采用吸收式冷（温）水机组、压缩式冷水机组、热泵、锅炉等，且可采用蓄冷、蓄热装置。

（7）冷热循环系统：工程项目中冷水、热水、冷却水等循环系统，包括水泵、换热器、冷却塔、散热水箱等装置。

（8）站房及附属设施：包括建筑结构、通风、消防等设施。

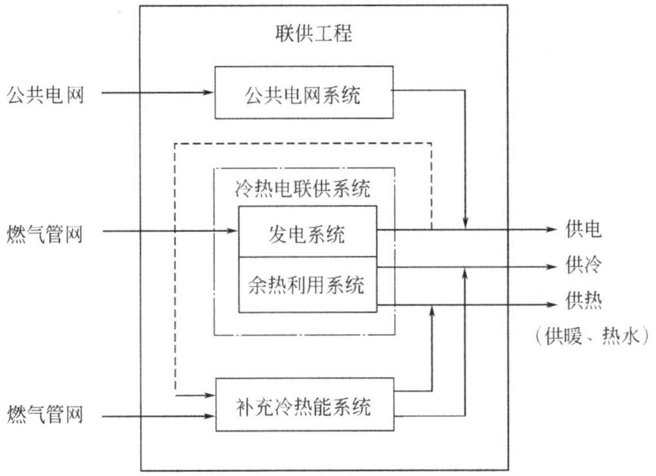

图 2-14　燃气冷热电联供工程组成

二、冷热电联供工程的设计原则

（一）提高综合能源利用率

对于装机规模小于或等于 25MW 的燃气冷热电联供系统，国家标准《燃气冷热电联供工程技术规范》GB 51131-2016 中明确要求燃气冷热电联供系统的年平均能源综合利用率应大于 70%。燃气联供系统的优势在于其能源综合利用率高，符合国家的能源战略和节能目标。有条件的项目，还可进一步深度利用低温余热，提高余热利用率。

（二）保证较高满负荷小时数

在发电机容量一定的情况下，需要合理调整发电机组负荷分配，保证其较高的运行效率及较高的年度满负荷运行时间。发电机投资是能源站投资强度相对较大的部分，其年运行时间的长短直接影响系统的投资收益。发电机较高的年满负荷小时数可以实现较好的发电机投资技术经性，从而提高项目整体经济性。

（三）实现余热梯级利用

燃气冷热电联供系统运行应当最大限度地利用发电余热，减少能量品位较高的烟气、缸套水热量的排放。特别是当运行经济性与余热完全利用之间矛盾时，应站在节约资源的高度，优先考虑余热全部利用、减少余热浪费。

（四）最大限度提高发电效率

虽然一般情况下不能够改变发电机发电效率，但是可以调整发电机的运行工况，使发电机长时间运行在发电效率较高的工况。小型燃气内燃发电机发电效率一般在30%～45%，相比大型燃气发电厂50%左右的发电效率低一些。若是燃气发电机组不能以较高的发电效率运行，则冷热电联供系统从供电角度来看，不如大型燃气电厂。但是从多种能源需求同时解决、近距离输配的角度来看，燃气冷热电联供系统是优于大型燃气电厂的。因此应该尽可能提高分布式能源系统发电效率，减少与大型电厂供电效率之间的差别，提高分布式能源系统整体效率和电能品质。

（五）合理利用调峰设备

燃气冷热电联供系统应能够根据用户负荷的变化，在保证发电系统设备及配套余热利用设备得以充分利用的前提下，根据能源价格、负荷情况等因素，合理选择调峰设备和调峰方式，实现费用最低的调峰运行模式，以提高项目经济效益。

（六）合理利用蓄能设备

蓄能方式主要有相变蓄能、水/冰蓄能、导热油蓄能等。相变蓄能具有单位体积蓄能容量大、蓄能和释能换热系数高的特点，适合场地紧张或土地价格较为昂贵的工程；水蓄能具有系统简单、冷热同蓄、响应速度快、调节灵活的优点，但相比相变蓄能，其单位体积蓄能量小，有相同蓄能量空间占地大等缺点，适合于场地宽松的项目；导热油具有较高的相变温度，适合于蓄能品质高的项目。

第三章　冷热电负荷的确定

燃气冷热电联供工程中，冷热电负荷的确定是非常重要的，无论是《燃气冷热电联供工程技术规范》GB 51131—2016 的相关规定，还是大量工程实践的经验总结，都表明了负荷的确定是联供工程安全、稳定、经济运行的基础。本章阐述了冷热电负荷确定的目的和作用，介绍了常用预测方法和计算公式，并通过示例详细说明了负荷的计算以及注意事项等。

第一节　冷热电负荷预测的目的和作用

冷、热、电负荷的确定是燃气冷热电联供工程设计的首要条件，负荷分析和预测的目的是在科学分析冷热电负荷的基础上确定联供工程的装机规模以及各供冷、供热设备容量的合理分配，保证联供工程能够高效、稳定、经济运行。负荷的动态变化与系统的耦合是有效调整动力、冷、热之间的关系，保证系统可靠性的基础。逐时负荷变化曲线可以计算出基础负荷与调峰负荷，以及制定日运行方式；年负荷变化曲线可以计算出年有效利用时间，从而计算出系统的基本装机方案及运行方式，以及系统的经济性预测。只有在正确确定冷、热、电负荷的前提下，才有可能保证系统配置合理，减少建设投资并降低运行费用。

建筑物的能耗需求是能源系统设计的基础。准确预测建筑物冷热电负荷的数值以及变化规律，不仅是进行设备选择的基础，也是对系统配置进行优化以及对系统的节能性、经济性进行分析评价的前提条件。常规的设计是以确定设计负荷的方法作为设备选择和计算的依据，可以满足“保”而不能做到“优”。对于冷热电联供系统来说，这样简单的以一个数值来确定系统的设备以及进行系统优化显然是不够的。因此需要对负荷需求的变化进一步研究，以适应系统设计的需要。

对于冷、热、电负荷的分析计算，《燃气冷热电联供工程技术规范》GB 51131—2016 规定：既有建筑进行联供工程设计时，应调查实际冷、热、电负荷数据，并应根据实测运行数据绘制不同季节典型日冷、热、电逐时负荷曲线和年负荷曲线；新建建筑或不能获得实测运行数据的既有建筑进行联供工程设计时，应调查使用条件相似地区的同类项目实际冷、热、电负荷数据，根据建筑设计负荷资料，按相似建筑实测负荷数据进行估算，并应绘制不同季节典型日逐时负荷曲线和年负荷曲线。典型日一词，最早源于“电网典型负荷日”，“典型”意味着“正常”而非特殊情况。在冷热电联供工程中，典型日指全年或每个季度中，设计条件下（非极端天气情况）的最高负荷日。

对于包含多种使用功能建筑的综合性项目，应分别绘制各种独立功能建筑的逐项逐时负荷曲线，考虑同时使用率，叠加后得到项目总负荷曲线。除绘制各季节典型日负荷曲线外，还可以绘制各月典型日负荷曲线，作为全年负荷分析的依据。条件具备时，可根据实际统计数据或负荷分析软件绘制全年负荷曲线。根据全年冷热电负荷计算结果核算单位面积的冷热电设计指标和冷热电年消耗量，与已有统计数据进行比较，确保计算的合理性。为避免计算总负荷偏大导致的主机设备偏大、管道输送系统偏大、末端设备偏大而带来的投资增加和给节能与环保带来的潜在问题，要求绘制不同季节典型日逐时冷、热、电负荷曲线，合理确定联供工程中发电设备容量和由余热提供的冷、热负荷；为使冷热电联供工程运行具有较好的经济性，要通过逐时负荷分析，在系统配置选型时使发电余热能尽量全部利用。利用年负荷曲线，可以计算全年联供工程发电及余热的利用情况，对联供工程进行经济性预测。在技术经济比较的基础上，才可确定冷热电联供工程是否具有实施的必要性和可行性。

第二节　冷热电负荷预测的方法

不同使用性质的建筑物冷热电负荷需求是千变万化的，其变化规律也不尽相同。通过对大量测试数据进行统计研究证明，同一类相同性质的建筑（如同为办公楼、医院、商场），冷热电负荷需求的变化规律基本是一致的。

在进行负荷预测时，比较常规也是经常采用的预测方法是面积指标预测法以及逐时系数预测法，随着计算机的普及发展，一些高校和研究机构用计算机对负荷的变化规律过程进行模拟，并总结出一些计算方法、计算软件，对负荷进行预测，取得了较好的效果。无论采用传统常规的预测方法还是采用计算机模拟的计算方法，前提都是来自大量的实验和预测数据，对于工程实践中采用何种方法都是可以的。

下面简单介绍几种预测方法。

一、常规的预测方法

（一）面积指标预测法

面积指标预测法是指标预测方法的一种。采用指标预测建筑物的用热、用冷以及用电负荷的方法。通常是根据既有建筑的热、冷、电等实际负荷进行统计，以单位建筑面积或体积作为基准，计算负荷数值，并根据不同使用性质按其规律进行总结，得出同类使用规律的建筑用能指标。

采用面积指标预测方法是目前最为常见、最为简洁的一种预测方法。对冷、热、电负荷的预测皆可采用，普遍用于规划、项目前期阶段，具有较强的可操作性。

热指标是指单位面积建筑的热负荷；冷指标是指单位面积建筑的冷负荷；电负荷指标是指单位面积建筑的用电负荷。常规建筑都会有冷、热、电负荷需求，上述指标单位通常为 W/m^2。此外还有生活热水热指标、生产工艺指标（蒸汽）等。

采用面积指标法可以较方便地确定建筑物的冷热电设计负荷，为进一步分析负荷的变化规律提供基础。

根据《城镇供热管网设计规范》CJJ 34-2010，民用建筑的供暖、空调及生活热水热指标推荐值如表 3-1～表 3-3 所示。

供暖热指标推荐值　　　　表 3-1

建筑物类型	供暖热指标(W/m^2)	
	未采取节能措施	采取节能措施
住宅	58～64	40～45
居住区综合	60～67	45～55
学校、办公	60～80	50～70
医院、托幼	65～80	55～70
旅馆	60～70	50～60
商店	65～80	55～70
食堂、餐厅	115～140	100～130
影剧院、展览馆	95～115	80～105
大礼堂、体育馆	115～165	100～150

注：1. 表中数值适用于我国东北、华北、西北地区。
2. 热指标中已包括约 5%的管网热损失。

空调热指标、冷指标推荐值　　　　表 3-2

建筑物类型	热指标(W/m^2)	冷指标(W/m^2)
办公	80～100	80～110
医院	90～120	70～100
旅馆、宾馆	90～120	80～110
商店、展览馆	100～120	125～180
影剧院	115～140	150～200
体育馆	130～190	140～200

注：1. 表中数值适用于我国东北、华北、西北地区。
2. 寒冷地区热指标取较小值，冷指标取较大值；严寒地区热指标取较大值，冷指标取较小值。

居住区供暖期生活热水日平均热指标推荐值　　　　表 3-3

用水设备情况	热指标(W/m^2)
住宅无生活热水设备，只对公共建筑供热水时	2～3
全部住宅有沐浴设备，并供给生活热水时	5～15

注：1. 冷水温度较高时采用较小值，冷水温度较低时采用较大值。
2. 热指标中已包括约 10%的管网热损失在内。

(二) 逐时系数预测法

逐时系数预测法是指在一日（24h）内，每小时负荷的变化可以用时变化系数表示，设计时一般取最高负荷值的时变化系数。每小时负荷值与最大小时负荷值的比值，叫做时变化系数。

逐时系数预测法能够反映建筑物每时能耗需求的变化，对分析负荷变化的规律以及配置系统有着较强的指导意义，因此在《燃气冷热电联供工程技术规范》GB 51131-2016 中规定，既有建筑进行联供系统设计时，应调查实际冷、热、电负荷数据，并应根据实测运行数据绘制不同季节典型日冷、热、电逐时负荷曲线和年负荷曲线；新建建筑或不能获得实测运行数据的既有建筑进行联供系统设计时，应调查使用条件相似地区的同类项目实际冷、热、电负荷数据，并根据建筑设计负荷资料，按相似建筑实测负荷数据进行估算，并应绘制不同季节典型日逐时负荷曲线和年负荷曲线。

由此可见，燃气冷热电联供系统来说，计算每时负荷的变化，绘制负荷变化曲线图，可以较为直观、准确，因此非常重要。

在计算逐时负荷预测的同时，应对全年的月负荷变化进行预测，以便于全面了解负荷需求的范围和持续时间。

二、计算机辅助模拟分析方法

随着计算机的普及应用以及分析方法的完善，采取计算机辅助模拟的分析方法也逐渐流行起来。计算机辅助模拟的分析方法具有操作简单、计算方便、省时的优点，因此有一定的优势。使用计算机辅助分析仅仅是一种分析手段，其分析方法与传统方法是一致的，因此在下文介绍时，简单介绍几种常见计算方法的原理。

（一）趋势分析法

趋势分析法也称趋势曲线分析、曲线拟合或曲线回归，它是迄今为止研究最多，也最为流行的定量预测方法。它是根据已知的历史资料来拟合一条曲线，使得这条曲线能反映负荷本身的增长趋势，然后按照这个增长趋势曲线，对要求的未来某一点估计出该时刻的负荷预测值。常用的趋势模型有线性趋势模型、多项式趋势模型、对数趋势模型、幂函数趋势模型、指数趋势模型、逻辑斯蒂（Logistic）模型、龚伯茨（Gompertz）模型等，寻求趋势模型的过程是比较简单的，这种方法本身是一种确定的外推，处理历史资料、拟合曲线，得到模拟曲线的过程，都不考虑随机误差。

采用趋势分析拟合的曲线，其精确度原则上是对拟合的全区间都一致的。在很多情况下，选择合适的趋势曲线，能给出较好的预测结果。但不同的模型给出的结果相差会很大，使用的关键是根据地区发展情况，选择适当的模型。在采用趋势分析法时，必须注意以下问题：（1）用于进行对比的各个时期的指标，在计算口径上必须一致；（2）必须剔除偶发性项目的影响，使作为分析的数据能反映正常的经营状况；（3）应用例外原则，对某项有显著变动的指标作重点分析，研究其产生的原因，以采取相应的解决措施。

（二）回归分析法

回归分析法又称统计分析法，也是目前广泛应用的定量预测方法，其任务是确定预测值和影响因子之间的关系。

回归分析法是在掌握大量观察数据的基础上，利用数理统计方法建立因变量与自变量之间的回归关系函数表达式（称回归方程式）。回归分析中，当研究的因果关系只涉及因变量和一个自变量时，叫做一元回归分析；当研究的因果关系涉及因变量和两个或两个以上自变量时，叫做多元回归分析。根据自变量的个数，可以是一元回归，也可以是多元回归。此外，回归分析中，又依据描述自变量与因变量之间因果关系的函数。表达式是线性的还是非线性的，分为线性回归分析和非线性回归分析。根据所研究问题的性质，可以是线性回归，也可以是非线性回归。通常线性回归分析法是最基本的分析方法，遇到非线性回归问题可以借助数学手段化为线性回归问题处理。回归分析法预测是利用回归分析方法，根据一个或一组自变量的变动情况预测与其有相关关系的某随机变量的未来值。进行回归分析需要建立描述变量间相关关系的回归方程。

如电力负荷回归分析法是通过对影响因子值（比如国民生产总值、工农业总产值、人口、气候等）和用电的历史资料进行统计分析，确定用电量和影响因子之间的函数关系，从而实现预测。但由于回归分析中，选用何种因子和该因子系用何种表达式有时只是一种推测，而且影响用电因子的多样性和某些因子的不可测性，使得回归分析在某些情况下受到限制。回归分析预测方法是要通过对历史数据的分析研究，探索经济、社会各有关因素与电力负荷的内在联系和发展变化规律，并根据对规划期内本地区经济、社会发展情况的预测来推算未来的负荷。可见该方法不仅依赖于模型的准确性，更依赖于影响因子其本身预测值的准确度。

（三）指数平滑法

趋势分析和回归分析都是根据时间序列的实际值建立模型，再利用模型来进行预测计算的。指数平滑法是用以往的历史数据的指数加权组合，来直接预报时间序列的将来值。

指数平滑法由布朗（Robert G Brown）提出，布朗认为时间序列的态势具有稳定性或规则性，所以时间序列可被合理地顺势推延；他认为最近的过去态势，在某种程度上会持续到未来，所以将较大的权数放在最近的资料。

指数平滑法是生产预测中常用的一种方法，也用于中短期经济发展趋势预测，所有预测方法中，指数平滑是用得最多的一种。简单的全期平均法是对时间数列的过去数据一个不漏地全部加以同等利用；移动平均法则不考虑较远期的数据，并在加权移动平均法中给予近期资料更大的权重；而指数平滑法则兼容了全期平均和移动平均所长，不舍弃过去的数据，但是仅给予逐渐减弱的影响程度，即随着数据的远离，赋予逐渐收敛为零的权数。

也就是说指数平滑法是在移动平均法的基础上发展起来的一种时间序列分析预测法，它是通过计算指数平滑值，配合一定的时间序列预测模型对现象的未来进行预测。其原理是任一期的指数平滑值都是本期实际观察值与前一期指数平滑值的加权平均。

（四）负荷密度法

负荷密度法是一种根据供能范围内不同功能地区占地面积及相应的用能负荷密度或年用能量密度，测算预测期用能负荷或年用能量的方法。

以电负荷为例，负荷密度是表征负荷分布密集程度的量化参数，它是每平方千米的平均用电功率数值，以 MW/km^2 计量。根据《城市电力网规划设计导则》，市中心区是指市区内人口密集，行政、经济、商业、交通集中的地区。市中心区用电负荷密度很大，供电质量和可靠性要求高，电网接线以及供电设施都应有较高的要求。负荷密度是负荷预测的常用方法。一般并不直接预测整个城市的负荷密度，而是按城市区域或功能分区，首先计算现状和历史的分区负荷密度，然后根据地区发展规划和各分区负荷发展的特点，推算出各分区各目标年的负荷密度预测值。至于分区中的少数集中用电的大用户，在预测时可另作点负荷单独计算。由于城市的社会经济和电力负荷常有随同某种因素而不连续（跳跃式）发展的特点，因此应用负荷密度法是一种比较直观的方法。

在国民经济发展的各个阶段，各功能地区具有不同的用能特点、用能方式、年最大负荷利用小时数和用能负荷密度。城镇和工业地区用能负荷密度较高，农业和畜牧业地区用能负荷密度较低。随着经济的发展、社会的进步和人民生活水平的提高，商业地区用能负荷密度和居民住宅地区用能负荷密度有较大的增长。研究分析供电地区内各类功能地区用能历史统计资料，根据各类功能地区今后的发展及电气化提高程度，可以测算出预测期各类功能地区占地面积及相应的用能负荷密度，从而计算出供电地区预测期负荷及年用能量。

（五）常用计算机辅助分析软件

目前，建筑物逐时冷热负荷的模拟计算，发展较为成熟，自 20 世纪 60 年代美国电力公司开始用计算机模拟建筑冷负荷以来，先后出现了大量模拟软件，如 DOE-2、BLAST、EnergyPlus、eQUEST、TRNSYS，以及由中国建筑科学研究院开发的 PKPM 和清华大学自主研发的 DeST 等。这些软件都是建筑全能耗分析软件，可以用来模拟建筑及空调系统全年逐时的负荷及能耗，有助于建筑师和工程师从整个建筑设计过程来考虑如何节能。下面分别介绍一下各自的原理和特点。

1. DOE-2 和 BLAST

DOE-2 和 BLAST 是由美国政府同时出资支持的两个建筑能耗分析软件，其中 DOE-2 由美国能源部资助，BLAST 由美国国防部资助。这两个软件的主要区别就是负荷计算方法——DOE-2 采用传递函数法（权重系数），而 BLAST 采用热平衡法。

DOE-2 的主要特点有：

（1）DOE-2 可以很精确地处理各种功能和结构复杂的建筑，是最权威、最经典的建筑能耗模拟软件之一；

（2）对系统的处理能力很有限，只能处理有限的几种暖通空调系统；

（3）它是基于 DOS 环境下的软件，界面不太友好。DOE-2 的输入较为麻烦，有固定的格式，必须采用手动编程的方法输入，且有关键字的要求；

（4）顺序结构是 DOE-2 的重大缺陷，在实际的暖通空调过程中，建筑室内热环境、空调系统以及主机的运行情况等是耦合的，顺序结构的理念彼此没有反馈，影响了计算结果的准确性。

2. EnergyPlus

EnergyPlus 整合了 DOE-2 和 BLAST 的优点，并加入了很多新的功能，它被认为是 DOE-2 的一个很好的替代软件。EnergyPlus 采用热传导传递函数法来计算墙体传热，采用热平衡法计算负荷，热传导传递函数法实质上还是一种反应系数，但它的计算更为精确，因为它是基于墙体的内表面温度，而不同于一般的基于室内空气温度的反应系数。

EnergyPlus 的主要特点有：

（1）EnergyPlus 能精确地处理较为复杂的各类建筑。它在处理建筑热过程时，考虑到了很多方面的因素，包括建筑的遮挡、绿化、风、光、雨、雪等，在这方面，可以说是同类软件中最为全面的，因此 EnergyPlus 完全可以计算建筑的全年的逐时冷热电负荷；

（2）EnergyPlus 是一个建筑能耗逐时模拟引擎，采用集成同步的负荷/系统/设备的模拟方法；

（3）与一些常用的模拟软件链接，如 WINDOWS、COMIS、TRNSYS、SPARK 等，以便用户对建筑系统做更详细的模拟；

（4）虽然 EnergyPlus 在 DOE-2 的基础上有很大的改进，力图完成对所有暖通空调系统的模拟，而且也封装了很多常用系统，如热泵和辐射供热供冷等系统。但是，EnergyPlus 本身还是立足于建筑模拟，其处理系统的能力偏弱，而且它对暖通空调系统控制方式的模拟能力较弱，它通常假定设备的调节为理想化的连续调节，这对于设备部分负荷运行时的模拟是不太准确的；

（5）另外，EnergyPlus 不稳定，不太容易收敛并且经济性分析较为简单。

3. eQUEST

eQUEST 能耗模拟软件是在美国能源部（U. S. Department of Energy）和电力研究院的资助下，由美国劳伦斯伯克利国家实验室（LBNL）和 J. J. Hirsch 及其合作人共同开发。该软件的计算核心是目前使用最为广泛的能耗模拟软件 DOE-2 的高级版本 DOE-2-2，该软件采用反应系数法计算建筑围护结构的传热量。这款软件的主要特点是为 DOE-2 输入档的写入提供了向导。用户可以根据向导的指引写入建筑描述的输入档。同时，软件还提供了图形结果显示的功能，用户可以非常直观的看到输入档生成的二维或三维的建筑模型，并且可以查看图形的输出结果。

eQUEST 的主要特点有：

（1）该软件运用动态计算方法计算建筑的能耗及各个组件的影响因素，后一时刻室内温度、冷热负荷以及供暖空调设备的耗电量要受前一时刻的影响。eQUEST 软件根据输入的建筑情况（建筑结构、围护结构材料、供暖空调方式与系统布置形式、室内人员活动规律、照明设备情况）和室内设计温度值，动态地进行 8760h 全年能耗模拟，并在 DOE-2 的基础上作了大量的优化；

（2）它允许设计者进行多种类型的建筑能耗模拟，并且向设计者提供了建筑物能耗经济分析、日照和照明系统的控制以及通过从列表中选择合适的测定方法自动完成能源利用效率计算；

（3）它有多种定义能源价格的方式：分时定价、按容量定价、统一定价；

（4）该软件可以模拟多种系统，如地源热泵系统、水侧变流量系统、双风机双风管变风量系统、热电联产系统、蓄能系统等，但是对于太阳能供热系统，两个或者多个空调系统控制一个区域的系统等尚不能模拟；

（5）eQUEST 是美国 LEED 认证中认可的建筑能耗模拟软件；

（6）但是 eQUEST 建模不是基于 CAD 平台，对于复杂的建筑模型，建模不是很方便；

（7）目前该软件为全英文版，没有比较成熟的汉化版本。

4. TRNSYS

TRNSYS采用了和EnergyPlus以及DOE-2等软件完全不同的设计思想，TRNSYS采用了模块化的思想。每个模块代表一个小的系统、设备或者一个热湿处理过程。它采用“黑盒子”技术封装了计算方法，使得用户把主要精力放在模块的输入和输出上，而不是组件的内部。

TRNSYS的主要特点有：

（1）TRNSYS内部的模块很丰富，可以很方便地搭建组成各种复杂系统，所以TRNSYS被认为是建筑能耗模拟软件中模拟系统最灵活的软件之一；

（2）TRNSYS具有十分强大的模拟控制器的功能，可以十分精确地模拟各种控制方式，在部分负荷的模拟中相对EnergyPlus等软件有一定的优势；

（3）TRNSYS的另外一个重要优势是它在新能源系统尤其是太阳能系统的模拟上具有其他软件无法比拟的优势；

（4）TRNSYS中的地耦合模型经过一些权威机构鉴定，被认为是较为准确合理的，可以很好地应用于地源热泵的设计和研究中；

（5）但是由于TRNSYS立足于系统而不是建筑，它在建筑负荷以及建筑热性能的模拟上偏弱。它所设定的建筑模型比较简单，很难完成复杂建筑的描述，如不能按照建筑实际外形建立模型、没有建筑阴影的计算、处理自然通风和渗透通风等问题时需要借助其他软件。

5. DeST

DeST采用的是现代控制理论中的“状态空间法”，求解时空间上离散、时间上保持连续，其求解的稳定性以及误差与时间步长的大小没有关系，所以在步长的选取上较为灵活。

DeST的主要特点有：

（1）DeST模拟设计时采用建筑负荷计算、空调系统模拟、AHU（Air Handing Unit）方案模拟、风网和冷热源模拟的步骤，完全符合设计的习惯，对设计有很好的指导作用；

（2）由于建模是基于AutoCAD平台所以相对灵活，DeST可以求解较为复杂的建筑物；

（3）DeST可以计算建筑物的逐时冷热负荷，但是对于电负荷而言计算方法复杂，没有EnergyPlus和eQUEST那样简单易行；

（4）DeST力求使可选设备和系统丰富化，然而，DeST在组件的扩充上没有TRNSYS方便，它的控制方式也没有TRNSYS多样灵活；

（5）另外，由于目前我国还没有完整的气象数据文件，DeST的气象数据库是实测结合拟合得到的，一般认为在能耗模拟中还是应该使用逐时气象数据，拟合的结果会给计算的准确性带来隐患。

6. PKPM-CHEC

CHEC是中国建筑科学研究院建筑工程软件研究所节能中心于2002年开始研发，2003年投入使用的节能设计分析软件，PKPM-CHEC也是以DOE-2软件作为计算内核，被国内工程界广泛应用。

PKPM-CHEC的特点有：

（1）最大的特点是与标准规范结合紧密，它在设计时完全按照《夏热冬冷地区居住建筑节能设计标准》JGJ 134-2001进行；

（2）可以生成符合标准要求的建筑节能设计分析报告书和审查备案登记表；

(3) PKPM-CHEC另一个比较大的优势是界面比较友好，输入比较方便，它和国内的多种建筑软件都有接口，设计人员可将CAD图纸直接转换成模型中需要的数据；

(4) CHEC通过调用DOE-2内核，模拟全年的气象数据，进行全年的动态能耗模拟分析，生成详尽的空调供暖全年能耗报告；

(5) 同时比较注重对工程实际的指导，在设计时能较好地结合能耗分析和经济指标进行最佳方案的选择。

三、负荷预测的基本步骤

目前常用的负荷预测通常采取以下几个步骤。

(一) 掌握基本信息

通过与用户进行沟通了解，明确即将或既有的建筑物规模和使用性质。重点了解建筑物或建筑群的建筑面积、供热面积、供冷面积、业态以及人员使用情况。对于特殊用户，如工业用户来说，还要重点了解生产工艺流程以及重要设备的用电以及冷热方面的需求。对于冷热电负荷的计算参数（如使用温度、压力等）也应了解清楚。

(二) 确定冷热电设计负荷

采用面积指标法或规范中给出的计算公式对设计负荷进行计算。对于综合性的建筑群，应根据不同建筑物的使用性质，进行综合考虑，确定建筑群使用过程中可能出现的最大负荷作为设计负荷。此步骤主要用于配置设备容量。

(三) 分析负荷特性，绘制逐时负荷变化图

利用逐时系数法或其他计算机辅助方法，分析不同建筑的负荷变化规律，找出最大负荷、最小负荷出现的时间以及变化量，并绘制出逐时负荷变化图。此步骤主要用于确定项目基础负荷以及调峰负荷，作为联供系统余热利用设备供能能力和调峰设备供能能力的选择依据。

(四) 计算年供能量

根据公式计算或图表累计计算冷热电年供能量。此步骤主要用于能耗计算、综合能源利用率、节能率等的计算，以及财务分析等。

第三节 电负荷预测计算

一、电负荷预测定义

(一) 定义

电力负荷预测是根据电力负荷运行工况、经济、气象的历史数据，探索电力负荷与各

相关因素之间的内在联系，寻找电力负荷历史数据的变化规律，将这些规律延伸以便对未来的电力负荷进行科学、有效的预测。

电力负荷预测对电力系统起着重要作用，电力负荷预测涉及电力系统的规划、设计、运行、市场交易等诸多方面。它已经成为电力系统安全经济运行、科学化管理中的一个重要研究领域。

电力负荷预测实质上是对用户用电负荷需求预测，如果负荷预测过低，将会导致电力系统装机容量的不足，无法满足用户的用电需求，甚至导致由于过负荷产生的系统安全事故；如果负荷预测过高，则会导致联供系统发电设备投入系统后运行效率不高，经济性差。

（二）基本要求

电力负荷预测基本要求和步骤内容如下。

1. 确定预测目标和内容

电力系统和联供系统供电对象根据其规模和用途的不同，预测目标和内容也不相同，应根据实际需求确定合理、可行的负荷预测目标和内容。

2. 搜集相关数据和资料

根据负荷预测内容的具体要求，首先要收集大量、连贯、准确的相关资料，并进行分析和整理。

3. 基础资料分析和筛选

针对大量的历史数据要进行认真地分析、取舍，找出常规、真实的有用数据，去除异常、虚假的错误数据。

4. 科学全面的统计数据

对于大量的相关资料，科学、全面的统计分析至关重要，要综合考虑各种因素，进行全面的统计分析，找出其内在规律。使电力负荷预测科学、全面。

5. 负荷预测方法先进可行

采用先进的预测理论和方法，确定合理的数学模型。采用计算机进行数据处理和分析工作，使负荷预测达到较高水平。

6. 综合评价负荷预测结果

电力负荷预测是根据历史数据在一定的假设条件下完成的，它会受经济变化、天气变化等多种因素影响，应对预测结果综合评价，得到最接近实际的结果。

7. 根据负荷预测结果绘制负荷曲线

表示负荷随时间变化情况的图形称为负荷曲线。纵坐标表示负荷值，横坐标表示对应的时间。按照横坐标对应时间的不同可分别绘制出年、月、日负荷曲线。

二、电负荷预测分类

（一）按预测指标分类

电力负荷预测按预测指标可分为两类：电量预测和电力预测。

联供系统设计应重点关注电力预测，包括最大电力负荷、最小电力负荷、平均电力负荷、峰谷电力负荷差等，并按照预测期限绘制相应的负荷曲线。

（二）按预测期限分类

电力负荷预测按预测期限可分为四类：年度电力预测、月度电力预测、日度电力预测、小时电力预测。本书重点讨论年度电力预测、日度电力预测。

1. 年度电力负荷预测

以一年为时限，进行逐月电力负荷曲线预测。年负荷曲线可以反映系统中电力负荷在一年之内的变化特征，不同季节、不同月份的电力负荷变化不同。根据预测结果可确定发电机的运行方式、大修计划等。

2. 日度电力负荷预测

以日为时限，进行逐时电力负荷曲线预测。日负荷曲线可以反映系统中电力负荷在一天之内的变化特征，不同季节、不同典型日的电力负荷变化不同。根据预测结果可确定发电机的容量、发电机每日开、停机时间等。

三、电负荷计算

（一）电负荷种类

电力负荷主要分为以下几类：动力设备负荷、照明设备负荷、线路负荷、弱电系统负荷等。

（二）电负荷计算方法

1. 需要系数法

设备功率乘以需要系数得出需要功率；多组负荷相加时，再乘以同时系数。适用于设备功率已知的各类项目，尤其是照明、高压系统和初步设计的负荷计算。方法简便，应用广泛，适用于变、配电所负荷的计算。

需要系数法的有功功率可按式（3-1）计算。

$$P_c = K_{\Sigma P}\Sigma(K_d P_e) \tag{3-1}$$

无功功率可按式（3-2）计算。

$$Q_c = K_{\Sigma q}\Sigma(K_d P_e \tan\varphi) \tag{3-2}$$

视在功率可按式（3-3）计算。

$$S_c = \sqrt{P_c + Q_c} \tag{3-3}$$

式中　P_c——计算有功功率，kW；

$K_{\Sigma P}$——有功功率同时系数；

K_d——需要系数，可参考《工业与民用供配电设计手册》选取；

P_e——用电设备组的设备功率，kW；

Q_c——计算无功功率，kvar；

$K_{\Sigma q}$——无功功率同时系数；

$\tan\varphi$——计算负荷功率因数角的正切值，可参考《工业与民用供配电设计手册》

选取；

S_c——计算视在功率，kVA。

同时系数也称参差系数或最大负荷重合系数，$K_{\Sigma P}$ 可取 0.8～0.9，$K_{\Sigma q}$ 可取 0.93～0.97，简化计算时可与 $K_{\Sigma P}$ 相同。通常，用电设备数量越多，同时系数越小。对于较大的多级配电系统，可逐级取同时系数。

2. 负荷密度指标法

负荷密度指标法（单位面积功率法）可按式（3-4）计算。

$$P_c = \frac{P_a A}{1000} \tag{3-4}$$

式中 P_c——计算有功功率，kW；

P_a——负荷密度，W/m²；

A——建筑面积，m²。

规划单位建设用地负荷指标和规划单位建筑面积负荷指标见表 3-4。

规划单位建设用地负荷指标和规划单位建筑面积负荷指标[①] **表 3-4**

类别		单位建设用地负荷指标（W/m²）	类别		单位建筑面积负荷指标（W/m²）
城市建设用地类别	居住用地	10～40	建筑类别	居住建筑	30～70（4～16kW/户）
	商业服务业设施用地	40～120			
	公共管理与公共服务设施用地	30～80		公共建筑	30～80
	工业用地	20～80		工业建筑	20～80
	物流仓储用地	2～4		仓储物流建筑	2～4
	道路与交通设施工地	1.5～3		市政设施建筑	1.5～3
	公用设施用地	15～20			
	绿地与广场用地	1～3			

第四节 热负荷计算

热负荷是指供热系统的热用户（或用热设备）在单位时间内所需的供热量。它是制订城市供热规划和设计供热系统的重要依据，也是对供热系统设计进行技术经济分析的重要原始资料。

热负荷主要有供暖、通风、热水供应和生产工艺等热负荷。其中供暖和通风用热是季节性热负荷，而热水供应和生产工艺用热则多是常年性热负荷。季节性热负荷随气候条件而变化，在一年中变化很大，在一天内也会有波动。常年性热负荷受气候条件影响较小，

① 中国航空规划设计研究总院有限公司组编．工业与民用供配电设计手册［M］-4 版．北京：中国电力出版社，2016.

在一年中变化不大，但在一天内波动大，特别是对非全天需热的用户。

一、供暖热负荷

（一）定义

供暖热负荷，是根据供暖房间耗热量和得热量的平衡计算结果，需要供暖系统供给的热流量。即根据在冬季某一室外温度下，为达到要求的室内温度，供热系统在单位时间内向建筑物供给的热量。供暖设计热负荷是指当室外温度为供暖室外计算温度时，为了达到上述所要求的室内温度，供热系统在单位时间内向建筑物供给的热量。

供暖热负荷的大小与建筑物围护结构的传热系数、外围体积、密闭性或通风条件、建筑物的类型和外形以及墙窗面积比等许多因素有关，通常是根据具体工程设计参数通过计算得出或依据实际工程统计分析而得。供暖热负荷应根据建筑物下列散失和获得的热量确定，应包括下列各项耗热量：

围护结构的温差传热耗热量，也称围护结构基本耗热量 Q_1。基本耗热量是在稳态传热条件下，由于室内外温差作用，通过房间各部分围护结构向室外传递的热量。此热量与围护结构传热系数、传热面积以及室内外计算温度有关。

屋顶、地面的温差传热耗热量 Q_2。此热量由非保温屋顶和地面的传热系数、面积及温差决定。

加热通过门、窗缝隙渗入室内的冷风耗热量 Q_3。在风压、热压的作用下产生。此热量由渗入室内的冷风体积、室内外温差和空气的定压质量比热容以及空气密度相乘计算得出。

加热外门开启时进入室内的冷风耗热量 Q_4。

各项附加耗热量 Q_5。基于房间朝向、风力和房间高度等因素的影响，对基本耗热量所采取的附加或折减量。此热量主要考虑建筑物不同朝向、是否处于迎风地区、窗墙比是否过大、外门开启是否频繁等因素附加或折减。

在工程的设计时，设计热负荷作为热源供热能力选择的依据。而实际运行中，由于造成热负荷因素的不断变化，其数值存在波动性，除了随季节变化热负荷呈从小到大再减小的变化规律，在供暖季节的每一天，热负荷也会存在不同的变化规律以及变化幅度。

作为三联供系统，一方面需要计算设计热负荷以配置供热能力，同时，分析负荷变化，绘制热负荷的逐时变化曲线具有更重要的意义。

（二）计算

按照《民用建筑供暖通风与空气调节设计规范》GB 50736-2012（以下简称《暖通规范》），热负荷计算应根据热平衡原则，按列出的各项耗热量进行综合计算后得出。围护结构的耗热量，应包括基本耗热量和附加耗热量。具体计算如下，部分参数取值详见该规范第 5.2 节及第 3 章、第 4 章。

围护结构的基本耗热量应按下式计算：

$$Q = \alpha FK(t_n - t_{wn}) \tag{3-5}$$

式中 Q——围护结构的基本耗热量，W；

α——围护结构温差修正系数，按表 3-5 采用；

F——围护结构的面积，m^2；

K——围护结构的传统系数，$W/(m^2 \cdot K)$；

t_n——供暖室内设计温度,℃，按《暖通规范》第 3 章采用；

t_{wn}——供暖室外设计温度,℃，按《暖通规范》第 4 章采用。

与相邻房间的温差大于或等于 5℃，或通过隔墙和楼板等的传热量大于该房间热负荷的 10%时，应计算通过隔墙或楼板等的传热量。

温差修正系数 **表 3-5**

围护结构特征	α
外墙、屋顶、地面以及与室外相通的楼板等	1.00
闷顶和与室外空气相通的非供暖地下室上面的楼板等	0.90
与有外门窗的不供暖楼梯间相邻的隔墙(1～6 层建筑)	0.60
与有外门窗的不供暖楼梯间相邻的隔墙(7～30 层建筑)	0.50
非供暖地下室上面的楼板,外墙上有窗时	0.75
非供暖地下室上面的楼板,外墙上无窗且位于室外地坪以上时	0.60
非供暖地下室上面的楼板,外墙上无窗且位于室外地坪以下时	0.40
与有外门窗的非供暖房间相邻的隔墙	0.70
与无外门窗的非供暖房间相邻的隔墙	0.40
伸缩缝墙、沉降缝墙	0.30
防震缝墙	0.70

围护结构的附加耗热量应按其占基本耗热量的百分数计算，各项附加百分率应按系列规定数值选用：

(1) 朝向修正率：

北、东北、西北 ：0%～10%；

东、西：−5%；

东南、西南：−10%～−15%；

南：−15%～−30%；

注：1) 冬季日照率<35%时，东南、西南和南向的修正率宜采用−10%～0%，东、西向不修正。2) 日照被遮挡时，南向可按东西向、其他方向按北向进行修正。3) 偏角<35%时，按主朝向修正。

(2) 风力附加率，设在不避风的高地、河边、海岸、旷野上的建筑物，以及城镇中明显高出周围其他建筑物的建筑物，其垂直外围护结构宜附加 5%～10%。

(3) 当建筑物楼层为 n 时，外门附加率：

一道门按 65%×n；

两道门（有门斗）按 80%×n；

三道门（有两个门斗）60%×n；

公共建筑的主要出入口按 500%。

(4) 围护结构耗热量的高度附加率：散热器供暖房间高度大于 4m 时，每高出 1m 应附加 2%，但总附加率不应大于 15%；地面辐射供暖的房间高度大于 4m 时，每高出 1m

宜附加 1%，但总附加率不宜大于 8%。

另外，对于只要求在使用时间保持室内温度，而其他时间可以自然降温的供暖间歇使用建筑物，可按间歇供暖系统设计。其供暖热负荷应对围护结构耗热量进行间歇附加，附加率应根据保证室温的时间和预热时间等因素通过计算确定。间歇附加率可按下列数值选取：仅白天使用的建筑物，间歇附加率可取 20%；对不经常使用的建筑物，间歇附加率可取 30%。

加热由门窗缝隙进入室内的冷空气的耗热量：应根据建筑物的内部隔断、门窗构造、门窗朝向、室内外温度和室内外风速等因素确定。可参照《民用建筑供暖通风与空气调节设计规范》附录 F 进行计算。

二、通风热负荷

（一）定义

通风热负荷是加热从通风系统进入室内的空气的热负荷。

（二）计算

通风热负荷应按下式计算：

$$Q_w = V\rho(h_w - h_n) \tag{3-6}$$

式中 Q_w——通风热负荷，kW；

V——通风量，m^3/s；

ρ——空气密度，可取 1.2kg/m^3；

h_w——室外空气焓值，kJ/kg；

h_n——室内空气焓值，kJ/kg。

进入室内的通风量，可参考《民用建筑供暖通风与空气调节设计规范》GB 50736-2012 第 3 章的相关要求，或按实际需求计算；室内外空气焓值，应根据《民用建筑供暖通风与空气调节设计规范》GB 50736-2012 给出的室内外计算温度由焓湿图查得。

三、空调热负荷

（一）定义

空调热负荷是满足建筑物空气调节的热负荷。

（二）计算

在供暖期，为使室内空气温度、湿度、清洁度、气流速度和空气压力梯度等参数达到给定要求，空调系统热负荷除包括围护结构耗热量外，还包括新风耗热量。

空调热负荷计算方法参见供暖热负荷及通风热负荷的计算方法。

计算空调区的冬季热负荷，室外计算温度应采用冬季空气调节室外计算温度，可从《民用建筑供暖通风与空气调节设计规范》GB 50736-2012 附录 A 查取，并扣除室内设备等形成的稳定散热量。

四、热水供应热负荷

(一) 定义

热水供应热负荷是指生活及生产耗用热水的热负荷。

(二) 计算

1. 用水量定额

住宅和公共建筑内，生活热水用水定额应根据水温、卫生设备完善程度、热水供应时间、当地气候条件、生活习惯和水资源情况等确定。

(1) 各类建筑的热水用水定额（太阳能热水系统除外）按表 3-6 确定。

热水用水定额 **表 3-6**

序号	建筑物名称	单位	最高日用水定额(L)	使用时间(h)
1	住宅			
	有自备热水供应和沐浴设备	每人每日	40～80	24
	有集中热水供应和沐浴设备	每人每日	60～100	24
2	别墅	每人每日	70～110	24
3	酒店式公寓	每人每日	80～100	24
4	宿舍			24 或定时供应
	Ⅰ类、Ⅱ类	每人每日	70～100	
	Ⅲ类、Ⅳ类	每人每日	40～80	
5	招待所、培训中心、普通旅馆			24 或定时供应
	设公用盥洗室	每人每日	25～40	
	设公用盥洗室、淋浴室	每人每日	40～60	
	设公用盥洗室、淋浴室、洗衣室	每人每日	50～80	
	设单独卫生间、公用洗衣室	每人每日	60～100	
6	宾馆 客房			24
	旅客	每床位每日	120～160	
	员工	每人每日	40～50	
7	医院住院部			24
	设公用盥洗室	每床位每日	60～100	
	设公用盥洗室、淋浴室	每床位每日	70～130	
	设单独卫生间	每床位每日	110～200	
	医务人员	每人每班	70～130	8
	门诊部、诊疗所	每病人每班	7～13	24
	疗养院、休养所住房部	每床位每日	100～160	
8	养老院	每床位每日	50～70	24
9	幼儿园、托儿所			
	有住宿	每儿童每日	20～40	24
	无住宿	每儿童每日	10～15	10

续表

序号	建筑物名称	单位	最高日用水定额(L)	使用时间(h)
10	公共浴室 淋浴 淋浴、浴盆 桑拿浴(淋浴、按摩池)	 每顾客每次 每顾客每次 每顾客每次	 40～60 60～80 70～100	12
11	理发室、美容院	每顾客每次	10～15	12
12	洗衣房	每公斤干衣	15～30	8
13	餐饮业 营业餐厅 快餐店、职工及学生食堂 酒吧、咖啡厅、茶座、卡拉 OK 房	 每顾客每次 每顾客每次 每顾客每次	 15～20 7～10 3～8	 10～12 12～16 8～18
14	办公楼	每人每班	5～10	8
15	健身中心	每人每次	15～25	12
16	体育场(馆) 运动员淋浴	每人每次	17～26	4
17	会议厅	每座位每次	2～3	4

注：热水温度按 60℃计。

（2）卫生器具的一次和小时热水用水定额和水温按表 3-7 确定。

卫生器具的一次和小时热水用水定额和水温　　表 3-7

序号	卫生器具名称	一次用水量(L)	小时用水量(L)	使用水温(℃)
1	住宅、蓝关、别墅、宾馆、酒店式公寓 带有淋浴器的浴盆 无淋浴器的浴盆 淋浴器 洗脸盆、盥洗槽水嘴 洗涤盆(池)	 150 125 70～100 3 -	 300 250 140～200 30 180	 40 40 37～40 30 50
2	宿舍、招待所、培训中心 淋浴器：有淋浴小间 无淋浴小间 盥洗槽水嘴	 70～100 - 3～5	 210～300 450 50～80	 37～40 37～40 30
3	餐饮业 洗涤盆(池) 洗脸盆 工作人员用 顾客用 淋浴器	 - 3 - 40	 250 60 120 400	 50 30 30 37～40

续表

序号	卫生器具名称	一次用水量(L)	小时用水量(L)	使用水温(℃)
4	幼儿园、托儿所 浴盆:幼儿园 托儿所 淋浴器:幼儿园 托儿所 盥洗槽水嘴 洗涤盆(池)	 100 30 30 15 15 -	 400 120 180 90 25 180	 35 35 35 35 30 50
5	医院、疗养院、休养所 洗手盆 洗涤盆(池) 淋浴器 浴盆	 - - - 125～150	 15～25 300 200～300 250～300	 35 50 37～40 40
6	公共浴室 浴盆 淋浴器:有淋浴小间 无淋浴小间 洗脸盆	 125 100～150 - 5	 250 200～300 450～540 50～80	 40 37～40 37～40 35
7	办公楼 洗手盆	-	50～100	35
8	理发室 美容院 洗脸盆	-	50～100	35
9	实验室 洗脸盆 洗手盆	 - -	 60 15～25	 50 30
10	剧场 淋浴器 演员用洗脸盆	 60 5	 200～400 80	 37～40 35
11	体育场馆 淋浴器	30	300	35
12	工业企业生活间 淋浴器:一般车间 脏车间 洗脸盆或盥洗槽水嘴:一般车间 脏车间	 40 60 3 5	 360～540 180～480 90～120 100～150	 37～40 40 30 35
13	净身器	10～15	120～180	30

2. 水温

(1) 冷水计算温度

在计算热水系统的耗热量时，冷水温度应以当地最冷月平均水温资料确定。无水温资料时，可按表 3-8 确定。

冷水计算温度（单位:℃）　　表 3-8

区域	省、市、自治区、行政区		地面水	地下水
东北	黑龙江		4	6～10
东北	吉林		4	6～10
东北	辽宁	大部	4	6～10
东北	辽宁	南部	4	10～15
华北	北京		4	10～15
华北	天津		4	10～15
华北	河北	北部	4	6～10
华北	河北	大部	4	10～15
华北	山西	北部	4	6～10
华北	山西	大部	4	10～15
华北	内蒙古		4	6～10
西北	陕西	偏北	4	6～10
西北	陕西	大部	4	10～15
西北	陕西	秦岭以南	7	15～20
西北	甘肃	南部	4	10～15
西北	甘肃	秦岭以南	7	15～20
西北	青海	偏东	4	10～15
西北	宁夏	偏东	4	6～10
西北	宁夏	南部	4	10～15
西北	新疆	北疆	5	10～11
西北	新疆	南疆	-	12
西北	新疆	乌鲁木齐	8	12
东南	山东		4	10～15
东南	上海		5	15～20
东南	浙江		5	15～20
东南	江苏	偏北	4	10～15
东南	江苏	大部	5	15～20
东南	江西 大部		5	15～20
东南	安徽 大部		5	15～20
东南	福建	北部	5	15～20
东南	福建	南部	10～15	20
东南	台湾		10～15	20
中南	河南	北部	4	10～15
中南	河南	南部	5	15～20
中南	湖北	东部	5	15～20
中南	湖北	西部	7	15～20
中南	湖南	东部	5	15～20
中南	湖南	西部	7	15～20
中南	广东、港澳		10～15	20
中南	海南		15～20	17～22
西南	重庆		7	15～20
西南	贵州		7	15～20
西南	四川　大部		7	15～20
西南	云南	大部	7	15～20
西南	云南	南部	10～15	20
西南	广西	大部	10～15	20
西南	广西	偏北	7	15～20
	西藏		-	5

（2）热水供水温度

从安全、卫生、节能、防垢等角度考虑，适宜的热水供水温度为 55～60℃。

生活热水的水质指标，应符合现行行业标准《生活热水水质标准》CJ/T 521 的要求。

3. 耗热量、热水量计算

（1）设计小时耗热量计算

1）全日供应热水的宿舍（Ⅰ、Ⅱ类）、住宅、别墅、酒店式公寓、招待所、培训中心、旅馆、宾馆的客房（不含员工）、医院住院部、养老院、幼儿园、托儿所（有住宿）、办公楼等建筑的集中热水供应系统的设计小时耗热量应按下式计算：

$$Q_h = K_h \frac{mq_r C(t_r - t_l)\rho_r}{T} \tag{3-7}$$

式中 Q_h——设计小时耗热量，kJ/h；

m——用水计算单位数，人数或床位数；

q_r——热水用水定额，L/（人・d）或 L/（床・d），按表 3-6 采用；

C——水的比热，C=4.187kJ/（kg・℃）；

t_r——热水温度，t_r=60℃；

t_l——冷水温度，℃，按表 3-8 选用；

ρ_r——热水密度，kg/L，按表 3-9 选用；

T——每日使用时间，h，按表 3-6 采用；

K_h——小时变化系数，可按表 3-10 采用。

不同水温下的热水密度 ρ_r **表 3-9**

温度(℃)	40	42	44	46	48	50	52	54
密度(kg/L)	0.993	0.992	0.991	0.990	0.989	0.988	0.987	0.986
温度(℃)	56	58	60	62	64	66	68	70
密度(kg/L)	0.985	0.984	0.983	0.982	0.981	0.980	0.979	0.978

热水小时变化系数 K_h 值 **表 3-10**

类别	住宅	别墅	酒店式公寓	宿舍（Ⅰ、Ⅱ类）	招待所培训中心、普通旅馆	宾馆	医院、疗养院	幼儿园托儿所	养老院
热水用水定额[L/(人(床)・d)]	60~100	70~110	80~100	70~100	25~50 40~60 50~80 60~100	120~160	60~100 70~130 110~200 100~160	20~40	50~70
使用人(床)数	≤100~≥6000	≤100~≥6000	≤150~≥1200	≤150~≥1200	≤150~≥1200	≤150~≥1200	≤50~≥1000	≤50~≥1000	≤50~≥1000
K_h	4.8~2.75	4.21~2.47	4.00~2.58	4.80~3.20	3.84~3.00	3.33~2.60	3.63~2.56	4.80~3.20	3.20~2.74

注：1. K_h 应根据热水用水定额高低、使用人（床）数多少取值，当热水用水定额高、使用人（床）数多时取低值，反之取高值，使用人（床）数小于或等于下限值及大于或等于上限值的，K_h 就取下限值及上限值，中间值可用内插法求得；

2. 设有全日集中热水供应系统的办公楼、公共浴室等表中未列入的其他类建筑的 K_h 值可以按《建筑给水排水设计规范》GB 50015-2009 表 3-10 中给水的小时变化系数选值。

2）定时供应热水的住宅、旅馆、医院及工业企业生活间、公共浴室、宿舍（Ⅲ类、Ⅳ类）、剧院化妆间、体育馆（场）运动员休息室等建筑的集中热水供应系统的设计小时耗热量应按下式计算：

$$Q_h = \sum q_h (t_r - t_l) \rho_r n_o bC \tag{3-8}$$

式中 Q_h——设计小时耗热量，kJ/h；

q_h——卫生器具热水的小时用水定额，L/h，按表 3-7 采用；

C——水的比热，C=4.187kJ/(kg·℃)；

t_r——热水温度,℃，按表 3-7 采用；

t_l——冷水温度,℃，按表 3-8 选用；

ρ_r——热水密度，kg/L；

n_o——同类型卫生器具数；

b——卫生器具数的同时使用百分数：住宅、旅馆，医院、疗养院病房，卫生间内浴盆或淋浴器可按 70%～100%计，其他器具不计，但定时连续供水时间应大于或等于 2h。工业企业生活间、公共浴室、学校、剧院、体育馆（场）等的浴室内的淋浴器和洗脸盆均按 100%计。住宅一户设有多个卫生间时，可按一个卫生间计算。

3）设有集中热水供应系统的居住小区，当居住小区内配套公共设施（如餐馆、娱乐设施等）的最大用水时段与住宅的最大用水时段一致时，应按两者的设计小时耗热量叠加计算；当居住小区内配套公共设施的最大用水时段与住宅的最大用水时段不一致时，应按住宅的设计小时耗热量加配套公共设施的平均小时耗热量叠加计算。

4）具有多个不同使用热水部门的单一建筑或具有多种使用功能的综合性建筑，当其热水由同一热水供应系统供应时，设计小时耗热量，可按同一时间内出现用水高峰的主要用水部门的设计小时耗热量加其他部门的平均小时耗热量计算。

（2）设计小时热水量计算

设计小时热水量可按下式计算：

$$q_{rh} = \frac{Q_h}{(t_r - t_l) C \rho_r} \tag{3-9}$$

式中 q_{rh}——设计小时热水量，L/h；

Q_h——设计小时耗热量，kJ/h；

C——水的比热，C=4.187kJ/（kg·℃）；

t_r——热水温度,℃，按表 3-7 采用；

t_l——冷水温度,℃，按表 3-8 选用；

ρ_r——热水密度，kg/L。

（三）示例

计算北京地区某住宅小区热水供应热负荷，小区共 1000 户，每户 3 人。

参照式（3-7），计算如下：

$$Q_h = K_h \frac{m q_r C (t_r - t_l) \rho_r}{T}$$

其中，m 为用水计算人数，3×1000＝3000 人；q_r 为热水用水定额，按表 3-6，取 80L/(人·d)；C 为水的比热，C=4.187kJ/(kg·℃)；t_r 为热水温度，t_r=60℃；t_l 为冷水温度，按表 3-8，取 10℃；ρ_r 为热水密度，按表 3-9，为 0.983kg/l；T 为每日使用时间(h)，按表 3-6，为 24h；K_h 为小时变化系数，按表 3-10，并参考《建筑给水排水设计规范》(GB50015-2003)(2009 版)第 5.3.1 条条文说明，内插法计算得：

$$K_h = 4.8 - \left(\frac{3000-100}{6000-100}\right) \times \left(\frac{80-60}{100-60}\right) \times (4.8-2.75) = 4.296$$

则设计小时耗热量为：

$$Q_h = 4.296 \times 3000 \times 80 \times 4.187 \times (60-10) \times 0.983/24 = 8840783.5\text{kJ/h} = 2456\text{kW}$$

即热水供应热负荷为 2456kW。

第五节　冷负荷计算

一、冷负荷定义

冷负荷是指为保持空调区域空气参数恒定而应从空调区除去的热流量。

室内冷负荷主要有以下几方面的内容：照明散热、人体散热、室内用电设备散热、透过玻璃窗进入室内日照量、经玻璃窗的温差传热以及围护结构不稳定传热。

空调区夏季计算得热量，应根据下列各项确定：通过围护结构传入的热量；通过透明围护结构进入的太阳辐射热量；人体散热量；照明散热量；设备、器具、管道及其他内部热源的散热量；食品或物料的散热量；渗透空气带入的热量；伴随各种散湿过程产生的潜热量。

二、冷负荷计算

《民用建筑供暖通风与空气调节设计规范》GB 50736-2012 规定，除在方案设计或初步设计阶段可使用热、冷负荷指标进行必要的估算外，施工图设计阶段应对空调区的冬季热负荷和夏季逐时冷负荷进行计算。

空调区的夏季冷负荷，应根据各项得热量的种类和性质以及空调区的蓄热特性，分别进行计算。

下列各项得热量形成的冷负荷，应按非稳态方法计算其形成的夏季冷负荷，不应将其逐时值直接作为各对应时刻的逐时冷负荷值：

(1) 通过围护结构进入的非稳态传热量；

(2) 透过外窗进入的太阳辐射热量；

(3) 人体散热量；

(4) 非全天使用的设备和照明散热量。

下列各项得热量形成的冷负荷，可按稳态方法计算其形成的夏季冷负荷：

(1) 室温允许波动范围≥±1℃ 的舒适性空调区，通过非轻型外墙进入的传热量；

（2）空调区与邻室的夏季温差＞3℃时，通过隔墙、楼板等内围护结构进入的传热量；

（3）人员密集场所、间歇供冷场所的人体散热量；

（4）全天使用的照明散热量，间歇供冷空调场所的照明和设备散热量；

（5）新风带来的热量。

空调区的夏季冷负荷，应按各项逐时冷负荷的综合最大值确定，应根据所服务区的同时使用情况、空调系统的类型及调节方式，按各空调区逐时冷负荷的综合最大值或各空调区夏季冷负荷的累计值确定，并应计入各项有关的附加冷负荷。

应按下列规定确定空调房间的夏季冷负荷：

（1）舒适性空调区，夏季可不计算通过地面传热形成的冷负荷；工艺性空调区有外墙时，宜计算距外墙2m范围内地面传热形成的冷负荷；

（2）计算人体、照明和设备等冷负荷，应考虑人员的群集系数、同时使用系数、设备功率系数和通风保温系数等；

（3）一般空调房间应以房间逐时冷负荷的综合最大值作为房间冷负荷；

（4）高大空间采用分层空调时，可按全室空调逐时冷负荷的综合最大值乘以小于1的经验系数，作为空调区的冷负荷。

空调系统的夏季冷负荷应包括以下各项，并应按下列要求确定：

（1）空调系统所服务的空调区的夏季总冷负荷，设有温度自控时，宜按所有空调房间作为一个整体空间进行逐时冷负荷计算所得的综合最大小时冷负荷确定；

（2）新风冷负荷应按最小新风量标准和夏季室外空调计算干、湿球温度确定；

（3）空气处理过程中产生冷热抵消现象引起的冷负荷；

（4）空气通过风机、风管的温升引起的冷负荷，当回风管敷设在非空调空间时，应考虑漏入风量对回风参数的影响；

（5）风管漏风引起的附加冷负荷；

在确定空调系统的夏季冷负荷时，应考虑各空调房间在使用时间上的不同，采用小于1的同时使用系数。

空调区的夏季冷负荷推荐采用计算软件进行计算。下列情况宜采用计算机模拟软件进行全年动态负荷计算：

（1）需要对空调方案进行能耗和投资等经济性分析时；

（2）利用热回收装置回收冷热量、利用室外新风作冷源来调节室内负荷、冬季利用冷却塔提供空调冷水等节能措施而需要计算节能效果时；

（3）采用蓄冷蓄热装置，需要确定装置的容量时。

采用简化计算方法计算夏季冷负荷时，按非稳态方法计算的各项逐时冷负荷，宜按下列方法计算。

通过围护结构传入的非稳态传热形成的逐时冷负荷，按式（3-10）～式（3-12）计算：

$$CL_{Wq}=KF(t_{wlq}-t_n) \tag{3-10}$$

$$CL_{Wm}=KF(t_{wlm}-t_n) \tag{3-11}$$

$$CL_{Wc}=KF(t_{wlc}-t_n) \tag{3-12}$$

式中　CL_{Wq}——外墙传热形成的逐时冷负荷，W；

CL_{Wm}——屋面传热形成的逐时冷负荷，W；

CL_{Wc}——外窗传热形成的逐时冷负荷，W；

K——外墙、屋面或外窗传热系数，W/（m^2·K）；

F——外墙、屋面或外窗传热面积，m^2；

t_{wlq}——外墙的逐时冷负荷计算温度，℃，可按《民用建筑供暖通风与空气调节设计规范》GB 50736-2012 附录 H 确定；

t_{wlm}——屋面的逐时冷负荷计算温度，℃，可按《民用建筑供暖通风与空气调节设计规范》GB 50736-2012 附录 H 确定；

t_{wlc}——外窗的逐时冷负荷计算温度，℃，可按《民用建筑供暖通风与空气调节设计规范》GB 50736-2012 附录 H 确定；

t_n——夏季空调区设计温度，℃。

透过玻璃窗进入的太阳辐射得热形成的逐时冷负荷，按式（3-13）计算：

$$CL_C = C_{clC} C_Z D_{Jmax} F_C \tag{3-13}$$

$$C_Z = C_w C_n C_s \tag{3-14}$$

式中　CL_C——透过玻璃窗进入的太阳辐射得热形成的逐时冷负荷，W；

C_{clC}——透过无遮阳标准玻璃太阳辐射冷负荷系数，可按《民用建筑供暖通风与空气调节设计规范》GB 50736-2012 附录 H 确定；

C_Z——外窗综合遮挡系数；

C_w——外遮阳修正系数；

C_n——内遮阳修正系数；

C_s——玻璃修正系数；

D_{Jmax}——夏季日射得热因数最大值，可按《民用建筑供暖通风与空气调节设计规范》GB 50736-2012 附录 H 确定；

F_C——窗玻璃净面积，m^2。

人体、照明和设备等散热形成的逐时冷负荷，分别按式（3-15）～式（3-17）计算：

$$CL_{rt} = C_{clrt} \phi Q_{rt} \tag{3-15}$$

$$CL_{zm} = C_{clzm} C_{zm} Q_{zm} \tag{3-16}$$

$$CL_{sb} = C_{clsb} C_{sb} Q_{sb} \tag{3-17}$$

式中　CL_{rt}——人体散热形成的逐时冷负荷，W；

C_{clrt}——人体冷负荷系数，可按《民用建筑供暖通风与空气调节设计规范》GB 50736-2012 附录 H 确定；

ϕ——群集系数；

Q_{rt}——人体散热量，W；

CL_{zm}——照明散热形成的逐时冷负荷，W；

C_{clzm}——照明冷负荷系数，可按《民用建筑供暖通风与空气调节设计规范》GB 50736-2012 附录 H 确定；

C_{zm}——照明修正系数；

Q_{zm}——照明散热量，W；

CL_{sb}——设备散热形成的逐时冷负荷，W；

C_{clsb} ——设备冷负荷系数，可按《民用建筑供暖通风与空气调节设计规范》GB 50736-2012 附录 H 确定；

C_{sb} ——设备修正系数；

Q_{sb} ——设备散热量，W。

空调区的夏季散湿量，应考虑散湿源的种类、人员群集系数、同时使用系数等，并根据下列各项确定：

（1）人体散湿量；

（2）渗透空气带入的湿量；

（3）化学反应过程的散湿量；

（4）非围护结构各种潮湿表面、液面或液流的散湿量；

（5）食品或气体物料的散湿量；

（6）设备散湿量；

（7）围护结构散湿量。

三、计算示例

计算塘沽地区某办公室空调冷负荷。该办公室位于建筑东南角，中间层，层高 3.3m。围护结构面积及传热系数 K 如下：东外墙 $40m^2$，$K=0.8W/(m^2\cdot℃)$（注：传热系数计算方法详见《民用建筑供暖通风与空气调节设计规范》第 5.1 节）；东外窗 $10m^2$，$K=2.8W/(m^2\cdot℃)$；南外墙 $24m^2$，$K=0.8W/(m^2\cdot℃)$；南外窗 $6m^2$，$K=2.8W/(m^2\cdot℃)$；西部、北部为其他空调房间；墙体类型为 2 类。室内空调区设计温度 26℃，相对湿度 60%。

根据冷负荷计算步骤及式（3-10）～（3-17），计算如下：

（一）围护结构传热

1. 外墙传热形成的逐时冷负荷

式（3-10）中 t_{wlq} 外墙逐时冷负荷计算温度，查《民用建筑供暖通风与空气调节设计规范》GB 50736-2012 附录 H，如表 3-11 所示。根据式（3-10）计算外墙逐时冷负荷见表 3-12。

外墙逐时冷负荷计算温度 t_{wlq}（单位：℃） 表 3-11

朝向	1	2	3	4	5	6	7	8	9	10	11	12
东	36.1	35.7	35.2	34.9	34.5	34.2	33.9	33.8	34.0	34.4	35.0	35.7
南	37.4	37.3	34.0	33.7	33.3	33.0	32.8	32.5	32.4	32.3	32.3	32.5
朝向	13	14	15	16	17	18	19	20	21	22	23	24
东	36.2	36.6	36.9	37.1	37.3	37.4	37.4	37.4	37.3	37.1	36.9	36.6
南	32.9	33.3	33.9	34.4	34.9	35.2	35.5	35.6	35.6	35.5	35.4	35.1

外墙传热逐时冷负荷CL_{Wq}（单位：kW）　　表 3-12

朝向	1	2	3	4	5	6	7	8	9	10	11	12
东	0.32	0.31	0.29	0.28	0.27	0.26	0.25	0.25	0.26	0.27	0.29	0.31
南	0.17	0.16	0.15	0.15	0.14	0.13	0.13	0.12	0.12	0.12	0.12	0.12
Σ	0.49	0.47	0.44	0.43	0.41	0.39	0.38	0.37	0.38	0.39	0.41	0.43
朝向	13	14	15	16	17	18	19	20	21	22	23	24
东	0.33	0.34	0.35	0.36	0.36	0.36	0.36	0.36	0.36	0.36	0.35	0.34
南	0.13	0.14	0.15	0.16	0.17	0.18	0.18	0.18	0.18	0.18	0.18	0.17
Σ	0.46	0.48	0.50	0.52	0.53	0.54	0.54	0.54	0.54	0.54	0.53	0.51

本示例房间为中间层，无需计算屋面传热形成的逐时冷负荷。

2. 外窗传热形成的逐时冷负荷

式（3-12）中 t_{wlc} 外窗逐时冷负荷计算温度，查《民用建筑供暖通风与空气调节设计规范》GB50736-2012 附录 H，见表 3-13。根据式（3-12）计算外窗逐时冷负荷见表 3-14。

外窗逐时冷负荷计算温度t_{wlc}（℃）　　表 3-13

1	2	3	4	5	6	7	8	9	10	11	12
27.4	27.0	26.6	26.3	26.2	26.5	27.2	28.1	29.0	29.9	30.8	31.6
13	14	15	16	17	18	19	20	21	22	23	24
32.2	32.6	32.7	32.5	32.2	31.6	30.8	30.0	29.4	28.8	28.3	27.9

外窗传热逐时冷负荷CL_{Wc}（kW）　　表 3-14

1	2	3	4	5	6	7	8	9	10	11	12
0.06	0.04	0.03	0.01	0.01	0.02	0.05	0.09	0.13	0.17	0.22	0.25
13	14	15	16	17	18	19	20	21	22	23	24
0.28	0.30	0.30	0.29	0.28	0.25	0.22	0.18	0.15	0.13	0.10	0.09

（二）玻璃窗辐射

1. 外窗综合遮挡系数 C_Z

本示例外遮阳修正系数 C_w、内遮阳修正系数 C_n、玻璃修正系数 C_s，以及按式（3-14）计算的外窗综合遮挡系数 C_Z 见表 3-15（修正系数按实际情况计算或根据节能标准限值选取）：

外窗综合遮挡系数C_Z　　表 3-15

朝向	C_w	C_n	C_s	C_Z
东	1	1	0.6	0.6
南	1	1	0.6	0.6

2. 透过玻璃窗进入的太阳辐射得热形成的逐时冷负荷

透过无遮阳标准玻璃太阳辐射冷负荷系数 C_{clC}、夏季日射得热因数最大值 D_{Jmax}，按

《民用建筑供暖通风与空气调节设计规范》GB 50736-2012 附录 H 确定，见表 3-16。夏季日射得热因数最大值 D_{Jmax} 见表 3-17。根据式（3-13）计算透过玻璃窗进入的太阳辐射得热形成的逐时冷负荷见表 3-18。

透过无遮阳标准玻璃太阳辐射冷负荷系数值 C_{clC}　　表 3-16

朝向	1	2	3	4	5	6	7	8	9	10	11	12
东	0.03	0.02	0.02	0.01	0.01	0.13	0.30	0.43	0.55	0.58	0.56	0.17
南	0.05	0.03	0.03	0.02	0.02	0.06	0.11	0.16	0.24	0.34	0.46	0.44
朝向	13	14	15	16	17	18	19	20	21	22	23	24
东	0.18	0.19	0.19	0.17	0.15	0.13	0.09	0.07	0.06	0.04	0.04	0.03
南	0.63	0.65	0.62	0.54	0.28	0.24	0.17	0.13	0.11	0.08	0.07	0.05

夏季日射得热因数最大值 D_{Jmax}　　表 3-17

朝向	D_{Jmax}（W/m^2）
东	534
南	299

透过玻璃窗进入的太阳辐射得热形成的逐时冷负荷 CL_c（单位：kW）　　表 3-18

朝向	1	2	3	4	5	6	7	8	9	10	11	12
东	0.10	0.06	0.06	0.03	0.03	0.41	0.96	1.37	1.76	1.85	1.79	0.54
南	0.05	0.03	0.03	0.02	0.02	0.06	0.12	0.17	0.26	0.36	0.49	0.47
Σ	0.15	0.09	0.09	0.05	0.05	0.47	1.08	1.54	2.02	2.21	2.28	1.01
朝向	13	14	15	16	17	18	19	20	21	22	23	24
东	0.57	0.61	0.61	0.54	0.48	0.41	0.29	0.22	0.19	0.13	0.13	0.10
南	0.68	0.70	0.66	0.58	0.30	0.26	0.18	0.14	0.12	0.09	0.08	0.05
Σ	1.25	1.31	1.27	1.12	0.78	0.67	0.47	0.36	0.31	0.22	0.21	0.15

（三）人体、照明和设备散热

1. 人体散热形成的逐时冷负荷 CL_{rt}

人体冷负荷系数 C_{clrt}，按照人员 8 时进入、19 时离开计算，根据《民用建筑供暖通风与空气调节设计规范》GB 50736-2012 附录 H 确定，见表 3-19。

人体冷负荷系数 C_{clrt}　　表 3-19

1	2	3	4	5	6	7	8	9	10	11	12
0.09	0.08	0.07	0.06	0.05	0.05	0.04	0.04	0.47	0.79	0.84	0.87
13	14	15	16	17	18	19	20	21	22	23	24
0.88	0.90	0.91	0.92	0.93	0.94	0.95	0.51	0.20	0.15	0.12	0.11

群集系数 ϕ 取 0.93。

人体散热量，本示例房间面积 50m²，按办公室人均 7m² 计，人数为 7 人；极轻劳动人体显热 61W/人，则 Q_{rt} 为 0.427kW。

根据式（3-15）计算人体散热形成的逐时冷负荷 CL_{rt} 结果见表 3-20。

人体散热形成的逐时冷负荷 CL_{rt}（单位：kW） 表 3-20

1	2	3	4	5	6	7	8	9	10	11	12
0.04	0.03	0.03	0.02	0.02	0.02	0.02	0.02	0.19	0.31	0.33	0.35
13	14	15	16	17	18	19	20	21	22	23	24
0.35	0.36	0.36	0.37	0.37	0.37	0.38	0.20	0.08	0.06	0.05	0.04

2. 照明散热形成的逐时冷负荷 CL_{zm}

照明冷负荷系数 C_{clzm}，按照 8 时开灯、19 时关灯计算，根据《民用建筑供暖通风与空气调节设计规范》GB 50736-2012 附录 H 确定，见表 3-21。

照明冷负荷系数 C_{clzm} 表 3-21

1	2	3	4	5	6	7	8	9	10	11	12
0.13	0.11	0.10	0.09	0.08	0.07	0.06	0.05	0.41	0.73	0.78	0.81
13	14	15	16	17	18	19	20	21	22	23	24
0.84	0.86	0.88	0.89	0.91	0.92	0.93	0.57	0.25	0.21	0.18	0.15

照明修正系数 C_{zm} 取 1.0。

本示例房间面积 50m²，按办公室照明散热指标 20W/m²，则 Q_{zm} 为 1.0kW。

根据式（3-16）计算照明散热形成的逐时冷负荷 CL_{zm}，见表 3-22。

照明散热形成的逐时冷负荷 CL_{zm}（单位：kW） 表 3-22

1	2	3	4	5	6	7	8	9	10	11	12
0.13	0.11	0.10	0.09	0.08	0.07	0.06	0.05	0.41	0.73	0.78	0.81
13	14	15	16	17	18	19	20	21	22	23	24
0.84	0.86	0.88	0.89	0.91	0.92	0.93	0.57	0.25	0.21	0.18	0.15

3. 设备散热形成的逐时冷负荷 CL_{sb}

设备冷负荷系数 C_{clsb}，按照设备 8 时启用、19 时停用计算，根据《民用建筑供暖通风与空气调节设计规范》GB 50736-2012 附录 H 确定，见表 3-23。

设备冷负荷系数 C_{clsb} 表 3-23

1	2	3	4	5	6	7	8	9	10	11	12
0.04	0.03	0.03	0.03	0.02	0.02	0.02	0.02	0.78	0.91	0.93	0.94
13	14	15	16	17	18	19	20	21	22	23	24
0.95	0.96	0.96	0.97	0.97	0.98	0.98	0.21	0.08	0.06	0.05	0.04

设备修正系数 C_{sb} 取 1.0。

本示例房间面积 $50m^2$，按办公室设备散热指标 $25W/m^2$，则 Q_{zm} 为 1.25kW。

根据式（3-17）计算设备散热形成的逐时冷负荷 CL_{sb}，见表 3-24。

设备散热形成的逐时冷负荷 CL_{sb}（单位：kW） **表 3-24**

1	2	3	4	5	6	7	8	9	10	11	12
0.05	0.04	0.04	0.04	0.03	0.03	0.03	0.03	0.98	1.14	1.16	1.18
13	14	15	16	17	18	19	20	21	22	23	24
1.19	1.20	1.20	1.21	1.21	1.23	1.23	0.26	0.10	0.08	0.06	0.05

上述各项结果相加，计算房间逐时冷负荷（显热），见表 3-25。

房间总逐时冷负荷（显热）CL_{max}（单位：kW） **表 3-25**

	1	2	3	4	5	6	7	8	9	10	11	12
CL_{Wq}	0.49	0.47	0.44	0.43	0.41	0.39	0.38	0.37	0.38	0.39	0.41	0.43
CL_{Wc}	0.06	0.04	0.03	0.01	0.01	0.02	0.05	0.09	0.13	0.17	0.22	0.25
CL_c	0.15	0.09	0.09	0.05	0.05	0.47	1.08	1.54	2.02	2.21	2.28	1.01
CL_{rt}	0.04	0.03	0.03	0.02	0.02	0.02	0.02	0.02	0.19	0.31	0.33	0.35
CL_{zm}	0.13	0.11	0.10	0.09	0.08	0.07	0.06	0.05	0.41	0.73	0.78	0.81
CL_{sb}	0.05	0.04	0.04	0.04	0.03	0.03	0.03	0.03	0.98	1.14	1.16	1.18
Σ	0.92	0.78	0.73	0.64	0.60	1.00	1.62	2.10	4.11	4.95	5.18	4.03
	13	14	15	16	17	18	19	20	21	22	23	24
CL_{Wq}	0.46	0.48	0.50	0.52	0.53	0.54	0.54	0.54	0.54	0.54	0.53	0.51
CL_{Wc}	0.28	0.30	0.30	0.29	0.28	0.25	0.22	0.18	0.15	0.13	0.10	0.09
CL_c	1.25	1.31	1.27	1.12	0.78	0.67	0.47	0.36	0.31	0.22	0.21	0.15
CL_{rt}	0.35	0.36	0.36	0.37	0.37	0.37	0.38	0.20	0.08	0.06	0.05	0.04
CL_{zm}	0.84	0.86	0.88	0.89	0.91	0.92	0.93	0.57	0.25	0.21	0.18	0.15
CL_{sb}	1.19	1.20	1.20	1.21	1.21	1.23	1.23	0.26	0.10	0.08	0.06	0.05
Σ	4.37	4.51	4.51	4.4	4.08	3.98	3.77	2.11	1.43	1.24	1.13	0.99

（四）潜热

本示例办公室共 7 人，人体潜热为 73W/人，考虑群集系数后，潜热负荷为 0.48kW。

（五）新风冷负荷

本示例办公室共 7 人，新风量参考《民用建筑供暖通风与空气调节设计规范》GB 50736-2012，取每人最小新风量 $30m^3$/（h·人），则新风量为 $210m^3/h$；塘沽地区夏季空调室外计算干球温度为 32.5℃，夏季空调室外计算湿球温度为 26.9℃，查焓湿图得室外空气焓值为 84.86kJ/kg；室内设计温度为 26℃，相对湿度为 60%，查焓湿图得室内空气焓值为 58.66 kJ/kg；空气密度取 $1.2kg/m^3$。根据式（3-6）计算新风负荷为：

$$Q_w = (210\times1.2/3600)\times(84.86-58.66)=1.83\text{kW}$$

（六）总冷负荷

根据逐项计算结果并叠加得出，本示例房间逐时冷负荷最大值（显热）为 5.18kW（发生在 11 时），逐时冷负荷最大值（全热）为 5.66kW；计入新风冷负荷 1.83kW 后，总冷负荷为 7.49kW。

第六节　冷热电逐时负荷计算

联供工程必须进行冷热电逐时负荷分析研究，在此基础上方可确定设备装机容量。

研究冷热电逐时负荷的变化规律，需要在设计负荷的基础上，进一步分清不同建筑的使用性质，才能很好地掌握其变化规律，例如办公楼一般白天负荷量较大，电负荷、冷热负荷是随着人员的上、下班时间的变化而变化，通常在早上 8 点到 9 点之间会有一个高峰，在中午前后，随着休息时间的来临，冷热负荷会有下降，实行智能控制的建筑其电负荷也会下降，晚上 5～9 点之间会逐步降低，直到晚间负荷会保持在一个较低的水平上甚或不需要冷、热负荷供应。如果建筑性质为酒店，则负荷变化规律明显不同于办公楼，其白天、晚上的负荷差异较小。因此，为准确掌握不同的变化规律，应对不同建筑物进行详细分类，在此基础上，收集整理不同性质既有建筑物的负荷变化数据，找出规律进行归纳，从而绘制出冷热电逐时负荷曲线图。

一、各种不同建筑性质的分类

建筑性质分类方法很多，按照使用性质和功能不同分为居住建筑和公共建筑两大类，公共建筑又可分出若干小类。

居住建筑：以提供生活居住场所为主要目的的建筑，包括住宅、公寓、别墅，部队干休所等。

公共建筑：以为社会公众提供社会活动的场所为主要目的的建筑，包括行政办公建筑、商务办公建筑、商业建筑、文化建筑、体育建筑、医疗建筑。其定义如下：

（1）行政办公建筑：为行政、党派和团体等机构使用的建筑。

（2）商务办公建筑：供非行政办公单位的办公使用的建筑，也被称为写字楼（包括 SOHO 办公楼）。

（3）商业建筑：为商业服务经营提供场所的建筑，包括商场建筑（综合百货商店、商场、批发市场）、服务建筑（餐饮、娱乐、美容、洗染、修理和旅游服务）、旅馆建筑（包括度假村、公寓式酒店）等。

（4）文化建筑：各级广播电台、电视台、公共图书馆、博物馆、科技馆、展览馆和纪念馆等；电影院、剧场、音乐厅、杂技场等演出场所；独立的游乐场、舞厅、俱乐部、文化宫、青少年宫、老年活动中心等。

（5）体育建筑：体育场馆及运动员宿舍等配套设施。

(6) 医疗建筑：提供医疗、保健、卫生、防疫、康复和急救场所的建筑，包括医院门诊、病房、卫生防疫、检验中心、急救中心和血库等建筑。

(7) 生产建筑：以相对封闭的流程完成某种特定生产职能的建筑，包括仓储建筑、工业建筑。

(8) 仓储建筑：用于存放、运输物品的建筑，包括库房、堆场和加工车间、管道运输用房。

(9) 科教建筑：以提供教学、科研场所为主要目的的建筑，如教育建筑，科研建筑。

(10) 科研建筑：承担特殊科研试验条件的建筑。

(11) 教育建筑：大专院校、中小学、托幼机构的教学用房和学生宿舍。

(12) 交通建筑：以为公众提供出行换乘的场所为主要目的的建筑，包括机场、火车站、长途客运站、港口、公共交通枢纽、社会停车场库等为城市客运交通运输服务的建筑。

(13) 公用建筑：为城市生活提供保障的建筑，包括供水、供电、供燃气、供热设施，消防设施、社会福利设施等；水厂的泵房和调压站等；变电站所；储气站、调压站、罐装站，大型锅炉房；调压、调温站；电信、转播台、差转台等通信设施；雨水、污水泵站、排渍站、处理厂；殡仪馆、火葬场、骨灰存放处等殡葬设施。

(14) 特殊建筑：具有特殊使用功能的建筑，包括军事建筑、监狱建筑、宗教建筑等。

(15) 单身宿舍：供不同性质建筑中特定的相关人员使用的单身居住用房。

二、负荷曲线的绘制

绘制负荷曲线以一天 24h 或全年 8760h 为时间横坐标，以每小时负荷数值为纵坐标进行绘制。横坐标单位是小时 (h)，纵坐标的单位是千瓦 (kW)。不同的冷热电负荷曲线可分别绘制，也可绘制在一张图表内。

绘制负荷曲线，可以非常明确地看到负荷逐时变化情况。当用户端为不同功能和使用性质的建筑时，分别进行逐时负荷计算并按时刻叠加和绘制负荷曲线尤为重要。

三、逐时负荷计算示例

下面以一综合体建筑为例，计算、整理其逐时冷负荷并绘制出冷负荷逐时负荷变化曲线图，仅供参考。

某综合体建筑包含办公、宾馆、商业、餐饮等多种功能，总建筑面积 16 万 m^2，其中写字楼 8 万 m^2，宾馆 2 万 m^2，商业 3 万 m^2，餐饮 3 万 m^2 (空调面积约 2 万 m^2)。方案阶段，按负荷指标法及逐时负荷系数法，对冷负荷进行预测，为联供系统设备装机提供依据。

根据《城镇供热管网设计规范》CJJ 34-2010 推荐的空调冷指标推荐值（详见表 3-2），并参考《全国民用建筑工程设计技术措施 暖通空调·动力 2003 版》的冷指标值，本综合体建筑冷负荷见表 3-26。

综合体建筑面积、冷负荷　　表 3-26

建筑类型	建筑面积(万 m^2)	冷指标(W/m^2)	冷负荷(kW)
办公	8	80	6400
宾馆	2	80	1600
商业	3	125	3750
餐饮	2/(3)	180	3600
合计	15/(16)	—	15350

参考《蓄冷空调工程技术规程》JGJ 158-2008，逐时冷负荷系数取值见表 3-27。

逐时冷负荷系数　　表 3-27

时刻	写字楼	宾馆	商场	餐厅	咖啡厅	夜总会	保龄球
1：00	0.00	0.16	0.00	0.00	0.00	0.00	0.00
2：00	0.00	0.16	0.00	0.00	0.00	0.00	0.00
3：00	0.00	0.25	0.00	0.00	0.00	0.00	0.00
4：00	0.00	0.25	0.00	0.00	0.00	0.00	0.00
5：00	0.00	0.25	0.00	0.00	0.00	0.00	0.00
6：00	0.00	0.50	0.00	0.00	0.00	0.00	0.00
7：00	0.31	0.59	0.00	0.00	0.00	0.00	0.00
8：00	0.43	0.67	0.40	0.34	0.32	0.00	0.00
9：00	0.70	0.67	0.50	0.40	0.37	0.00	0.00
10：00	0.89	0.75	0.76	0.54	0.48	0.00	0.30
11：00	0.91	0.84	0.80	0.72	0.70	0.00	0.38
12：00	0.86	0.90	0.88	0.91	0.86	0.40	0.48
13：00	0.86	1.00	0.94	1.00	0.97	0.40	0.62
14：00	0.89	1.00	0.96	0.98	1.00	0.40	0.76
15：00	1.00	0.92	1.00	0.86	1.00	0.41	0.80
16：00	1.00	0.84	0.96	0.72	0.96	0.47	0.84
17：00	0.90	0.84	0.85	0.62	0.87	0.60	0.84
18：00	0.57	0.74	0.80	0.61	0.81	0.76	0.86
19：00	0.31	0.74	0.64	0.65	0.75	0.89	0.93
20：00	0.22	0.50	0.50	0.69	0.65	1.00	1.00
21：00	0.18	0.50	0.40	0.61	0.48	0.92	0.98
22：00	0.18	0.33	0.00	0.00	0.00	0.87	0.85
23：00	0.00	0.16	0.00	0.00	0.00	0.78	0.48
0：00	0.00	0.16	0.00	0.00	0.00	0.71	0.30

根据本综合体不同功能建筑冷负荷，对应其逐时冷负荷系数，计算得出本综合体建筑

逐时冷负荷，见表 3-28。

综合体建筑逐时冷负荷曲线见图 3-1～图 3-5。

综合体建筑逐时冷负荷　　表 3-28

时刻	写字楼	宾馆	商业	餐饮	合计
1：00	0	256	0	0	256
2：00	0	256	0	0	256
3：00	0	400	0	0	400
4：00	0	400	0	0	400
5：00	0	400	0	0	400
6：00	0	800	0	0	800
7：00	1984	944	0	0	2928
8：00	2752	1072	1500	1224	6548
9：00	4480	1072	1875	1440	8867
10：00	5696	1200	2850	1944	11690
11：00	5824	1344	3000	2592	12760
12：00	5504	1440	3300	3276	13520
13：00	5504	1600	3525	3600	14229
14：00	5696	1600	3600	3528	14424
15：00	6400	1472	3750	3096	14718
16：00	6400	1344	3600	2592	13936
17：00	5760	1344	3188	2232	12524
18：00	3648	1184	3000	2196	10028
19：00	1984	1184	2400	2340	7908
20：00	1408	800	1875	2484	6567
21：00	1152	800	1500	2196	5648
22：00	1152	528	0	0	1680
23：00	0	256	0	0	256
24：00	0	256	0	0	256

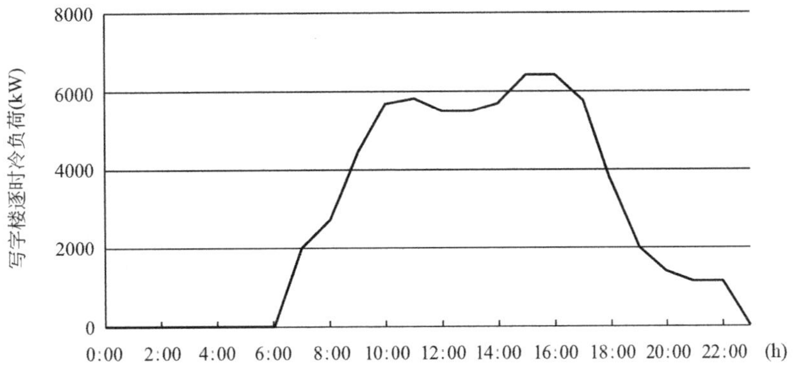

图 3-1　写字楼逐时冷负荷曲线图

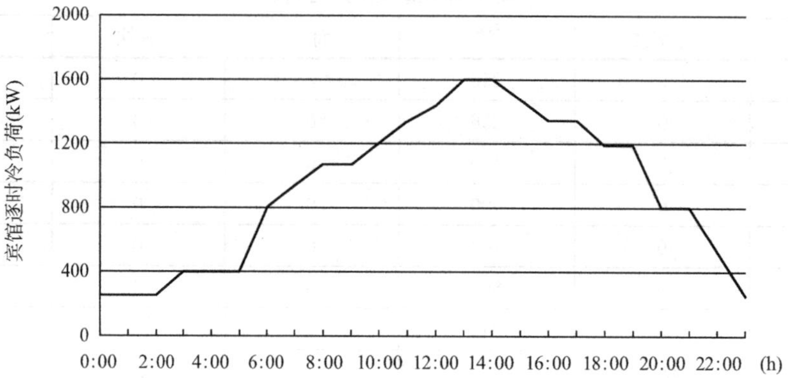

图 3-2　宾馆逐时冷负荷曲线图

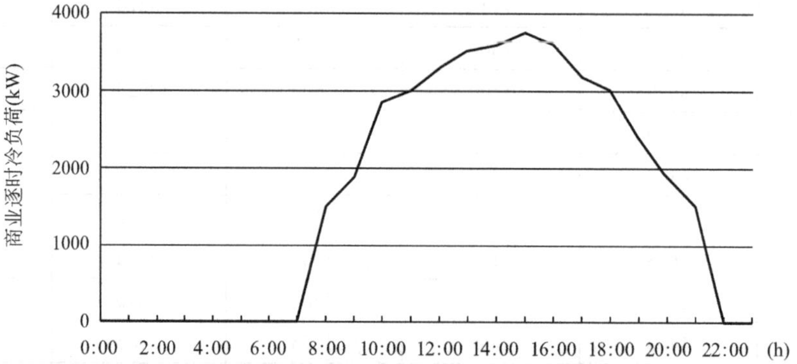

图 3-3　商业逐时冷负荷曲线图

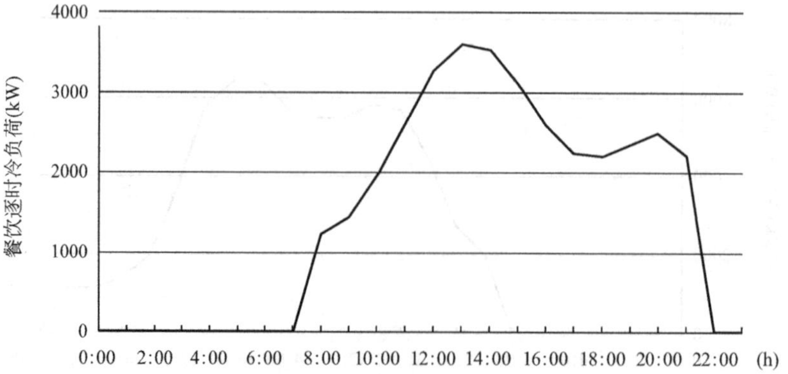

图 3-4　餐饮逐时冷负荷曲线

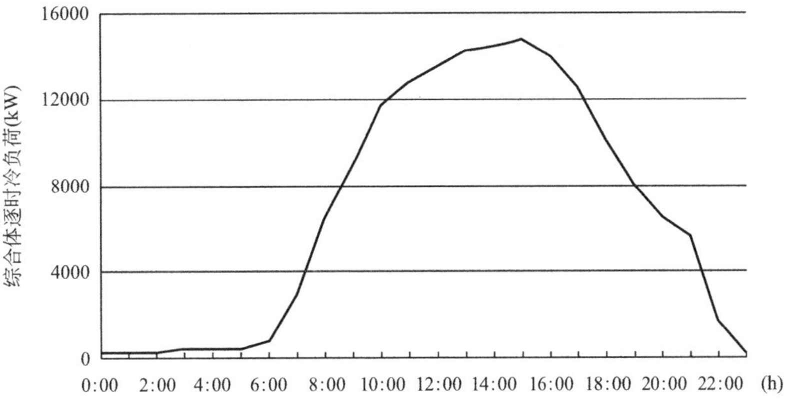

图 3-5　综合体逐时冷负荷曲线图

第七节　冷热电年耗量计算

统计计算冷热电年耗量，特别是冷热年耗量，才可以得出联供工程全年总输入一次能源（燃气、电）量，总输出电、冷、热（蒸汽）能量，以便分析计算系统效率、综合能源利用率以及经济性并进行财务分析。

一、公式计算法

（一）年耗热量

根据《城镇供热管网设计规范》CJJ 34-2010，民用建筑的全年耗热量应按下列公式计算。

供暖全年耗热量：

$$Q_{h}^{a}=0.0864NQ_{h}\frac{t_{i}-t_{a}}{t_{i}-t_{o\cdot h}} \tag{3-18}$$

式中　Q_{h}^{a}——供暖全年耗热量，GJ；

N——供暖期天数，d；

Q_{h}——供暖设计热负荷，kW；

t_{i}——室内计算温度，℃；

t_{a}——供暖期室外平均温度，℃；

$t_{o\cdot h}$——供暖室外计算温度，℃。

供暖期通风耗热量：

$$Q_{V}^{a}=0.0036T_{V}NQ_{V}\frac{t_{i}-t_{a}}{t_{i}-t_{o\cdot V}} \tag{3-19}$$

式中　Q_{V}^{a}——供暖期通风耗热量，GJ；

T_{V}——供暖期内通风装置每日平均运行小时数，h；

N——供暖期天数，d；

Q_V——通风设计热负荷，kW；

t_i——室内计算温度,℃；

t_a——供暖期室外平均温度,℃；

$t_{o\cdot V}$——冬季通风室外计算温度,℃。

空调供暖耗热量：

$$Q_a^a = 0.0036\, T_a N Q_a \frac{t_i - t_a}{t_i - t_{o\cdot a}} \tag{3-20}$$

式中 Q_a^a——空调供暖耗热量，GJ；

T_a——供暖期内空调装置每日平均运行小时数，h；

N——供暖期天数，d；

Q_a——空调冬季设计热负荷，kW；

t_i——室内计算温度,℃；

t_a——供暖期室外平均温度,℃；

$t_{o\cdot a}$——冬季空调室外计算温度,℃。

生活热水全年耗热量：

$$Q_W^a = 30.24\, Q_{w\cdot a} \tag{3-21}$$

式中 Q_W^a——生活热水全年耗热量，GJ；

$Q_{w\cdot a}$——生活热水平均热负荷，kW。

（二）年耗冷量

参考《城镇供热管网设计规范》CJJ 34-2010，民用建筑的全年耗冷量可按下式计算。

$$Q_C^a = 0.0036\, Q_C T_{C\cdot max} \tag{3-22}$$

式中 Q_C^a——全年供冷量，GJ；

Q_C——空调夏季设计冷负荷，kW；

$T_{C\cdot max}$——空调夏季最大负荷利用小时数，h。

二、软件计算法

如本章第二节和第五节所述，计算机辅助模拟的分析方法操作简单，计算方便、省时，具有一定的优势。使用计算机辅助分析仅仅是一种计算手段，其分析方法与计算依据同样是参照了相关规范。

使用适当的计算软件，可以计算全年 8760h 的冷、热、电逐时负荷，并通过累计计算出冷热电年耗量。

针对北京地区某 130 万 m^2 区域新建建筑，利用建筑能耗模拟软件 DeST 对冷热负荷进行逐时模拟计算，同时通过以往同类型建筑逐时电负荷数据进行电负荷模拟计算，得出该区域全年 8760h 冷、热、电负荷数据，绘制出逐时冷热电负荷曲线，如图 3-6 所示。

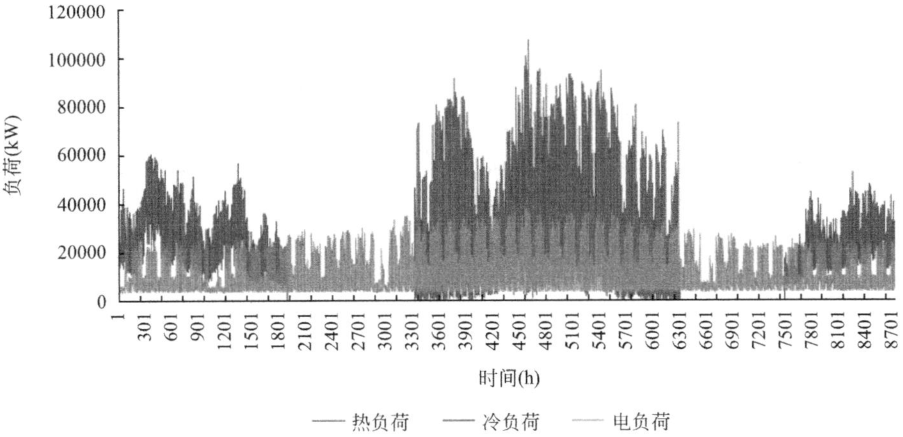

图 3-6　某建筑逐时冷热电负荷曲线图

第八节　冷热电负荷的综合确定

冷、热、电负荷的确定是联供工程建设的首要条件，是联供工程确定工程规模、控制投资，以及安全、可靠、经济运行的重要保证因素。

燃气冷热电联供系统的特点在于建设在用户附近、发电供用户自用为主并直接向用户供冷热。它不同于热电联产项目，联供工程应以末端建筑的实际负荷需求确定发电装机以及辅助能源装机，“以热定电”及“以电定热”均具有局限性，联供工程机组容量的选择应立足于自发、自用、自平衡，且余热利用最大化。只有准确地综合分析冷热电负荷，才能合理匹配联供设备装机容量、制定运行方案，做到发电设备满负荷利用时数高，发电余热充分利用排空浪费少，以保证燃气这一宝贵清洁能源的最佳利用，实现“分配得当、各得所需、温度对口、梯级利用”，提高燃气的综合利用效率。

如前文所述，参考相关规范、设计手册或采用计算机模拟的方法，可以对建筑的冷、热、电负荷进行逐时分析，建筑的负荷需求是需要能源供应端保证供给的。任何发电设备，其发电效率、可利用余热量都是相对固定的，且通常情况下希望设备能长时间在高效区运行。同时，考虑目前发电设备以进口产品为主，价格较高；作为主要运行成本的燃气，现行气价对比电价相对较高（以燃气热值为 $36MJ/Nm^3$ 为例，当发电效率为 40%时，燃烧 $1Nm^3$ 天然气可发电 4kWh）。因此，从技术经济角度出发，应由联供系统承担建筑基础冷、热、电负荷供应，即发电及发电余热产生的冷、热基本可以时时消纳掉，而负荷供应不足部分，电力由市电补充供应，冷、热由联供工程的其他调峰设备如电制冷机、燃气锅炉、直燃机、热泵机组等补充供应。

《燃气冷热电联供工程技术规范》GB 51131-2016 总则中规定：燃气冷热电联供系统应遵循电能自发自用、余热利用最大化的原则……。另外，规范对于联供系统的年平均综合能源利用率、余热利用率等指标也都做出了相关规定。这些规定的目的在于指导联供系统配置合理，以达到理想的技术经济指标。在确定联供系统装机容量时，需要综合考虑冷、热、电负荷情况，应在各项负荷分别计算的基础上，分析其基础负荷区域，计算确定所配置的发电机组其电能和余热产生的冷、热是否都位于电、冷、热的基础负荷区域，以便最大化消纳。当然，正如前文负荷曲线所显示，不同时刻，电负荷会随用电设备的使用情况有波动；冷、热负荷更是随室外温度变化而在不同季节、每天的不同时段都有波动。这就要求负荷分析不能仅限于“设计日”、“最大值”，而是要充分考虑全年情况，而且是全年的冷、热、电负荷的综合分析。只有这样才能保证联供系统配置技术合理，经济效益最优。

第九节　注意事项

近年来，分布式能源技术越来越受关注，作为分布式能源之一的燃气冷热电联供技术发展较快，国内已经建成许多燃气冷热电联供项目，其技术成熟性和项目的可实施性不容置疑。已建成的冷热电联供工程项目，尤其是较早期建成的工程，往往会存在运行不好甚至联供系统无法运行的现象，其中一个原因就是对冷、热尤其是电负荷预测、计算不准确，或仅以建筑末端设计负荷计算结果为依据，造成主设备装机过大，要么不能在设备高效区运行，严重的甚至不能正常运行。因此，冷热电联供工程若要达到社会效益、经济效益双丰收，还需在项目设计阶段尤其是冷热电负荷的预测、计算方面多做细致工作。

技术层面。首先，应正确预测项目的电负荷，并通过确定的电力系统接入方式，使电能在预测电负荷范围内利用，才能保证系统配置合理且充分利用自发电；当然，电力系统接入方式最终需要得到电力部门认。其次，余热利用形式多样，热产品种类、价格及投入差别很大，应根据具体项目特点，找到最适合的余热利用形式并进行系统配置。

经济层面。燃气价格、电力价格、热产品价格在每个地区甚至每个项目都会有变化，调峰设备的选择以及整个系统运行模式的确定，需要在技术可行的前提下，通过经济分析，找到最佳方案。

在既有项目建设分布式能源系统，项目的冷、热、电需求情况有据可查，比较容易正确确定供能系统规模；对于新建项目，往往会由于负荷预测不准确导致供能系统配置不合理，系统运行出现问题，此时更应关注负荷预测，并通过同类型项目经验数据进行校核调整；必要时可适当调整设备台数及单台容量，并采用分期投入的方式。

造成负荷预测不准确的因素很多，除数值设计（考虑极端情况叠加、留裕量）、计算统计外，还应考虑如下因素：数据中心类项目机柜出租率、使用率，工业类项目生产的连续性，酒店类项目入住率，医院类项目实际人员密度，办公类项目节假日公休，以及项目分期建设达产情况等。

关于负荷预测，《燃气冷热电联供工程技术规范》GB 51131-2016 有比较详细的规定，设计人员应充分重视。在需求侧设计负荷计算，逐时叠加分析的基础上，还可根据使用情况考虑一定的同时使用系数，有条件的参考同类型建筑用能情况适当修正，才能搭建出满足需求且运行高效的能源供应系统，体现联供工程的技术先进性。

第四章　发电设备选择

发电设备是燃气冷热电联供系统中最核心和最关键的设备，本书第二章介绍了冷热电联供系统形式与分类，在冷热电联供系统设计时，选择合理的发电设备形式、台数、容量等是决定一个项目成败的关键因素。本章主要介绍了燃气冷热电联供系统燃气轮机、燃气内燃机、微型燃气轮机等主要发电设备选择原则。

第一节　发电设备简介

发电设备是燃气冷热电联供系统中最核心和关键的设备，常用的发电设备燃气轮机、燃气内燃机、微型燃气轮机是发电系统的原动机。燃气轮机的余热利用比较集中，主要是尾部排烟，由于其排烟温度较高（一般为350～650℃），回收的余热可以生产蒸汽或热水，回收利用灵活，小型燃气轮机的发电效率一般为30%～40%，烟气中 NO_x 初始排放浓度较低。燃气内燃机发电效率较高，一般为30%～45%，但其余热回收系统较为复杂，余热中主要有缸套冷却水、润滑油冷却水、烟气余热等，烟气中 NO_x 初始排放浓度较高。微型燃气轮机是更小型化的燃气轮机，国际上通常将功率范围在25～300kW之间的燃气轮机称为微型燃气轮机，发电效率一般为15%～30%（有回热设备的发电效率一般为26%～32%），具有系统配置灵活、维护少、运行灵活、NO_X 初始排放浓度较低等特点。

一、燃气轮机

燃气轮机是以连续流动的气体为工质带动叶轮高速旋转，将燃料的能量转变为有用功的内燃式动力机械，是一种旋转叶轮式热力发动机。

1791年，英国人巴伯首次描述了燃气轮机的工作过程；1872年，德国人施托尔策设计了一台燃气轮机，并于1900～1904年进行了试验，但因始终未能脱开启动机独立运行而失败；1905年，法国人勒梅尔和阿芒戈制成第一台能输出功的燃气轮机，但效率太低，因而未获得实用。1920年，德国人霍尔茨瓦特制成第一台实用的燃气轮机，其效率为13%、功率为370kW，按等容加热循环工作，但因等容加热循环以断续爆燃的方式加热，存在许多重大缺点而被人们放弃。

随着空气动力学的发展，人们掌握了压气机叶片中气体扩压流动的特点，解决了设计高效率轴流式压气机的问题，因而在20世纪30年代中期出现了效率达85%的轴流式压气机。与此同时，涡轮效率也有了提高。在高温材料方面，出现了能承受600℃以上高温的铬镍合金钢等耐热钢，因而能采用较高的燃气初温，于是等压加热循环的燃气轮机终于得到成功的应用。1939年，在瑞士制成了4MW发电用燃气轮机，效率达18%。同年，在德国制造的喷气式飞机试飞成功，从此燃气轮机进入了实用阶段，并开始迅速发展。

随着高温材料的不断进展，以及涡轮采用冷却叶片并不断提高冷却效果，燃气初温逐步提高，使燃气轮机效率不断提高。单机功率也不断增大，在20世纪70年代中期出现了数种100MW级的燃气轮机，最高能达到130MW。与此同时，燃气轮机的应用领域不断扩大。1941年瑞士制造的第一辆燃气轮机机车通过了试验；1947年，英国制造的第一艘装备燃气轮机的舰艇下水，它以1.86MW的燃气轮机作加力动力；1950年，英国制成第一辆燃气轮机汽车。此后，燃气轮机在更多的部门中获得应用。

（一）分类与组成

1. 单轴机组

单轴机组由压气机、透平、燃烧室和发电机4部分组成。

2. 分轴机组

分轴机组由压气机、燃烧室、高压透平、低压透平和发电机组成。分轴机组的压气机、燃烧室及高压透平的安排与单轴机组相同，即高压透平与压气机连在同一根轴上。压气机、燃烧室及高压透平叫做燃气发生器。低压透平称为动力透平，它发出的功率拖动发电机组工作。分轴机组与单轴机组最大的差别是压气机轴与负载轴分开，高、低压透平之间只有气路连接，没有机械联系。

（二）工作原理

燃气轮机主要由压缩机（compressor）、燃烧室（combustion chamber）、涡轮（turbine）等部分构成。新鲜空气由进气道进入燃气轮机后，首先由压缩机加压成高压气体，接着由喷油嘴喷出燃油与空气混合后在燃烧室进行燃烧成为高温高压气体，然后进入涡轮段推动涡轮，将热能转换成机械能输出，最后的废气由排气管排出。而由涡轮输出的机械能中，一部分会用来驱动压缩机，另一部分则经由传动轴输出，用以驱动人们希望驱动的机构如发电机、传动系统等。

（三）内部结构

燃气轮机由压气机、燃烧室和燃气涡轮等组成。压气机有轴流式和离心式两种，轴流式压气机效率较高，适用于大流量的场合。在小流量时，轴流式压气机因后面几级叶片很短，效率低于离心式。功率为数兆瓦的燃气轮机中，有些压气机采用轴流式加一个离心式作末级，因而在达到较高效率的同时又缩短了轴向长度。

燃烧室和涡轮不仅工作温度高，而且还承受燃气轮机在启动和停机时，因温度剧烈变化引起的热冲击，工作条件恶劣，故它们是决定燃气轮机寿命的关键部件。为确保有足够的寿命，这两大部件中工作条件最差的零件如火焰筒和叶片等，须用镍基和钴基合金等高温材料制造，同时还须用空气冷却来降低工作温度。

对于一台燃气轮机来说，除了主要部件外还必须有完善的调节保安系统，此外还需要配备良好的附属系统和设备，包括：启动装置、燃料系统、润滑系统、空气滤清器、进气和排气消声器等。

燃气轮机有重型和轻型两类。重型的零件较为厚重，大修周期长，寿命可达10万h以上。轻型的结构紧凑而轻，所用材料一般较好，其中以航机的结构为最紧凑、最轻，但寿命较短。

与活塞式内燃机和蒸汽动力装置相比较，燃气轮机的主要优点是小而轻。单位功率的质量，重型燃气轮机一般为 2～5kg/kW，而航机一般低于 0.2kg/kW。燃气轮机占地面积小，当用于车、船等运输机械时，既可节省空间，也可装备功率更大的燃气轮机以提高车、船速度。燃气轮机的主要缺点是效率不够高，在部分负荷下效率下降快，空载时的燃料消耗量高。

不同的应用部门，对燃气轮机的要求和使用状况也不相同。功率在 10MW 以上的燃气轮机多数用于发电，而 30～40MW 以上的几乎全部用于发电。

燃气轮机发电机组能在无外界电源的情况下迅速启动，机动性好，在电网中用它带动尖峰负荷和作为紧急备用，能较好地保障电网的安全运行，所以应用广泛。在汽车（或拖车）电站和列车电站等移动电站中，燃气轮机因其轻小，应用也很广泛。此外，还有不少利用燃气轮机的便携电源，功率最小的在 10kW 以下。

燃气轮机的未来发展趋势是提高效率、采用高温陶瓷材料、利用核能和发展燃煤技术。提高效率的关键是提高燃气初温，即改进涡轮叶片的冷却技术，研制能耐更高温度的高温材料。其次是提高压缩比，研制级数更少而压缩比更高的压气机。再次是提高各个部件的效率。

高温陶瓷材料能在 1360℃以上的高温下工作，用它来做涡轮叶片和燃烧室的火焰筒等高温零件时，就能在不用空气冷却的情况下大大提高燃气初温，从而较大地提高燃气轮机效率。适于燃气轮机的高温陶瓷材料有氮化硅和碳化硅等。

按闭式循环工作的装置能利用核能，它用高温气冷反应堆作为加热器，反应堆的冷却剂（氦或氮等）同时作为压气机和涡轮的工质。

（四）发展动向

燃气轮机发电机组的发展主要围绕提高机组的经济性、可靠性和机动性三方面展开。具体做法有以下几点。

（1）燃用多种燃料：有些国家大部分机组都能同时使用气体燃料和液体燃料，并且能在带负荷时自动切换，以提高机组的经济性和机动性。除了积极研究解决重油燃烧上存在的技术性问题外，还正在重点研究发展燃用固体燃料的燃气轮机组的可能性。

（2）提高初参数：提高燃气轮机装置热效率最有效的方法是提高燃气的初参数。现已设计制造的 10 万 kW 机组，燃气轮机进口的燃气初温为 1100～1200℃，压比为 12～14。它一方面要求研究发展新的耐热金属材料、高温陶瓷材料如氮化硅（Si_3N_4）和碳化硅（Sic)，在高温条件下，应具有足够的机械强度和抗氧化性能；另一方面还要研究发展叶片的冷却技术，以降低高温部件的局部温度，例如采用空气或其他液体冷却叶片的方式。

（3）采用新型调节系统：20 世纪 60 年代以来，普遍采用新型的电液调节，并与程序自动启动、停机，以及超温、熄火、振动、喘振等保护回路组成完善的控制系统。例如有采用启动、转速、温度 3 个主回路的最小量控制系统；有采用启动、转速、温度、压缩机出口压力 4 回路的最小量控制系统；有采用类似汽轮机的功率—频率控制系统。控制系统的功能是把机器的工况控制在安全允许范围内，以满足负荷方面的要求和机器本身的经济性和使用寿命方面的要求。各类调节控制系统中，电子液压式系统功能强，能完成综合运算、逻辑判断等任务，可以组成高度自动化的复杂系统，并能利用计算机和实现遥控。现代的DEH控制系统及MEH控制系统将广泛用于燃气轮机控制系统。采用最小量控制系统，能保证最小燃料量以避免切断时熄火。还可采用两套回路，其中一套故障时报警，但不影响运行。在启动过程中，普遍采用自动检测方式。

（4）采用快装式组装机组：除中小容量机组采用快装式外，大容量的快装式燃气轮机电站也有了很快发展。20世纪70年代初即已出现了单机容量为5万kW以上的组装式机组。这种机组在制造厂组装，以整台或几个大件的形式提供给用户，可以大大缩短机组的安装时间，降低电站造价，并提高机组的运行可靠性。一座5.8万kW的燃气轮机电站，其全套设备共分成6大件，即燃气轮机、辅机设备、控制组件、发电机组、启动组件及进排气部分，以组件形式运输到达现场，从而保证了安装迅速和可靠性高的特点。

（5）发展蒸汽一燃气联合循环装置：经多年研究，基本上分为余热锅炉型、一般锅炉型和增压锅炉型3种。增压锅炉型的联合循环装置中，增压燃烧锅炉既生产蒸汽，又产生燃气，它们分别在蒸汽循环和燃气循环中作为工质做功。这种联合循环装置被认为是近代动力装置的重要发展方向之一。蒸汽一燃气联合循环装置的热效率一般可达34%～45%，是电力工业中很有发展前途的新型动力装置。

目前还有一种自由活塞一燃气轮机联合装置，是把燃气轮机的旋转式机械的优点和往复式内燃机的高效率结合起来。自由活塞燃气轮机已在电力工业中得到广泛应用，例如用作650～6500kW的固定电站、650～6000kW的船舶电站、650～1500kW的卡车电站和3000～6000kW的列车电站。这种机组的热效率可达32%～36%；能使用廉价的重柴油、燃料油等多种燃料；制造简便、造价低廉。

（五）性能和特点

（1）发电质量好。由于机组工作时只有旋转运动，电调反应速度快，工作特别平稳，使发电机输出电压和频率稳定、输出精度高、波动小，在突加减负载时，机组运行仍非常稳定。

（2）启动性能好。从冷态启动成功后带满载的时间为30s（国家标准规定，柴油发电机组启动成功后3min带载）。而且，燃气轮机发电机组可在任何环境温度和气候条件下保证启动的成功率。

（3）噪声低、振动小。测试证明，机组箱体外1m处测出噪声仅为82dB（A）；机房外1m处噪声为63dB（A），完全满足国家噪声标准规定。

（4）可使用多种燃料。燃机可使用多种燃料，柴油、天然气都可使用。

（5）自动化程度高，维护工作量小。机组的电调系统对机组的待启动状态、启动、带载运行及停机的全部过程实行自动调节和监控，对机组的所有运行参数（包括燃机系统、供油系统和电气系统）以及监控、保护等功能均由计算机控制，并在计算机中予以存储、显示并可打印。

（6）低排放。烟气中NO_x初始排放浓度较低。

二、燃气内燃机

内燃机是一种动力机械，它是通过使燃料在机器内部燃烧，并将其放出的热能直接转换为动力的热力发动机。广义上的内燃机不仅包括往复活塞式内燃机、旋转活塞式发动机和自由活塞式发动机，也包括旋转叶轮式的燃气轮机、喷气式发动机等，但通常所说的内燃机是指活塞式内燃机。活塞式内燃机以往复活塞式最为普遍。活塞式内燃机将燃料和空气混合，在其气缸内燃烧，释放出的热能使气缸内产生高温高压的燃气。燃气膨胀推动活塞作功，再通过曲柄连杆机构或其他机构将机械功输出，驱动从动机械工作。

活塞式内燃机起源于荷兰物理学家惠更斯用火药爆炸获取动力的研究，但因火药燃烧难以控制而未获成功。1794 年，英国人斯特里特提出从燃料的燃烧中获取动力，并且第一次提出了燃料与空气混合的概念。1833 年，英国人赖特提出了直接利用燃烧压力推动活塞作功的设计。

19 世纪中期，科学家完善了通过燃烧煤气、汽油和柴油等产生的热转化机械动力的理论。这为内燃机的发明奠定了基础。活塞式内燃机自 19 世纪 60 年代问世以来，经过不断改进和发展，已是比较完善的机械。它热效率高、功率和转速范围宽、配套方便、机动性好，所以获得了广泛的应用。之后人们又提出过各种各样的内燃机方案，但在 19 世纪中叶以前均未付诸实用。直到 1860 年，法国的勒努瓦模仿蒸汽机的结构，设计制造出第一台实用的煤气机。这是一种无压缩、电点火、使用照明煤气的内燃机。勒努瓦首先在内燃机中采用了弹力活塞环，这台煤气机的热效率为 4%左右。

1862 年，法国科学家罗沙对内燃机热力过程进行理论分析之后，提出提高内燃机效率的要求，这就是最早的四冲程工作循环。1876 年，德国发明家奥托（Otto）运用罗沙的原理，创制成功第一台往复活塞式、单缸、卧式、3.2kW（4.4 马力）的四冲程内燃机，仍以煤气为燃料。

1892 年，德国工程师狄塞尔（Diesel）受面粉厂粉尘爆炸的启发，设想将吸入气缸的空气高度压缩，使其温度超过燃料的自燃温度，再用高压空气将燃料吹入气缸，使之着火燃烧。他首创的压缩点火式内燃机（柴油机）于 1897 年研制成功，为内燃机的发展开拓了新途径。

早在往复活塞式内燃机诞生以前，人们就曾致力于创造旋转活塞式的内燃机，但均未获成功。直到 1954 年，联邦德国工程师汪克尔（Wankel）解决了密封问题后，才于 1957 年研制出旋转活塞式发动机，被称为汪克尔发动机。

（一）燃气内燃机的构造

为了说明燃气内燃机的工作原理，首先介绍一下燃气内燃机的构造和有关名词术语。燃气内燃机的主体部分为圆柱的气缸体，在气缸体内有上下移动的圆柱形活塞，为了防止燃烧气体泄漏，在活塞上装有密封气体的活塞环。气缸体的上部为气缸盖，在气缸盖上进气通道和排气通道以及进气门和排气门，进、排气门之间装有火花塞。活塞中部装有活塞销，通过它与连杆上部相接，连杆下部连接曲轴，通过曲轴末端的飞轮输出功率。

（二）燃气内燃机的工作原理

燃气内燃机的工作原理是利用燃料在气缸内燃烧产生的热能，通过气体受热膨胀推动活塞移动，再经过连杆传递到曲轴使其旋转做功。

内燃机在实际工作时，由热能到机械能的转变是无数次的连续转变。而每次能量转变，都必须经历进气、压缩、作功和排气四个过程。每进行一次进气、压缩、作功和排气叫做一个工作循环。若曲轴每转两圈，活塞经过四个冲程完成一个工作循环的叫做四冲程内燃机；若曲轴每转一圈，活塞只经过两个冲程就完成一个工作循环的叫做二冲程内燃机。目前，在市场上广泛应用的燃气内燃机都是四冲程内燃机。

四冲程燃气内燃机的工作过程

1. 进气冲程

在进气冲程中，活塞向下运动，空气和燃气的混合气从汽化器通过打开的进气门进入燃烧室。

2. 压缩冲程

进气冲程结束后开始压缩冲程。进气门关闭，活塞向上运动开始压缩冲程。此时排气门保持关闭状态。压缩冲程终了时，燃烧室中的空气和燃气混合气被活塞压缩，此时气体体积比压缩冲程开始时的体积小得多。这种体积的改变就是发动机的压缩比。

3. 作功冲程

就在压缩冲程终了时，火花塞点燃空气和燃气混合气。在作功冲程期间，进气门和排气门都关闭，燃气的燃烧导致活塞顶部产生巨大压力。这一压力推动活塞向下运动，将推动力传至曲轴，使曲轴旋转。

4. 排气冲程

在排气冲程中，进气门关闭，排气门打开，活塞向上运动。活塞上行运动时迫使燃烧废气从打开的排气门排出燃烧室。在排气冲程快要结束而进气冲程刚刚开始时，进气门打开，稍后排气门关闭，这种现象称为气门叠开，从而排出循环中最后的剩余废气。

上述四个冲程完成后，即完成了一个工作循环。当活塞再次从上止点移向下止点时，又开始了第二个工作循环。这样周而复始，发动机机连续运转，不断向外输出动力。在这个工作循环中曲轴回转了两圈，活塞经过了四个冲程，所以称这种内燃机为四冲程燃气发动机。

（三）稀薄燃烧发动机技术

当今，由于内燃式发动机驱动的燃气发电机组在现场应用的增多，以及其在效率和环保方面的优势，越来越引起了人们更多的注意。

为了响应市场的需要，一些制造厂推出的燃气发电机组采用了“稀薄燃烧”技术。所谓“稀薄燃烧”，就是进入发动机燃烧的混合气中，空气占有更大的比例。这样就带来两个好处：第一，过量空气降低了燃烧过程的温度，从而大大削减了氮氧化物（NO_x）的排放量；第二，由于有过量的氧气，使燃烧过程更高效，同样量的燃料输出更多的电力。

1. 燃烧过程

任何空气/燃料的化学反应都需要能量，用于燃烧。对于燃气发动机，火花塞就起到这个作用。对于新型的稀薄燃烧发动机，进入气缸之前，空气和燃气在涡轮增压器之前混合，加强了燃烧过程。这样就使燃烧室中的混合气有更高的压缩比，消除了发生“爆燃”的可能。要防止爆燃或者点火失败，整个燃烧过程必须被控制在一个狭窄的区域（OPERATION WINDOW）内。为了达到此目的，控制系统要持续地监测增压空气温度和量、空燃比以及压缩比。基于微处理器的发动机控制器将随时调节燃气流量、空燃比和点火时间。

新型稀薄燃烧发动机的空气过量系数设定在$\lambda=1.7\sim2.1$之间（传统的理论燃烧燃气

发动机的空气过量系数 $\lambda=1.0$）。更浓的混合气可能引起潜在的爆燃倾向和更多的氮氧化物（NO_x）排放；更稀薄的混合气可能引起点火失败，使燃烧变得不稳定，增加碳氢化合物（HC）的排放。新型稀薄燃烧发动机，采用可靠的全电脑控制器、传感器和微处理器，将燃烧限定在最优的区域之内。

稀薄燃烧发动机采用简洁的开放式燃烧室结构设计。独特的活塞顶部设计使混合气进入燃烧室时产生扰流，从而燃烧更加完全。缸头焰板设计成规则形状，火花塞位于中央位置。空气和燃气通过调速器控制、文氏管操作的燃气喷嘴混合。

2. 降低排放

采用此技术的一个优势就是显著降低了尾气的排放。新型稀薄燃烧发电机组氮氧化物（NO_x）的排放低至 1.16g/kWh，并且同时大大削减了碳氢化合物（HC）、一氧化碳（CO）和颗粒物（PM）的排放。这就使稀薄燃烧发电机组符合几乎所有地区的空气质量法规要求，而不需要额外安装尾气处理装置。如果要求更低的排放，也可以采用原尾气处理设备，比如三元催化装置和氧化触媒，这样氮氧化物（NO_x）将降低到 0.20g/kWh。安装尾气处理装置后，燃气发电机组的排放符合几乎世界任何地区最严格排放要求。

3. 燃料品质

稀薄燃烧技术的另一个优点就是对所用燃料的品质要求较低。衡量燃气品质的参数叫做甲烷指数（MN），靠此参数也可以确定燃气是否能够在发动机中稳定燃烧。大多数天然气的甲烷指数从 70 到 97，对于典型管道天然气的甲烷指数大约为 75 以上。垃圾填埋场和污水处理所回收的燃气品质比天然气低很多，但通常适用于稀薄燃烧发电机组。某些稀薄燃烧发电机组能够以甲烷指数为 50 的低品质燃气为燃料，并稳定运行，对燃料品质的适应性非常好。稀薄燃烧燃气发电机组将燃气内燃机技术提升到一个新的高度，它具有高效率、高输出功率的优点。

（四）燃气内燃机的性能和特点

（1）发电效率比较高，燃气内燃机的发电效率通常在 30%～45%之间，比较常见的机型一般可以达到 40%。

（2）设备集成度高，安装快捷，灵活——根据实际需要，可以在任何时间、地点增加发电设备。在电力现场经常变化时，可以选用集装箱式安装机组。

（3）清洁。稀薄燃烧燃气发电机组的 NO_x 和其他污染物的排放极低。同时，这些机组的效率和可靠性也非常高。燃气内燃机的发电效率通常在 30%～45%之间，但同等容量的燃气轮机的发电效率通常只有 20%～40%之间。

（4）快速。通常燃气内燃机的单机容量在 100kW～4000kW 之间，可以在数月之内便建成一座分布式热电联产电站，并成功发电。

（5）经济。相对于燃气轮机，燃气发电机组的初期投资具有竞争力，并且能够以更低的可预知运行成本提供能源。安装成本也只有基于燃气透平热电联产系统的一半。燃气发电机组对于气体中的粉尘要求不高，基本不需要水，设备的单位千瓦造价也比较低。

但是内燃机也有一些不足的地方。首先，内燃机燃烧低热值燃料时，机组出力明显下降，一台燃烧低热值 8000 大卡/立方米天然气燃料的 500kW 级燃气内燃发电机组，在使用低热值 4000 大卡/立方米的焦化煤气时，出力可能下降到 350～400kW 左右。此外，内燃机需要频繁更换机油和火花塞，消耗材料比较大，也影响到设备的可用性和可靠性两个主要设备利用指标，对设备利用率影响比较大，有时不得不采取增加发电机组台数的办法，来消除利用率低的影响。内燃机设备对焦化煤气中的水分子含量和硫化氢比较敏感，可能导致硫化氢和水形成硫酸腐蚀问题，需要采取一些必要措施加以克服。

三、微型燃气轮机

微型燃气轮机是更小型化的燃气轮机，国际上通常将功率范围在25～300kW之间的燃气轮机称为微型燃气轮机。具有体积小、噪声小、机房不需消声改造、氮氧化物排放量低等优点，适用小容量场所、多机组组合时切换较灵活。但燃气微燃发电机折合每千瓦发电造价较内燃机要高，所需燃气的进气压力较高。

功率为数百千瓦及以下的燃气轮机在20世纪40～60年代就已存在，但由于其发电效率低，长期以来，几十至几百千瓦的小型发电机组市场一直由内燃发电机组占领。随着高效回热器由军用转入民用，微型燃气轮机的发电效率显著提高。20世纪90年代初出现了无齿轮箱的燃气轮机，有些机组采用了不需要润滑系统的空气轴承，使得微型燃气轮机的结构更为紧凑，几乎不用维护。微型燃气轮机体积小、重量轻、适用燃料范围广，可靠近用户安装，显著提高了对用户供电的可靠性。这些优点使得微型燃气轮机在分散式供电、热电联供和车辆混合动力方面的应用得到了迅猛发展。1998年年末美国Capstone公司推出了第1台商业化的微型燃气轮机装置，现已有多家公司研制和生产这种微型燃气轮机，主要集中在北美、瑞典和英国。

微型燃气轮机在生产电力的同时回收利用了燃烧后的废热，可同时提供供暖服务和空调制冷服务，这种热电联产的发电形式越来越受欢迎。我国也在医院、机场、楼宇等领域有应用的实例，并取得了较好的效果。

在充满竞争的电力零售市场上，微型燃气轮机凭借其综合发电成本低的优势必将在未来的电力系统中占据越来越重要的位置。2003年冬季，英国Powergen公司开展微型电站装入居民家庭厨房的试点工程。这种燃气电站可取暖、供热水、发电，试验表明一年可节约能源费用249.6英磅。微型燃气轮机在未来的电力系统中必将同大型集中式电站一起为用户提供清洁便宜的能源服务。

（一）微型燃气轮机的组成

微型燃气轮机的主要组成部分包括：发电机、离心式压缩机、透平、回热器、燃烧室、空气轴承、数字式电能控制器（将高频电能转换为并联电网频率50/60Hz，提供控制、保护和通信）。这种微型燃气轮机的独特之处在于它的压缩机和发电机安装在一根转动轴上，该轴由空气轴承支撑，在一层很薄的空气膜上以96000r/min转速旋转。这是整个装置中唯一的转动部分，它完全不需要齿轮箱、油泵、散热器和其他附属设备。这种微型燃气轮机已在全球销售了2000台，累计运行3×10^6h。这种微型燃气轮机采用的几项关键技术如下：

（1）空气轴承。空气轴承支撑着系统中唯一的转动轴。它不需要任何润滑，从而节约了维修成本，避免了由润滑不当产生的过热问题，提高了系统可靠性。它可使微型燃气轮机以最大输出功率每天24h全年连续运行。

（2）燃烧系统技术。已取得专利的燃烧系统设计使其成为最清洁的化石燃料燃烧系统，不需进行燃烧后的污染控制。

（3）数字式电能控制器。将电力电子技术与高级数字控制相结合实现了多种功能，如调节发电机发电功率、实现多个燃气轮机成组控制、调节不同相之间的功率平衡、允许远程调试和调度、快速削减出力、切换并网运行模式和独立运行模式。数字式电能控制监视器可监视多达 200 个变量，它可控制发电机转速、燃烧温度、燃料流动速度等变量，所有操作都可在一套界面友好的软件系统上进行。

（二）微型燃气轮机的性能和特点

（1）效率高。微型燃气轮机发电效率可达 30%，联合发电和供热后整个系统能源利用率超过 70%。

（2）环保。微型燃气轮机的废气排放少，使用天然气或丙烷燃料满负荷运行时，排放的体积分数 NO_x 小于 9×10^{-6}；使用柴油或煤油燃料满负荷运行时，排放的体积分数 NO_x 小于 35×10^{-6}；采用油井气做测试，排放的体积分数 NO_x 小于 1×10^{-6}。其他采用天然气作为燃料的往复式发电机产生的 NO_x 比微型燃气轮机多 10～100 倍，柴油发电机产生的 NO_x 是微型燃气轮机的数百倍。

（3）维护少。微型燃气轮机采用独特的空气轴承技术，系统内部不需要任何润滑，节省了日常维护。每年的计划检修仅是在全年满负荷连续运行后更换空气过滤网。

（4）运行灵活。微型燃气轮机可并联在电网上运行，也可独立运行，并可在两种模式间自动切换运行。由软件系统控制两种运行模式之间的自动切换。

（5）适用于多种燃料。微型燃气轮机适用于多种气体燃料和多种液体燃料，包括天然气、丙烷、油井气、煤层气、沼气、汽油、柴油、煤油、酒精等。

（6）系统配置灵活。可根据实际需要灵活配置微型燃气轮机的数量，并能够进行多单元成组控制，其中一台检修时不影响整个系统的运行。

（7）结构简单、紧凑，尺寸小，重量轻，单位重量约为柴油发电机组的 1/3。因此运输安装容易，移动方便，配置灵活。

（8）振动小，运行平稳，噪声低，污染排放少。NO_x 的排放，在用催化剂时小于 9×10^{-6}，用贫预混燃烧时小于 25×10^{-6}，是目前理想的绿色环保电源。

（三）微型燃气轮机的应用前景

微型燃气轮机的主要应用场所包括：废气燃烧地点；需要提供临时和长期电力的地点；在经常停电的地点提高电能质量和供电可靠性；电费较高的地点；无电网的偏僻地点；可用峰荷电价向电力交易中心卖电；要求联合提供热电冷服务的地点。可应用于以下方面：

（1）油田。油田一般位于偏僻的地区，很难架设电网或架设永久的输电线路投资很大。在油田开采初期需临时供应电力。微型燃气轮机利用油井废气发电，不仅可解决油田开采设备和生活基地的电力供应，还为生活基地提供供暖和空调服务。

（2）垃圾掩埋场和偏僻农村。城市垃圾一般采用掩埋方法处理，掩埋的垃圾产生了许多低热值的生物可燃气。微型燃气轮机利用垃圾沼气发电，不仅保护环境，并可向当地的居民或电网送电。

在电网无法到达的偏僻农村和山区，可充分利用农村的生物物质。将生物物质气化和微型燃气轮机相结合构成简单、可靠、低维护、高效率、低污染的新型分散式发电系统，有可能成为偏僻农村和山区能源供应和提高生活质量的最佳方案。

（3）需进行连续生产的小型加工企业。突然停电会对连续生产的小型加工企业造成重大经济损失，采用微型燃气轮机自己发电且与电网并联运行，将使供电可靠性大为提高。在电价波动剧烈的地区和季节，自己发电可有效回避电价风险。

（4）发电备用。在电网电力供应紧张时期，微型燃气轮机向电网送电，并以较高的辅助服务电价结算，能够获得较大利润。

（5）热电冷联供。微型燃气轮机可提供电力、供暖和空调的联合服务，能源利用效率可达90%。在需热电冷的场所，如医院、写字楼、超市、旅馆、游泳馆等，在生产工艺上需进行加热的生产企业，如制衣厂、制砖厂等，微型燃气轮机将会有很大的应用空间。

利用微型燃气轮机进行热电联供的一个最出色的实例是在荷兰的 Putten 市，一台 30kW 的微型燃气轮机为一总容量为 1.6ML 的公共游泳池提供全年的供暖和供电服务，总能源利用效率达到了 96%。供暖部分包括加热游泳池中的水、冬季室内供暖，供电部分包括循环水泵等用电设备和照明服务，与过去利用锅炉集中供暖和加热相比，新方案的能源费用降低了 30%。

（6）移动式电源和车辆动力。微型燃气轮机尺寸小、重量轻、启动快，适于作为备用电源和便携式电源使用。微型燃气轮机的废气排放量显著低于活塞式内燃机，汽车尾气已成为城市大气污染的主要污染源，新型燃气轮机和蓄电池联合组成的机动车混合动力是解决城市车辆尾气污染的重要手段。

微型燃气轮机虽有广阔的应用前景，但它必须以当地存在稳定的气体或液体燃料供应为前提。如当地气体燃料或液体燃料供应充足，微型燃气轮机发电的优势将会非常明显。尤其在用电高峰时段，不仅可大力提高供电可靠性，而且可节省大量电费。

本书附录中收录了目前常用的部分燃气内燃机、燃气轮机、微型燃气轮机产品的主要设备规格和参数，供大家参考使用。

第二节　发电设备选择

发电设备的选择是燃气冷热电联供系统设计的关键环节，本节重点介绍了发电机设备类型、容量等选择的原则、以及不同发电机设备的比较和选型中应注意的事项。

一、发电设备类型选择原则

（一）根据用户负荷需求选择[①]

1. 根据用户负荷需求类型选择发动机

当用户热负荷以供暖、生活热水等为主时，可选用内燃机。当用户热负荷有蒸汽需求

① 林世平. 燃气冷热电分布式能源技术应用手册［M］. 北京：中国电力出版社. 2014.

或以蒸汽负荷为主时，可优先考虑选择燃气轮机，并通过余热锅炉生产蒸汽。

2. 按热电比选择发动机

在负荷分析及选择发电设备时，应该对热电比进行充分分析和考虑。燃气内燃机发电效率高，热电比较低，燃气轮机发电效率较内燃机低，热电比高。如果项目的电负荷与冷热负荷差距较大，可优先考虑选择燃气轮机。

（二）按发电容量选择发电设备类型

发电设备类型可以按照发电容量进行选择。一般情况下，燃气内燃机适用于几万至几十万平方米的楼宇或区域供能项目；对于大型的区域供能项目（几十万平方米及以上）或工厂类型的项目更适合选用燃气轮机。

（三）不同发电设备选型比较

在发电设备设计选型时，应针对每一个项目的具体需求进行综合考虑，确定合理的机组选型方案，同时电气与工艺专业应密切配合，综合考虑建筑物的热电冷需求、建筑物对噪声及振动水平的要求、周边燃气压力情况等，选择适合的发电设备。同时要尽量保证联供机组输出的电、冷、热达到平衡。常用的三种类型设备的比较见表 4-1。[①]。

常用的三种类型设备的比较　　表 4-1

发电设备	燃气轮机	燃气内燃机	微型燃气轮机
功率(kW)	1000～25000	20～18000	25～300
发电机电压(KV)	0.4 或 10	0.4 或 10	0.4
发电效率(%)	30～40	30～45	15～30
发电机转数(r/m)	7000	1500	8000
余热回收形式	烟气	烟气+冷却水	烟气
噪声分贝(dB)	罩外 80	裸机 100～110	罩外 80
振动	小	大	小
减振措施	一般不需	需要	不需
所需燃气压力(MPa)	>1	0.1～0.2	0.5～0.6
排烟温度(℃)	350～650	380～550	280～300

在燃气内燃机和燃气轮机选择比较时，应充分考虑各机组的优缺点。燃气内燃发电机组突出的优势是发电效率高，单机能源转换效率高，发电效率最高可达 45%；环境变化（海拔高度、温度）对发电效率的影响力小；发电负载波动适应性强；所需燃气压力低；内燃发电机组启动快，0.5～15min 即可完成启动；单位造价低。当然也有以下缺点：余热利用较为复杂；氮氧化物排放量略高；内燃发电机组燃烧低热值燃料时，机组出力明显下降；内燃发电机组需要频繁更换机油和火花塞，消耗材料比较大，也影响到设备的可用性和可靠性两个主要设备利用指标，对设备利用率影响比较大，有时不得不采取增加发电

① 杨旭中等.燃气三联供系统规划设计建设与运行［M］.北京：中国电力出版社，2014.

机组台数的办法来消除利用率低的影响。目前国外较多的分布式能源系统推崇燃气内燃发电机组发电效率高、发电出力衰减受特殊恶劣地理环境影响最小的优势，在20～100MW热电联产电厂或调峰电厂，以及楼宇式1～5MW冷热电三联供系统中普遍选择安装燃气内燃发电机组。尤其是北欧地区的城乡小区，冬季供热应用最广，在全球也广泛被各种工业客户用以热电联产。燃气内燃发电机组技术已很成熟，在国际上亦有很多著名制造商。如美国康明斯公司、美国卡特比勒公司、美国瓦克夏公司、德国MDE公司、芬兰瓦锡兰公司、奥地利颜巴赫公司等。其产品质量可靠，技术先进，是目前燃气内燃发电设备中普遍选用的产品。但各产品在技术性能和技术特点使用范围方面存在差异，应在使用时详细比对、选择。

燃气轮机发电机组具有体积小、运行成本低和寿命周期较长（大修周期在6万h左右）；出口烟气温度较高、氮氧化物排放率低；燃气轮机发电机组发电电压等级高、功率大，供电半径大、适用于用电负荷较大的场所，发电机组输出功率受环境温度影响较大；燃气轮机发电机组余热利用系统简单、高效；燃气轮机发电机组启动时间较燃气内燃发电机组长；燃气轮机发电机组一般需要次高压或高压燃气；燃气轮机发电机组在正常情况下，需要利用市电作为机组的启动电源，在停电启动时需要配备一台小容量的启动用发电机组，启动时间较长等特点。小型燃气轮机目前国外产品较为先进，如：美国索拉公司、GE公司、西门子公司，日本川崎公司、俄罗斯动力进出口公司、瑞士透平公司等多家公司，其产品质量可靠，技术先进，是目前燃气轮机设备中的佼佼者，被广泛使用。近年来，国内的内燃机和燃气轮机产品也逐渐成熟，开始在工程中逐步得到应用。由于各生产厂家的产品在技术性能方面各有千秋，其技术特点和使用范围也不同，在实际选用时，应根据项目具体情况确定。

发电设备类型选择时还应考虑系统规模、冷热电负荷情况、运行方式、安装环境、燃气供应条件、发电装置的特性、电价以及冷、热价等因素进行多方案比选，并应优先选用发电效率高的设备。发电设备的选择需要考虑冷热负荷特点和运行规律，余热量和余热参数要与冷热负荷匹配，实现余热利用最大化。此外，原动机对负荷变化还应有考虑快速反应的能力，机组允许的日启停次数应与用户负荷特性相适应。

二、发电设备容量确定

燃气冷热电联供系统经济性和供能可靠性是确定发电设备容量及系统设备选择的关键因素。在进行发电设备容量确定时应遵循以下原则：

1. 合理控制投资规模，保证项目的技术经济合理性

在本书第三章中阐述了冷、热、电负荷确定原则和计算方法，通过负荷分析和预测，在科学分析冷热电负荷的基础上确定联供工程的装机规模以及各供冷、供热设备容量的合理分配，是保证联供工程能够高效、稳定、长期运行的基础。

分布式能源系统的特点是发电和余热的就近利用。设计项目时应尽最大可能坚持做到发电自发自用、并网不上网的设计原则考虑发电设备的容量，控制投资规模，这是保证分布式能源经济性的重要保障。为合理控制投资，提高项目经济性，典型的燃气冷热电联供系统配置的发电设备及余热设备容量一般应远小于用户设计负荷。通常情况下发电设备容量（以及余热设备）可提供基本负荷，控制在25%～40%，其余负荷由外部供能及调峰设备来满足。

2. 根据不同的并网方式确定发电设备容量选择方案

发电设备容量确定时主要考虑其出力与电负荷的匹配性，并应能保证机组在运行时发电和余热量与需求匹配良好，没有过度的发电能力或余热量的浪费，并保证发电及余热机组尽可能长时间运行以充分发挥其作用。

联供系统发电机组首先应针对不同运行方式确定设备容量初步方案，发电机组高效运行和余热充分利用是保证联供系统能源综合利用率和经济性的前提，对于联供系统，年利用时长越长，其设备的利用率越高，系统的经济效益与稳定性亦越好。联供系统发电机组的配置原则是电能自发自用，优先考虑与公共电网并网不上网运行，在保证其发电余热充分利用的前提下，尽可能延长发电机组的年运行时长。应按下列原则确定初步选择方案：

（1）当采用孤网运行方式时，发电机组容量应满足所带电负荷的峰值需求，同时应满足大容量负荷的启动要求。单台发电机组容量应考虑低负荷运行的要求。

由于发电机组容量要大于供电区域内的最大电负荷，并且应考虑在一定的运行策略下大功率用电设备启动时较高启动电流对发电机组的冲击，因此一般发电机组容量较大，长期运行的负荷率较低。

（2）当采用并网不上网运行方式时，发电机组容量应根据基本电负荷和冷热负荷需求确定，单台发电机组容量应满足低负荷运行要求，发电机组满负荷运行时数应满足经济性要求，可根据平均电负荷进行初步选型。

为保证发电机组的高效运行和满足一定的年运行小时数，发电机组的容量不应该选择过大，且应该校核电负荷较低时发电机组的运行情况。发电余热应承担基础冷热负荷需求。

（3）当采用并网运行方式时，发电机组容量应根据发电和余热利用的综合效益最优原则确定。可根据平均电负荷进行初步选型。

并网运行时，一般为实现规模效益，项目热负荷较大，发电机组容量也较大，此时应分析稳定热负荷大小，并结合当地的上网电价政策按照系统综合经济性最优的原则确定发电机组容量。

3. 多方案技术经济比较

发电设备容量的优化选择，既要考虑联供系统能源综合利用效率，也要考虑系统经济性。因此，在初步确定发电设备选型方案，配置合理的余热利用系统方案以及调峰方案后，应根据时、日、年负荷曲线制定合理的运行方案，获得模拟实际运行时的出力、运行费用和效率等指标，最后对各方案进行多方案综合技术经济比较后确定最终的配置方案。

发电设备台数和单机容量，应按发电机组工作时有较高的负载率进行确定，并应充分利用余热能。为保证燃气联供系统具有较高的能源综合利用率，所选的发电机组要确保在各种工况下有较高的发电效率。一般燃气内燃发电机组在负载率低于50%时发电效率明显下降，同时对机组设备磨损显著增加，多数机组还会在低负载时自动停机保护。因此要根据负荷分析结果确定发电机组台数，保证每台发电机组运行时的发电效率和余热利用率。

发电机的台数，还应考虑可靠性要求，当用户的供电可靠性要求高时，发电机组不宜少于2台。当发电机组总容量较大时，出于降低单台机组故障时对正常供电、供热影响的考虑，发电机组一般也应选择 2 台以上。

三、注意事项①②

（1）联供系统使用的原动机，应根据下列参数进行优化选型：

1）ISO 工况参数下原动机的连续出力和余热流量、压力、温度；

2）年平均气象参数下原动机的连续出力、热耗率及余热的流量、压力、温度；

3）最热月、最冷月平均气象参数下原动机的连续出力和余热流量、压力、温度；

4）极端冬、夏季气象参数下原动机的连续出力和余热流量、压力、温度。

原动机选择时要明确各工况的环境温度、大气压力和相对湿度等气象数据，并将年平均气象工况或 ISO 工况作为性能保证考核工况。性能保证考核的项目包括：原动机的出力、热耗率、污染物排放、噪声、机组振动指标，以及主要部件使用寿命等。

（2）联供系统使用的发电机组应根据下列条件优化选型：

1）满足联供系统对发电效率的要求；

2）发电机组应适应用户的负荷变化；

3）余热介质参数与余热利用设备应匹配；

4）发电机组应具有完善的控制系统、保护系统，各类参数保护值应满足公共电网要求。

为保证联供系统具有较高的能源综合利用率和较长的开机时间，发电机组要选用高效率、带负荷能力强、可实现低负荷运行的机组，发电机组应具有自动跟踪用电负荷的功能。余热温度和余热量要适应联供系统配置要求。因用户冷热负荷具有时间上不稳定或不连续的特性，原动机应具有对负荷变化快速响应能力。同时，孤网运行时需具有自动跟踪负荷的控制功能；并网运行时需具备完善的自动并网控制；并网不上网运行时还需具有逆功率保护系统。如果机组每天需启动、停止，为了减少启停中的能源消耗，需选用能够适宜快速启停的机组。对发电机组开放通讯的要求，使整个系统实现综合运行管理。

（3）联供系统发电机组的电能质量应符合表 4-2 的规定。

电能质量 **表 4-2**

电能质量内容	应符合的现行国家标准
电压偏差	《电能质量　供电电压偏差》GB/T 12325
电压波动和闪变	《电能质量　电压波动和闪变》GB/T 12326
谐波	《电能质量　公用电网谐波》GB/T 14549
频率偏差	《电能质量　电力系统频率偏差》GB/T 15945

对于供电的电能质量已有相关国家标准进行了详细规定，联供系统应参照执行。其中《电能质量　供电电压偏差》GB/T 12325-2008 对供电电压偏差限值的要求包括：35kV 及以上供电电压正、负偏差绝对值之和不超过标称电压的 10%；20kV 及以下三相供电电压

① GB 51131-2016. 燃气冷热电联供工程技术规范［S］. 北京：中国建筑工业出版社，2016.

② DL/T 5508-2015. 燃气分布式供能站设计规范［S］. 北京：中国计划出版社，2015.

偏差为标称电压的±7%；220V 单相供电电压偏差为标称电压的±(7%～10%)；对供电点短路容量较小、供电距离较长以及对供电电压偏差有特殊要求的用户，由供、用电双方协议确定。

《电能质量　电压波动和闪变》GB/T 12326-2008 对电压波动限值的要求见表 4-3。

电压波动限值　　**表 4-3**

r(次/h)	d(%)	
	LV、MV	HV
$r \leqslant 1$	4	3
$1 < r \leqslant 10$	3	2.5
$10 < r \leqslant 100$	2	1.5
$100 < r \leqslant 1000$	1.25	1

（4）联供系统宜选用有降低氮氧化物排放措施的原动机。当采用燃气内燃发电机组时，氮氧化物排放浓度应小于或等于 500mg/Nm^3（含氧量为 5%时）。当采用燃气轮机发电机组时，氮氧化物排放浓度应小于或等于 50mg/Nm^3（含氧量为 15%时）。

第五章 余热利用系统

余热利用系统是燃气冷热电联供系统中最重要的部分之一，余热是指发电机组中原动机冷却水的热量和排烟的热量。通过余热利用系统将发电余热转换为蒸汽、热水或冷水加以合理的梯级利用，提高联供系统的节能效益和经济效益。

第一节 余热利用系统的意义和作用

燃气联供系统的优势在于其能源综合利用率高，符合国家的能源战略和节能目标。一次能源（燃气）由发电机组产生高品位的能源（电能），发电余热再产生低品位的能源（热能），同样数量电能的做功能力是热能的 4～5 倍，因此燃气冷热电联供系统一次能源通过梯级利用，综合效率高于燃气发电和燃气供热系统。为了保证联供系统的高效性和经济性，联供系统的年平均能源综合利用率和余热利用率应尽可能高，遵循“余热利用最大化”的原则，实现能源“分配得当、各得所需、温度对口、梯级利用”，提高燃气的综合利用效率。

一、余热利用系统的设置原则

（一）余热利用应做到温度对口、梯级利用

联供系统余热包含烟气、高温冷却水、低温冷却水等几部分。余热利用设计应根据冷、热负荷需求，尽可能使高温余热利用能效最高，做到温度对口、梯级利用。如烟气直接对接吸收式冷（温）水机组，其制冷能效高于烟气通过余热锅炉加热热水再制冷的方式，而烟气制冷后的排烟还可深度利用。当有低温热负荷需求时，联供工程应利用低温冷却水余热及烟气冷凝余热。当项目有条件时，可利用热泵机组等形式吸收低温热水及烟气冷凝水热量，进一步深度利用低温余热，提高余热利用率。

（二）余热利用应根据负荷情况和原动机余热参数确定余热利用形式

余热锅炉和余热吸收式冷（温）水机组是较典型的系统形式，余热回收利用的成本较低。当用户负荷主要为空调制冷、供暖负荷时，余热利用设备宜采用吸收式冷（温）水机组，发电机组与吸收式冷（温）水机组直接对接，内燃机后可直接配置烟气热水型溴化锂吸收式冷（温）水机组（参见图 2-11），燃气轮机后可配置烟气型溴化锂吸收式冷（温）水机组（参见图 2-9），直接利用烟气和高温水热量供应空调系统冷热水；当用户负荷主要为蒸汽或热水负荷时，余热利用设备宜采用余热锅炉及换热器，将发电余热转化为蒸汽或热水提供用户负荷，同时可利用蒸汽、热水通过吸收式制冷或蒸汽驱动型余热利用设备提供空调负荷（参见图 2-8、图 2-10）。根据项目具体情况，直接对接的系统设备少、占地面

积少；若是医院、工业用汽等具有蒸汽负荷的项目，采用余热锅炉的形式较稳定（参见图2-8）；当用户生活热水负荷较大时，冷却水系统单独供应生活热水的方式较好（参见图2-12）。余热利用形式应在项目可行性研究阶段，根据原动机余热参数和用户冷、热负荷情况，经技术经济比较后确定。

（三）联供工程应根据冷热负荷和余热量配置补充冷热能系统

联供工程冷热能供应除利用发电余热外，一般需要设置常规冷热能供应设备补充高峰负荷，应优先选择能效高的常规冷热能供应设备，并综合能源供应条件及能源价格等因素确定。设置蓄冷、蓄热装置可以平衡冷热负荷波动，提高余热利用率。补充全部冷热负荷的系统，补充冷热能供应设备可采用压缩式冷水机组、热泵、锅炉、吸收式冷（温）水机组等，或采用补燃式余热吸收式机组及余热锅炉。

补充冷热能系统容量根据用户负荷要求，可以取全部负荷或部分负荷。当用户对冷热负荷要求较高时，应根据用户设计冷热负荷确定补充冷热能系统容量，即发电机组停止运行时系统仍能供应全部冷热负荷；当用户允许冷热负荷有一定波动时，可按用户设计冷热负荷减去余热利用系统容量来确定补充冷热能系统容量，即发电机组运行时系统能供应全部冷热负荷，发电机组停止运行时系统减少部分冷热负荷的供应。

（四）当热（冷）负荷波动或需求时间与发电时间不一致时，宜设置蓄能装置

采用蓄热、蓄冷装置可以平衡冷热负荷的不均匀性，减少设备容量，增加满负荷运行时间，提高联供系统运行的经济性。设置蓄冷蓄热装置的项目，应编制制冷、供热工况下典型日蓄能、放能平衡曲线。

（五）余热利用系统应设置排热装置

联供系统要尽量保证余热全部被利用，但不可避免会出现余热暂时不能被完全利用的情况，这部分热量需及时排除，才能保证发电机组正常工作。排热装置可在发电机组排烟系统设三通阀和直排烟道；应在发电机组冷却水系统设散热水箱或冷却塔等装置。

二、余热利用指标

（一）排烟温度不宜高于120℃

发电机组排出的烟气余热是燃气冷热电联供系统可利用余热最重要的来源，余热利用系统排烟温度的高低决定了余热利用量的大小。首先，余热利用设备应尽可能地充分利用发电余热，降低排烟温度。另外，发电机组排出的烟气经过余热利用设备后，此部分热量仍可以通过烟气冷凝装置回收利用，可以进一步提高余热利用率。烟气冷凝装置可以装在余热利用设备本体或尾部烟道上。在满足设备安全运行和满足客户负荷需求的情况下尽量降低排烟温度，提高余热利用率。

（二）冷却水出口温度不宜高于75℃

内燃机高温冷却水热量在余热中占有较大比例，要充分利用方可达到节能目的。温度

75℃以上的热量可用于吸收式制冷，温度65℃以上的热量可加热生活热水和供暖热水，设备形式较简单，利用成本较低。

（三）余热利用率应大于80%

为了保证联供系统的高效性和经济性，余热利用率要尽可能高。一般余热锅炉和吸收式冷（温）水机可将发电机组的排烟温度降至120℃，内燃机高温冷却水温度降至75℃时仍可通过吸收式冷（温）水机制冷，保证其回收利用。温度较低的冷却水，可以供应生活热水和冬季供暖。有条件的项目，还可以利用热泵等设备进一步深度利用低温余热，提高余热利用率。为了体现联供系统余热利用最大化的原则，需要通过减少余热排空浪费以及深度利用余热等措施提高余热利用率。余热利用率计算方法见第十四章。

三、提高余热利用率的方法

（一）余热利用设备串联设置

一般吸收式制冷机要求热媒温度高于80℃，供暖系统热媒温度可取60～80℃，生活热水供水温度为50～60℃，因此对于供应民用建筑冷热负荷的冷热电联供系统，设计时可以按余热温度高低顺序设置系统设备，充分利用低温余热。

高温热水首先进入吸收式制冷机，制冷后的热水进入供暖换热器，换热后的热水进入生活热水换热器，如果余热利用后水温仍高于发电机组要求的冷却水温度，再通过冷却塔或散热水箱将多余的热量排空。还可以设置热泵将冷却水温度进一步降低，减少余热量的排空。

（二）不同形式的余热分别利用

燃气内燃机的余热有烟气和热水两种形式，烟气温度较高，用于吸收式制冷效率较高，可以直接进入烟气型冷温水机组，提供建筑冷热负荷；内燃机余热热水中只有高温冷却水可以作为吸收式制冷的热媒，但制冷效率较低；中温和低温冷却水只能用于加热生活热水。

当用户生活热水用量较大时，烟气和热水分别利用比较容易控制。发电机组排出的烟气进入烟气型吸收式冷温水机组，夏季制冷，冬季供暖；发电机组冷却水进入换热器供应生活热水，因冷水温度较低，可以满足冷却水温度要求。

第二节　余热利用系统及分类

燃气冷热电联供系统中余热利用系统形式需根据发电余热和用户用热参数确定，本节介绍不同发电余热及余热利用系统的特点。

一、发电设备的余热种类

对于区域或小型冷热电联供系统，常用发电设备的原动机形式有燃气轮机、燃气内燃机和微型燃气轮机。此外，燃料电池也可以用作联供系统，但其装机容量较小，目前大多应用于家庭，因此在此不予讨论。

发电设备产生的可供利用的余热主要是两类：烟气热量和冷却水热量。燃气轮机和微型燃气轮机的可利用余热主要是烟气热量，燃气内燃机的可利用余热包括烟气和冷却水热量。常用发电设备余热利用形式及余热温度如表 5-1 所示。

常用发电设备可利用余热温度　　　　表 5-1

原动机形式	燃气轮机	燃气内燃机	微型燃气轮机
余热回收形式	烟气	烟气＋缸套水	烟气
烟气排烟温度(℃)	350～650	380～550	280
缸套水温度(℃)	—	70～100	—

（一）燃气轮机余热

燃气轮机是一种以气体为工质的将热能转变为机械能的动力发动机，它主要由进气道、压气机、燃烧室和动力输出机构——尾喷管或动力涡轮以及燃料供给系统、控制调节系统、启动系统组成。其工作原理为：压气机从外界连续吸入空气并使之增压，同时空气温度也相应提高，压送到燃烧室的空气与燃料混合燃烧成为高温、高压的烟气，烟气在透平中膨胀做功，推动透平带动压气机和外负荷转子一起高速旋转，从透平中排出的乏气排至大气自然放热。对于燃气轮机来说，其乏气的排气温度在 350～650℃，即为可利用的余热。此外，燃气轮机在运行时，润滑油需要冷却，但这部分热量的量很小，且出水温度很低，品位低，一般不予以利用。

（二）燃气内燃机余热

燃气内燃机也是一种以气体为工质的将热能转变为机械能的动力发动机。在内燃机中，燃料在缸内依靠活塞上行压缩的气体着火燃烧，放出大量热能，使可燃混合气（工质）的压力和温度急剧升高，并在缸内膨胀推动活塞做功，膨胀终了的气体，已经为不能在缸内做功的废气，必须将其排出去。内燃机做功，必须具备进气、压缩、燃烧、膨胀和排气五个过程。燃烧所产生的热量只有一部分转化为机械功，使内燃机运转并对外输出做功；另一部分热量被排出的废气带走；还有一部分热量（约占燃烧热量的 1/3）由内燃机组件（气缸盖、活塞、气缸套、气门）的冷却水带走。从燃气内燃机的工作原理可以看出，燃气内燃机的排热主要有：发电后的烟气乏气，温度在 380～550℃之间，是完全可以利用的；此外还有气缸的冷却水，其温度在 70～100℃之间，也可以进行利用；此外还有燃气内燃机的中冷水换热器等的冷却水，其温度在 40℃左右，很难利用。

（三）微型燃气轮机余热

微型燃气轮机是微型透平机的压缩机和永久磁石式发电机的同轴运转可以达到高速回转（65000～100000r/min），另外，交直流变换器（频率变换器）组合起来，它是低成本、高效率的透平机（容量 300kW 以下）。

从其工作原理来看，其发电余热主要是发电后的乏气，排烟温度在 280～300℃，是可被利用的余热。有些机组带有回热器，利用高温烟气加热进气提高发电效率，回热器后烟气温度低于 300℃。

二、热力供应形式

（一）蒸汽

燃气轮机、燃气内燃机和微型燃气轮机发电后的烟气，可以通过余热锅炉回收烟气余热，产生蒸汽，供生产工艺或生活需要（如蒸汽供暖、蒸汽制冷、空调加湿、经汽水换热后供应生活热水、供应游泳池或康体中心热水负荷等）。

（二）热水

燃气轮机、燃气内燃机、微型燃气轮机发电后的烟气和燃气内燃机的缸套水，可以通过余热机组产生热水，供应建筑供暖、供应生活热水、供应游泳池或康体中心热水负荷等。

（三）冷水

燃气轮机、燃气内燃机、微型燃气轮机发电后的烟气和燃气内燃机的缸套水，均可以通过吸收式余热机组制冷，产生冷水，供应建筑空调或供生产工艺。

三、余热利用系统形式

（一）余热锅炉生产蒸汽

余热利用系统采用余热锅炉生产蒸汽，如图 5-1 所示。这是传统的余热利用形式，多用于用户需要较大蒸汽负荷的项目。

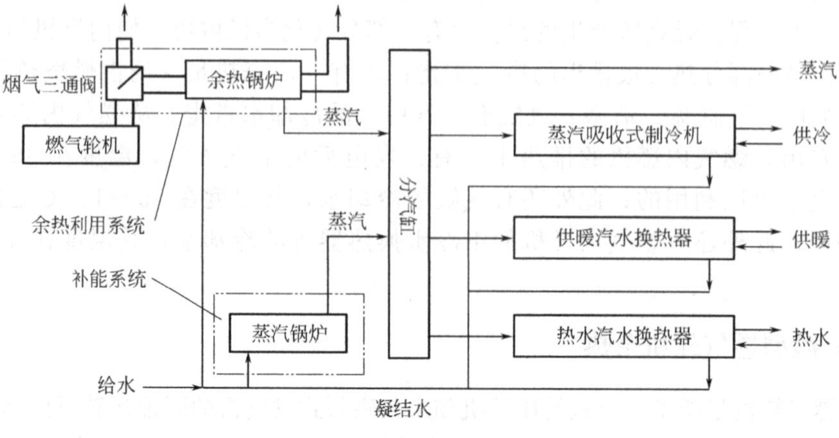

图 5-1　余热锅炉生产蒸汽

当用户同时需要供应空调冷水及热水负荷时，可采用蒸汽双效吸收式制冷机供应冷水，制冷性能系数一般为1.2～1.3，可采用汽水换热器供应热水。

（二）余热锅炉生产热水

余热利用系统采用余热锅炉生产热水，如图5-2所示。这是传统的余热利用形式，可用于原动机为燃气内燃机的项目。

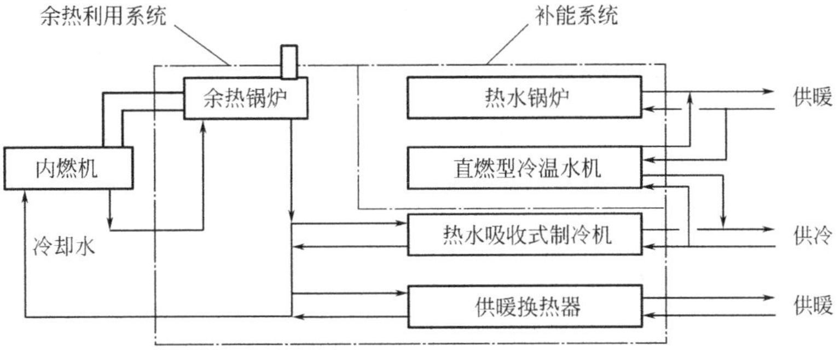

图5-2 余热锅炉生产热水

余热锅炉吸收烟气和缸套水热能生产热水，热水可以供暖及供生活热水，还可以利用热水型溴化锂吸收式制冷机供应空调冷水，因热水温度低于蒸汽，热水型溴化锂吸收式制冷为单效循环，制冷性能系数较低为0.7～0.8。

（三）溴化锂冷温水机组生产热水和冷水

余热利用系统采用溴化锂吸收式冷热水机组可制冷和供热，这种系统构成较简单，余热利用设备较少，控制系统也较简单，是工程中比较常用的一种联供形式。

当原动机为燃气轮机，或燃气内燃机只利用烟气余热时，余热利用系统可采用烟气型溴化锂吸收式冷温水机组的形式，供应空调冷水、供暖及生活热水，如图5-3所示。

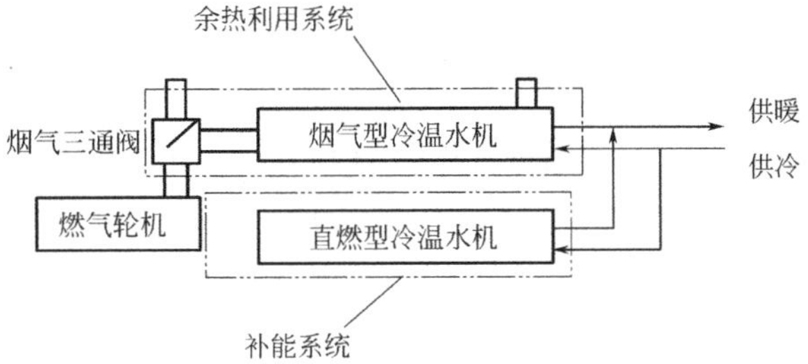

图5-3 烟气型溴化锂吸收式冷温水机生产冷、热水

当原动机为燃气内燃机时，余热利用系统可采用烟气热水型溴化锂吸收式冷热水机组的形式，供应空调冷水、供暖及生活热水，如图5-4所示。烟气热水型溴化锂吸收式冷热水机组的烟气余热利用为双效吸收循环，热水余热利用为单效循环，制冷性能系数大于单效循环机组。该类机组于1999年开始研制，并在北京燃气集团调度中心冷热电联供工程首次应用。

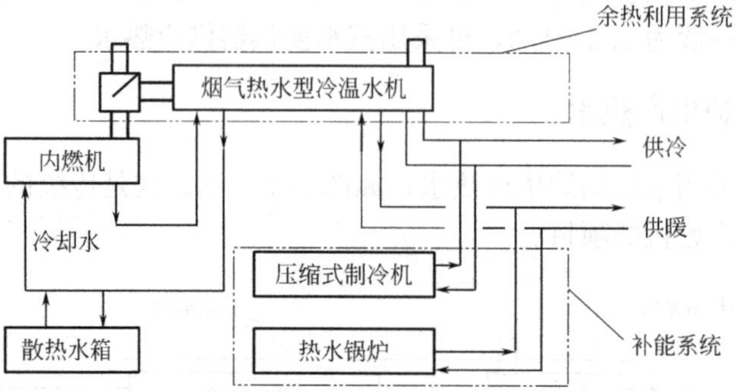

图 5-4　烟气热水型溴化锂吸收式冷热水机生产冷、热水

第三节　余热利用系统余热量确定

余热利用系统设计首先需要确定余热量，根据余热量及余热温度选择余热利用设备，并根据余热变化规律和用户负荷需求选择补能设备。本节主要介绍发电余热量的计算方法。

一、烟气余热量

燃料燃烧后的产物为烟气。燃料中的可燃物质被全部燃烧干净，即燃烧所产生的烟气中不再含有可燃物质时的燃烧称为完全燃烧。当只按化学计量比供给空气量时，燃料完全燃烧时产生的烟气量称为理论烟气量。理论烟气由 CO_2、SO_2、N_2 和 H_2O 组成，包含 H_2O 在内的烟气称为湿烟气，不含 H_2O 在内的烟气称为干烟气。烟气中的 CO_2 和 SO_2 被称为三原子气体，以 RO_2 表示。当烟气中有过量空气存在时，除上述组分外，烟气中还含有过量的空气，这时的烟气量被称为实际烟气量。如果燃烧不完全，除上述组分外，烟气中还将出现 CO、CH_4 和 H_2 等可燃成分。

烟气所携带的热能在数量上常用烟气焓值的大小来度量。燃气燃烧的烟气焓的计算是以标准状态下 $1m^3$ 的燃气为基础进行计算的，并且以 0℃作为计算起点。烟气焓表示 $1m^3$ 燃气燃烧生成的烟气和所需的理论空气量，在等压下温度从 0℃加热到 θ 所需的热量，用符号 h_y 和 h_k^0 表示，单位为 kJ/m^3。

理论空气量、理论烟气量及理论烟气焓，可以按燃气成分和燃烧反应式计算，或按燃气发热量估算。实际烟气量及烟气焓可按下式计算：

$$V_y = V_y^0 + (\alpha - 1)V_k^0 \tag{5-1}$$

$$h_y = h_y^0 + (\alpha - 1)h_k^0 \tag{5-2}$$

式中　V_y——实际烟气量，m^3/m^3；

V_y^0——理论烟气量，m^3/m^3；

α——过量空气系数；

V_k^0——理论空气量，m^3/m^3；

h_y——烟气焓，kJ/m^3；

h_y^0——理论烟气焓，kJ/m^3；

h_k^0——理论空气焓，kJ/m^3。

燃气燃烧经发电设备做功后的乏气作为余热加以利用。烟气进入余热利用设备的温度为 θ_1，排出余热利用设备的温度为 θ_2，联供系统可利用的烟气余热量可按下式计算：

$$Q_y = \frac{B}{3600} V_y (h_{y,\theta_1} - h_{y,\theta_2}) \tag{5-3}$$

式中　Q_y——烟气余热量，kW；

B——发电设备燃料耗量，m^3/h；

V_y——实际烟气量，m^3/m^3；

h_{y,θ_1}——余热利用设备入口烟气焓，kJ/m^3；

h_{y,θ_2}——余热利用设备出口烟气焓，kJ/m^3。

二、冷却水余热量

如前所述，燃气轮机除烟气余热外，其润滑油系统也需要冷却，但其可利用的热量非常有限，且润滑油的进、出温度都较低，热能的品质已很低，只能用于生活热水等系统，但燃气轮机的运行方式为连续运行方式，生活热水负荷为间断负荷，如要利用这部分热量，还需设置蓄热罐，一般情况不予利用。润滑油冷却器，小型机组可以采用风冷方式，对大型机组，一般采用水冷却方式。

燃气内燃机的冷却水部分的热量来自于气缸套和中冷器的冷却水热量。燃气内燃机的冷却形式一般采用强制循环水冷系统，其原理如图 5-5 所示。

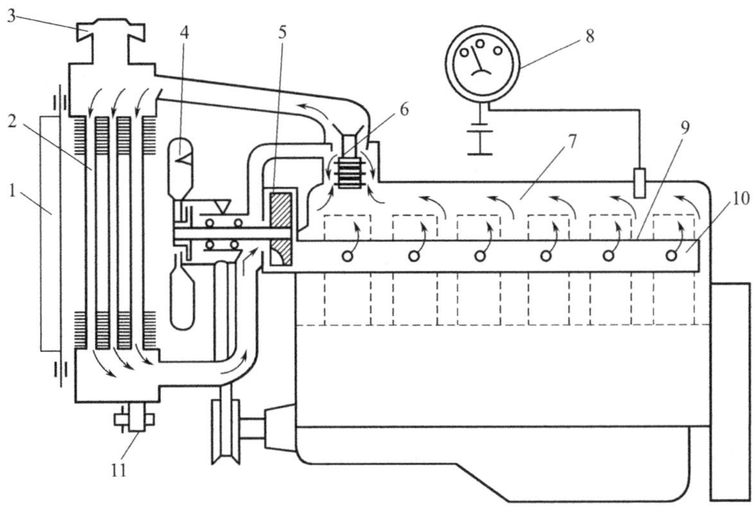

图 5-5　强制循环水冷系统

1—百叶窗；2—散热器；3—散热器盖；4—风扇；5—水泵；6—节温器；7—气缸盖水套；8—水温表；9—机体水套；10—分水管；11—放水阀

内燃机的气缸盖和气缸体中都铸造有水套。冷却液流经水泵加压后，经分水管 10 进入缸体水套内，冷却液在流动的同时吸收气缸壁的热量并使温度升高，然后流入气缸盖水套 7，在此吸热升温后经节温器 6 及散热器进水管进入散热器 2 中。与此同时，由于风扇 4 的旋转抽吸，空气从散热器芯吹过，使流经散热器芯冷却液的热量不断散到大气中去，温度降低。最后又经水泵加压后再一次流入缸体水套中，如此不断循环，内燃机就不断得到冷却。为了使多缸机前后各缸冷却均匀，一般内燃机在缸体水套中设置有分水管或配水室。一般冷却系统的水温为 80～90℃。

对于燃气内燃机，上述的冷却水一般分两路进出燃气内燃机，一路是流经中冷器Ⅰ级换热器、润滑油换热器和缸套水换热器，进出水水温在 80～90℃，这部分余热通常可用于供热或制冷，见图 5-6；另一部分是流经中冷器Ⅱ级换热器，进出口水温在 43.3～40℃，这部分余热通常通过散热水箱排放，见图 5-7。

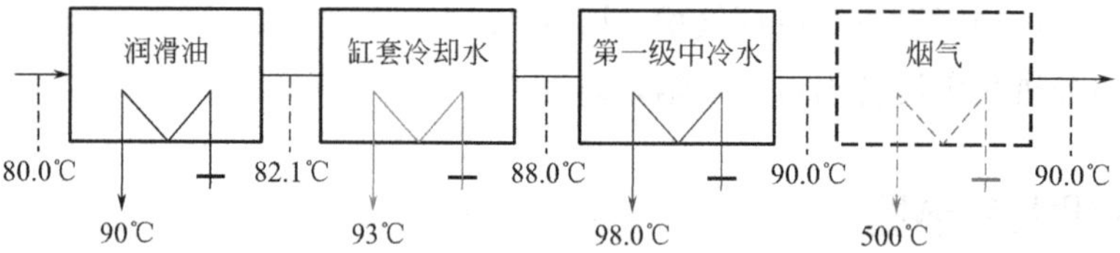

图 5-6　内燃机可利用余热

联供系统利用冷却液散到大气中的这部分热量，将冷却液引入余热利用设备。冷却液进入余热利用设备的温度为 θ_3，排出余热利用设备的温度为 θ_4，联供系统可利用的冷却水余热量可按下式计算：

$$Q_s = \frac{G}{3600} C_p (\theta_3 - \theta_4) \tag{5-4}$$

式中　Q_s——冷却水余热量，kW；

G——冷却水流量，kg/h；

C_p——冷却水比热容，kJ/(kg・℃)；

θ_3——余热利用设备入口冷却水温度，℃；

θ_4——余热利用设备出口冷却水温度，℃。

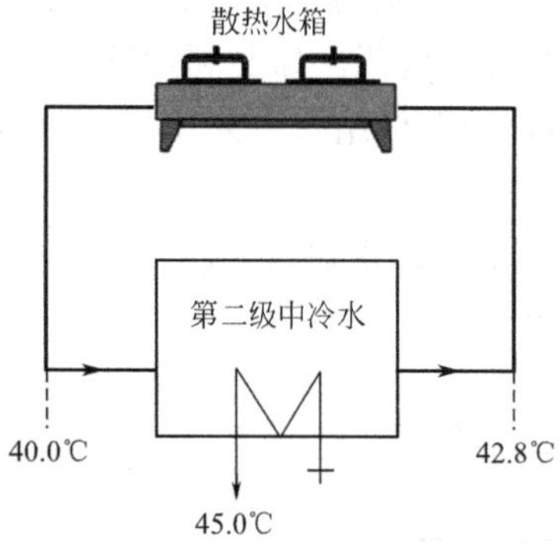

图 5-7　内燃机不可利用余热

三、不同环境温度下发电设备的余热量

燃气轮机发电机组由于自身结构的原因，在不同的环境温度下，由于进入燃烧室的空气温度不同，发电机的发电效率和输出的余热量是不同的。

首先定义 ISO 工况：环境温度 15℃，海平面高度，相对湿度 60%。

一般燃气轮机所给的额定工况下参数是指的 ISO 工况下的参数。表 5-2 是 Solar 公司生产的一种燃气轮机随环境温度变化的余热变化量。

从表 5-2 可以看出，当环境温度变化时，影响到燃气轮机的进气温度变化，随着进气温度的提高，燃气轮机的出力是下降的，所产生的余热也是逐渐减少的。当夏季当室外气温是 32℃时，所产生的余热量是标准工况的 95%，而在冬季工况下，随着进气温度的降低，燃气轮机的出力是增加的，当室外温度是－5℃时，所产生的余热量是标准工况的105%。

Centaur 50-T6200S 机型的不同环境温度下的余热量　　表 5-2

环境温度 T_9(℃)	15	－5	0	25	30	32
进空气温度(℃)	15	－5	0	25	30	32
发电功率(kW)	4297	4786	4667	3984	3807	3739
排气温度 T_7(℃)	514	505	504	519	523	525
烟气流量(kg/h)	67682	72380	71367	64671	63007	62328
发电效率(%)	27.8	28.4	28.2	27.2	26.9	26.7
余热量 T_7-T_9(GJ/h)	27.9	29.1	28.7	27.1	26.6	26.5

第四节　余热利用系统主要设备

燃气冷热电联供系统常用的余热利用设备为余热锅炉、溴化锂吸收式冷温水机组、烟气吸收式热泵、烟气冷凝换热器及水—水换热器等，本节简单介绍以上设备的特点。

一、余热锅炉

(一) 余热锅炉的定义

余热锅炉是以各种工业生产过程中所产生的余热（如烟气余热、化学反应余热、可燃废气余热、高温产品余热等）为热源，吸取其热量后产生一定压力和温度的蒸汽或热水的热交换设备。

(二) 余热锅炉的结构

由于余热的特性、成分各不相同，造成余热锅炉在结构形式上差别很大，不同的余热锅炉应用的场合也差别很大。

由于余热源的温度不同，余热锅炉的换热方式是不同的。对于热源温度在400～800℃的余热锅炉，主要靠对流传热，锅炉的受热面主要为对流受热面；对于热源温度在850℃以上的余热锅炉，锅炉的受热面既有辐射受热面，又有对流受热面，且为了充分利用高温辐射热，余热锅炉设有空间较大的冷却室。

余热锅炉可分为烟管式和水管式两种。

1. 烟管式余热锅炉

烟管式余热锅炉的优点是不需要周围炉壁，结构简单、紧凑，便于布置在余热热源处，制造容易，操作方便，烟气侧气密性好，漏风少。

烟管式锅炉的缺点是金属消耗量大，水汽侧锅筒的直径大，蒸汽压力不宜过高。图5-8是一种卧式烟管式余热锅炉的简图。烟管直径一般为50～76mm，锅筒直径大的可达3～3.5m。

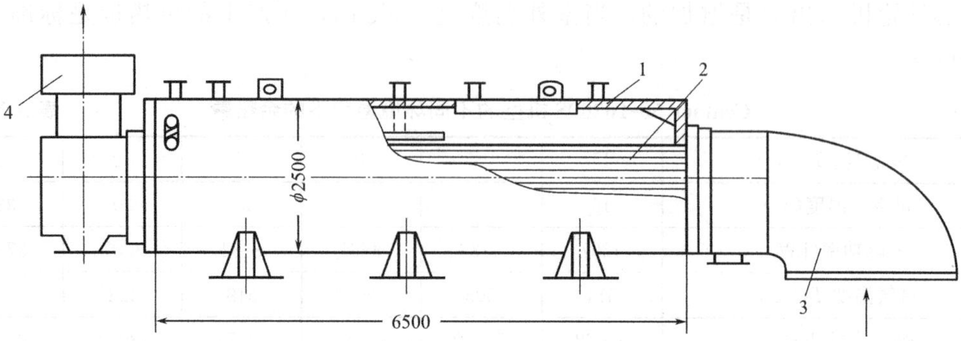

图 5-8 烟管式余热锅炉

1—锅筒；2—烟管；3—烟气进口；4—烟气出口

2. 水管式余热锅炉

水管式余热锅炉适宜于蒸汽产量大、压力较高的情况。

水管锅炉按水循环方式可分为自然循环和强制循环两种。自然循环是靠水与汽水混合物的密度差，在受热管内流动。强制循环是靠水泵迫使水在管内流动，受热面的布置比较自由。

图 5-9 是自然循环水管锅炉的一个例子。循环回路由上、下锅筒和锅筒之间的对流管

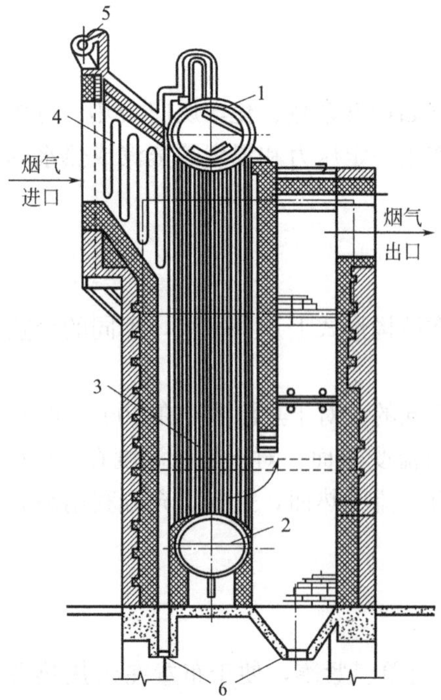

图 5-9 自然循环水管式余热锅炉

1—上锅筒；2—下锅筒；3—蒸发受热面；4—过热器；5—出口集箱；6—出灰口

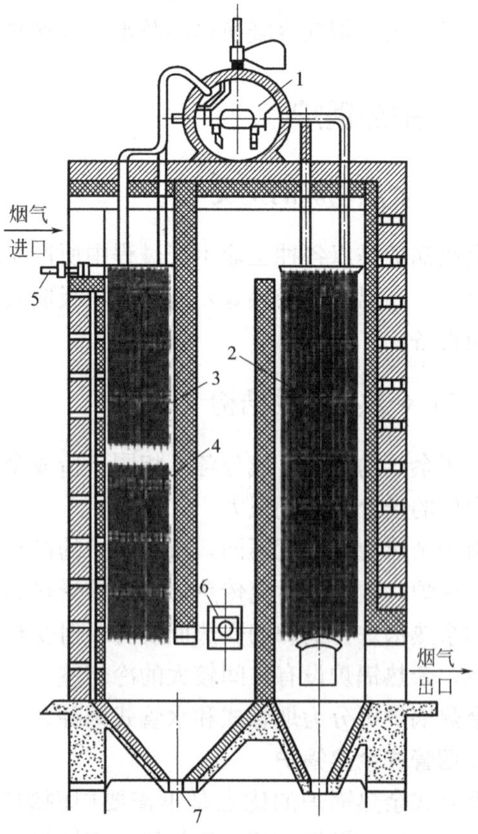

图 5-10 强制循环水管式余热锅炉

1—锅筒；2—蒸发受热面；3—第一级过热器；4—第二级过热器；5—过热蒸汽受热面；6—启动时加热用的燃烧装置；7—出灰口

束构成。烟气流过管束时，由于受热强弱不同，受热强的管内产生一部分蒸汽，汽水混合物的密度变小，将向上流动，而受热弱的管内水的密度变大，将向下流动，由此形成自然循环。产生的蒸汽在上锅筒经汽水分离后，可供至过热器进一步过热。

图 5-10 是一台强制循环的余热锅炉，由两级过热器和蒸发受热面组成。它是靠水泵强制水流过蒸发受热面，受热后的水变成汽水混合物，再流至锅筒，由锅筒产生的饱和蒸汽经两级过热器过热后供用户使用。

图 5-11 是利用燃气轮机排气的余热锅炉。该燃气轮机所使用的燃料为煤油，其排气量为 220000Nm^3/h，排气温度为 430℃，余热锅炉的蒸发量为 28t/h。这是一种带有省煤器的双锅筒自然循环锅炉，蒸发器和省煤器都采用翅片管。

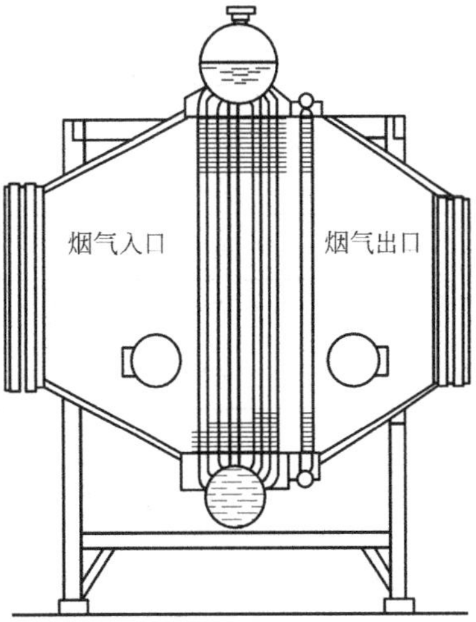

图 5-11　利用燃气轮机排气的余热锅炉

对于燃气冷热电联供系统，余热锅炉也可按产生的产物区分为产生蒸汽的余热锅炉和产生热水的余热锅炉。

水管式余热锅炉还可以按水管的形式分为光滑管和翅片管式，按水管的分置分为叉排式和顺排式，还可以按水管式余热锅炉管子的形状，分为直管式（排管式）、弯管式和蛇管式。直管式是将一排直管焊接在水集箱上，集箱再与锅筒相连。它的结构简单，适用于小型余热锅炉。

余热锅炉的其他分类方法见表 5-3。

余热锅炉的其他分类法　　**表 5-3**

分类	结构形式		特点
按传热方式	辐射型	在烟气通路四周设置水冷壁	适用于回收高温烟气余热
	对流型	在烟气通路中设置对流受热面	适用于回收中、低温烟气余热
按烟气通路	烟管式	烟气在管内流动	结构简单、价格低，不易清灰，适用于低压、小容量
	水管式	烟气在水管外流动	结构复杂，耐压，耐热，工作可靠
按水循环方式	自然循环式	利用水和汽水混合物密度的差异循环	结构简单
	强制循环式	依靠水泵的压头而实现强制流动	保有水量少，结构紧凑，可布置形状特殊的受热面
按水管形式	光滑管型	受热面采用光滑管	工作可靠，用途广
	翅片管型	受热面采用翅片管	结构紧凑，可使锅炉小型化，应注意耐热性、积灰、腐蚀
按水管的布置	叉排式	传热管互相交叉排列	传热性能好，清灰、维修困难
	顺排式	传热管互相顺排排列	传热性能较差，清灰、维修容易

续表

分类	结构形式		特点
按烟气流动方向	平行流动式	烟气平行于传热管流动	传热性能较差，受热面磨损小，不易积灰
	垂直流动式		传热性能好，适用于烟尘含量低的烟气
按受热面构成	只有蒸发器		结构简单
	装有蒸发器和省煤器		余热回收量增大
	装有蒸发器、省煤器和过热器		可提高回收蒸汽的品位

（三）余热锅炉的特点

余热锅炉一般包括锅炉受热面及其附件，结构和一般锅炉相似。但是，由于它的热源依赖于余热，其工作又服务生产工艺，因此，余热锅炉还具有以下特点：

（1）提高回收蒸汽的温度和压力可以提高蒸汽的比㶲。但是，它将减小烟气与蒸汽之间的传热温差，减少每立方米烟气产生的蒸汽量，从每立方米烟气中回收的㶲值不一定增大。因此，针对不同的烟气温度，存在一个最佳的蒸汽压力，此时从烟气中回收的㶲最大。图 5-12 给出了不同烟气温度下，余热锅炉产生的蒸汽压力与回收㶲的关系。可以看出，烟气温度越高，对应的最佳蒸汽压力也越高（回收蒸汽的比㶲最大）。因此，当考虑余热蒸汽用于动力回收时，应确定恰当的蒸汽温度和压力，以便从余热中回收尽可能多的可用能。

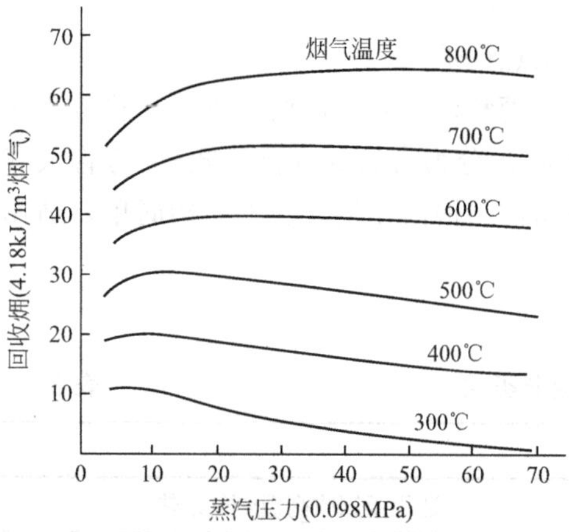

图 5-12　烟气中回收的㶲

（2）余热锅炉产生的蒸汽量取决于上游设备的生产工艺，不能随用户需要而变动。当余热锅炉生产的蒸汽单独供用户时，负荷和压力不易控制。因此，最好并入蒸汽管网，负荷的变化由供热锅炉来调节。

（3）余热锅炉容量的确定要考虑生产工艺的周期性，最大、最小烟气流量以及相应的温度变化规律。不能简单地按最大负荷时的烟气参数来设计，否则设备长期不能在设计工况下工作，造成投资的浪费。当余热锅炉作为主要供汽源时，在设计时可以考虑在余热锅炉上增设辅助燃烧装置，以便在供汽量不足时使用。

（4）余热锅炉的工作温度较低，对相同蒸发量的锅炉而言，所需的传热面积比工业锅炉大。要改善余热锅炉内的传热条件，应尽可能减少废气进锅炉前的温降，减少在烟道中吸入冷风，即提高烟气在锅炉内可利用的热能。余热锅炉内的传热以对流传热为主，辐射换热效应可以忽略。为了强化对流传热，应尽可能提高烟气和水汽混合物的流动速度，在锅炉管束的布置方面，也应力求有利于增强对流传热。在技术经济条件合理的情况下，必须尽可能地减小排烟温度，即提高余热锅炉的当量效率，但要防止排烟温度低于露点温度，以免产生低温腐蚀。

二、余热型溴化锂吸收式冷温水机

(一) 余热型溴化锂吸收式冷温水机的分类

余热型吸收式制冷是通过溶液泵和发生器提高制冷工质的温度和压力，制冷机消耗的能量形式是热能。制冷机消耗的热能在工程应用中可以是低品位余热等热源，因此在燃气热、电、冷联供中应用广泛，起着不可替代的作用。

由于余热型溴化锂吸收式冷温水机的制冷剂是水，制冷温度只能在0℃以上，一般不低于5℃，其供热时的供回水温度一般在60～50℃，所以大都用于空气调节工程作低温冷源，余热型溴化锂吸收式冷温水机运行平稳、噪声低、能量调节范围广、操作维护简单，在大中型空调工程中得到广泛应用。

余热型溴化锂吸收式冷温水机种类繁多，根据其用途、驱动热源及其利用方式、低温热源、溶液循环流程、机组结构和布置、是否带补燃等有不同的分类方法，如表5-4所示。

溴化锂吸收式冷温水机的分类 **表5-4**

分类方法	机组名称	分类依据
用途	冷水机组	为空调系统或其他所需工艺流程供应冷媒水
	冷温水机组	交替或同时供应冷媒水和热水
	热泵机组	从低温热源吸热，供应热水或蒸汽
驱动热源	蒸汽型	以蒸汽的潜热为驱动热源
	热水型	以热水的显热为驱动热源
	余热型(烟气型)	以工业余热为驱动热源
	复合热源型	以热水与烟气复合为驱动热源
驱动热源的利用方式	单效	驱动热源在机组内被直接利用一次
	双效	驱动热源在机组内被直接和间接两次利用
补燃方式	全部补燃型	除余热外，还以燃气作为100%的驱动热源
	部分补燃型	除余热外，还以燃气作为部分驱动热源
	非补燃型	完全以余热作为驱动热源

在燃气冷热电联供系统中，同时有冷、热水负荷需求，一般采用冷温水机。

燃气轮机的排气温度较高，一般在350℃以上，因此，与之配套的都是双效溴化锂吸收式冷温水机，其驱动方式，可以直接用排出的烟气驱动，为烟气型溴化锂吸收式冷温水机，也可以是烟气先经余热锅炉产生蒸汽，以蒸汽作为驱动热源，为蒸汽型溴化锂吸收式冷温水机。

内燃机的余热有两部分：烟气和热水，因此是复合热源，一般称为烟气热水型溴化锂吸收式冷温水机，其烟气部分是双效的，制冷的性能系数可在1.3左右，其热水部分是单效的，制冷的性能系数在 0.7 左右。

内燃机也可将烟气和热水两部分余热都转换为热水，驱动热水型单效溴化锂吸收式冷温水机。

（二）余热型溴化锂吸收式冷温水机的工作原理

1. 单效溴化锂吸收式冷温水机的工作原理

余热型的单效溴化锂吸收式制冷机的热源一般是烟气、0.1～0.25MPa（表压力）的蒸汽或 75～140℃的热水，循环的制冷性能系数较低，一般在 0.7 左右。

余热型的单效溴化锂吸收式制冷机的工作原理见图 5-13，其工作回路由热源回路、溶液回路、冷却水回路、制冷剂回路和冷水回路构成。

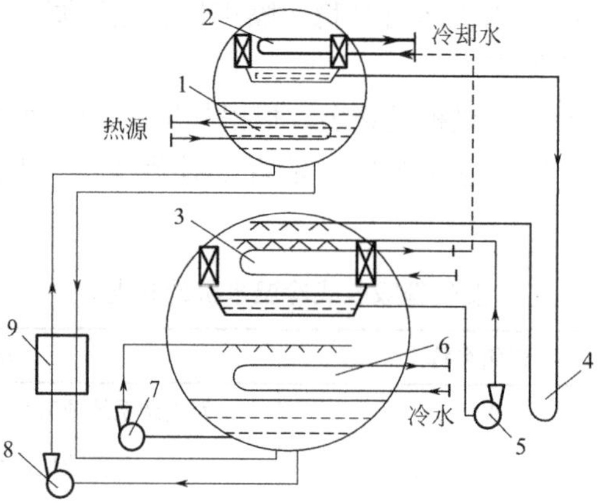

图 5-13　单效溴化锂吸收式冷温水机的工作原理

1—发生器；2—冷凝器；3—吸收器；4—节流装置；5—吸收泵；6—蒸发器；7—蒸发泵；8—发生泵；9—溶液热交换器

制冷循环时，由发生器与锅炉、余热锅炉、烟气或缸套水换热器、循环泵等构成热源回路，向溴化锂制冷机提供热源；由蒸发器与用户空调系统、冷水泵等构成冷水回路，向外供应冷水；由吸收器、冷凝器与冷却塔、冷却水泵构成冷却水回路，向环境排放溴化锂制冷机排放的热量；由发生器、吸收器和溶液热交换器构成的溶液回路；由发生器、冷凝器、蒸发器、吸收器和溶液热交换器构成制冷剂回路。

机组工作时，热源回路将热量输送到发生器 1 中，溴化锂溶液在发生器 1 中被加热后，水蒸气蒸发流入冷凝器 2，在冷凝器中向冷却水放热，凝结成冷剂水，冷剂水经节流装置 4 节流后流入蒸发器 6，在蒸发器中蒸发制冷，并将冷量传递给冷水，在蒸发器中产生的冷剂蒸汽进入吸收器 3 被从发生器 1 来的溴化锂浓溶液吸收，同时溴化锂浓溶液变成稀溶液，这样就完成了制冷剂循环。从吸收器 3 流出的稀溶液经发生泵 8 升压，流经溶液热交换器 9，同时被从发生器 1 流出来的浓溶液加热，然后进入发生器 1 被加热浓缩成浓溶液，溴化锂浓溶液在压差的作用下经溶液交换器 9 进入吸收器 3 去吸收冷剂水蒸气，这样就完成了溶液循环。

2. 双效溴化锂吸收式冷温水机的工作原理

余热型的双效溴化锂吸收式制冷机的热源一般是高温烟气（＞250℃）、0.25～

0.8MPa（表压力）的蒸汽或150℃的热水，循环的制冷性能系数较高，一般为1.3左右。由于热源的热量在高压发生器和低压发生器中得到了两次利用，所以称其为双效溴化锂制冷机。

双效溴化锂制冷机与单效机组相比，多了一个高压发生器、一个高温热源热交换器和一个凝水器。双效溴化锂制冷机组同单效溴化锂制冷机组一样，也是由热源回路、溶液回路、冷剂水回路、冷却水回路和冷媒水回路构成。所不同的是其热源回路由凝水器、高压发生器、低压发生器和热源组成，而溶液回路又多了一个溶液热交换器。在双效溴化锂制冷机中，由于有两个发生器和两个溶液热交换器，所以其流程比单效溴化锂制冷机要复杂。在双效溴化锂制冷机中，根据稀溶液进入高、低温热交换器的方式，又可分为串联流程和并联流程两种。采用并联流程的溴化锂制冷机的热力系数较高，国内产品采用并联流程的多一些。而采用串联流程的溴化锂制冷机的体积小，操作方便，调节稳定，为国外大部分产品所采用。

图5-14是一个并联流程的双效溴化锂吸收式制冷机的工作原理图。

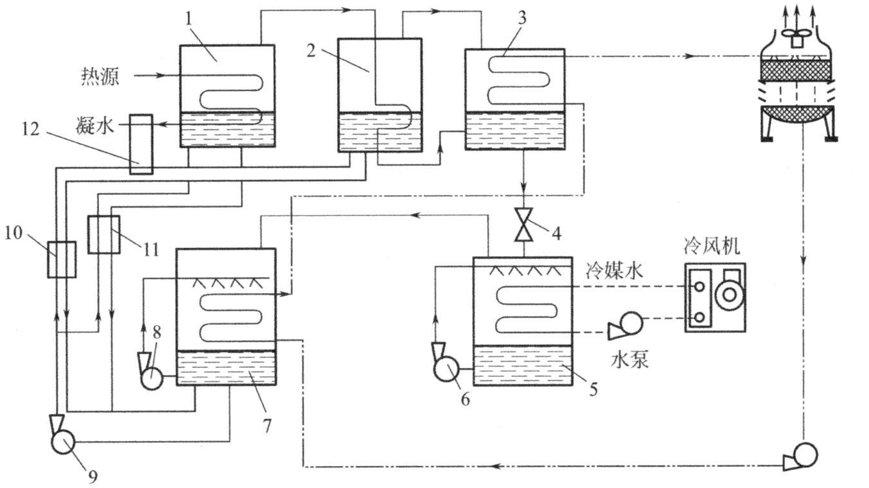

图5-14　并联流程的双效溴化锂吸收式冷温水机工作原理

1—高压发生器；2—低压发生器；3—冷凝器；4—节流阀；5—蒸发器；6—蒸发泵；7—吸收器；8—吸收泵；9—发生泵；10—低温溶液热交换器；11—高温溶液热交换器；12—凝水器

双效溴化锂冷温水机组工作时，在高压发生器1中，稀溶液被热源加热，在较高的压力下产生冷剂蒸汽，因为该蒸汽具有较高的饱和温度，蒸汽冷凝放出的潜热还可以继续使用，所以该蒸汽又被送入低压发生器2中作为热源来加热低压发生器中的溶液。在较低的压力下产生冷剂蒸汽，然后与低压冷剂蒸汽一起送入冷凝器3中冷凝成冷剂水，冷剂水经节流阀4节流后进入蒸发器5进行蒸发制冷。蒸发出来的冷剂蒸汽在吸收器7中被从高低压发生器1、2来的浓溶液吸收变为稀溶液，然后再由发生泵9通过高、低温溶液交换器10、11和凝水器12分别送入高低压发生器1、2，完成制冷循环。

与并联流程不同，在采用串联流程的机组中，吸收器出来的稀溶液，在溶液泵的输送下，以串联的方式先后进入高、低压发生器。根据稀溶液是先进高压发生器，还是先进低压发生器，串联流程也有两种不同形式。图5-15表示的是稀溶液先进高压发生器的双效

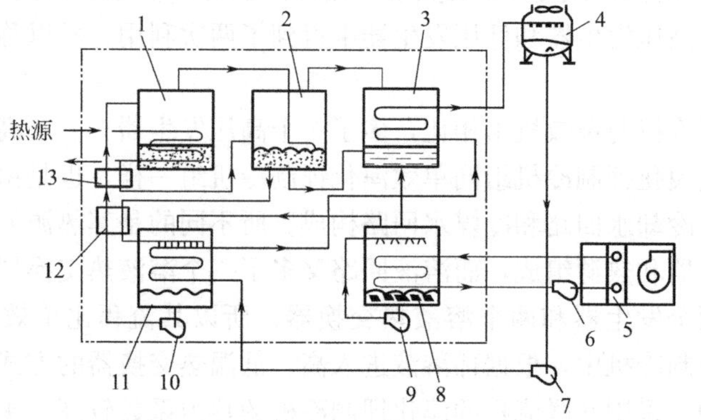

图 5-15　串联流程的双效溴化锂吸收式冷温水机工作原理

1—高压发生器；2—低压发生器；3—冷凝器；4—冷却塔；5—冷却盘管；6—冷水器；7—冷却水泵；8—蒸发器；9—冷剂泵；10—溶液泵；11—吸收器；12—低温溶液热交换器；13—高温溶液热交换器

溴化锂吸收式冷水机组的工作原理。这种循环在双效溴化锂吸收式机组中应用得最早，也最为广泛，通常称为串联流程。

3. 复合热源型双效溴化锂吸收式冷温水机的工作原理

如前所述，为了充分利用高品位的热源，在单效溴化锂吸收式冷水机组的基础上发展了双效溴化锂吸收式冷水机组。在燃气内燃机冷热电联供技术发展中，为了发电余热更好地被梯级利用，又发展了烟气热水型溴化锂吸收式冷温水机组。对燃气内燃机余热利用系统，烟气热水型溴化锂吸收式冷水机组比传统的热水单效溴化锂吸收式冷水机组性能大幅度提高，且设备占地减小。北京燃气集团指挥调度中心燃气冷热电联供工程首次应用烟气热水型溴化锂吸收式冷温水机组，经测试运行效果均到达设计目标，之后在国内外燃气冷热电联供工程中得到广泛应用。

图 5-16 为烟气热水型溴化锂吸收式冷水机组工作原理图。高温烟气进入高压发生器进行双效制冷循环，冷却水进入低压发生器进行单效制冷循环，充分利用烟气的温度提高整体制冷性能系数，制冷性能系数可达到 1.1 以上。

（三）余热型溴化锂吸收式冷温水机的特点

1. 余热型溴化锂吸收式冷温水机的主要优点

（1）在燃气冷热电联供系统中，余热型溴化锂吸收式冷温水机可以直接对接燃气发电设备，对发电机组的余热直接进行利用，省去了传统方式中的余热锅炉，省略了能源的转换环节，节省占地和初投资。

（2）以低品位的余热能作为驱动热源，大大降低高品位电能的消耗。以 1 台 3500kW（300×10^4kcal/h）的制冷机组为例，压缩式制冷机耗电约 900kW，而溴化锂吸收式制冷机仅耗电十多千瓦。

（3）可一机多用，可供夏季空调、冬季供暖及生活热水。

（4）制冷量调节范围广，可在 20%～100%的负荷范围内进行调节；可在余热量一定的波动范围、冷却水温度 20～30℃，冷水出水温度 5～15℃的范围内稳定运行。

（5）冷温水机在真空状态下运行，无高压爆炸危险，安全可靠。

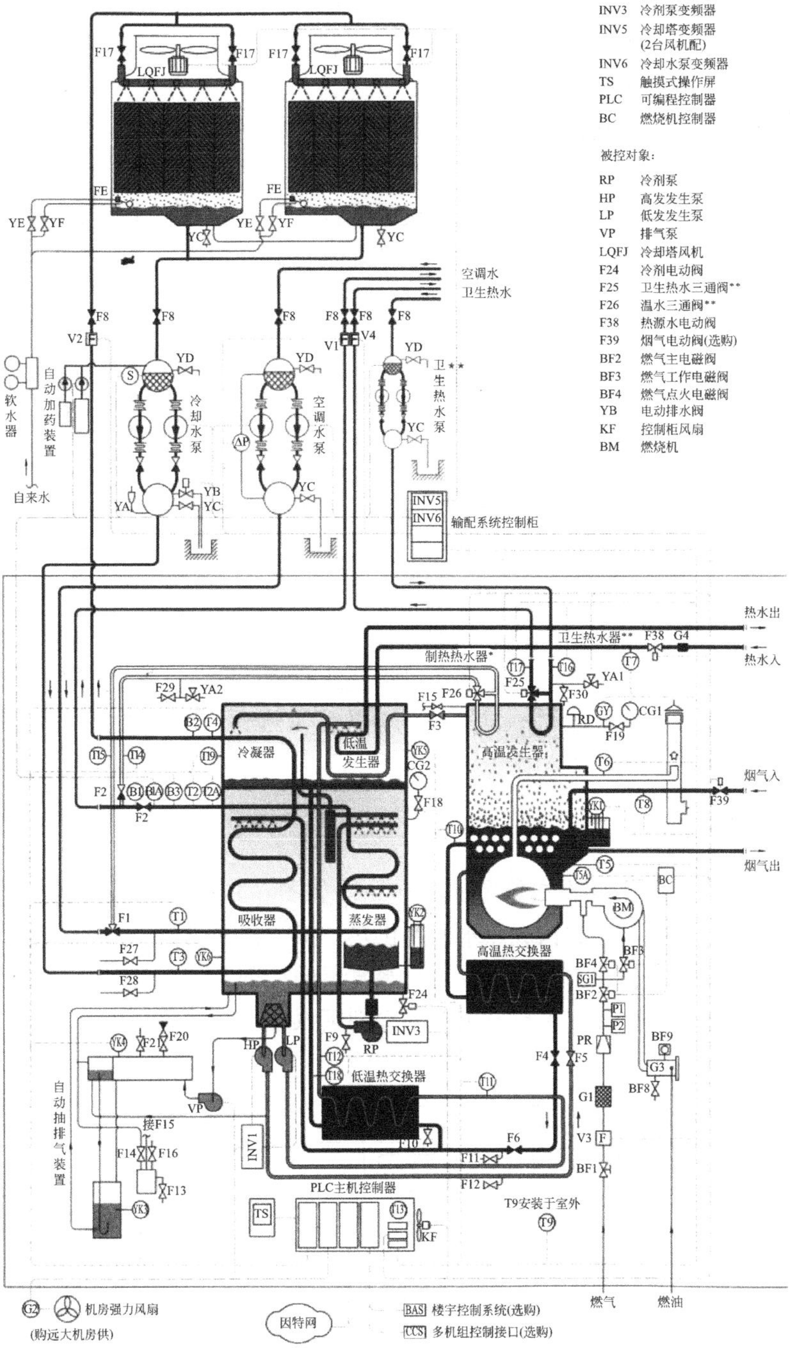

控制装置:

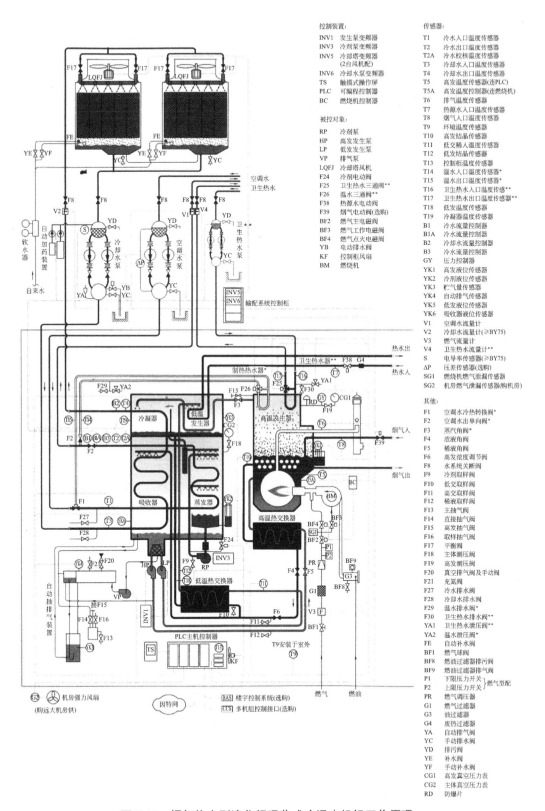

INV1　发生泵变频器
INV3　冷剂泵变频器
INV5　冷却塔变频器(2台风机配)
INV6　冷却水泵变频器
TS　触摸式操作屏
PLC　可编程控制器
BC　燃烧机控制器

被控对象:

RP　冷剂泵
HP　高发发生泵
LP　低发发生泵
VP　排气泵
LQFJ　冷却塔风机
F24　冷剂电动阀
F25　卫生热水三通阀**
F26　温水三通阀**
F38　热源水电动阀
F39　烟气电动阀(选购)
BF2　燃气主电磁阀
BF3　燃气工作电磁阀
BF4　燃气点火电磁阀
YB　电动排水阀
KF　控制柜风扇
BM　燃烧机

传感器:

T1　冷水入口温度传感器
T2　冷水出口温度传感器
T2A　冷水校核温度传感器
T3　冷却水入口温度传感器
T4　冷却水出口温度传感器
T5　高发温度传感器(连PLC)
T5A　高发温度控制器(连燃烧机)
T6　排气温度传感器
T7　热源水入口温度传感器
T8　烟气入口温度传感器
T9　环境温度传感器
T10　高发结晶传感器
T11　低交稀入温度传感器
T12　低发结晶传感器
T13　控制柜温度传感器
T14　温水入口温度传感器*
T15　温水出口温度传感器*
T16　卫生热水入口温度传感**
T17　卫生热水出口温度传感器**
T18　低发温度传感器
T19　冷凝器温度传感器
B1　冷水流量控制器
B1A　冷水流量控制器
B2　冷却水流量控制器
B3　冷水流量控制器
GY　压力控制器
YK1　高发液位传感器
YK2　冷剂液位传感器
YK3　贮气量传感器
YK4　自动排气传感器
YK5　低发液位传感器
YK6　吸收器液位传感器
V1　空调水流量计
V2　冷却水流量计(≥BY75)
V3　燃气流量计
V4　卫生热水流量计**
S　电导率传感器(≥BY75)
ΔP　压差传感器(选购)
SG1　燃烧机燃气泄漏传感器
SG2　机房燃气泄漏传感器(购机房)

其他:

F1　空调水冷热转换阀*
F2　空调水出单向阀*
F3　蒸汽角阀*
F4　浓液角阀
F5　稀液角阀
F6　高发浓度调节阀
F8　水系统关断阀
F9　冷剂取样阀
F10　低交取样阀
F11　高交取样阀
F12　稀液取样阀
F13　主抽气阀
F14　直接抽气阀
F15　高发抽气阀
F16　取样抽气阀
F17　平衡阀
F18　主体测压阀
F19　高发测压阀
F20　真空排气阀及手动阀
F21　充氮阀
F27　冷水排水阀
F28　冷却水排水阀
F29　温水排水阀*
F30　卫生热水排水阀**
YA1　卫生热水泄压阀**
YA2　温水泄压阀*
FE　自动补水阀
BF1　燃气球阀
BF8　燃油过滤器排污阀
BF9　燃油过滤器排气阀
P1　下限压力开关 } 燃气型配
P2　上限压力开关 } 燃气型配
PR　燃气调压器
G1　燃气过滤器
G3　油过滤器
G4　废热过滤器
YA　自动排气阀
YC　手动排水阀
YD　排污阀
YE　补水阀
YF　手动补水阀
CG1　高发真空压力表
CG2　主体真空压力表
RD　防爆片

图 5-16　烟气热水型溴化锂吸收式冷温水机组工作原理

(6) 以溴化锂水溶液为工质，无毒、无臭，满足环保要求。

(7) 对安装的基础要求低，无需特殊机座，地面只要保证一定的平整度即可。整个机组除有功率较小的屏蔽泵在运转外，无其他噪声设备在运转，噪声值仅为75～80dB（A）。

2. 余热型溴化锂吸收式冷温水机的主要缺点

(1) 溴化锂溶液腐蚀性强。溴化锂水溶液对普通碳钢具有较强的腐蚀性，影响机组的性能、运行与寿命。

(2) 对机组的气密性要求高，对产品的制造精度要求高。在日常运行中，要特别注意维护机组的气密性，一段时间后需要用抽真空泵抽真空，维持其真空度，否则会影响机组出力。

三、烟气吸收式热泵

热泵可以回收100～200℃以下的烟气废热，更可以回收自然环境（如空气和水）和其他低温热源（如地下水、低温太阳热）中的低品位热能。吸收式热泵以消耗一部分温度较高的高位热能为代价，从低温热源吸取热量供给热用户。它所能提供的热量将大于消耗的热量，所以比直接供热的效果要佳。

吸收式热泵可分为第一类吸收式热泵和第二类吸收式热泵。第一类吸收式热泵消耗的是高温热能，其温度高于热用户要求的温度，例如以烟气或蒸汽为热源，提供热量给发生器。第二类热泵是利用温度较低（例如70～80℃）的余热作为热源，经热泵工作后，提供温度水平更高的热能（例如100℃）给热用户。

（一）第一类吸收式热泵

以溴化锂—水为工质的第一类吸收式热泵的工作原理如图5-17所示。发生器以高温烟气为驱动热源。吸收器和冷凝器串联构成热水回路供热。蒸发器通过热源水回路从低品位热源吸热。喷淋在吸收器管束上的浓溶液吸收来自蒸发器的冷剂蒸汽，同时释放出吸收热使管内的热水第一次被加热而升温。来自发生器的冷剂蒸汽在冷凝器管束上冷凝，同时

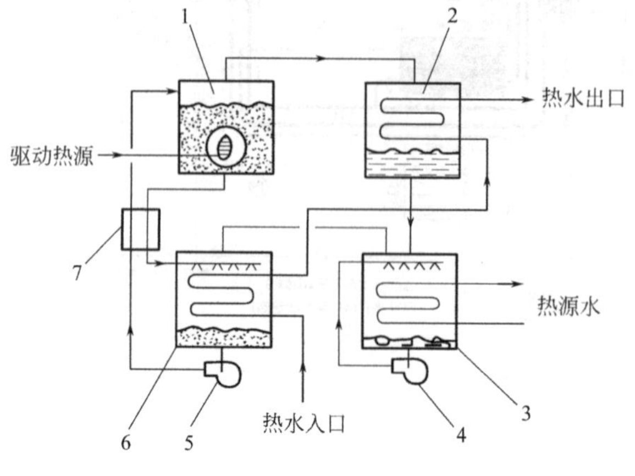

图5-17　第一类吸收式热泵的工作原理

1—发生器；2—冷凝器；3—蒸发器；4—冷剂泵；5—溶液泵；6—吸收器；7—溶液热交换器

释放出冷凝潜热使管内的热水第二次被加热而进一步升温。

可见，将单效冷水机组的冷水回路切换成热源水回路就成了第一类吸收式热泵机组。二者的差别就在于热泵机组的目的是通过热水回路供热，而冷水机组的目的则是通过冷水回路制冷。

（二）第二类吸收式热泵

以溴化锂—水为工质的第二类吸收式热泵的工作原理如图 5-18 所示。发生器以低品位热水或蒸汽等为驱动热源。蒸发器从低品位热源吸热。吸收器通过热水回路供热。冷凝器通过冷却水回路散热。喷淋在吸收器管束上的浓溶液吸收来自蒸发器的冷剂蒸汽，同时释放出吸收热使管内的热水加热升温，热水通过热水回路输出到应用系统。

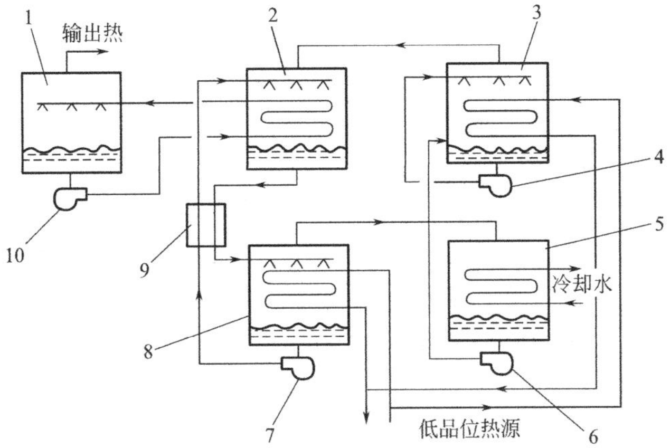

图 5-18　第二类吸收式热泵的工作原理

1—用热设备；2—吸收器；3—蒸发器；4—冷剂泵Ⅰ；5—冷凝器；6—冷剂泵Ⅱ
7—溶液泵；8—发生器；9—溶液热交换器；10—热水泵

四、烟气冷凝换热器

发电机的余热经过余热利用设备，如余热锅炉、余热型溴化锂吸收式冷温水机后，排气温度仍然有 140～170℃，仍然可以进行进一步的利用，可以通过加装冷凝式烟气回收器，将烟气温度降至 60℃左右，可用于加热生活热水、加热供暖系统回水、加热补给水、与热泵技术相结合供应空调冷水等。

热管式烟气冷凝换热器的工作原理如图 5-19 所示。热管由三个基本部分组成：一是两端密封的容器，多数做成圆管状；二是由多孔材料（金属网、金属纤维等）构成吸液芯，覆盖在器壁（管壁）的内表面；三是容器内充有一定数量的工作液体及其蒸汽。热管是靠工质相变进行热量传递，热管的一端与热流体接触，管内的工质受热后蒸发，转变成蒸汽，管内对应的饱和蒸汽压力也相应提高，这一受热区段称为蒸发段；产生的蒸汽靠空间内微小的压差，流向另一端的冷凝段；在冷凝段，工质向冷流体放出热量而使管内的蒸汽又冷凝成液体；冷凝的液体工质靠吸液芯的毛细管作用又回流到蒸发段，继续重复上述过程。

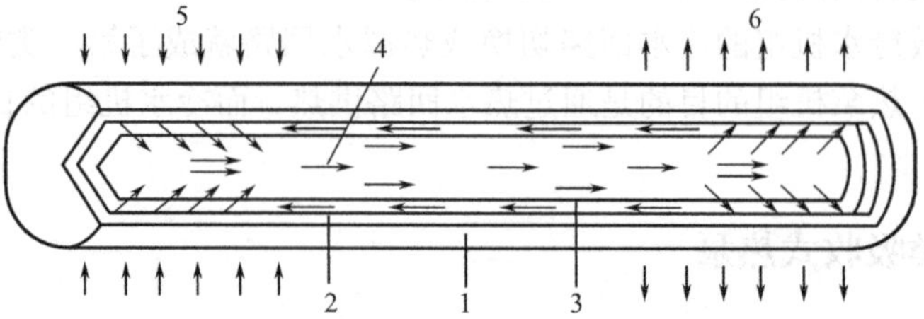

图 5-19　热管式烟气冷凝换热器的工作原理

1—密封容器；2—液芯；3—工作液体；4—蒸汽流；5—蒸发段；6—冷凝段

五、水—水换热器

燃气冷热电联供系统常用的水—水换热器有板式换热器和容积式换热器。

（一）板式换热器

板式换热器为快速式换热器，加热介质和被加热介质均为强制循环。板式换热器是由一系列具有一定波纹形状的金属片叠装而成的一种高效换热器。各板片之间形成薄矩形通道，通过板片进行热量交换。板式换热器具有换热效率高、热损失小、结构紧凑轻巧、占地面积小等特点，因此应用广泛。在相同压力损失情况下，其传热系数比管式换热器高3～5倍，占地面积为管式换热器的1/3。板式换热器的形式主要有框架式（可拆卸式）和钎焊式两大类，板片形式主要有人字形波纹板、水平平直波纹板和瘤形板片等。最常用的水—水板式换热器为可拆卸式，可拆卸板式换热器是由许多冲压有波纹的薄板按一定间隔，四周通过垫片密封，并用框架和压紧螺旋重叠压紧而成，板片和垫片的四个角孔形成了流体的分配管和汇集管，同时又合理地将冷热流体分开，使其分别在每块板片两侧的流道中流动，通过板片进行热交换，结构及工作原理如图 5-20 所示。

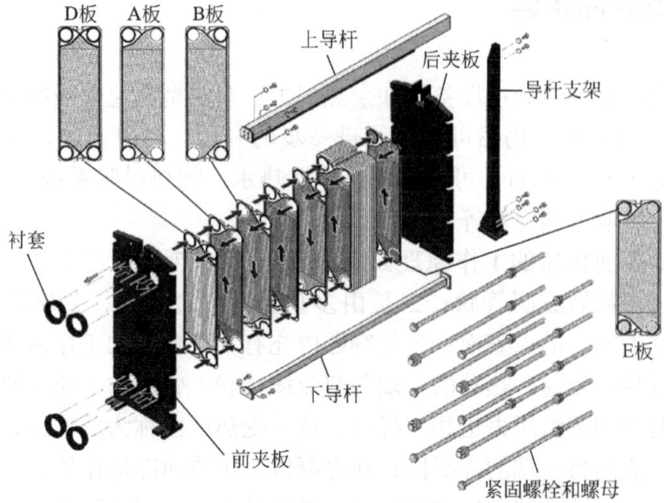

图 5-20　板式换热器结构及工作原理

板式换热器有以下特点：

(1) 传热系数高。由于不同的波纹板相互倒置，构成复杂的流道，使流体在波纹板间流道内呈旋转三维流动，能在较低的雷诺数（一般 $Re=50\sim200$）下产生紊流，所以传热系数高，一般认为是管壳式的3～5倍。

(2) 对数平均温差大，末端温差小。板式换热器多是并流或逆流流动方式，冷、热流体在板式换热器内的流动平行于换热面、无旁流，因此使得板式换热器的末端温差小，水—水换热可低于1℃。

(3) 占地面积小。板式换热器结构紧凑，单位体积内的换热面积为管壳式的2～5倍，也不像管壳式那样要预留抽出管束的检修场所，因此实现同样的换热量，板式换热器占地面积约为管壳式换热器的1/8～1/5。

(4) 容易改变换热面积或流程组合。只要增加或减少几张板，即可达到增加或减少换热面积的目的；改变板片排列或更换几张板片，即可达到所要求的流程组合，适应新的换热工况，而管壳式换热器的传热面积几乎不可能增加。

(5) 重量轻。板式换热器的板片厚度仅为0.4～0.8mm，而管壳式换热器换热管的厚度为2.0～2.5mm，管壳式的壳体比板式换热器的框架重得多，板式换热器一般只有管壳式重量的1/5左右。

(6) 价格低。采用相同材料，在相同换热面积下，板式换热器价格比管壳式低40%～60%。

(7) 制作方便。板式换热器的传热板采用冲压加工，标准化程度高，并可大批生产，管壳式换热器一般采用手工制作。

(8) 容易清洗。框架式板式换热器只要松动压紧螺栓，即可松开板束，卸下板片进行机械清洗，这对需要经常清洗设备的换热过程十分方便。

(9) 热损失小。板式换热器只有传热板的外壳板暴露在大气中，因此散热损失可以忽略不计。

(10) 水容量较小。约为管壳式换热器的10%～20%。

(11) 单位长度的压力损失大。由于传热面之间的间隙较小，传热面上有凹凸，因此比传统的光滑管换热器的压力损失大。

(12) 不易结垢。由于内部充分湍动，所以不易结垢，其结垢系数仅为管壳式换热器的1/3～1/10。

(13) 工作压力不宜过大，可能发生泄漏。板式换热器采用密封垫密封，工作压力一般不宜超过2.5MPa，介质温度应在低于250℃以下，否则有可能泄漏。

(14) 易堵塞。由于板片间通道很窄，一般只有2～5mm，当换热介质含有较大颗粒或纤维物质时，容易堵塞板间通道。

(二) 容积式换热器

容积式换热器是壳体有储存热水功能的管壳式热交换器，常用于生活热水供应系统。容积式换热器热媒在换热管内流动，罐体内充满水，冷水自罐体底部进入，热水从罐体顶部流出。容积式热交换器换热管上部为蓄热容积，其有效蓄热容积宜大于或等于60min设计小时热水量，可以使得出水温度恒定，防止热水的忽冷忽热，便于洗浴或热水使用。

容积式换热器主要由蓄水罐体、换热盘管管束、热媒进出口、冷热水进出口及各种仪表和安全阀接口等组成。容积式换热器种类很多，从外形上可分为卧式和立式换热器；根据热媒性质可分汽水型和水水型，即热媒可采用蒸汽或高温水；根据罐体内结构分有容积式、导流型容积式和半容积式；根据加热管形式分有光滑管、波纹管和浮动盘管式等类型。卧式容积式换热器结构及工作原理如图 5-21 所示。

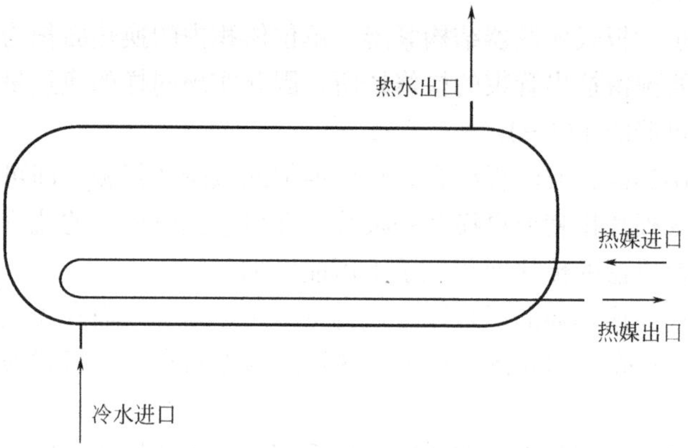

图 5-21　卧式容积式换热器结构及工作原理

容积式换热器有以下特点：

（1）出水温度稳定。容积式换热器罐体内流速较小，有温度分层的效果，可以平衡出水温度波动。

（2）具有蓄热能力。容积式换热器贮水量大，用水量和热媒流量变化均可通过贮热容积进行调节，对热媒供应要求不高，供水安全稳定。

（3）水头损失小。容积式换热器罐体流通断面大，热水在换热器内水头损失很小，用水点冷热水压差小，容易控制水温，用水安全。

（4）不易堵塞。容积式换热器罐体断面大，换热面结垢不易堵塞水流通道，可以延长清洗间隔时间。

（5）换热效率较低。容积式换热器罐体侧为自然循环，传热系数较低。为改善传热性能，设计出了多种加强传热措施。导流型换热器在换热管周围设置导流筒，增加管外侧自然循环水流速。换热管采用波纹管或翅片管，增加管外侧水的扰动。

（6）底部有冷水滞流区。容积式换热器罐体内水流动过程中会形成局部滞流区（冷水区），换热不充分，水温上升较慢，尤其在卧式容积式换热器中更为明显。立式容积式换热器冷水区较小，容积效率高。有的容积式换热器设置体外循环泵，定时循环以消除冷水滞流区。

（7）占地较大。容积式换热器罐体较大，还需要留出抽管检修空间，总占地较大。立式容积式换热器与卧式容积式换热器相比，罐体占地小，抽出盘管所需空间小，占地面积较省。

（8）管束易结水垢。换热管内为高温热水或蒸汽，换热管外侧水垢会导致传热能力降低，所以在运行中需经常检修除垢。浮动盘管式换热器的换热盘管会随水流的流动上下浮动，在盘管浮动过程中，盘管管壁之间相互摩擦，使盘管外壁的水垢自行脱落，减少了维修的难度和工作量。

第五节　补能系统及设备

为保证燃气冷热电联供系统的经济性和运行灵活性，发电设备的容量均是按照冷、热、电的基本负荷确定，冷、热负荷需要其他冷、热源作为补充。

余热设备设补燃装置可以代替补充冷热供应设备，为简化系统、降低投资，余热利用设备可以采用仅利用余热，不加装补燃装置时，需另设补充冷热的常规设备。常用的补充冷热源设备有燃气锅炉、直燃机、电制冷机、热泵、蓄热及蓄冷装置等。

一、补能系统

（一）补燃系统

补燃是在余热利用设备上加入燃料增加设备的输出冷热量，补燃方式根据燃烧所需氧气的来源可分为烟道补燃和直接补燃。

1. 烟道补燃

燃气轮机排气中的氧含量和热量较高，可以用来帮助另行喷入的燃料进行燃烧。对于与燃气轮机对接的余热锅炉，可以在燃气轮机与余热锅炉之间的烟道中加装补燃器，即烟道式补燃方式。

2. 直接补燃

在余热利用设备上加装常规的燃烧机，将燃气与空气混合燃烧，设备比较简单。一般小型冷热电联供系统的余热利用设备多采用直接补燃的常规燃烧机。

（二）常规能源补充系统

1. 并联设置

余热利用装置与常规补能装置并联设置是最常见的方式，常规设备的供冷热参数与余热设备一致，负荷较小时优先利用余热供应冷热负荷，负荷较大时启动补能装置增加供能量。

2. 串联设置

余热利用装置与常规补能装置串联设置，可以利用常规设备改变供冷热参数，以满足系统冷热负荷需求。

（三）补能系统容量

补能系统的容量要根据冷热负荷的保证率要求确定。当通过余热提供的负荷在供冷、供热负荷中所占比例较小时，即使没有余热供冷、供热也不会对冷、热负荷供应造成较大影响；或余热有保障时，补能装置可只考虑余热不足部分热量，否则应该考虑发电机组不运行时全部冷热供应。

二、补能设备

（一）燃气锅炉

燃气锅炉属于室燃锅炉，所用燃料均由燃烧器喷入炉膛内燃烧，燃烧后不会产生灰渣。这类锅炉不需要燃煤锅炉安置的复杂庞大的破碎、输送燃煤的设施和燃烧及除尘设备，因而结构紧凑、体积小、重量轻、占地面积小、污染小、自动化程度高。在对环保要求高、禁止使用燃煤锅炉的城市，以及锅炉房比较狭小、对供热调节技术要求高的地区和单位，燃气锅炉得到普及和利用。

燃气锅炉也分为很多种形式，蒸汽锅炉和容量大一些的燃气热水锅炉常用的炉型为卧式三回程湿背式锅炉，而小型的燃气热水锅炉还有铸铁锅炉（≤2.8MW），适用于楼栋式燃气锅炉房和燃气壁挂炉，如别墅等。此外还有真空锅炉等。

燃气锅炉房的系统与燃煤锅炉房相比，要简单许多。其主要也是由锅炉本体及配套的辅助系统构成。

燃气锅炉一般都设置有燃烧器和鼓风机，对于10.5MW以上的燃气锅炉，二者往往是分开设置的，而对于10.5MW以下的燃气锅炉，二者往往是组合在一起的。天然气燃烧器分为直流式和旋流式。直流式天然气燃烧器：天然气由多根喷管的喷孔切向和径向喷入炉室，形成旋转运动。燃烧器出口有一中心叶轮，起稳焰器作用。空气以直流的方式从叶轮与喷孔间的环行通道中喷出，与燃气正交，少量空气通过叶轮产生旋转。旋流式天然气燃烧器中的空气采用与油燃烧器基本相同的蜗壳旋流装置造成旋转气流，天然气则经中心管由管端的径向小孔喷出，横向穿入旋转空气流中，天然气和空气混合后经过缩放喷口进入炉室，可使混合进一步改善。炉膛内产生的高温烟气进入其后的烟火管，降温后，经烟囱排入大气。因燃气锅炉都为微正压燃烧，为避免不同烟道及烟囱相互干扰，在条件许可的情况下，燃气锅炉均按单炉单烟囱考虑。

燃气锅炉的辅助系统包括燃料系统、送风系统、给水系统、热媒供应系统和调节控制系统。由于天然气属于清洁能源，锅炉尾部的烟气无需处理，省去了除尘、脱硫和脱氮装置。另外，也没有出渣系统。

燃气锅炉是非常常见的一种热源，在燃气冷热电联供系统中经常作为补充热源。

（二）直燃机

直燃型溴化锂吸收式冷温水机组以燃气或燃油为能源，以所产生的高温烟气为热源，按蒸汽吸收式循环的原理工作。这种机组具有燃烧效率高，对大气环境污染小，体积小、占地省，既可用于夏季供冷，又可用于冬季供暖，必要时还可提供生活用热水，适用范围广等优点，因而近年来国内外发展极为迅速。直燃型双效溴化锂冷温水机组的制冷原理与蒸汽型双效溴化锂吸收式冷水机组基本相同，只是高压发生器不用蒸气加热，而是以燃料在其中直接燃烧产生的高温烟气为热源，因而具有热源温度高、传热损失小等优点。

图5-22为冷水和热水采用同一回路的直燃机，通过机组内部工况切换，夏季生产冷水，冬季生产热水，机组结构比较紧凑。图5-23为专设热水回路的直燃机，可同时制取冷水和热水，提高了机组制造成本，增加了体积和尺寸。

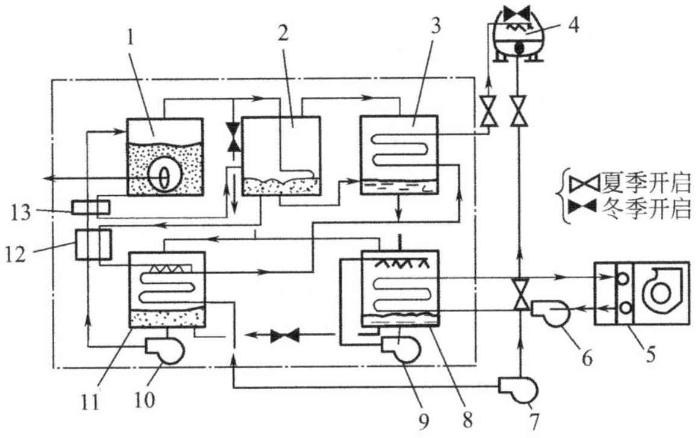

图 5-22 热水和冷水采用同一回路的机组工作原理
1—高压发生器；2—低压发生器；3—冷凝器；4—冷却塔；5—冷却（加热）盘管
6—冷水（热水）泵；7—冷却水泵；8—蒸发器；9—冷剂泵；10—溶液泵；
11—吸收器；12—低温热交换器；13—高温热交换器

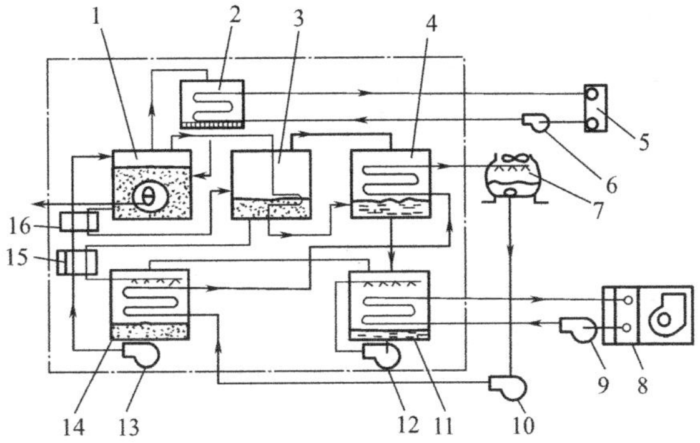

图 5-23 同时制取冷水和热水的机组工作原理
1—高压发生器；2—热水器；3—低压发生器；4—冷凝器；5—加热盘管；6—热水泵；
7—冷却塔；8—冷却盘管；9—冷水泵；10—冷却水泵；11—蒸发器；12—冷剂泵；
13—溶液泵；14—吸收器；15—低温溶液热交换器；16—高温溶液热交换器

（三）电制冷机

蒸汽压缩式制冷是技术上最成熟、应用最普遍的冷源设备。它由压缩机、冷凝器、膨胀机构、蒸发器四个主要部分组成，工质循环于其中。图 5-24 所示是工程中常见的蒸汽压缩式制冷循环，其工作过程如下：高压液态制冷工质通过节流阀降压、降温后进入蒸发器，蒸发压力 P_0、蒸发温度 t_0 下吸收被冷却物体的热量而沸腾，变成低压、低温的蒸汽，随即被压缩机吸入，经压缩升高压力和温度后送入冷凝器，在冷凝压力 P_k 下放出热量，并传给冷却介质（通常是水和空气），由高压过热蒸汽冷凝成液体，液化后的高压常温制冷工质又进入节流阀重复上述过程。制冷工质在单级蒸汽压缩式制冷系统中周而复始的工作过程就叫蒸汽压缩式制冷循环。通过制冷循环，制冷工质不断吸收周围空气或物体的热量，从而使室温或物体温度降低，以达到制冷的目的。

在理想循环（逆卡诺循环）的各热力过程中，工质与外界既无温差又无摩擦损失，制

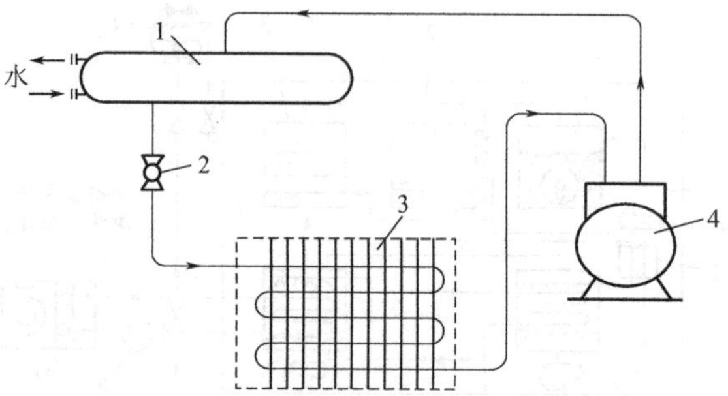

图 5-24　单级蒸汽压缩式制冷系统

1—冷凝器；2—节流阀；3—蒸发器；4—压缩机

冷系数最高。在实际的热交换过程中总是在有温差的情况下进行，也不可避免地存在摩檫损失。因此，在两个定压过程中的实际循环制冷系数要比定温过程的理论制冷系数小。

在蒸汽压缩式制冷装置中，压缩机是“心脏”，它把制冷剂蒸汽从低压状态压缩至高压状态，创造了制冷剂液体在蒸发器中低温下蒸发制冷、在冷凝器中常温液化的条件。

1. 活塞式制冷压缩机

活塞式制冷压缩机是应用曲柄连杆机构，带动活塞在气缸内作往复运动而进行压缩气体的，它的应用最广，具有良好的使用性能和能量指标。但是，往复运动零件引起了振动和机构的复杂性，限制了它的最大制冷量，一般小于 500kW。

活塞式制冷压缩机的主要特点：

（1）高速、多缸。多缸的结构形式能使压缩机结构合理、布置紧凑、动平衡性能好。利用缸数的多少来达到不同的制冷量匹配，可以适应各种用户的需求。

（2）能量调节和卸载启动。气缸数多的制冷压缩机，可以通过一套卸载机构，使一部分气缸空载运转，达到调节制冷量的目的。在制冷压缩机运转过程中，根据冷负荷的大小，自动或手动进行调节。在停机时，该卸载机构可使部分或全部气缸的吸气阀片呈顶开状态，因而，制冷压缩机可实施减载启动或空载启动。

2. 螺杆式制冷压缩机

就压缩气体的原理而言，螺杆式制冷压缩机与活塞式制冷压缩机同属于容积型压缩机，但就其运动形式来看，它又与离心式制冷压缩机类似，转子作高速旋转运动，所以螺杆式制冷压缩机兼有活塞式和离心式压缩机两者的特点。螺杆式制冷压缩机的制冷量介于活塞式和离心式之间。

螺杆式制冷压缩机具有以下特点：

（1）具有较高转速（3000～4400r/min），可与原动机直联。因此，它的单位制冷量的体积小，重量轻，占地面积小，输气脉动小。

（2）没有吸、排气阀和活塞环等易损件，故结构简单，运行可靠，使用寿命较长。

（3）因向气缸中喷油，油起到冷却、密封、润滑的作用，因而排气温度低（不超过 90℃）。

（4）没有往复运动部件，故不存在不平衡质量惯性力和力矩，对基础要求低，可提高转速。

（5）具有强制输气的特点，排气量几乎不受排气压力的影响。

（6）对湿行程不敏感，易于操作管理。

（7）没有余隙容积，也不存在吸气阀片及弹簧等阻力，因此容积效率较高。

（8）输气量调节范围宽，且经济性较好，小流量时也不会出现象离心式压缩机那样的喘振现象。

然而，螺杆式制冷压缩机也存在着油系统复杂、耗油量大、油处理设备庞大且结构较复杂、不适宜于变工况下运行（因为压缩机的内压比是固定的）、噪声大、转子加工精度高、需要专用机床及刀具加工、泄漏量大，只适用于中、低压力比下工作等一系列缺点。

3. 离心式制冷压缩机

离心式制冷压缩机是一种速度型压缩机，它是通过高速旋转的叶轮对在叶轮流道里连续流动的制冷剂蒸汽做功，使其压力和流速增高，然后在通过机器中的扩压器使气体减速，将动能转化为压力能，进一步增加气体的压力。

离心式制冷压缩机具有制冷量大、体积小、重量轻、运转平稳和无油压缩等特点，多数应用于大型的制冷空调和热泵装置。因压缩气体的工作原理不同，它与活塞式制冷压缩机相比较，具有以下特点：

（1）无往复运动部件，动平衡特性好，振动小，基础要求简单。

（2）无进排气阀、活塞、气缸等磨损部件，故障少，工作可靠，寿命长。

（3）机组单位制冷量的重量、体积及安装面积小。

（4）机组的运行自动化程度高，制冷量调节范围广，且可连续无级调节，经济方便。

（5）在多级压缩机中容易实现一机多种蒸发温度。

（6）润滑油与制冷剂基本上不接触，从而提高了冷凝器及蒸发器的传热性能。

（7）对大型离心式制冷压缩，可由蒸汽透平或燃气透平直接带动，能源使用经济、合理。

（8）单机容量不能太小，否则会使气流流道太窄，影响流动效率。

（9）因依靠速度能转化成压力能，速度又受到材料强度等因素的限制，故压缩机的一级压缩比不大，在压力比较高时，需采用多级压缩。

（10）工作转速通常较高，需通过增速齿轮来驱动。

（11）当冷凝压力太高或制冷负荷太低时，机器会发生喘振而不能正常工作。

（12）制冷量较小时，效率较低。

（四）热泵

补充供冷热设备中的热泵按低温热源种类可分为水源热泵、地源热泵和空气源热泵。电动热泵的工作原理与电制冷机循环相似，其区别在于通过蒸发器吸收低温热源的热能，冷凝器将热能输出至供热系统。

（五）冰蓄冷装置

1. 冰蓄冷装置的种类和特点

冰蓄冷装置有多种形式，按制冰方式分为静态制冰和动态制冰，按传热介质分为直接蒸发式和间接冷媒式制冰，按融冰方式分为外融冰式和内融冰式。静态制冰方式包括盘管蓄冰和封装冰，封装冰根据容器形状分为冰球、冰板和蕊芯冰球等。动态制冰包括冰片滑落式和冰晶式等。

冰蓄冷技术有以下特点：

（1）兼有水的显热和潜热，利用较小的槽容量可以获得较大的蓄冷量；

（2）槽的表面积减少，热损失也减少；

（3）取冷温度低，配管管径小；

（4）蓄冷密度大，蓄冷槽体积小，容易实现设备标准化，为冰蓄冷技术的应用提供了有利条件；

（5）供冷温度低且供冷稳定，与低温送风系统结合，可以减少水泵、风机、冷却塔等辅助设备的容量和耗电量，减小管路尺寸，节省建筑空间，降低造价；

（6）设备和管路比较复杂，自控和操作技术要求较高；

（7）制冷机组一般要能够实现空调工况和制冰工况的转换，需选用双工况制冷机组，制冷机组在制冰工况时蒸发温度低，导致性能系数下降，能耗增加。

水蓄冷和冰蓄冷的比较见表 5-5。

水蓄冷和冰蓄冷的比较 **表 5-5**

项目	水蓄冷	冰蓄冷	项目	水蓄冷	冰蓄冷
蓄冷槽体积	大	水蓄冷槽 1/4～1/3	运行管理费	低	稍高
取冷温度	5～7℃	2～4℃	压缩机类型	选择范围大	受限
蓄冷槽效率	稍低	高			

2. 制冰和融冰

（1）静态制冰和动态制冰

静态制冰是指制冰过程中所制备的冰处于不可运动的状态。盘管式蓄冰是常用的静态制冰方式，由沉浸在充满水的储槽中的金属或塑料盘管作为换热表面，制冷剂或乙二醇水溶液在盘管内循环，吸收储槽中水的热量，在盘管外形成圆筒形冰层。

封装冰是另一种静态制冰方式。将注入蓄冷介质并密封的容器密集地堆放在储槽中，蓄冷介质在容器内冻结成冰。按容器的形状分为冰球、冰板和蕊芯冰球。

动态制冰是指制冰过程中所制备的冰处于可运动状态。用特殊设计的蒸发段来生产和剥落冰片或冰晶。制冰时，来自蓄冰槽的水被泵送到蒸发器的表面，冷却冻结成冰。也可以将载冷剂与水的混合溶液冷却，使一部分水冻结成冰晶。还可以将低温传热介质直接通入蓄冰槽，促使水冻结成冰。

（2）内融冰和外融冰

按照冰融解方向的不同分为内融冰和外融冰。融冰释冷时，冰层自内向外逐渐融化，称为内融冰方式。冰层自外向内逐渐融化，称为外融冰方式。

图 5-25 所示是完全冻结式内融冰过程的示意图。冰融化时在冰与盘管之间形成水环，冰与管内传热介质之间的热量传递通过水环进行。由于水的热导率低于冰的热导率［0℃时冰的热导率为 2.22W/(m・K)，水的热导率为 0.551W/(m・K)］，随着水环直径的增大，传热性能下降，出口温度升高。

图 5-26 所示为外融冰取冷过程示意图。蓄冷过程完成时，水被冻结成具有一定厚度

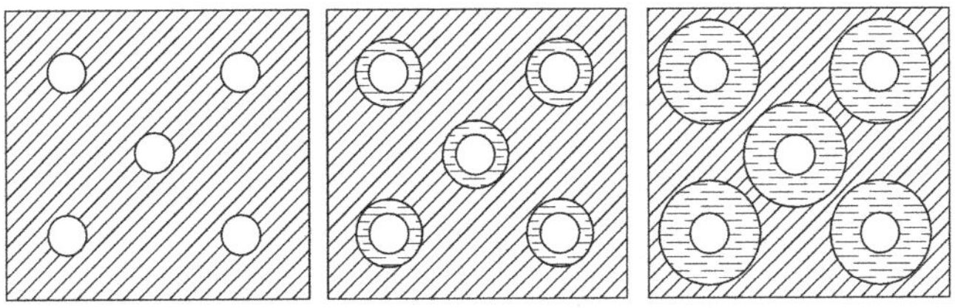

图 5-25　完全冻结式内融冰过程的示意图

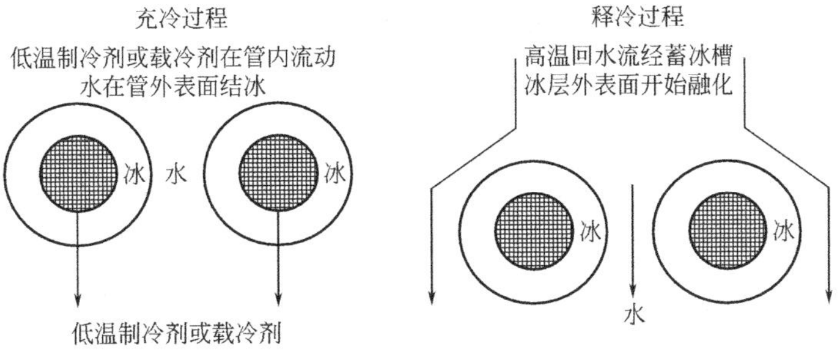

图 5-26　外融冰方式的蓄冰/融冰过程

的冰层包裹在盘管外壁上，蓄冰槽内仍有液态水，融冰释冷时温度较高的空调回水直接进入蓄冰槽，冰层自外向内逐渐融化，蓄冰槽内的水直接参与空调水循环。

盘管外融冰制冰时盘管四周形成冰柱，融冰时随着融冰量的增加冰层和盘管之间形成水环，冰层由于受到水的浮力作用，始终与盘管保持良好接触。在冰层融化到仅剩 20%～30%时，与盘管接触处的冰层破裂，冰层均匀散落在水中，形成温度均衡的 0℃冰水混合物，该现象称为不完全冻结式融冰的碎冰机理。

内融冰和外融冰主要有以下几个方面的不同：

1）外融冰方式的空调回水直接与冰接触，不需要二次换热，取冰效率高，取冷温度低，同时取冷过程平稳，能够满足大温差低温送风要求。内融冰一般采用二次换热，载冷剂通过板式换热器与空调回水进行热交换，增加了换热热阻，空调供水温度升高。

2）由于外融冰蓄冰槽内需保留足够的水，保证融冰时水能够正常流动，外融冰方式的冰充填率（后述）一般为 50%左右。内融冰方式因不需要保留水流动空间，冰充填率可达到 70%以上。当蓄冷量一定时，外融冰方式的蓄冰槽比内融冰方式须占用更大的空间。

3）外融冰方式的储槽和冷水系统一般为开式，须考虑静压维持措施；内融冰式为闭式流程，对系统的防腐及静压问题处理比较简单。

4）为了使结冰融冰均匀，外融冰方式通常设置空气泵等搅拌装置，长期使用易使槽内的水呈现弱酸性，对管道和金属具有腐蚀性。

（3）封装冰（encapsulated ice system）

将注入蓄冷介质并密封的容器密集地堆放在储槽中。蓄冰时，经制冷机组冷却的载冷剂（一般为乙二醇溶液）流经容器的间隙，使容器内的蓄冷介质结成冰。融冰时，来自负荷侧的温热载冷剂液体流经储槽，将容器内的冰融化，被冷却的载冷剂液体通过换热器与用户连接或直接送往空调用户。蓄冷容器的形状有冰球、冰板和蕊芯冰球。图 5-27 所示

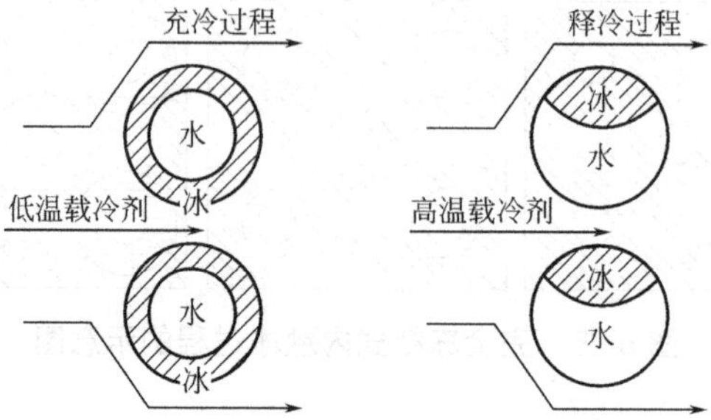

图 5-27　封装冰蓄冰—融冰过程示意图

为封装冰蓄冰和融冰过程示意图。

（4）动态制冰

动态制冰方式主要有冰片滑落式和冰晶式。

冰片滑落式制冰分成制冰和收冰两个阶段，一般采用时间控制。制冰时，水流经板式蒸发器表面固化成冰，时间一般控制在 10～30mm，这时冰层厚度为 3～6mm。收冰时，改变制冷剂循环方向，使高温制冷剂蒸汽进入原蒸发器，时间控制在 20～30s。与热表面接触的冰层脱落，靠自重落入位于其下方的储槽。

冰晶式制冰系统是一种将低浓度载冷剂溶液经特殊设计的制冷机组冷却至冰点温度以下，使之产生细小均匀的冰晶，并形成泥浆状流体，称冰浆（ice slurry，即含有许多悬浮冰晶的水）。也可以将溶液送至特制的蒸发器，当溶液在管壁上产生冰晶时，用机械方法将冰晶刮下，与溶液混合成冰泥，泵送至蓄冰槽。还可以将低温载冷剂直接通入蓄冰槽与水接触（直接制冰），水冻结成冰晶浮在蓄冰槽上部。

与冰片滑落式比较，冰晶式制冰的制冷机组可连续产生冰晶，不需要热气脱冰，避免冷量损失。适用于较小容量制冰机长时间连续运转，储存大量冰晶。由于生成的冰晶数量多，热交换面积大，可以获得非常高的融冰速率，供应短时间内急需的大量空调用冰，对负荷的适应性强。

除冰片滑落式和冰晶式外，还有其他动态制冰方式，如冷媒蒸发制冰法、流动过冷却水制冰法、低沸点冷媒蒸发制冰法和干燥冰晶制冰发法等。

（5）直接蒸发式和间接冷媒式制冰

根据传热介质的不同，又分为直接（direct）蒸发式和间接（indirect）冷媒式制冰。

直接蒸发式制冰以制冷机组的蒸发器为换热面，冰层在蒸发器表面生长或融化。采用直接蒸发式的蓄冰方式主要有盘管外融冰、冰片滑落式和冰晶式等。这种方式由于制冷剂用量大，并且容易泄漏，多用于小型冰蓄冷空调，如户式蓄冰空调，以及牛奶场与食品加工等行业。

以图 5-28 所示盘管式蓄冰为例说明直接蒸发式制冰的工作原理。制冷剂经压缩、冷凝后，高温液态制冷剂经膨胀阀进入蓄冰盘管蒸发，与蓄冰槽内的水交换热量，使水降温并在盘管外表面上结冰。气态制冷剂回流到压缩机，进入下一制冷循环。通常使用氨为制冷剂，价格相对比较低廉，并且符合环保要求。但是氨制冷系统结构复杂，由于氨的可窒息性、刺激性和易爆性，安全防范措施要求比较严格，需由专业设计人员设计。

间接冷媒式是利用载冷剂输送冷量，一般须经过两次换热。采用间接冷媒式的冰蓄冷

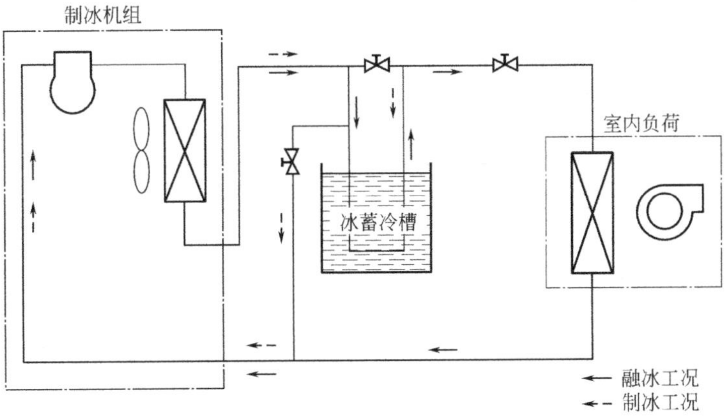

图 5-28　直接蒸发式制冰系统工作原理图

技术主要有盘管蓄冰和封装冰等制冰方式。在中央空调、化工厂、食品厂、冷冻仓库等行业广泛应用。如图 5-29 所示，载冷剂（一般为浓度 25%的乙二醇溶液）被制冷机组冷却之后进入蓄冰槽的制冰盘管，与蓄冰槽内的水或者封装容器内的水进行热交换，使水在盘管外表面或容器内结冰。随着蓄冰过程的进行，冰层逐渐增厚，传热热阻增加，为保持一定的蓄冰速率，载冷剂温度也须随之下降，待冰层达到设计厚度时蓄冰过程结束。

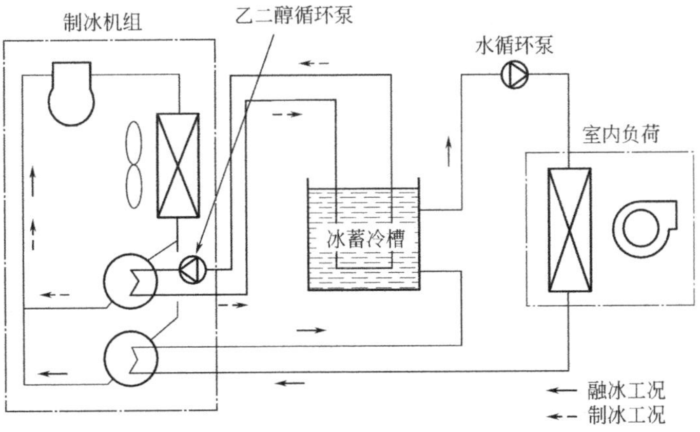

图 5-29　间接冷媒时制冰系统工作原理图

直接蒸发式制冰系统以蒸发器作为换热设备，制冷剂与冷水一次换热，避免了冷热转换的中间环节，减少了能耗。相同结冰厚度下制冷剂的蒸发温度高于间接冷媒式制冰系统的蒸发温度，制冷剂效率高。间接冷媒式制冰系统一般需要经过两次换热，传热热阻增加。

直接蒸发式制冰系统的制冷机组、蓄冰槽等组成结构紧凑的整体式蓄冰系统，减少占用空间，是户式空调等小型系统较为理想的方式。

直接蒸发式制冰系统采用制冷剂作为循环冷媒，需要的制冷剂相对较多。另外，蒸发器盘管长期浸泡在蓄冰槽内，容易引起管路腐蚀，发生制冷剂泄漏。间接冷媒式制冰系统的制冷剂用量少，泄漏的可能性小，提高了系统运行的可靠性。间接冷媒式制冰系统是集中式空调系统中采用较多的冰蓄冷方式。

3. 各种蓄冰技术特点

各种蓄冰技术特点归纳为表 5-6。

各种蓄冰技术的比较 **表 5-6**

系统类型	盘管外融冰	盘管内融冰	封装冰	冰片滑落式	冰晶式
制冷方式	直接蒸发式、间接冷媒式	间接冷媒式	间接冷媒式	直接蒸发式	直接蒸发式
取冷流体	水	载冷剂	载冷剂	水	水
制冰方式	静态	静态	静态	动态	动态
压缩机	活塞式、螺杆式	活塞式、螺杆式、离心式、螺旋式	活塞式、螺杆式、离心式、螺旋式	活塞式、螺杆式	活塞式、螺杆式
制冷机种类	双工况冷水机组或直接蒸发式制冷机	双工况冷水机组	双工况冷水机组	分装式或组装式制冷机组	分装式或组装式制冷机组
制冷机蓄冰工况性能系数/*COP*	2.5～4.1	2.9～4.1	2.9～4.1	2.7～3.7	
冰充填率/*IPF*	20%～40%	50%～70%	50%～60%	40%～50%	45%
冰槽体积/(m^3/kWh)	0.023	0.019～0.023	0.019～0.023	0.024～0.027	—
蓄冷费用	\$50 ～ \$70/RTh（\$14 ～ \$20/kWh)	\$50 ～ \$70/RTh（\$14 ～ \$20/kWh)	\$50 ～ \$70/RTh（\$14 ～ \$20/kWh)	\$20 ～ \$30/RTh（\$5.7 ～ \$8.5/kWh)	\$20 ～ \$30/RTh（\$5.7 ～ \$8.5/kWh)
蓄冰槽形式	开式槽	闭式系统	开式或闭式系统	开式槽	开式槽
蓄冰温度(℃)	−9～−4	−6～−3	−6～−3	−9～−4	−9～−4
取冷温度(℃)	1～2	1～3	1～3	1～2	1～2
取冷速率	中	慢	慢	快	极快
应用范围	央调及空调制冷	空调	空调	空调或食品加工	空调或食品加工

为了使水结成冰，制冷机组必须提供温度为 9～−3℃的传热介质，蒸发温度降低导致制冷机组的制冷能力下降。研究表明，制冷剂的蒸发温度每下降 1℃，功率下降 3%左右。图 5-30 所示是某热泵机组制冷量及性能系数随冷媒蒸发温度的变化曲线。与蒸发温度为 0℃相比，蒸发温度为−10℃以下时，制冷机组制冷量减少到原来的 55%，性能系数下降到原来的 70%左右。制冷机组制冷量减少意味着必须增加制冷机组容量，即增加设备投资。因此，研发具有较高蒸发温度的冰蓄冷系统是冰蓄冷技术的重要研究课题。

4. 蓄冷系统的运行策略

所谓运行策略（operating mode）是指蓄冷系统以设计循环周期（如设计日或周等）的负荷及其特点为基础，按电费结构等条件对系统做出最优的运行安排，如全量蓄冷、部分蓄冷和分时蓄冷等。

（1）全量蓄冷

全量蓄冷（full cool storage）（或称负荷全部转移策略）是指制冷机组在非峰时段满负荷运行，高峰时段所需冷量全部由储存的蓄冷量供应。这种系统需要较大的制冷和蓄冷容量，初投资增加，但是电费节省最多，运行控制相对比较简单。适用于空调负荷大、使用时间短或供冷时间与蓄冷时间相比很短的场合，如体育馆、影剧院以及某些食品工业等。

（2）部分蓄冷

部分蓄冷（partial cool storage）是指所蓄冷量仅能满足部分冷负荷需要，其余冷量通过制冷设备运行来满足。与全量蓄冷相比，由于制冷机组装机容量和蓄冷量减少，降低了投资费用，适用于空调时间长、负荷变化大的场合。根据制冷机组的运行特点，部分蓄冷又分为“负荷均衡”和“需求限定”运行。

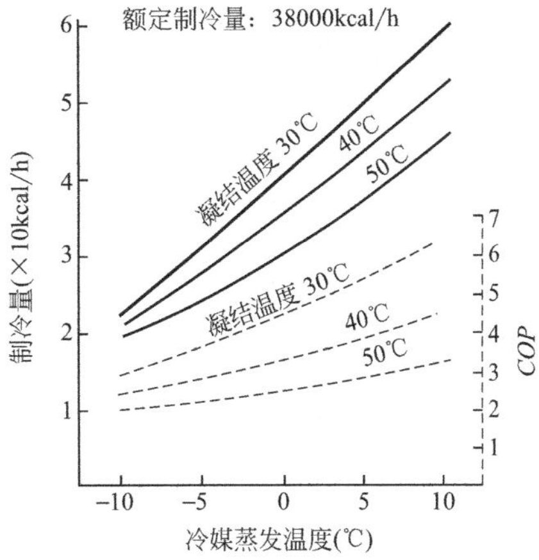

图 5-30　热泵制冷量和性能系数（COP）的变化

1）负荷均衡运行。负荷均衡运行的典型方式是制冷机组满负荷连续运行，当冷负荷小于机组的输出时将多余冷量储存起来，当冷负荷大于机组的输出时不足的冷量通过蓄冷设备释冷来满足，适用于高峰时段冷负荷比平均负荷大很多的应用场合。

2）需求限定运行。当高峰用电量受到限制时，空调用户须减少系统在电力高峰时段的耗电量，使制冷设备按限定的电力运行，空调系统所需冷量不足的部分由蓄冷装置供应。与负荷均衡运行相比，需求限定运行电费较省，但设备投资较多。

（3）分时蓄冷

分时蓄冷指根据电费结构对系统运行做出安排，充分利用低谷电力，减少高峰时段用电量，实现系统的经济运行。

5. 蓄冷系统的控制策略

按照制冷机组和蓄冷装置运行先后顺序的不同，可分为制冷机组优先和蓄冷装置优先。不同的控制策略（control strategy），运行能耗和运行费用不同，控制策略分类如图5-31所示。一般蓄冷装置优先策略能耗较高，但电费较少；制冷机组优先策略能耗较低，但电费较多。

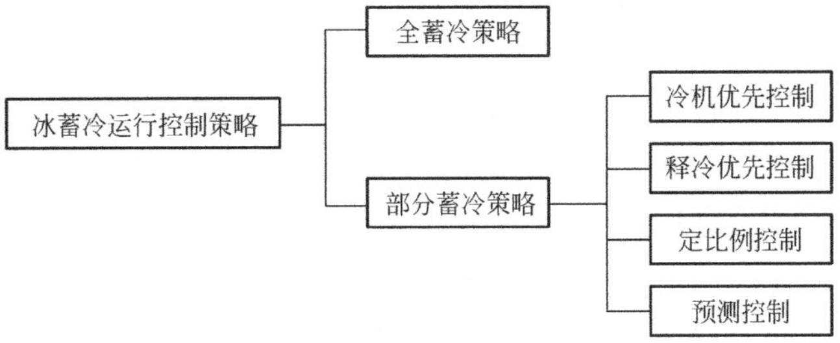

图 5-31　蓄冷系统运行控制策略分类

（1）制冷机组优先

制冷机组优先（chiller priority）的控制策略是由制冷机组直接向用户提供冷量，当冷负荷超过机组容量时由蓄冷量补充。比较典型的控制方法是，将蓄冷量与冷负荷图逐时经行比较，根据不同时刻的差值确定制冷机组需提供的制冷量，也可以按照预先设定的时间表控制制冷机组运行。如果制冷机组位于蓄冷装置上游，当冷负荷大于机组容量时，系统出水温度上升，温度传感器控制相应的阀门和水泵，使一部分冷水流经蓄冷槽被进一步冷却，不能充分发挥蓄冷优势，控制不当还会出现蓄冷量残留现象。

（2）冷装置优先

蓄冷装置优先（ice priority）的控制策略是由蓄冷量满足尽可能多的冷负荷，不足部分由冷水机组直接供冷。这种控制策略充分利用谷段电力，能够减少运行费用。其难点在于必须很好地控制和合理分配释冷量及机组供冷量，保证一天中蓄冷装置按计划释放冷量，既要保证蓄冷量充分利用，又要满足逐时冷负荷要求，同时避免空调后期无冷可供。释冷优先的控制不当将导致蓄冷量过早耗尽。蓄冷装置优先策略比较简单的控制方法是均匀释冷，采用该方法时，制冷机组在大部分时间处于部分负荷运行状态。

（六）水蓄能装置

水蓄能是利用水的显热来实现冷热量的储存，可分为水蓄冷和水蓄热，蓄能装置可采用水罐或水槽。水蓄能是利用温度不同的水密度不同，自然分层，形成冷水区和热水区的分隔层。

1. 水蓄冷

水蓄冷是利用水的显热实现冷量的储存。因此，一个设计合理的蓄冷系统应通过维持尽可能大的蓄水温差并防止冷水与热水的混合来获得最大的蓄冷效率。在水蓄冷技术中，关键问题是蓄冷罐的结构形式应能防止所蓄冷水与回流热水的混合。为达到这一目的，目前常用的有以下几种方法：

（1）多蓄水罐方法

将冷水和热水分别储存在不同的罐中，以保证送至负荷侧的冷水温度维持不变，多个蓄水罐有不同的连接方式，一种是空罐方式。如图 5-32（*a*）所示，它保持蓄水罐系统中总有一个罐在蓄冷或放冷循环开始时是空的。随着蓄冷或放冷的进行，各罐依次倒空。另一种连接方式是将多个罐串联连接或将一个蓄水罐分隔成几个相互连通的分格。如图 5-32（*b*）所示，蓄冷时的水流方向。蓄冷时，冷水从第一个蓄水罐的底部入口进入罐中，顶部溢流的热水送至第二个罐的底部入口，依次类推，最终所有的罐中均为冷水；放冷时，水流动方向相反，冷水由第一个罐的底部流出，回流热水从最后一个罐的顶部送入。由于在所有的罐中均为热水在上、冷水在下，利用水温不同产生的密度差就可防止冷热水混合。多罐系统在运行时其个别蓄水罐可以从系统中分离出来进行检修维护，但系统的管路和控制较复杂，初投资和运行维护费用较高。

（2）迷宫法

采用隔板把蓄水槽分成很多个单元格，水流按照设计的路线依次流过每个单元格。图 5-33 所示为迷宫式蓄水罐中水流的路线。迷宫法能较好地防止冷热水混合。但在蓄冷和放冷过程中有一个是热水从底部进口进入或冷水从顶部进口进入。这样易因浮力造成混合；

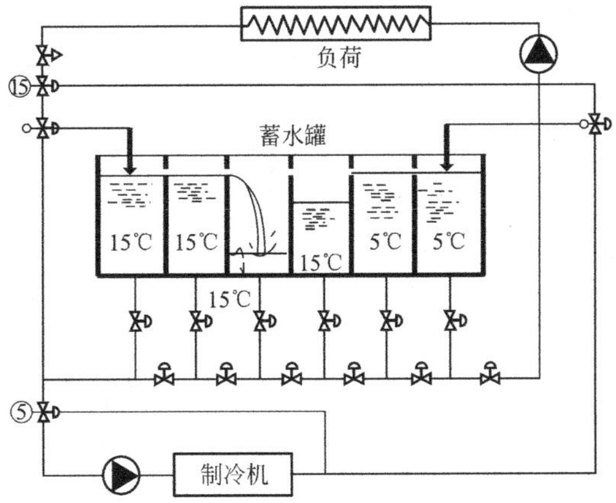

(a)

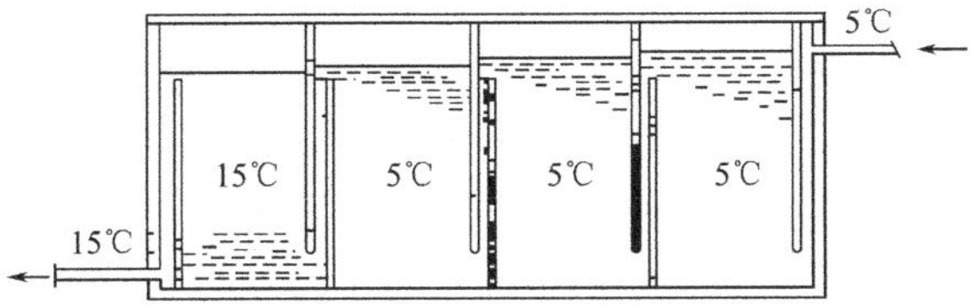

(b)

图 5-32　多蓄水罐蓄冷原理

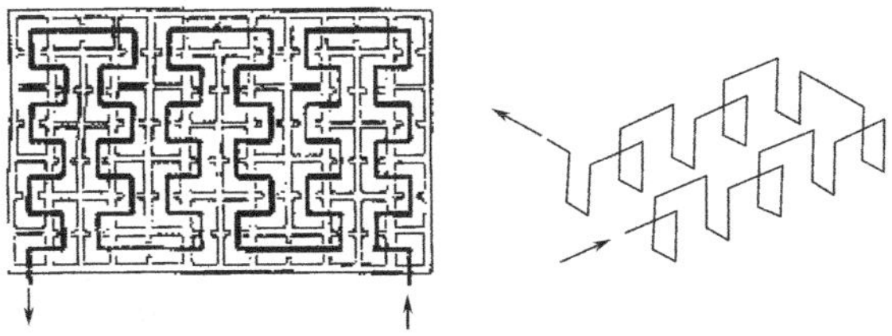

图 5-33　迷宫式水蓄冷原理

另外，水的流速过高会导致扰动及冷热水的混合；流速过低会在单元格中形成死区，降低蓄冷系统的容量。

（3）自然分层法

利用水在不同温度下密度不同而实现自然分层。系统组成是在常规的制冷系统中加入蓄水罐，如图 5-34（*a*）所示。在蓄冷循环时，制冷设备送来的冷水由底部散流器进入蓄水罐，热水则从顶部排出，罐中水量保持不变。在放冷循环中，水流动方向相反，冷水由底部送至负荷侧，回流热水从顶部散流器进入蓄水罐。图 5-34（*b*）是蓄冷特性曲线图。纵坐标为温度，横坐标为蓄水量的百分比。A、C 分别为放冷循环时制冷机的回水和出水特性曲线；B、D 分别为蓄冷循环时制冷机的回水和出水特性曲线。一般用蓄冷效率来描述蓄水罐的蓄冷效果。蓄冷效率的定义是蓄冷罐实际入冷量与蓄冷罐理论可用蓄冷量之比，即：蓄冷效率＝（曲线 A 与 C 之间的面积）/（曲线 A 与 D 之间的面积）

一般来说，自然分层方法是最简单、有效和经济的，如果设计合理，蓄冷效率可以达到 85%～95%。

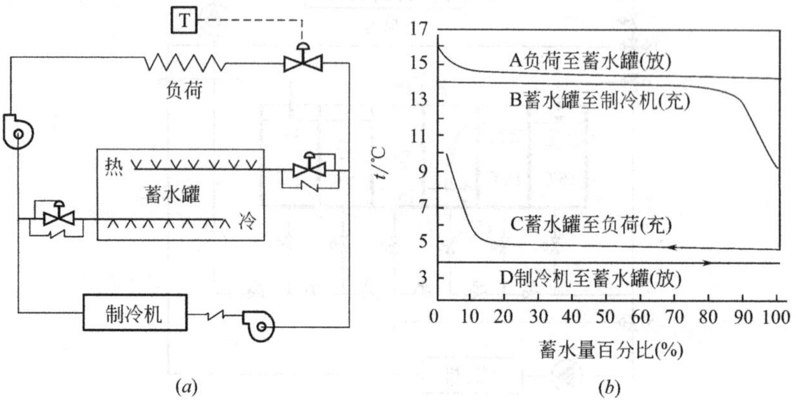

图 5-34　自然分层水蓄冷原理

图 5-35 所示为蓄冷罐和斜温层内温度变化简图。斜温层是冷水与热水之间的温度过渡层。明确而稳定的斜温层能防止冷水与热水的混合，但斜温层的存在降低了蓄冷效率。蓄冷系统能否在高效率下保持正常而稳定的工作主要取决于顶部和底部散流器的设计和蓄水罐的设计。散流器用于均布进入罐中的水流，减少扰动和对斜温层的破坏。

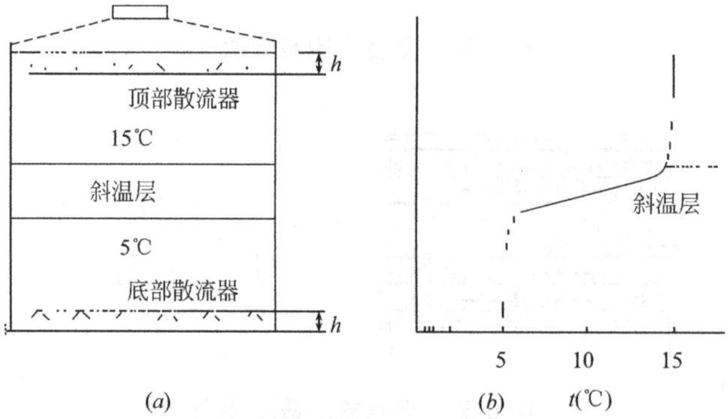

图 5-35　自然分层水蓄冷温度分布

(4) 隔板法

在蓄水罐内部安装一个活动的柔性隔膜或一个可移动的刚性隔板，来实现冷热水的分离，隔膜或隔板通常为水平布置。这样的蓄水罐可以不用散流器，但隔膜或隔板的初投资和运行维护费用与散流器相比并不占优势。

2. 水蓄热

水蓄热的原理与自然分层法水蓄冷的原理相同，利用温度不同的水密度不同而自然分层，形成冷水区和热水区的分隔层。

第六节　注意事项

燃气冷热电联供工程为达到余热利用最大化的目的，在余热利用系统设计时，应结合补充冷热能系统，尽可能提高余热利用率。

（1）发电余热应尽可能利用。国家标准规定余热利用系统排烟温度不宜高于120℃，冷却水出口温度不宜高于75℃，适用于常规供暖空调负荷。当有低温热负荷需求时，如生活热水、辐射供暖等负荷，燃气冷热电联供工程应利用低温冷却水余热及烟气冷凝余热，可增加换热器、烟气冷凝器、热泵等设备，深度利用余热。

（2）优化选择补能系统。燃气冷热电联供系统运行时应尽可能利用余热，但余热供冷热量随发电功率变化，工程设计需要根据用户冷热负荷要求确定补充冷热能系统容量，可以取全部负荷或部分负荷。当用户对冷热负荷要求较高时，应根据用户设计冷热负荷确定补充冷热能系统容量，即发电机组停止运行时系统仍能供应全部冷热负荷；当用户允许冷热负荷有一定波动时，可按用户设计冷热负荷减去余热利用系统容量来确定补充冷热能系统容量，即发电机组运行时系统能供应全部冷热负荷，发电机组停止运行时系统减少部分冷热负荷的供应。

（3）因地制宜利用可再生能源。联供系统与可再生能源系统可互为补充，燃气冷热电工程的补能系统应尽量利用可再生能源，有条件时可利用太阳能、地热能、江河水热能，提高项目的整体节能效益。

第六章 接入系统

燃气冷热电联供系统是分布式发电的重要形式，由于该类电源项目容量小而分散，为了顺利推进实施燃气冷热电联供系统，各项目实施单位、国家相关部门等进行了较长时间的探索和实践。国家电网和地方电力主管部门也相继出台了相应的接入系统指导意见和标准、规范，如《分布式电源并网技术要求》GB/T 33593-2017①、《分布式电源接入配电网技术规定》NB/T 32015-2013②以及国家电网公司企业标准《分布式电源接入电网技术规定》Q/GDW 1480-2015③等国家、行业和企业相关标准和规定，为燃气冷热电联供工程接入系统的规范化和提高建设效益创造了有利条件。

接入系统设计是分布式能源站电气部分设计的核心，也是电气运行人员进行各种操作和事故处理的重要依据之一。它与电力系统、主接线、电气设备的选择、设备布置及继电保护等密切相关。本章主要论述电气主接线、接入系统一次方案、电能质量、功率控制、运行适应性、继电保护及安全自动装置、系统调度自动化、通信、计量等内容。其中接入系统一次方案一节中不仅涵盖接入电压、接入点和国家电网公司典型设计方案表，还包含短路电流计算和主要设备选择。本章最后一节描述了两个案例。

分布式能源站接入系统设计应考虑的主要原则：根据电力系统和用户的特点及要求，确保运行的可靠性和供电质量；运行操作的灵活性；技术和经济指标的合理性；维护和检修方便、安全；接线尽可能简单、可靠。另外，考虑到分布式能源站出于能源站安全、经济运行的需要，应优先考虑并网运行或并网不上网的运行方式。燃气冷热电联供系统接入公共电网应选择合适的并网点，以减少对公共电网的影响。

第一节 电气主接线

电气主接线是发电站、变电站电气设计的首要部分，也是构成电力系统的重要环节。主接线的确定对电力系统的整体以及发电站、变电站本身运行的可靠性、灵活性和经济性密切相关，并对电气设备选择、配电装置布置、继电保护和控制方式的拟定有较大影响。因此，必须正确处理好各方面的关系，全面分析相关影响因素，通过技术经济比较，合理确定主接线方案。发电系统的电气主接线主要分为发电机—变压器单元接线，发电机—变压器扩大单元接线、单母线，单母线分段，双母线，双母线分段等。考虑分布式发电的特点，本节主要介绍发电机—变压器单元接线、单母线及单母线分段接线。

主接线方案的最终确定应根据初步确定的电压等级、变压器容量和台数等拟定多个可

---

① GB/T 33593-2017. 分布式电源并网技术要求［S］. 北京. 中国标准出版社，2017.

② NB/T 32015-2013. 分布式电源接入配电网技术规定［S］. 北京. 国家能源局，2013.

③ Q/GDW 1480-2015. 分布式电源接入电网技术规定［S］. 北京. 国家电网公司，2016.

行的接线方案，并同时列出各方案中主要电气设备（如变压器、开关柜等），进行经济比较，并从供电的可靠性、供电质量、运行和维护方便性以及工程进度等方面，进行技术比较，最后确定合理的方案。

一、发电机—变压器单元接线

单元接线为一台发电机与双绕组变压器组成一机一变的单元接线形式。该方式具有断路器少、接线及布置简单、节省投资和占地面积少的优点。

发电机—变压器单元接线示意见图 6-1。

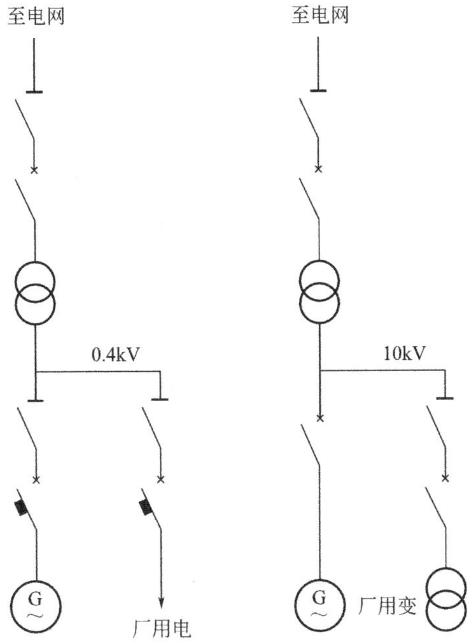

图 6-1　发电机—变压器单元接线示意图

二、单母线接线

变电站进出线较多时，采用单母线，有两路进线时，一般一路供电、一路备用（不同时供电），二者可设备用电源互自投，多路出线均由一段母线引出。这种接线方式比较简单清晰，运行较为灵活，适应性较强。在大多数场合是一种较为广泛应用的接线方式。但在母线或母线侧隔离开关检修或发生故障时，将会使全厂停电，故往往只用于规模不大、机组容量较小及用户可靠性要求不高的场合。电气主接线示意见图 6-2 和图 6-3。

三、单母线分段接线

有两路以上进线，多路出线时，可选用单母线分段接线。两路进线分别接到两段母线上，两段母线之间设母联开关。出线分别接到两段母线上。单母线分段运行方式一种为一

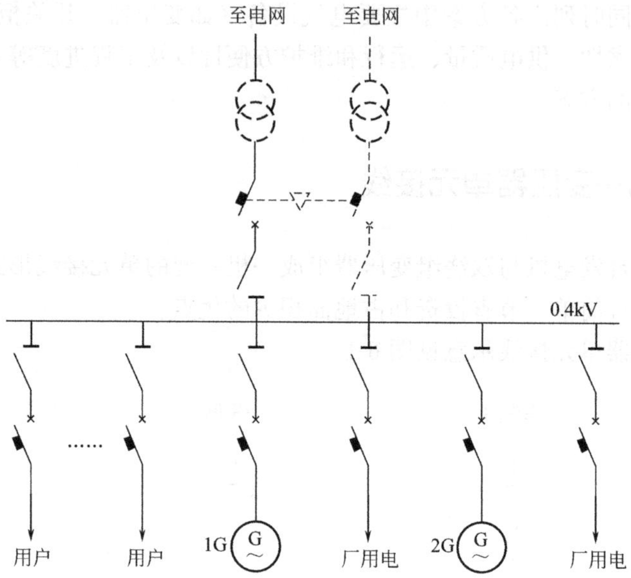

图 6-2　单母线接线示意图（一）

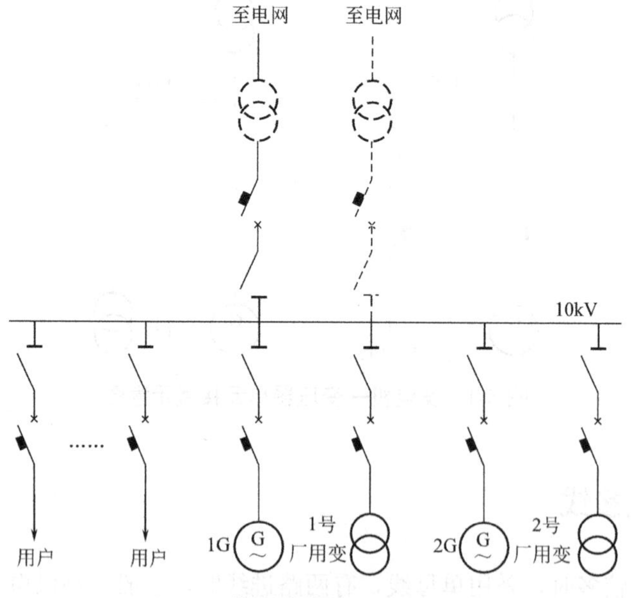

图 6-3　单母线接线示意图（二）

路主供，另一路备用，母联开关闭合。当主供电源失电时，备用电源进线闭合，主供、备用与母联互锁。备用电源容量较小时，备用电源进线闭合后，需要断开部分负荷等级较低的出线。

另外一种为两路电源分列运行，母联开关断开。当任意一路电源失电时，母联开关闭合，保证对两段母线的供电。当两路电源容量较小并不足以对全部负荷供电时，母联开关闭合后，需要断开部分负荷等级较低的出线。

单母线分段也有利于变电站内部检修，检修时可以停掉一段母线。单母线分段接线方式示意见图 6-4 和图 6-5。

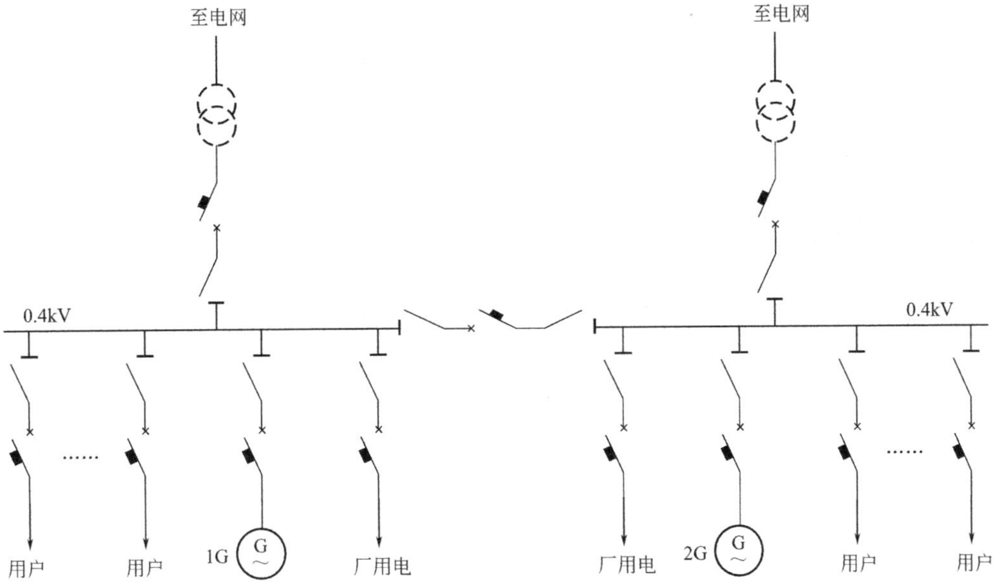

图 6-4　单母线分段接线示意图（一）

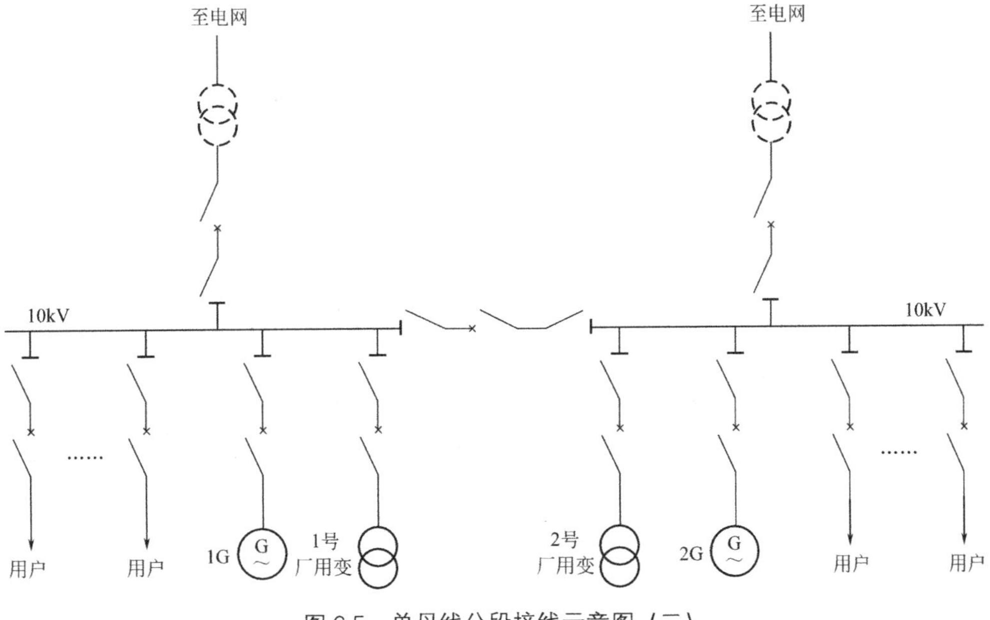

图 6-5　单母线分段接线示意图（二）

第二节　接入系统一次方案

一、接入电网的形式

分布式电源接入系统方案应能明确用户进线开关、并网点位置，并对接入分布式电源的配电线路载流量、变压器容量、开关短路电流遮断能力进行校核。分布式能源接入系统可以按照逆变器、感应电机、同步电机三种接入电网形式。燃气冷热电联供系统根据发电装置类型采取不同的接入电网形式。微燃机采取逆变器形式，内燃机和燃气轮机采取同步电机形式。

二、接入电压等级

对于单个并网点，接入电压等级应按照安全性、灵活性、经济性等原则，根据能源站电源容量、导线载流量、上级变压器及线路可接纳能力、地区配电网情况综合比较后确定。

分布式电源并网电压等级可根据各并网点装机容量进行初步选择[①]，推荐：8kW及以下可接入220V；8～400kW可接入380V；400～6000kW可接入10kV；5000～30000kW以上可接入35kV。最终并网电压等级应根据电网条件，通过技术经济比选论证确定。若高低两级电压均具备接入条件，则优先采用低电压等级接入。

三、接入点选择原则

（一）接入系统相关节点定义

专线接入：是指分布式电源接入点处设置分布式电源专用的开关设备（间隔），如分布式电源直接接入变电站、开闭站、配电室母线，或环网柜等方式。

T接：是指分布式电源接入点处未设置专用的开关设备（间隔），如分布式电源接入架空或电缆线路方式。

并网点：对于有升压站的分布式电源，并网点为分布式电源升压站高压侧母线或节点；对于无升压站的分布式电源，并网点为分布式电源的输出汇总点。如图6-6所示，A1、B1、C1点分别为分布式电源A、B、C的并网点。

接入点：是指分布式电源接入电网的连接处，该电网既可能是公共电网，也可能是用户电网，如图6-6所示，A2、B2、C2点分别为分布式电源A、B、C的接入点。

公共连接点：是指用户系统（发电或用电）接入公用电网的连接处。如图6-6所示，C2、D点均为公共连接点。C2点既是分布式电源接入点，又是公共连接点，A2、B2点不是公共连接点。

（二）接入点选择原则

分布式电源接入电网的并网点应能保证并入电网后能有效输送电力并能确保电网的安全稳定运行。当公共连接点处并入一个以上电源时，应总体考虑它们的影响。分布式电源可以采用专线或T接方式接入系统。

1. 10kV对应接入点

当发电全部上网（电网统购统销）时，接入点可根据实际情况选择公共电网变电站

---

① 国家电网公司.分布式电源接入系统典型设计2016版（征求意见稿），2016年1月。

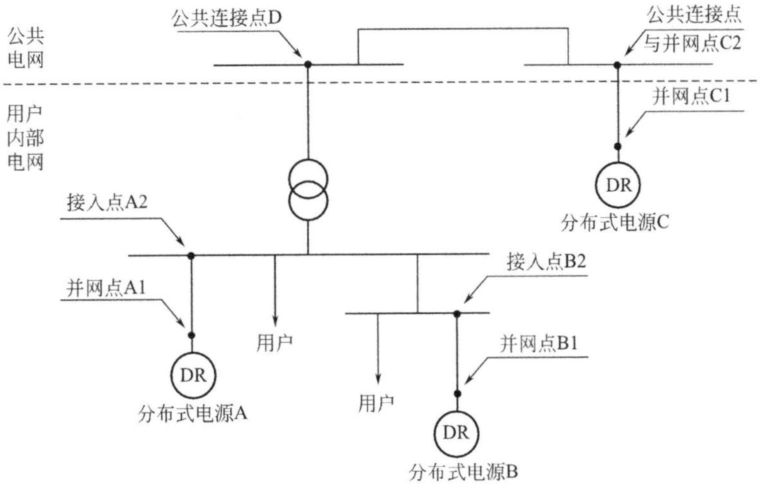

图 6-6　分布式电源接入示意以及相关定义

10kV 母线，公共电网开关站、环网箱（室）、配电室或箱变 10kV 母线，以及 T 接公共电网 10kV 线路。当发电为自发自用或自发自用/余量上网时，接入点可选择用户开关站、环网箱（室）、配电室或箱变 10kV 母线。当并网点与接入点之间距离很短时，可以在分布式电源与用户母线之间只装设一个开关设备，并将相关保护配置于该开关。

2. 380V 对应接入点

当发电全部上网（电网统购统销）时，接入点可根据实际情况选择公共电网配电箱或线路，以及公共电网配电室、箱变或柱上变压器低压母线。当发电为自发自用或自发自用/余量上网时，接入点可根据实际情况选择用户配电箱或线路，以及用户配电室、箱变或柱上变压器低压母线。当分布式电源接入 35kV 及以上用户或内部的 10kV 及以下电压等级系统时，可参考国家电网公司的相应接入系统典型设计方案。

四、燃气冷热电联供站典型接线方案

国家电网公司针对分布式发电的接入发布了典型设计①，涵盖了燃气冷热电联供站的接入方案。其中，微燃机的容量较小，经逆变器以 380V 并网，采用典型设计方案见表 6-1。以同步发电机接入的燃机系统采用的典型设计方案见表 6-2。

五、短路电流计算

（一）变流器接入系统短路电流计算

在接入前，公共连接点短路电流 I_{PCC}（kA）由当地供电公司提供，并网点短路电流（kA）为：

① 国家电网公司. 分布式电源接入系统典型设计 2016 版（征求意见稿），2016 年 1 月。

微燃机经逆变器以 380V 并网的典型设计方案　　表 6-1

方案编号	接入电压	接入模式	接入点	送出回路数	单个并网点参考容量
XGF380-T-1	380V	全部上网(接入公共电网)	公共电网配电箱变/线路	1 回	≤100kW，8kW 及以下可单相接入
XGF380-T-2			公共电网配电室、箱变或柱上变压器低压母线	1 回	20～400kW
XGF380-Z-1		自发自用/余电上网(接入用户电网)	用户配电箱/线路	1 回	≤400kW，8kW 及以下可单相接入
XGF380-Z-2			用户配电室、箱变或柱上变压器低压母线	1 回	20～400kW

同步发电机接入的燃机系统采用的典型设计方案　　表 6-2

方案编号	接入电压	接入模式	接入点	送出回路数	单个并网点参考容量
XRJ10-T-1	10kV	全部上网(接入公共电网)	专线接入公共电网变电站 10kV 母线	1 回	1～6MW
XRJ10-T-2			专线接入公共电网 10kV 开关站、环网室(箱)、配电室或箱变	1 回	400～6MW
XRJ10-Z-1		自发自用/余电上网	单点接入用户 10kV 开关站、环网室(箱)、配电室或箱变	1 回	400～6MW
XRJ380-T-1	380V	全部上网(接入公共电网)	公共电网配电室、箱变或柱上变压器低压母线	1 回	≤400kW
XRJ380-Z-1		自发自用/余电上网	用户配电室、箱变或柱上变压器低压母线	1 回	≤400kW

$$I_{POI}=\frac{U_{N2}}{\sqrt{3}\left(\frac{U_{N1}}{\sqrt{3}I_{PCC}}+X_L\right)} \tag{6-1}$$

式中　U_{N1}——公共连接点基准电压，kV；

U_{N2}——并网点基准电压，kV；

X_L——并网点到公共连接点线路的阻抗，Ω。

接入后，公共连接点短路电流（kA）为：

$$I'_{PCC}=I_{PCC}+1.5I_n \tag{6-2}$$

并网点短路电流（kA）为：

$$I'_{POI}=I_{POI}+1.5I_n \tag{6-3}$$

式中 I_n——分布式电站的额定电流，kA。

（二）燃机电站接入系统短路电流计算

在接入前，公共连接点短路电流I_{PCC}（kA）由当地供电公司提供，并网点短路电流（kA）为：

$$I_{POI}=\frac{U_{N2}}{\sqrt{3}\left(\frac{U_{N1}}{\sqrt{3}I_{PCC}}+X_L\right)} \tag{6-4}$$

式中 U_{N1}——公共连接点基准电压，kV；

U_{N2}——并网点基准电压，kV；

X_L——并网点到公共连接点线路的阻抗，Ω。

接入后，公共连接点短路电流（kA）为：

$$I'_{PCC}=I_{PCC}+\frac{U_{N1}}{\sqrt{3}(X''_d+X_L)} \tag{6-5}$$

并网点短路电流（kA）为：

$$I'_{POI}=I_{POI}+\frac{U_{N2}}{\sqrt{3}X''_d} \tag{6-6}$$

燃机发电机出口短路电流（kA）为：

$$I_G=\frac{U_n}{\sqrt{3}X''_d} \tag{6-7}$$

式中 U_n——燃机电站出口基准电压，kV；

X''_d——燃机发电机直轴次暂态电抗，Ω。

六、主要设备选择

（一）主接线

380V电压等级可采用单元或单母线接线，10kV电压等级可采用线变组或单母线接线。分布式电源内部设备中性点接地方式应与配电网侧接地方式一致，并应能满足人身设备安全和保护配合的要求。采用10kV电压等级直接并网的同步发电机中性点需经避雷器接地。

（二）升压站主变

升压用变压器容量选用应满足分布式电源接入要求，若变压器同时为负荷供电，可根据实际情况选择容量。

（三）送出线路导线截面

送出线路导线截面选择需根据所需送出的容量、并网电压等级选取，并考虑分布式电源发电效率等因素。送出电力导线截面一般按持续极限输送容量选择。

（四）开断设备

380V 分布式电源并网时，应设置明显开断点，并网点应安装易操作、具有明显开断指示、具备开断故障电流能力的断路器。断路器可选用微型、塑壳式或万能断路器，根据短路电流水平选择设备开断能力，并需留有一定裕度，应具备电源端与负荷端反接能力。

10kV 分布式电源并网点应安装易操作、可闭锁、具有开断点、带接地功能、可开断故障电流的断路器。当分布式电源并网公共连接点为负荷开关时，宜改造为断路器。根据短路电流水平选择设备开断能力，并需留出一定裕度，一般不小于 20kA。

（五）无功配置

通过 380V 电压等级并网的分布式电源应保证发电系统功率因数在 0.95 以上。对于 10kV 电压等级，分布式发电系统的无功功率和电压调节能力应满足本章三节第三条的要求，选择合理的无功补偿措施；分布式发电系统的无功补偿容量计算，应充分考虑逆变器功率因数、汇集线路、变压器和送出线路的无功损失等因素。

分布式发电系统配置的无功补偿装置类型、容量及安装位置应结合分布式发电系统实际接入情况确定，必要时安装动态无功补偿装置。若分布式发电系统接入用户内部，用户功率因数应满足相关要求。

（六）并网逆变器

并网逆变器应严格执行现行国家、行业标准中规定的元件容量、电能质量，以及低压、低频、高频、接地等涉网保护方面的要求。

（七）电能质量在线监测

变流器类型分布式电源以 10kV 及以上电压等级接入电网时应在公共连接点处装设满足现行国家标准《电能质量监测设备通用要求》GB/T 19862 要求的 A 级电能质量在线监测装置；必要时可在并网点处装设电能质量在线监测装置。电能质量参数包括电压、频率、谐波、功率因数等。电能质量监测历史数据应至少保存一年。

380V 接入时，计量电能表应具备电能质量在线监测功能，可监测三相不平衡电流。同步机类型分布式发电系统接入时，不配置电能质量在线监测装置。

（八）防雷接地装置

在分布式电源接入系统设计时应充分考虑雷击及内部过电压的危害，按照相关技术规范的要求，装设避雷器和接地装置。10kV 系统采用交流无间隙金属氧化物避雷器进行过电压保护。220V/380V 各回出线和零线可采用低压阀型避雷器。同时，为防止雷击感应影响二次部分安全及可靠性，全部金属物包括设备、机架、金属管道、电缆的金属外皮等均应单独与接地干网可靠联接。

接地应符合现行国家标准《交流电气装置的接地设计规范》GB 50065 要求，电气装置过电压保护应满足现行国家标准《交流电气装置的过电压保护和绝缘配合设计规范》GB 50064 要求。

（九）安全防护

通过380V电压等级并网的分布式电源接入，连接电源和电网的专用低压开关柜应有醒目标识。标识应标明“警告”、“双电源”等提示性文字和符合。标识的形状、颜色、尺寸和高度应按照现行国家标准《安全标志及其使用导则》GB 2894 的规定执行。通过10kV电压等级并网的分布式电源，应根据现行国家标准《安全标志及其使用导则》GB 2894 的要求在电气设备和线路附近标识“当心触电”等提示性文字和符号。

第三节 电能质量、功率控制以及运行适应性

一、电能质量

分布式电源发出电能的质量指标包括谐波、电压偏差、电压不平衡度、电压波动和闪变。其中，公共连接点的谐波注入电流应满足现行国家标准《电能质量 公用电网谐波》GB/T 14549 的要求，间谐波应满足《电能质量 公用电网间谐波》GB/T 24337 的要求，电压偏差应满足GB/T 12325《电能质量 供电电压偏差》的规定，电压波动和闪变值应满足《电能质量 电压波动和闪变》GB/T 12326 的要求，电压不平衡度应满足《电能质量 三相电压不平衡》GB/T 15543 的要求。变流器类型分布式电源接入后，向公共连接点注入的直流电流分量不应超过其交流额定值的0.5%。

二、有功功率控制

通过10kV及以上电压等级并网的分布式电源应具有有功功率调节能力，输出功率偏差及功率变化率不应超过电网调度机构的给定值，并能根据电网频率值、电网调度机构指令等信号调节电源的有功功率输出。

三、无功功率与电压调节

分布式电源参与配电网电压调节的方式可包括调节电源无功功率、调节无功补偿设备投入量以及调整电源变压器变比。

通过380V电压等级并网的同步发电机类型和变流器类型分布式电源，应具备保证并网点功率因数应在0.95（超前）～0.95（滞后）范围内可调节的能力。

通过10kV及以上电压等级并网的分布式电源，在并网点处功率因数和电压调节能力应满足以下要求：

（1）同步发电机类型分布式电源应具备保证并网点处功率因数在0.95（超前）～0.95（滞后）范围内连续可调的能力，并可参与并网点的电压调节；

（2）变流器类型分布式电源应具备保证并网点处功率因数在0.98（超前）～0.98（滞后）范围内连续可调的能力，有特殊要求时，可做适当调整以稳定电压水平。在其无功输

出范围内，应具备根据并网点电压水平调节无功输出，参与电网电压调节的能力，其调节方式和参考电压、电压调差率等参数可由电网调度机构设定。

四、运行适应性

分布式电源并网点稳态电压在标称电压的85%～110%时，应能正常运行。当分布式电源并网点频率在49.5～50.2Hz范围时，分布式电源应能正常运行。当分布式电源并网点的电压波动和闪变值满足GB/T 12326、谐波值满足GB/T 14549、间谐波值满足GB/T 24337、三相电压不平衡度满足GB/T 15543的要求时，分布式电源应能正常运行。

（一）低电压穿越

通过10kV电压等级直接接入公共电网，以及通过35kV电压等级并网的分布式电源，宜具备一定的低电压穿越能力：当并网点考核电压在图6-7中电压轮廓线及以上的区域内，分布式电源应不脱网连续运行；否则，允许分布式电源切出。各种电力系统故障类型含三相短路故障和两相短路故障，以及单相接地短路故障。

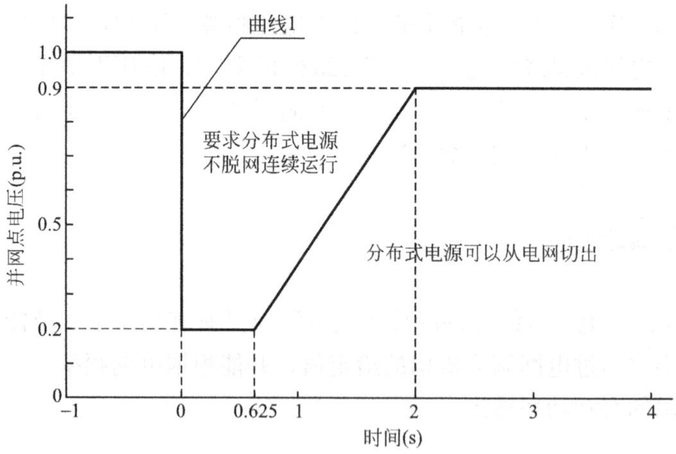

图6-7　低电压穿越特性

（二）频率运行范围

通过10kV电压等级直接接入公共电网，以及通过35kV电压等级并网的分布式电源宜具备一定的耐受系统频率异常的能力，应能够在表6-3所示电网频率范围内按规定运行。

分布式电源的频率响应时间要求　　表6-3

频率范围	要　求
f<48Hz	变流器类型分布式电源根据变流器允许运行的最低频率或电网调度机构的要求而定;同步发电机类型分布式电源每次运行时间不宜少于60s,有特殊要求时,可在满足电网安全稳定运行的前提下做适当调整

续表

频率范围	要　求
48Hz≤f<49.5Hz	每次低于49.5Hz时要求至少能运行10min
49.5Hz≤f≤50.2Hz	连续运行
50.2Hz<f≤50.5Hz	频率高于50.2Hz时，分布式电源应具备降低有功输出的能力，实际运行可由电网调度机构决定；此时不允许处于停运状态的分布式电源并入电网
f>50.5Hz	立刻终止向电网线路送电，且不允许处于停运状态的分布式电源并网

第四节　继电保护及安全自动装置

分布式能源站继电保护及安全自动装置配置应满足可靠性、选择性、灵敏性和速动性的要求，其技术条件应符合现行国家标准《继电保护和安全自动装置技术规程》GB/T 14285、《3kV～110kV电网继电保护装置运行整定规程》DL/T 584和《低压配电设计规范》GB/T 50054的要求。

一、电压保护

通过380V电压等级并网，以及通过10kV电压等级接入用户侧的分布式电源，当并网点处电压超出表6-4规定的电压范围时，应在相应的时间内停止向电网线路送电。

电压保护动作时间要求　　表6-4

并网点电压范围	要　求
$U<50\%U_N$	最大分闸时间不超过0.2s
$50\%U_N\leq U<85\%U_N$	最大分闸时间不超过2.0s
$85\%U_N\leq U\leq 110\%U_N$	连续运行
$110\%U_N<U<135\%U_N$	最大分闸时间不超过2.0s
$U\geq 135\%U_N$	最大分闸时间不超过0.2s

注1. U_N为分布式电源并网点的电网额定电压。
2. 最大分闸时间是指异常状态发生到电源停止向电网送电时间。

通过10kV电压等级直接接入公共电网，以及通过35kV电压等级并网的分布式电源，其电压保护配置应满足本章第三节第四条第（一）款的要求。

二、频率保护

通过380V电压等级并网，以及通过10kV电压等级接入用户侧的分布式电源，当并网点频率超过49.5～50.2Hz运行范围时，应在0.2s内停止向电网送电。通过10kV电压等级直接接入公共电网，以及通过35kV电压等级并网的分布式电源，其频率保护配置应满足本章第三节第四条第（二）款的要求。

三、线路保护

线路保护应以保证电网的可靠性为原则，兼顾分布式电源的运行方式，采取有效的保护方案。

（一）380V 电压等级接入

分布式电源以 380V 电压等级接入电网时，并网点、接入点和公共连接点的断路器应具备短路瞬时、长延时保护和分励脱扣等功能，按实际需求配置失压跳闸及低压闭锁合闸功能，同时应配置剩余电流保护装置。

（二）10kV 电压等级接入

1. 送出线路继电保护配置

采用专用送出线路接入变电站、开关站、环网室（箱）、配电室或箱变 10kV 母线时，一般情况下配置（方向）过流保护，也可以配置距离保护；当上述两种保护无法整定或配合困难时，需增配纵联电流差动保护。采用 T 接线路接入系统时，为了保护其他用户的供电可靠性，一般情况下需在分布式电源侧配置无延时过流保护，以反映内部故障。

2. 系统侧相关保护校验及完善要求

分布式电源接入配电网后，用户电网及公共电网相关现有保护进行校验，当不满足要求时，应调整保护配置。分布式电源接入配电网后，应校验用户电网及公共电网相关的开断设备和电流互感器是否满足要求（最大短路电流）。分布式电源接入配电网后，应在必要时对相关线路按双侧电源完善保护配置。

四、母线保护

分布式电源系统未设母线时，可不设专用母线保护，发生故障时可由母线有源连接元件的后备保护切除故障。有特殊要求时，如后备保护时限不能满足要求，也可相应配置保护装置，快速切除母线故障。

需对变电站或开关站侧的母线保护进行校验，若不能满足要求时，则变电站或开关站侧需要配置保护装置，快速切除母线故障。

五、孤岛检测及安全自动装置

（一）孤岛检测

逆变器类分布式电源必须具备快速检测孤岛且检测到孤岛后立即断开与电网连接的能力，防孤岛保护动作时间不大于 2s，其防孤岛方案应与继电保护配置、频率电压异常紧急控制装置配置和低电压穿越等相配合，时限上互相匹配。

同步电机、异步电机类型分布式电源，无需专门设置孤岛保护。分布式电源切除时间应与线路保护、重合闸、备自投等配合，以避免非同期合闸。

有计划性孤岛要求的分布式发电系统，应配置频率、电压控制装置，孤岛内出现电压、频率异常时，可对发电系统进行控制。

（二）安全自动装置

分布式电源接入系统的安全自动装置应该实现频率电压异常紧急控制功能，按照整定值跳开并网点断路器。380V 电压等级接入时，不独立配置安全自动装置。10kV 电压等级接入系统时，需在并网点设置安全自动装置，若 10kV 线路保护具备失压跳闸及低压闭锁合闸功能，可以按 U_n 实现解列，也可不配置具备该功能的自动装置。

六、其他

系统侧变电站或开关站线路保护重合闸检无压配置应根据当地调度主管部门的要求设置，必要时配置单相电压互感器。接入分布式电源且未配置电压互感器的线路原则上取消重合闸。

10kV 接入电网的分布式电源电站内宜具备直流电源，供新配置的保护装置、测控装置、电能质量在线监测装置等设备使用；宜配置 UPS 交流电源，供关口电能表、电能量终端服务器、交换机等设备使用。

分布式电源并网逆变器应具备过流保护与短路保护、孤岛检测，在频率电压异常时自动脱离系统的功能。电机类并网的分布式电源其电机本体应该具有反映内部故障及过载等异常运行情况的保护功能。

第五节　系统调度自动化、通信及计量

本节主要论述分布式电源接入对调度自动化、通信与信息以及计量与结算的要求。

一、调度自动化

分布式电源通信运行、调度自动化和并网运行信息采集及传输应满足 DL/T 516、DL/T 544、电监会 14 号令等相关制度标准要求。通过专线接入 10～35kV 的分布式电源通信运行和调度自动化应满足 NB/T 32015 的要求。

（一）调度自动化要求

10kV 接入的分布式电源项目，其涉网设备应按照并网调度协议约定，纳入地市供电公司调控部门调度管理；380V 接入的分布式电源项目，由地市供电公司营销部门管理。

10kV 接入的分布式电源项目，应能够实时采集并网运行信息，主要包括并网设备状态、并网点电压、电流、有功功率、无功功率和发电量等，并上传至相关电网调度部门；其电能量计量、并网设备状态等信息应能够按要求采集、上传至相关营销部门，如并网设备状态信息不具备直传条件，可由调度部门转发。

380V接入的分布式电源，如纳入调度管辖范围，由用电信息采集系统（或电能量采集系统）实时采集并网运行信息，并能自动按规则汇集相关信息后接入调度自动化系统，主要包括每15min的电流、电压和发电量信息。条件具备时，分布式发电项目应预留上传及控制并网点开关状态能力。

（二）远动系统

以380V电压等级接入的分布式电源，按照相关暂行规定，可通过配置无线采集终端装置或接入现有集抄系统实现电量信息采集及远传，一般不配置独立的远动系统。以10kV电压等级接入的分布式电源本体远动系统功能宜由本体监控系统集成，本体监控系统具备信息远传功能；本体不具备条件时，应独立配置远方终端，采集相关信息。以380V/10kV多点、多电压等级接入时，380V部分信息由10kV电压等级接入的分布式电源本体远动系统统一采集并远传。

（三）功率控制要求

当调度端对分布式电源有功率控制要求时，应明确参与控制的上下行信息及控制方案。分布式电源通信服务器应具备与控制系统的接口，接受配网调度部门的指令，具体调节方案由配网调度部门根据运行方式确定。分布式电源有功功率控制系统应能够接收并自动执行配网调度部门发送的有功功率及有功功率变化的控制指令，确保分布式电源有功功率及有功功率变化按照配网调度部门的要求运行。分布式电源无功电压控制系统应能根据配网调度部门指令，自动调节其发出（或吸收）的无功功率，控制并网点电压在正常运行范围内，其调节速度和控制精度应能满足电力系统电压调节的要求。

（四）同期装置

经同步电机直接接入系统的分布式电源，应在必要位置配置同期装置。经逆变器接入系统的分布式电源，并网由电力电子设备实现，不配置同期装置。

（五）信息传输

分布式电源远动信息上传宜采用专网方式，可单路配置专网远动通道，优先采用电力调度数据网络。条件不具备或接入用户侧，且无控制要求的分布式发电系统，可采用无线公网通信方式（光纤到户的可采用光纤通信方式），但应采取信息安全防护措施。通信方式和信息传输应符合相关标准的要求，一般可采取基于DL/T 634.5101和DL/T 634.5104通信协议。

（六）安全防护

分布式电源接入时，应满足“安全分区、网络专用、横向隔离、纵向认证”的二次安全防护总体原则，需配置相应的安全防护设备。

（七）对时方式

分布式电源10kV接入时，测控装置及远动系统应能够实现接受对时功能，可以采用北斗或 GPS 对时方式，也可采用网络对时方式。

二、系统通信与信息

通过 380V 电压等级并网的分布式电源，以及通过 10kV 电压等级接入用户侧的分布式电源，可采用无线、光纤、载波等通信方式。采用无线通信方式时，应满足《配电自动化建设与改造标准化设计技术规定》Q/GDW 625 和《电力用户用电信息采集系统管理规范 第二部分 通信信道建设管理规范》Q/GDW 380.2 的相关规定，采取可靠的安全隔离和认证措施，支持用户优先级管理。通过 10kV 电压等级直接接入公共电网，以及通过 35kV 电压等级并网的分布式电源，应采用专网通信方式，具备与电网调度机构之间进行数据通信的能力，能够采集电源的电气运行工况，上传至电网调度机构，同时具有接受电网调度机构控制调节指令的能力。通过 10kV 电压等级直接接入公共电网，以及通过 35kV 电压等级并网的分布式电源，与电网调度机构之间通信方式和信息传输应满足电力系统二次安全防护要求。传输的遥测、遥信、遥控、遥调信号可基于 DL/T 634.5101 和 DL/T 634.5104 通信协议。

分布式电源接入系统通信通道安全防护应符合国家发展改革委 2014 年第 14 号令《电力监控系统安全防护规定》、《国家能源局关于印发〈电力监控系统安全防护总体方案等安全防护方案和评估规范〉的通知》（国能安全〔2015〕36 号）、《信息安全技术-信息系统安全等级保护基本要求》GB/T 22239 和《国家电网公司信息化“SG186”工程安全防护总体方案》Q/GDW 594 等相关规定。

分布式电源接入系统通信设备电源性能应满足《接入网电源技术要求》YD/T 1184 的相关要求。通信设备可与其他设备共用电源，不独立设置通信电源。通信设备宜与其他二次设备合并布置。

在正常运行情况下，分布式电源向电网调度机构提供的信息至少应当包括：

（1）通过 380V 电压等级并网的分布式电源，以及 10kV 电压等级接入用户侧的分布式电源，可只上传电流、电压和发电量信息，条件具备时，预留上传并网点开关状态能力。

（2）通过 10kV 电压等级直接接入公共电网，以及通过 35kV 电压等级并网的分布式电源，应能够实时采集并网运行信息，主要包括并网点开关状态、并网点电压和电流、分布式电源输送有功、无功功率、发电量等，并上传至相关电网调度部门；配置遥控装置的分布式电源，应能接收、执行调度端远方控制解/并列、启停和发电功率的指令。

三、计量

电能表按照计量用途分为两类：关口计量电能表，装于关口计量点，用于用户与电网间的上、下网电量分别计量；并网电能表，装于分布式电源并网点，用于发电量统计，为电价补偿提供数据。分布式发电系统接入配电网前，应明确上网电量和下网电量关口计量点。分布式电源发电系统并网点应设置并网电能表，用于分布式电源发电量统计和电价补偿。当接入模式为自发自用时，在并网点单套设置并网电能表；当接入模式为余量上网时，除单套设置并网电能表外，还应设置关口计量电能表。对于全部上网接入模式，可由专用关口计量电能表同时完成电价补偿计量和关口电费计量功能。

每个计量点均应装设电能计量装置，其设备配置和技术要求应符合《电能计量装置技术管理规程》DL/T 448，以及相关标准、规程要求。电能表采用静止式多功能电能表，技术性能符合《交流电测量设备特殊要求　第22部分：静止式有功电能表（0.2S级和0.5S级）》GB/T 17215.322和DL/T 614的要求。电能表应具备双向有功和四象限无功计量功能、事件记录功能，配有标准通信接口，具备本地通信和通过电能信息采集终端远程通信的功能，电能表通信协议符合DL/T 645。

通过10kV电压等级接入的分布式发电系统，关口计量点应安装同型号、同规格、准确度相同的主、副电能表各一套。380V电压等级接入的分布式发电系统电能表单套配置。10kV电压等级接入时，电能量关口点宜设置专用电能量信息采集终端，采集信息可支持接入多个的电能信息采集系统。380V电压等级接入时，可采用无线集采方式。同一用户多点、多电压等级接入时，各表计计量信息应统一采集后，传输至相关主管部门。

电能计量装置应配置专用的整体式电能计量柜（箱），电流、电压互感器宜在一个柜内，在电流、电压互感器分柜的情况下，电能表应安装在电流互感器柜内。10kV电压等级接入时，计量用互感器的二次计量绕组应专用，不得接入与电能计量无关的设备。

10kV关口计量电能表准确度等级应为有功0.2S级，无功2.0级，并且要求有关电流互感器、电压互感器的准确度等级需分别达到0.2S、0.2级。380V关口计量点按单表设计，关口计量点电能表准确度等级不应低于有功0.5S级，无功2.0级，电压互感器的准确度应为0.2级，电流互感器准确度不应低于0.5S级。以380V电压等级接入的分布式发电系统的电能计量装置，应具备电流、电压、电量等信息采集和三相电流不平衡监测功能，具备上传接口。

第六节　接入系统设计实例

本节介绍了两个以不同电压等级接入电网的燃气冷热电联供工程实例。

一、实例（一）

实例（一）为某大型酒店燃气冷热电联供项目。其中，两台637kW发电机以380V接入本地电网。电气主接线示意图并网点、接入点和公共连接点如图6-8所示。该项目发电机直接接入冷热电联供机房配电室的低压母线，并网点与接入点相同。

二、实例（二）

实例（二）是某大型医院燃气冷热电联供项目。该项目中的两台1373kW发电机以10kV接入医院总配电室10kV母线。电气主接线示意图、并网点、接入点和公共连接点如图6-9所示。该项目分布式发电的并网点与接入点分开。其中，并网点位于冷热电机房配电室内，接入点位于总配电室的对应10kV开关柜。

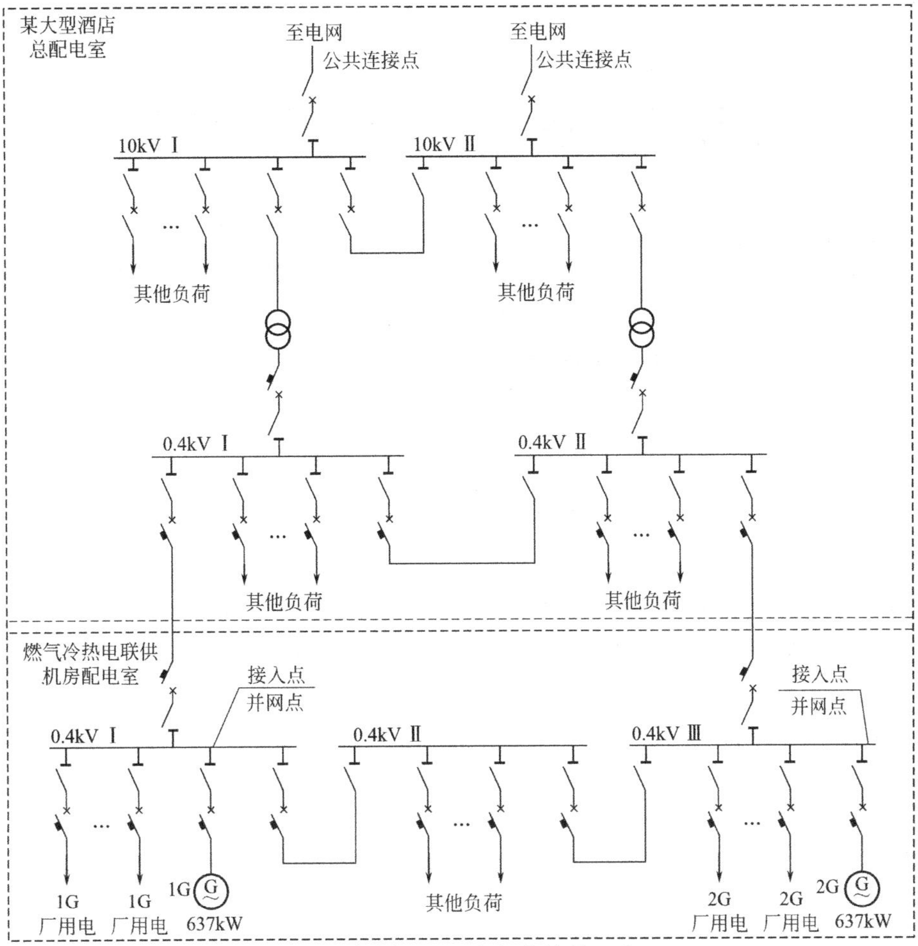

图 6-8 实例（一）电气主接线示意图

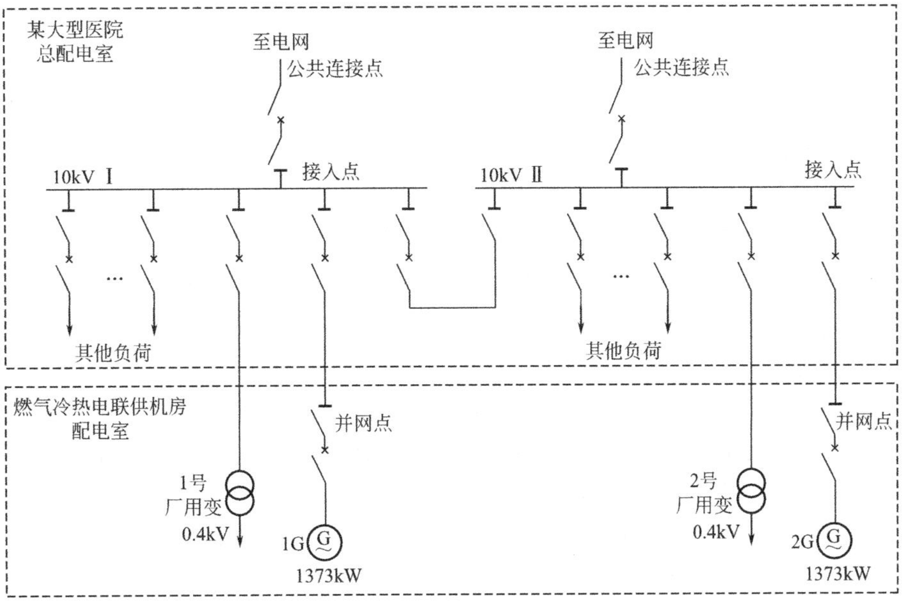

图 6-9 实例（二）电气主接线示意图

第七章　联供工程运行与控制

本章结合案例阐述冷热电联供工程不同季节运行模式及控制特点。根据运行模式配置发电机组、余热设备、调峰设备及辅助设备。冷热电联供系统控制服务于各个系统，通过优化控制逻辑，实现联供系统安全稳定、高效节能的运行目标。冷热电联供系统的运行与控制可实现联供能源系统智能化管理，实现联供系统节能优化运行。

第一节　联供工程运行与控制的概述

燃气冷热电联供系统布置在用户附近，以燃气为一次能源用于发电，并利用发电余热制冷、供热，同时向单体或集群建筑输出电能、热（冷）的供能系统。该系统在科学用能和一次能源梯级利用原理的指导下，能源利用率可达到70%～90%，与分产系统相比，节能量可以达到20%～40%，实现大幅度节能，减少环境污染。同时，燃气冷热电联供系统需要结合项目实际情况，与土壤源热泵、水源热泵、污水源热泵、蓄能系统、太阳能热利用等可再生能源系统进行技术结合，利用一次能源的安全可靠，弥补可再生能源的不稳定问题。通过联供系统运行和控制策略对能源的管理、调度，最大量地使用可再生能源，减少一次能源消耗，为用户提供安全可靠、节能低碳的耦合能源供应系统。

燃气冷热电联供系统需要结合区域内可再生能源条件及特点，选择和落实合理的联供系统设计、实施、运行和维护方案，配合合理的运行策略与控制系统，实现其工艺设计目标。

一、意义和作用

燃气冷热电联供系统运行与控制实现能源智能化管理和节能优化。通过优化运行策略和控制逻辑，使系统根据用户实际的用冷、热、电需求，有针对性地调节发电机组、余热设备、调峰设备及辅助设备。在充分满足用户需求的基础上最大限度地降低能耗，实现联供工程的节能及经济收益。

燃气冷热电联供系统运行与控制要实现联供系统的无人化调度管理、能源监控，发电机组、调峰设备及辅助设备实现就地控制及状态和故障信号传输至监控系统等功能。楼宇式分布式供能站自动化水平宜达到在控制室内实现分布式供能站的全自动运行。区域式分布式供能站自动化水平宜达到在就地人员的巡回检查和少量操作的配合下，在控制室实现分布式供能站的启停、运行工况监视和调整、事故处理等操作。

二、联供系统控制原则

（一）保护、联锁操作优先原则

在顺序控制过程中出现保护、联锁指令时，应将控制进程中断，并使工艺系统按照保护、联锁指令执行。

（二）故障或中断安全优先原则

顺序控制在自动运行期间发生任何故障或运行人员中断时，应使正在进行的程序中断，并使工艺处于安全状态。

（三）防止误操作原则

顺序控制系统应有防止误操作的措施，避免工艺处于非安全状态。

（四）经济运行原则

模拟量控制系统应满足机组正常运行的控制要求，并应满足不同工况下工艺系统安全经济运行的要求。

（五）正常和事故控制系统安全原则

控制系统包括开关量控制和模拟量控制，开关量控制的功能应能满足供能系统启动、停止及正常运行工况的控制要求，并能实现供能系统在事故和异常工况下的控制操作，保证供能系统安全。

第二节　运行模式

燃气冷热电联供系统根据建筑冷热电负荷特点，在保证机组一定运行小时数的前提下，由发电机组的余热及发电来提供建筑冷（热）、电的基本负荷，不足部分冷（热）、电负荷分别由调峰冷热源、市电补充。在发电机组“并网不上网”的原则下，并且有峰谷电价差时，夜间谷电价时自发电不经济，夜间不发电，运行调峰（谷）设备作为夜间谷电供热及夏季夜间供冷；同时，调峰（谷）设备作为白天余热、供热、冷不足的补充。燃气冷热电联供系统的合理运行调峰（谷）设备对于保证系统的经济、环保、高效运行具有关键性的作用。

一、运行模式概述

燃气冷热电联供系统装机确定的前提是联供系统的发电、余热（余热制冷）量得以在建筑群全部消纳，以使联供系统能长期稳定运行。运行模式按照时间段分为：冬季运行模式、夏季运行模式、过渡季节运行模式。

冬季供热分为初寒期、严寒期、末寒期三个阶段。在初寒、末寒期，白天由发电机组余热满足供暖基本负荷，多余废热可存储在蓄能罐中，晚间释放热量，不足热负荷需求由调峰热源补充。在严寒期，除了发电机组余热供热、调峰热源供热，蓄能罐白天在高峰负荷时段释放补充供热。

夏季供冷分为初热期、炎热期、末热期三个阶段，在初、末热期，由吸收式制冷满足冷负荷基本负荷，可由蓄能罐调峰。随着空调负荷的增大，蓄能罐不能满足所需冷量，则由调峰冷源补充。在炎热期，采取以不浪费热量的以热定电原则，可晚间购买市电，白天根据余热制冷量确定发电量，不足电量由市电补充。

过渡季节在发电设备余热以生活热水或蒸汽需求的形式消耗，且发电有外部消纳条件的情况下，燃气冷热电联供系统可以在过渡季节运行。一般情况下民用建筑及公共建筑过渡季节没有需求或需求较少，燃气冷热电联供系统停止运行。

二、冬季运行模式

（一）参考案例

以某 100 万 m^2 住宅和商业项目为例，进行冷热电负荷需求分析及搭建冷热电联供系统、常规调峰设备的能源系统，进行运行策略、控制逻辑分析。

100 万 m^2 住宅商业开发项目，基本规划指标容积率为 3.0，70%住宅建筑，30%商业建筑。建筑占地面积 33.3 万 m^2，地上建筑面积 100 万 m^2，其中住宅建筑面积 70 万 m^2，8000 户；商业建筑面积 30 万 m^2；地下建筑面积 26.7 万 m^2，地下按两层设计，建筑密度为 40%，总建筑面积 126.7 万 m^2。

住宅供能面积 70 万 m^2，热指标取 37W/m^2，设计热负荷为 25.9MW；商业供能面积 35.6 万 m^2，热指标取 70W/m^2，设计热负荷为 24.97MW。商业冷指标取 120W/m^2，商业设计冷负荷为 42.80MW。冬季供暖热负荷为 50.87MW，夏季冷负荷为 42.80MW。供热系统设计供/回水温度为 50℃/40℃，夏季采用蓄冷系统设计供/回水温度为 4℃/14℃。该项目采用燃气内燃机与烟气溴化锂吸收式机组、燃气锅炉、地源热泵、离心电制冷机组以及蓄能相结合的冷热电联供系统，如图 7-1 所示，主要设备表如表 7-1 所示。

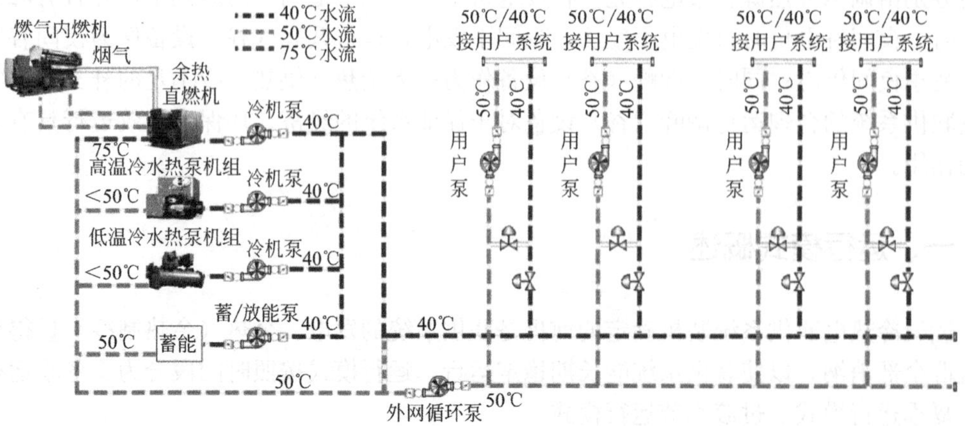

图 7-1　燃气冷热电联供系统示意图

联供系统主要设备表　　表 7-1

序号	主要设备	规格型号	单位	数量
1	燃气内燃发电机组	发电功率 800kW，排气温度 390℃，排烟流量 1.24kg/s，发电效率 42.4%	台	2
2	烟气热水型余热型溴化锂冷(温)水机组	供热量 876kW，制冷量 1002kW，$N=5.3$kW PN10	台	2
3	地源热泵机组	制冷 848.7RT/制热 2791.8kW，功率 620kW	台	3
4	燃气热水锅炉	供热量 10500kW，燃气耗量 1110.8m^3/h，热效率 93%	台	3
5	离心式机组	空调工况 1350RT/蓄冷工况 1139RT(4 台离心机组，3 台蓄冷)	台	4
6	蓄能设备	蓄冷量 27336RTh，9000m^3，温度 4℃/14℃	m^3	9000
7	定压补水装置	辅助系统	套	1
8	水处理设备	辅助系统	套	1
9	电气、控制系统	控制系统	套	1
10	辅助设备	泵、塔、阀、管件等	套	1

（二）冬季联供系统运行原则

（1）由于供热系统全天需求供热，没有峰谷时间段，在供热负荷高峰时段，优先使用余热设备，即优先运行余热型溴化锂冷（温）水机组，热水锅炉进行调峰运行。

（2）当负荷下降时，将溴化锂的余热储存在蓄热水罐中，在热负荷需求阶段释放出来。

（3）余热利用设备余热机组出力不宜低于 60%，为了保证燃气发电机组与溴化锂冷水机组高负载率运行，该系统的溴化锂冷水机组在白天负荷较小时可将热水输送到蓄热罐里存储，当负荷需求较大时释放热水来供热。

（三）冬季设计日运行模式

冬季初、末期设计日运行模式如表 7-2 所示，运行策略中图 7-2 所示。

冬季严寒季设计日运行模式如表 7-3 所示，运行策略如图 7-3 所示。

冬季初、末期设计日运行模式　　表 7-2

初末寒期热负荷		分时电价	初末寒期设计日运行模式				
负荷运行策略	逐时负荷		溴化锂供热量	地源热泵供热	燃气锅炉供热	放热供热	地源热泵蓄热
时刻	kW	元/kWh	kW	kW	kW	kW	kW
0:00	10023	0.3116	0	8375	1648	0	0
1:00	6511	0.3116	0	6511	0	0	1864

续表

初末寒期热负荷		分时电价	初末寒期设计日运行模式				
负荷运行策略	逐时负荷		溴化锂供热量	地源热泵供热	燃气锅炉供热	放热供热	地源热泵蓄热
时刻	kW	元/kWh	kW	kW	kW	kW	kW
2:00	4507	0.3116	0	4507	0	0	3869
3:00	4507	0.3116	0	4507	0	0	3869
4:00	4507	0.3116	0	4507	0	0	3869
5:00	5765	0.3116	0	5765	0	0	2610
6:00	7770	0.3116	0	7770	0	0	605
7:00	14033	0.8053	0	8375	5657	0	0
8:00	26013	0.8053	1752	8375	10500	5386	0
9:00	22622	0.8053	1752	8375	10500	1994	0
10:00	15883	1.3240	1752	8375	5755	0	0
11:00	18352	1.3240	1752	8375	8225	0	0
12:00	16426	1.3240	1752	8375	6298	0	0
13:00	15886	1.3240	1752	8375	5759	0	0
14:00	14733	1.3240	1752	8375	0	4606	0
15:00	15066	0.8053	1752	8375	4938	0	0
16:00	16743	0.8053	1752	8375	6616	0	0
17:00	22086	0.8053	1752	8375	10500	1458	0
18:00	23351	1.3240	1752	8375	10500	2723	0
19:00	15291	1.3240	1752	8375	5164	0	0
20:00	15291	1.3240	1752	8375	5164	0	0
21:00	15540	0.8053	1752	8375	5413	0	0
22:00	14530	0.8053	1752	8375	4403	0	0
23:00	14033	0.3116	0	8375	5657	0	0
汇总	339468		26280	184324	112697	16168	16686

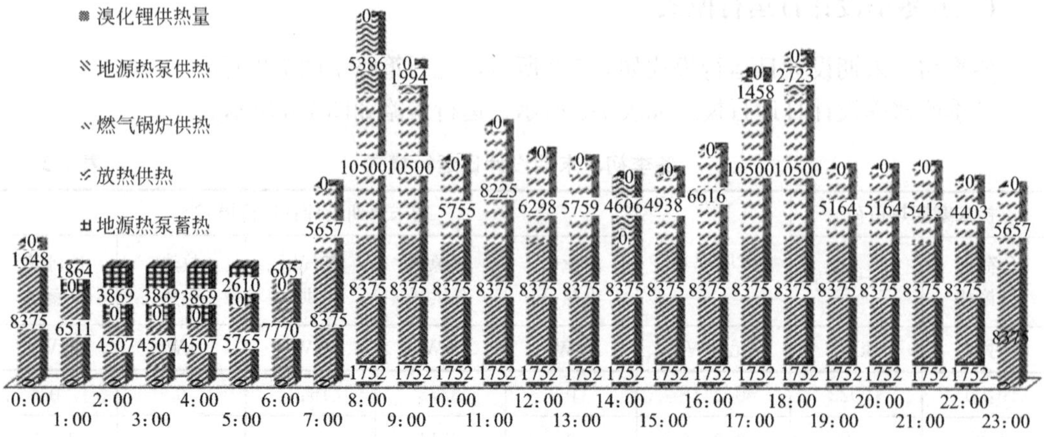

图 7-2 冬季初、末期运行策略图

冬季严寒期设计日运行模式　　表 7-3

严寒期热负荷		分时电价	严寒期设计日运行模式				
负荷运行策略	逐时负荷		溴化锂供热量	地源热泵供热	燃气锅炉供热	放热供热	地源热泵蓄热
时刻	kW	元/kWh	kW	kW	kW	kW	kW
0:00	13364	0.3116	0	8375	4989	0	0
1:00	8682	0.3116	0	8375	306	0	0
2:00	6009	0.3116	0	6009	0	0	2367
3:00	6009	0.3116	0	6009	0	0	2367
4:00	6009	0.3116	0	6009	0	0	2367
5:00	7687	0.3116	0	7687	0	0	688
6:00	10360	0.3116	0	8375	1985	0	0
7:00	18710	0.8053	0	8375	10335	0	0
8:00	34685	0.8053	1752	8375	21000	3557	0
9:00	30163	0.8053	1752	8375	20035	0	0
10:00	21177	1.3240	1752	8375	10500	550	0
11:00	24470	1.3240	1752	8375	14342	0	0
12:00	21901	1.4523	1752	8375	10500	1274	0
13:00	21182	1.4523	1752	8375	10500	555	0
14:00	19644	1.3240	1752	8375	9517	0	0
15:00	20087	0.8053	1752	8375	9960	0	0
16:00	22324	0.8053	1752	8375	10500	1697	0
17:00	29448	1.4523	1752	8375	19320	0	0
18:00	31134	1.3240	1752	8375	21007	0	0
19:00	20388	1.3240	1752	8375	10261	0	0
20:00	20388	1.3240	1752	8375	10261	0	0
21:00	20720	0.8053	1752	8375	10593	0	0
22:00	19373	0.8053	1752	8375	9246	0	0
23:00	18710	0.3116	0	8375	10335	0	0
汇总	452624		26280	193222	225491	7632	7788

冬季由烟气热水型冷温水机＋地源热泵＋燃气锅炉＋蓄能系统系统，联合提供一次低温空调热水。

冬季满负荷日时，夜间负荷由地源热泵系统承担基础负荷，不足部分由三联供系统及燃气热水锅炉联合补充；白天负荷由烟气热水型冷温水机及地源热泵承担基础负荷，不足部分由燃气热水锅炉系统补充。

冬季部分负荷日时，夜间负荷小，地源热泵系统除承担基础负荷外，尚有部分设备蓄热。考虑到系统运行的经济性，蓄热优先供应峰段负荷，峰段剩余负荷及平段负荷先由地源热泵承担，不足部分由燃气锅炉系统提供。

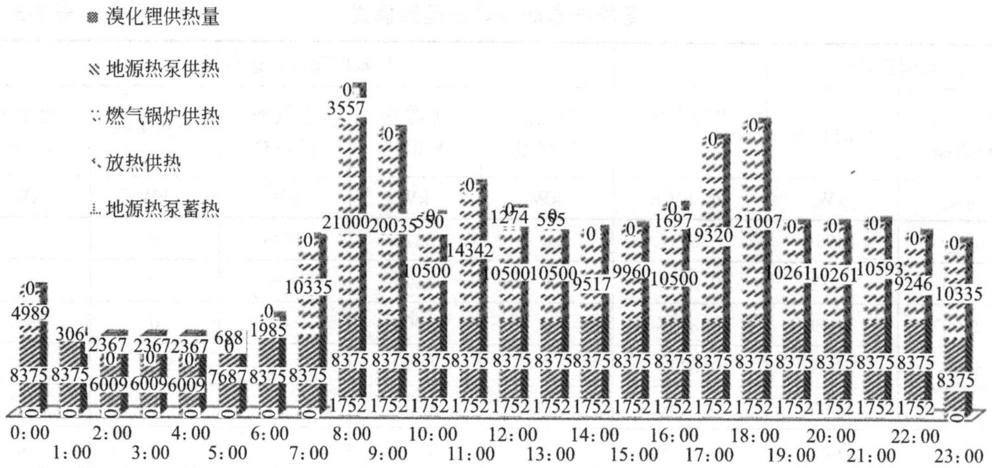

图 7-3　冬季严寒期运行策略图

(四) 冬季运行模式

冬季具体的运行策略需要通过判断当前负荷大小 $Q(i)$、当前时刻 $t(i)$ 和蓄能装置当前是否有热 Q_x，来决定系统中主要设备的负荷率该如何控制。冬季三联供对应余热型溴化锂冷（温）水机组额定供热量为 Q_1，地源热泵额定供热量合计 Q_2，燃气锅炉额定供热量为 Q_3，因此冬季运行策略具体如下：

（1）$Q(i)>Q_1+Q_2+Q_3+Q_x$.

此时系统中所有供热设备全部满负荷投运仍不能满足热负荷需求，应为不保证 5 天时段，此时内燃机对应余热型溴化锂冷（温）水机组、地源热泵和燃气锅炉均满负荷运行，如果当前蓄能装置有热，则蓄能装置开启放热流程。

（2）$Q_1+Q_2+Q_3+Q_x \geqslant Q(i)>Q_1+Q_2+Q_3$

此时内燃机对应余热型溴化锂冷（温）水机组、地源热泵和燃气锅炉均满负荷运行，蓄热装置停止蓄热。

当蓄能装置内有热时，则内燃机对应余热型溴化锂冷（温）水机组、地源热泵和蓄能装置均满负荷运行，燃气锅炉进行调峰，相应供热量为 $Q(i)-Q_1-Q_2-Q_x$；当蓄能装置无热时，此时内燃机对应余热型溴化锂冷（温）水机组、地源热泵和燃气锅炉均满负荷运行。

（3）$Q_1+Q_2+Q_3 \geqslant Q(i)>Q_1+Q_2$

如果此时为电力低谷期，则此时内燃机对应余热型溴化锂冷（温）水机组、地源热泵均满负荷运行，燃气锅炉进行调峰，相应供热量为 $Q(i)-Q_1-Q_2$，蓄热装置停止蓄热。

如果此时为电力高峰期，当蓄能装置内有热时，则内燃机对应余热型溴化锂冷（温）水机组、地源热泵和蓄能装置均满负荷运行，燃气锅炉进行调峰，相应供热量为 $Q(i)-Q_1-Q_2$；当蓄能装置无热时，则此时内燃机对应余热型溴化锂冷（温）水机组、地源热泵均满负荷运行，燃气锅炉进行调峰，相应供热量为 $Q(i)-Q_1-Q_2$。

（4）$Q_1+Q_2 \geqslant Q(i)>Q_2$

如果此时为电力低谷期，则此时地源热泵满负荷运行，燃气锅炉停机，内燃机对应余热型溴化锂冷（温）水机组进行调峰，相应供热量为 $Q(i)-Q_2$，蓄热装置停止蓄热。

如果此时为电力高峰期，当蓄能装置内有热时，则此时内燃机对应余热型溴化锂冷（温）水机组和燃气锅炉均停机，地源热泵部分负荷运行，相应供热量为 $Q(i)-Q_x$；当蓄能装置无热时，则此时地源热泵满负荷运行，燃气锅炉停机，内燃机对应余热型溴化锂冷（温）水机组进行调峰，相应供热量为 $Q(i)-Q_2$。

（5）$Q_2 \geqslant Q(i) > 0$

如果此时为电力低谷期，则此时内燃机对应余热型溴化锂冷（温）水机组和燃气锅炉均停机地源热泵满负荷运行，相应供热量为 Q_2，蓄热装置开启蓄热管路，蓄热功率为 $Q_2-Q(i)$。

如果此时为电力高峰期，当蓄能装置内有热时进行比较，若 $Q_x < Q(i)$，则此时内燃机对应余热型溴化锂冷（温）水机组和燃气锅炉均停机，地源热泵部分负荷运行，相应供热量为 $Q(i)-Q_x$；若 $Q_x > Q(i)$，则此时内燃机对应余热型溴化锂冷（温）水机组、燃气锅炉和地源热泵均停机，蓄能装置供热量为 $Q(i)$；当蓄能装置无热时，则此时内燃机对应余热型溴化锂冷（温）水机组和燃气锅炉均停机，地源热泵部分负荷运行，相应供热量为 $Q(i)$。

三、夏季运行模式

（一）参考案例

参考案例同上。

（二）夏季联供系统运行原则

能源站系统依据预测曲线并结合实际负荷波动追踪运行。

（1）根据冷负荷的需求，优先开启内燃发电机组，使余热机组余热制冷得到优先使用；

（2）余热利用设备余热机组出力不宜低于60%，为了保证燃气发电机组与溴化锂冷水机组在高负载率运行，该系统的溴化锂冷水机组在白天负荷较小时可将冷水输送到水蓄冷罐里存储，当负荷需求较大时释放冷水来供冷；

（3）根据预测冷负荷逐时变化模型，适当开启冷水机组，夜间蓄冷白天释冷供冷进行调峰，保证整个冷负荷的需求。

（三）夏季设计日运行模式

夏季初、末期设计日运行模式如表 7-4 所示，运行策略如图 7-4 所示。夏季严热期设计日运行模式如表 7-5 所示，运行策略如图 7-5 所示。

夏季初、末期设计日运行模式　　表 7-4

初、末期冷负荷		分时电价	初、末期设计日运行模式				
负荷运行策略	逐时负荷		烟气溴化锂供冷量	地源热泵供冷	电制冷机组	放冷供冷	蓄能
时刻	RT	元/kWh	RT	RT	RT	RT	RT
0:00	0	0.3116	0	0	0	0	3418
1:00	0	0.3116	0	0	0	0	3418

续表

初、末期冷负荷		分时电价	初、末期设计日运行模式				
负荷运行策略	逐时负荷		烟气溴化锂供冷量	地源热泵供冷	电制冷机组	放冷供冷	蓄能
时刻	RT	元/kWh	RT	RT	RT	RT	RT
2:00	0	0.3116	0	0	0	0	3418
3:00	0	0.3116	0	0	0	0	3418
4:00	0	0.3116	0	0	0	0	3418
5:00	0	0.3116	0	0	0	0	3418
6:00	0	0.3116	0	0	0	0	3418
7:00	0	0.8053	0	0	0	0	0
8:00	2435	0.8053	569	849	0	1016	0
9:00	3043	0.8053	569	849	0	1625	0
10:00	4626	1.3240	569	1697	0	2358	0
11:00	4869	1.3240	569	1697	0	2602	0
12:00	5356	1.3240	569	2546	0	2240	0
13:00	5721	1.3240	569	2546	0	2605	0
14:00	5843	1.3240	569	2546	0	2727	0
15:00	6086	0.8053	569	2546	1350	1546	0
16:00	5843	0.8053	569	2546	1350	1302	0
17:00	5173	0.8053	569	1697	0	2906	0
18:00	4869	1.3240	569	1697	0	2602	0
19:00	3895	1.3240	569	1697	0	1628	0
20:00	3043	1.3240	569	849	0	1625	0
21:00	2435	0.8053	569	849	1016	0	0
22:00	0	0.8053	0	0	0	0	0
23:00	0	0.3116	0	0	0	0	3418
汇总	63238		7972	24612	3873	26781	27345

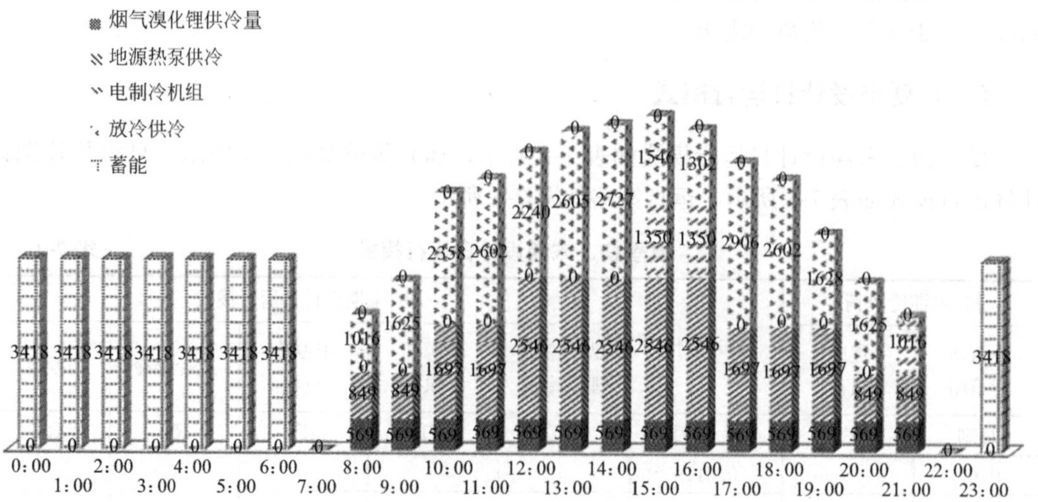

图 7-4 夏季初、末期运行策略图

夏季严热期设计日运行模式　　表 7-5

严热期冷负荷		分时电价	严热期设计日运行模式				
负荷运行策略	逐时负荷		烟气溴化锂供冷量	地源热泵供冷	电制冷机组	放冷供冷	蓄能
时刻	RT	元/kWh	RT	RT	RT	RT	RT
0:00	0	0.3116	0	0	0	0	3418
1:00	0	0.3116	0	0	0	0	3418
2:00	0	0.3116	0	0	0	0	3418
3:00	0	0.3116	0	0	0	0	3418
4:00	0	0.3116	0	0	0	0	3418
5:00	0	0.3116	0	0	0	0	3418
6:00	0	0.3116	0	0	0	0	3418
7:00	0	0.8053	0	0	0	0	0
8:00	4869	0.8053	569	2546	1586	168	0
9:00	6086	0.8053	569	2546	1782	1189	0
10:00	9251	1.3240	569	1697	5344	1641	0
11:00	9738	1.3240	569	1697	5344	2128	0
12:00	10712	1.4523	569	2546	5344	2253	0
13:00	11443	1.4523	569	2546	5344	2983	0
14:00	11686	1.3240	569	2546	5344	3227	0
15:00	12173	0.8053	569	2546	5344	3714	0
16:00	11686	0.8053	569	2546	5344	3227	0
17:00	10347	1.4523	569	1697	5344	2737	0
18:00	9738	1.3240	569	1697	5344	2128	0
19:00	7791	1.3240	569	1697	5344	180	0
20:00	6086	1.3240	569	1697	3652	168	0
21:00	4869	0.8053	569	1697	1586	1017	0
22:00	0	0.8053	0	0	0	0	0
23:00	0	0.3116	0	0	0	0	3418
汇总	126477		7972	29705	62040	26760	27345

夏季一次空调冷水由可再生能源＋三联供系统＋蓄能系统＋电制冷系统提供。夜间冷负荷由可再生能源系统承担基础负荷，不足部分由电制冷系统补充，地源热泵和电制冷剩余供冷能力蓄冷。考虑到系统运行的经济性，蓄冷优先供应尖峰段及平峰段冷负荷，尖峰段剩余负荷及平段冷负荷优先由地源热泵系统耦合三联供系统供应，不足部分由电制冷系统提供。

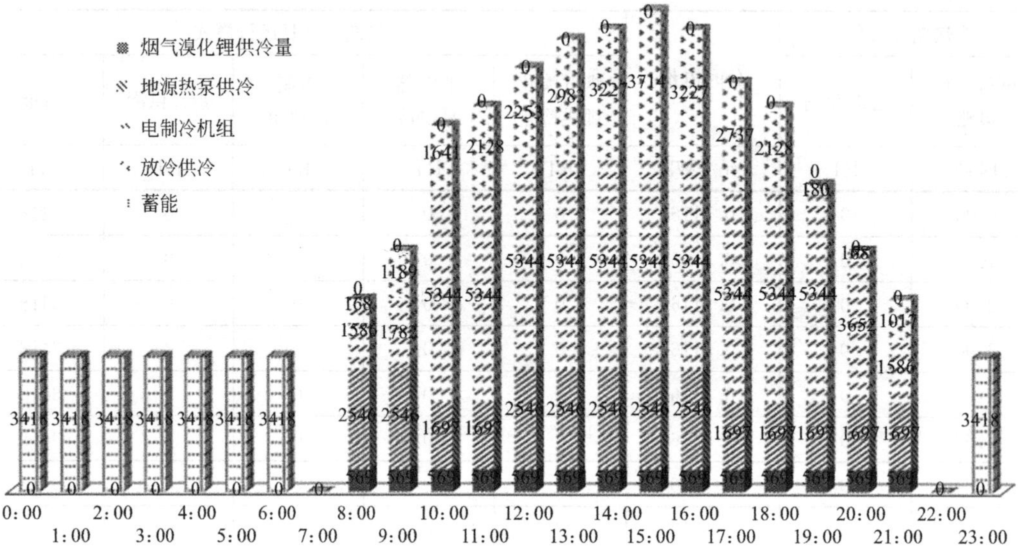

图 7-5　夏季严热期运行策略图

(四) 夏季运行模式

夏季具体的运行策略需要通过判断当前负荷大小 $Q'(i)$、当前时刻 $t(i)$ 和蓄能装置当前是否有冷 Q'_x(蓄冷量)，来决定系统中主要设备的负荷率该如何控制。夏季三联供对应余热型溴化锂冷（温）水机组额定供冷量为 Q'_1，地源热泵额定供冷量合计 Q'_2，电制冷机额定供冷量为 Q'_3，因此夏季运行策略具体如下：

(1) $Q'(i)>Q'_1+Q'_2+Q'_3+Q'_x$

系统中所有供冷设备全部满负荷投运仍不能满足冷负荷需求，应为夏季的极端工况，通常处于下午电力高峰期，此时内燃机对应余热型溴化锂冷（温）水机组、地源热泵、电制冷机和蓄能装置均满负荷运行。

(2) $Q'_1+Q'_2+Q'_3+Q'_x \geqslant Q'(i)>Q'_1+Q'_2+Q'_3$

如果此时为电力低谷期，则仍为夏季的极端工况，此时内燃机对应余热型溴化锂冷（温）水机组、地源热泵和电制冷机均满负荷运行，蓄热装置停止蓄冷。

如果此时为电力高峰期，当蓄能装置内有冷时，则内燃机对应余热型溴化锂冷（温）水机组、地源热泵和蓄能装置均满负荷运行，电制冷机进行调峰，相应供冷量为 $Q'(i)-Q_1-Q_2-Q_x$；当蓄能装置无冷时，则仍为夏季的极端工况，此时内燃机对应余热型溴化锂冷（温）水机组、地源热泵和电制冷机均满负荷运行，蓄热装置停止蓄冷。

(3) $Q'_1+Q'_2+Q'_3 \geqslant Q'(i)>Q'_1+Q'_2$

如果此时为电力低谷期，则此时内燃机对应余热型溴化锂冷（温）水机组、地源热泵、电制冷机均满负荷运行，蓄能装置开启蓄冷回路，蓄冷功率为 $Q'_1+Q'_2+Q'_3-Q'(i)$。

如果此时为电力高峰期，当蓄能装置内有冷时，则蓄能装置满负荷运行，供冷功率为 Q'_x，剩余冷量 $Q'(i)-Q'_x$由内燃机对应余热型溴化锂冷（温）水机组、地源热泵、电制冷机满足，其中优先以地源热泵满足，不足时采用余热型溴化锂冷（温）水机组补充；当蓄能装置无冷时，则此时内燃机对应余热型溴化锂冷（温）水机组、地源热泵均满负荷运行，电制冷机进行调峰，相应供冷量为 $Q'(i)-Q'_1-Q'_2$。

（4）$Q'_1+Q'_2 \geqslant Q'(i) > Q'_2$

如果此时为电力低谷期，则此时地源热泵和电制冷机满负荷运行，内燃机对应余热型溴化锂冷（温）水机组停机，蓄能装置开启蓄冷回路，蓄冷功率为 $Q'_2+Q'_3-Q'(i)$。

如果此时为电力高峰期，当蓄能装置内有冷时，则此时内燃机对应余热型溴化锂冷（温）水机组、地源热泵、电制冷机均停机，蓄能装置放冷供冷满足全部冷量，相应供冷量为 $Q'(i)$；当蓄能装置无冷时，则此时地源热泵满负荷运行，电制冷机停机，内燃机对应余热型溴化锂冷（温）水机组进行调峰，相应供冷量为 $Q'(i)-Q'_2$。

（5）$Q'_2 \geqslant Q'(i) > 0$

如果此时为电力低谷期，则此时地源热泵和电制冷机满负荷运行，内燃机对应余热型溴化锂冷（温）水机组停机，蓄能装置开启蓄冷回路，蓄冷功率为 $Q'_2+Q'_3-Q'(i)$。

如果此时为电力高峰期，当蓄能装置内有冷时，则此时内燃机对应余热型溴化锂冷（温）水机组、地源热泵、电制冷机均停机，蓄能装置放冷供冷满足全部冷量，相应供冷量为 $Q'(i)$；当蓄能装置无热时，则此时内燃机对应余热型溴化锂冷（温）水机组和电制冷机均停机，地源热泵部分负荷运行，相应供冷量为 $Q'(i)$。

四、过渡季运行模式

商业、办公建筑过渡季节没有余热需求，冷热电联供系统过渡季节停止运行。工业项目过渡季节发电设备余热以蒸汽需求的形式消耗，发电有外部消纳条件的情况下，燃气冷热电联供系统可以在过渡季节运行。

第三节　控制模式

冷热电联供系统服务于能源站各个系统，包括燃气系统、发电系统、供冷系统、供热系统、输送系统等。联供系统控制策略是冷热电专业对能源系统提出的控制逻辑要求。另外，消防报警系统、水处理系统、安防系统等控制要求按照国家规范要求设计实施。

燃气冷热电联供系统运行策略与控制逻辑，来源于设计对能源站及各个系统的安全稳定、高效节能等指标的追求，而运行策略和逻辑控制是设计实现以上目标的方式方法，也是进行联供系统分析的最优结果。

本节主要介绍联供工程主要设备及各系统控制模式。

一、发电机组系统控制

联供系统选用的发电机组一般均具有完善的控制系统，包括燃料燃烧、速度调节、频率调整、负荷跟踪、保护报警、数据检测等多种功能，设备启动、运行、并网等程序均可自动控制。联供系统的运行控制是指供电系统与余热利用系统的耦合控制。

联供系统要根据用户端冷、热、电负荷需求随时调整输出能量，保证满足用户需求并做到经济运行。冷热负荷较大时，发电余热可以全部被利用，要采用发电机组自动跟踪用户电负荷的控制方式；冷热负荷较小时，发电余热不能完全利用，有排空浪费。

（一）发电功率的控制方式

为了使联供系统能源综合利用率最高，随着冷、热、电负荷的变化，发电机组的发电功率也需要采用不同的控制方式。联供系统发电机组并网运行时，可采用以下两种控制方式：

1. 自动跟踪负荷

在用户冷热负荷大于发电机组余热供冷（热）能力的时段，应采用发电机组自动跟踪用户电负荷的控制方式。如图 7-6 所示，当用电负荷大于发电机组容量时，联供系统按最大发电功率发电，公共电网补充不足用电负荷；当用电负荷小于或接近发电机组容量时，控制系统需要设置公共电网最小受电功率，联供系统发电功率等于用电负荷减最小受电功率。

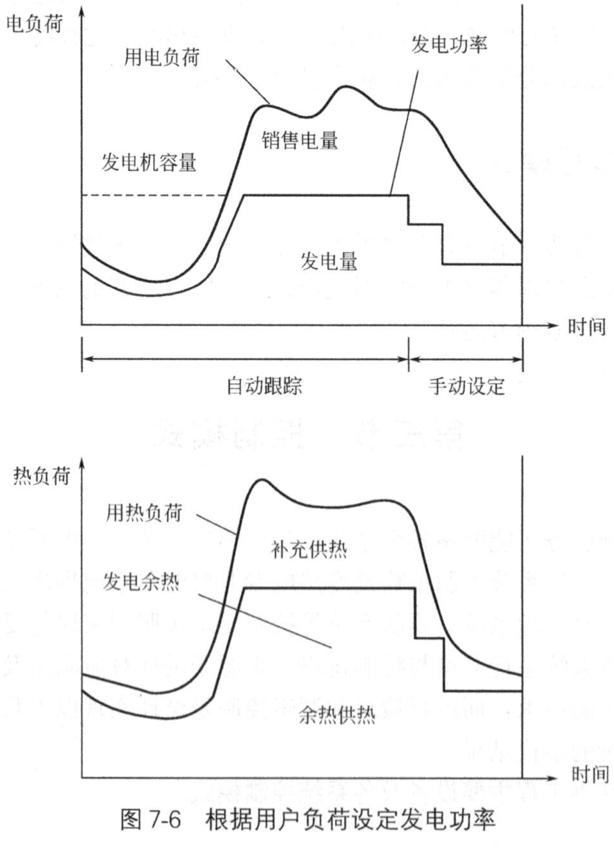

图 7-6　根据用户负荷设定发电功率

2. 手动设定发电功率

在用户冷热负荷小于发电机组余热供冷（热）能力的时段，要避免发电余热大量排空，就应降低发电功率。此时可以由运行人员手动设定发电功率，发电机组不再自动跟踪用电负荷，而是按指定的功率运行。人为设定发电功率需要根据冷热负荷变化规律和运行经验确定，以保证系统运行稳定。

（二）设备启停顺序控制

能源站的正常启动运行，设备的启动顺序是：通风系统→汽水系统→燃气系统→发电机组。停机顺序正好相反，且汽水系统和通风系统应延时停机。

1. 通风系统

能源站的主机间和其他有燃气设备及管道房间均设有机械送排风系统，有隔声罩的发电机组罩内也要有通风系统。能源站通风系统的作用是防止可燃气体聚集产生爆炸危险、提供设备燃烧需要的空气、排除设备表面散热、满足人员活动需要的新风量。在启动燃气系统之前，应提前启动通风系统。

2. 汽水系统

汽水系统包括发电机组冷却水循环泵、排热装置、余热设备循环泵、冷却塔等系统。汽水系统的作用是及时排除发电机组余热，尤其是冷却水的余热，是发电机组正常运行的必要条件。在正常启动联供系统时，应在启动发电机组之前启动汽水系统。

3. 燃气系统

能源站均设有燃气调压、检测等装置，采用燃气轮机的能源站可能还设有燃气增压设备。燃气参数检测符合要求后才能启动发电机组。

4. 发电机组控制系统

发电机组控制系统接到启动指令后，先检测各控制元件确认工作正常，启动空气吹扫程序将原动机内部可能残留的燃气排除，开启燃气进气装置并点火燃烧，当原动机转速达到要求后启动发电机发电，当发电机输出电压、频率等参数与电网参数相同时并网。

（三）发电机组作为备用电源的控制

联供系统在正常启动时，通风系统、汽水系统、燃气系统均可由公共电网提供启动电源。但当联供系统的发电机组兼作备用电源时，需要在公共电网停电时为用户供电，就需要考虑在联供系统停机时段发生电网故障时，发电机组应在无电网支持的条件下启动供电。

1. 设置不间断电源

能源站不间断电源的容量应满足监控系统、消防系统、燃气调压装置、室内通风设备、发电机组冷却水循环泵、排热装置等的供电需要。

2. 设置启动设备

在寒冷地区润滑油温度过低影响发电机组启动，因此发电机组设有润滑油预热装置，在停机时润滑油预热装置应连续供电，随时保持润滑油的正常温度。

内燃机启动时需要的动力较小，一般可由蓄电池组供电。燃气轮机启动前要先启动燃气压缩机，需要的动力较大，如果蓄电池组过大，可以设置一台小型内燃机作为启动电源。

3. 简化启动程序

在不供应冷热负荷的时段，电网停电需要发电机组临时启动时，余热利用设备可不启动，启动排热装置，将余热全部排放。

二、余热溴化锂型冷（温）水机组系统控制

能源站的发电余热量是随发电量变化的，而冷热负荷是随室外气象条件和室内活动变化的，两者的数量不一定完全匹配，有效控制利用发电设备余热是联供系统经济运行的前提。

1. 余热利用优先顺序控制

余热利用及补充冷热量供应系统利用热能的顺序应该是：冷却水热量→烟气热量→补充热量。

发电机组运行时冷却水的温度是必须保证的，一旦冷却水热量不能完全利用，排空热量需要启动冷却塔或散热水箱，又增加了一部分能耗，因此冷却水的余热是优先要利用的，其次是利用烟气余热，控制程序设计应避免在余热排空的情况下启动常规补充设备。

图 7-7 所示为带补燃装置的余热型溴化锂冷（温）水机组制冷工况运行时的控制方式，供热工况的设置与制冷工况相反。比较简便的方法是通过温度设定来实现，按照余热利用顺序从低到高设定冷水温度：

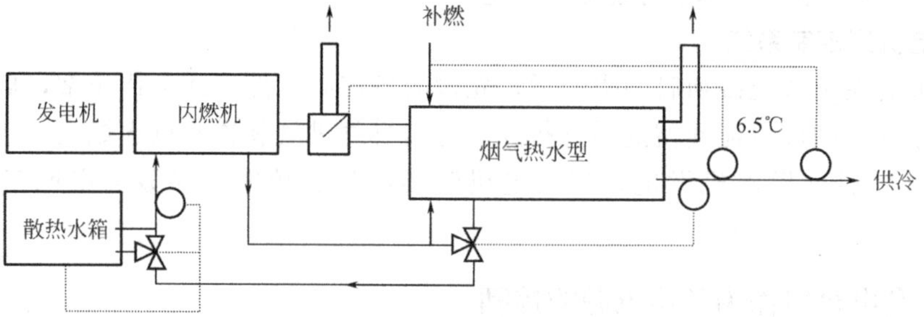

图 7-7　余热利用顺序示意

（1）冷却水系统设定最低的控制温度，保证优先吸收冷却水热量。进入余热机组的冷却水量通过水三通调节阀控制，多余热量可以从旁通管路返回发电机组。如果用户负荷很低，冷水温度低于设定温度时，旁通水量加大时回水温度升高，则启动散热水箱风机控制回水温度。

（2）烟气系统设定的控制温度应高于冷却水系统控制温度，同时应低于补燃系统控制温度。进入余热机组的烟气量由烟气三通调节阀控制，多余热量从烟囱排空。当冷却水热量全部吸收后冷水温度继续升高时，先打开烟气阀门，在烟气热量能满足用户负荷时，不需要补燃。

（3）补燃系统设定最高的控制温度，保证优先吸收发电余热。当余热量全部吸收后冷水温度仍不能满足用户需求时，启动燃气补燃装置补充不足部分热量。

2. 余热型溴化锂冷（温）水机组控制

燃气内燃机余热型溴化锂冷（温）水机组（简称溴冷机）串联，经溴冷机制冷供热做功后，烟气余热排至室外。

燃气内燃机与溴冷机直接连接在烟道上须设置直排烟囱。在直排烟囱与溴冷机的进烟

管接管处须设置烟气电动三通阀，也可用两只烟气电动两通阀替代烟气电动三通阀。

烟气系统中配置烟气电动两通调节阀时，直排烟囱和机组进烟管上安装的烟气阀型号不同。进烟道管上安装的烟气电动两通调节阀为常闭型；直排烟囱上安装的烟气电动两通调节阀为常开型。烟气两通调节阀的耦合控制及烟气三通调节阀控制由烟气热水型溴冷机控制平台提供信号控制。

溴冷机的进烟管上须设置手动烟气截止阀，以确保溴冷机停机安全，设置位置位于烟气电动调节阀之后。

三、制冷系统控制

制冷控制系统将分散设备的运行、安全状况、能源使用情况及节能管理实行集中监视、管理与分散控制。调节参数的实际值与给定值的偏差，包括各种传感器、执行调节机构和调节器等组成专用仪器设备，代替人的手动操作来调节控制各参数的偏差值，使之在给定数值的允许范围内运行。检测各设备的状态与主要运行参数，并提供实时报警给中央监控中心。记录各设备运行参数与时间，自动均衡设备的运行，提供各种设备的维护提示等。

（一）制冷启停顺序控制方式

制冷控制系统按预先编排的时间程序来控制制冷系统的启停和监视各种设备的工作状态。在冷水机组控制系统中，多台制冷机组、冷却泵、冷水泵可以按先后有序地运行。

1. 制冷控制系统启动顺序控制

在启动制冷机组之前，系统将自动检查与制冷配套的设备，包括冷水泵、冷却水泵、冷却塔、阀门等设备的状态，并按照固定的顺序启动，如果所有的配套设备都正常启动，系统将启动制冷；如果有设备启动失败，如机组阀门、冷水泵或冷却水泵，控制系统将自动选择启动其他制冷机组及相应的配套设备，启动的顺序及相关的控制同上。

启动：选定制冷机组→选定冷却塔→开冷却塔蝶阀→开冷却塔风机→开冷却水蝶阀→开冷却水泵→开冷水蝶阀→开冷水泵→开制冷机组。

2. 制冷控制系统停止顺序控制

冷水机组的停止顺序：选定停止冷水机组→关冷水泵→关冷水蝶阀→关冷却水泵→关冷却水蝶阀→关冷却塔风机→关冷却塔蝶阀。

选定停止冷水机组：控制程序首先选定运行状态、远程控制状态且运行时间相对较多的机组作为即将停止运行的机组，然后发出停止机组的指令。

关冷水泵：在冷水机组关闭后延时 2min 关闭对应的冷水泵。

关冷水蝶阀：在关闭冷水泵后关闭电动冷水阀。

关冷却水泵：在冷水机组关闭后延时 4min 关闭对应的冷却水泵。

关冷却水蝶阀：在关闭冷水泵后关闭电动冷却水阀。

关冷却塔风机：在冷却水泵关闭后，控制程序选定运行状态、远程控制状态且运行时间相对较多的冷却塔并停止其运行。

关冷却塔蝶阀：冷却塔停止后，关闭对应的冷却塔电动阀。

设备的启停顺序如图 7-8 所示。

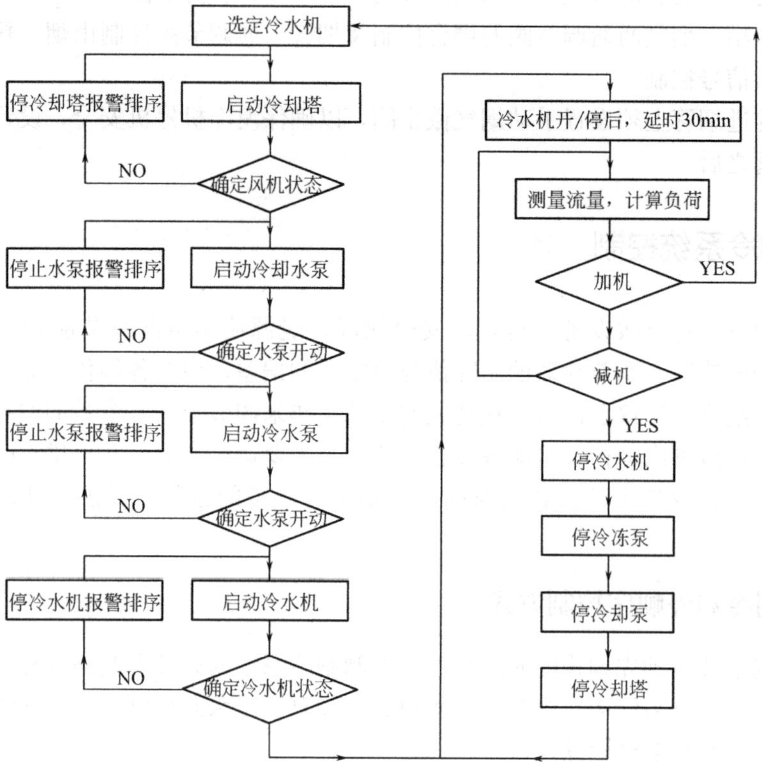

图 7-8　制冷系统设备启/停顺序图

（二）制冷系统的运行控制

制冷控制系统的监控包括冷水系统、冷却水系统、冷水机组的监测与控制，集中监视和报警能够及时发现设备的问题，可以进行预防性维修，以减少停机时间和设备的损耗，通过降低维修开支而使用户的设备增值。

1. 能量控制

能量控制主要是冷水机组本身的能量调节，机组根据水温自动调节导叶的开度或滑阀位置，电机电流会随之改变。

2. 系统运行与控制

控制系统根据测量参数和设定值，合理安排设备的开停顺序和适当地确定设备的运行台数，最终实现“无人机房”。控制系统发挥其可监控及控制的优势，通过合理的调节控制，节省运行能耗，产生经济效益的途径，这是控制系统与常规仪表调节或手动调节的主要区别所在。

控制逻辑使冷水机组的参数能够参与到系统控制中，并分享其本身的逻辑需求，使控制策略依靠建筑物能耗需求这个外部条件，更结合了冷水机组本身的能效状态，从而最大限度地节省冷源系统的整体能耗。

控制系统根据冷水供回水温度差和流量，自动计算制冷系统实际所需冷负荷。在满足当前冷负荷需求的条件下，选择最优效率的组合。效率主要基于机组的容量、*COP*、运行时间、启停次数等进行综合判断。

控制程序调试时将输入相关的冷机、水泵的参数，程序根据负荷计算出当前负荷比，按照预定义的 *COP* 曲线，计算当前运行冷机的 *COP* 以及所有可能的冷机组合的 *COP*，以决定是否加机或者减机，如图 7-9 和图 7-10 所示，其中实线表示实际冷机效率曲线，虚线表示 *COP* 近似的冷机效率曲线（梯形）。

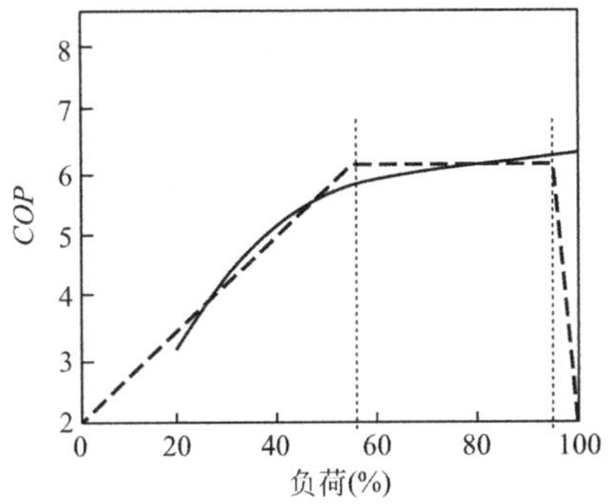

图 7-9　典型定频机组

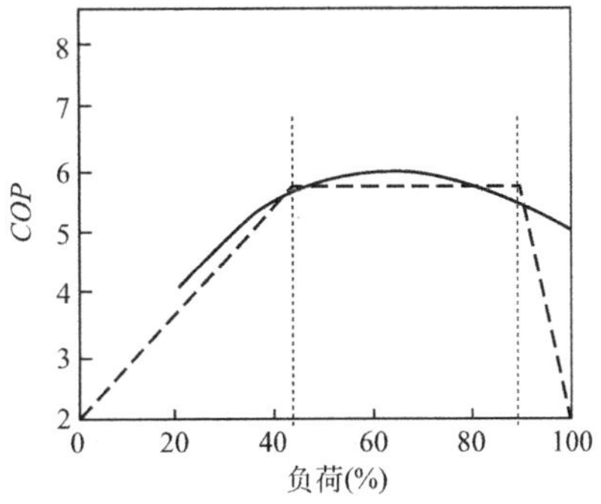

图 7-10　典型变频机组

3. 加减制冷机组控制

控制系统确保稳定，群控程序不会在曲线的交叉点处进行加机或减机操作，还将考虑一定的死区和延迟时间。参考图 7-11 给出具体的说明，假定两种冷机组合，且目前运行的是容量小的那一组（点划线）机组。

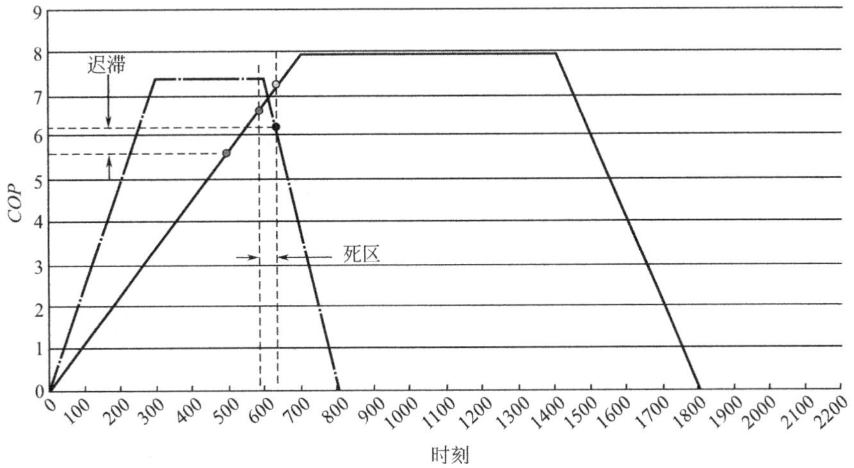

图 7-11　加减制冷机组控制示意图

如图 7-11 所示，冷负荷达到本冷机负荷的 80%左右，如果单从效率来看，实线的那一组将有更高效率。但在开启新的机组之前，程序在综合考虑了死区（Staging Margin）和迟滞（Hysteresis）的影响后，得出的最终的 *COP* 值低于点划曲线的 *COP*，所以程序暂时不会开启另外一台冷机。只有当负荷继续增加离开该死区范围时才会开启另外一台机组。

为了确保系统的稳定性，可以设定最小开机时间（默认 30min）、最小关机时间（默认 30min）、加减机之间最小的延迟时间（默认 20min）等。

（三）制冷附属设备控制方式

制冷系统附属设备冷却泵、冷水泵、冷却塔等设备在运行中需要保证制冷机组运行安全可靠。控制系统需要根据制冷系统的运行特点，设置附属设备的控制要求。

1. 冷水泵控制

水泵的频率控制以及台数控制都是根据冷水总供回水压差以及各支路供回水压差的最不利点来进行控制；同时，为了使水泵的使用寿命相同，需要做定期的轮换使用；另外，当一台水泵出现故障时，控制系统会即刻启动下一台水泵以维护水量平衡。关闭故障设备，并且发出故障报警的信号。

2. 冷却水泵控制

冷却水泵的启停控制应与其相对应的冷水机组一致；同时，为了使水泵的使用寿命相同，需要做定期的轮换使用；另外，当一台水泵出现故障时，控制系统会即刻启动下一台水泵以维护水量平衡。关闭故障设备，并且发出故障报警的信号。

3. 冷却塔风机控制

当程序判断启用某一台冷却塔时，首先开启该冷却塔的蝶阀。系统在冷却水供回水主管路中设置了水温传感器，通过冷却水回水温度来控制冷却塔风机启停以及开塔台数及频率；当程序判断关闭该冷却塔时，则冷却塔的蝶阀和风机都必须关闭，以保证系统的安全运行；同时也根据实际的冷负荷需求控制冷却塔风机的速度，即：系统在开启最少个数的冷机和冷却塔下仍能保证冷却塔运行所需流量，并能高效运转，最终保证冷却水供水温度。

4. 冷水旁通阀控制

冷水流量旁通阀是用于辅助冷水泵变频调节的设备。该阀门只有在部分负荷的情况下才会开启，即当冷水泵的频率到达最低值，且只有一台冷水机组运行时，如果回水流量低于冷水机组的最低允许水流量，为了保证机组和系统的运行安全，就需要启用这个阀门进行流量控制。

5. 冷却水旁通阀控制

过渡季节，当室外温度较低时，控制系统会根据冷却塔的出水温度来控制冷却水旁通阀门，使冷却水进入冷水机组的水温上升为适当的温度。当冷却塔的出水温度低于设定温度时，旁通阀门逐渐打开；当接近最优点时，旁通阀门再逐步关闭。

四、供热系统控制

供热控制系统采集现场数据显示控制，单台锅炉的控制柜都有预留通信接口，上位机控制器实现数据上传功能。并在此基础上，实现多台锅炉的优化运行控制、热水锅炉出水温度的气候补偿计算与控制、管网系统循环泵的控制等功能。供热中央控制管理计算机负责完成所有锅炉系统重要运行参数的历史记录、存储和产生报表并能打印输出，以及各锅炉运行负荷的统一调配；同时根据锅炉的运行状况进行节能优化，使供热成为新一代节约型能源中心。

（一）供热系统启停顺序控制方式

开炉时，其顺序为：先开引风机，过 10～20s 再启动鼓风机和燃烧器。

停炉时，其顺序为：先停燃烧器，再停鼓风机，延时 30s 后停引风机。

手动（或遥控）操作与自动（调节仪表投入运行）操作应联锁，当锅炉处在手动（或遥控）时，调节仪表应切离系统，不能投入运行，以防止误操作。

（二）供热控制方式

锅炉的控制应该包括锅炉工艺参数超限报警与保护、锅炉自动调节等内容。

1. 锅炉工艺参数超限报警与保护

通过对热水锅炉出口水温和水压的监测，可随时掌握热水锅炉的工况。当水温和水压超过规定值时，应发出声光报警。当有两个以上并联环路时，应对各环路的出水温度进行监测并严加控制，以保证运行中的锅炉不发生汽化。

燃油燃气锅炉的报警与保护油的雾化质量是保证燃油燃气锅炉良好燃烧的主要条件之一，除油、气本身的性质外，油压及气压等对燃烧也有直接影响，保持油压及气压在正常范围内，是燃油、燃气锅炉经济、安全运行的重要条件，故应设油压、气压超限自动声、光报警装置。

2. 系统运行与控制

供热控制系统气候补偿控制算法，根据供热负荷需求及室外温度情况动态调整热水锅炉出水温度，达到节能降耗的目的；通过多组锅炉优化控制算法，循环投切各个热水/蒸汽锅炉的启停，保证各个热水/蒸汽锅炉运行时间的平衡，减少锅炉的损耗，提高锅炉的运行效率。

锅炉运行负荷问题是多台锅炉运行时必须考虑的，在系统软件中统计锅炉启停次数和每台锅炉运行累积时间，通过软件排序实现锅炉负荷的平均分配。一般采用的算法是队列法，即启停按 1-2-3-4，2-3-4-1，3-4-1-2，4-1-2-3 的方法循环操作。

3. 锅炉气候补偿控制

气候补偿控制技术的原理是根据室外气候的变化动态调整供暖出水温度，从而降低在温暖气候下燃气耗量。

随着室外温度下降，建筑物的热损失增加，因而需要增加更多的热量以防止室内温度下降，由于供水温度取决于室外温度，因此控制系统在室外温度和供水温度之间建立一条供暖曲线。供暖曲线提供了室外温度每下降 1℃，供水温度上升的值。

选择合适的供热曲线，确保室内温度维持恒定。如果供热曲线选得太低，则出水温度过低，从而使房间温度下降；如果供暖曲线选得太高，则出水温度过高而导致房间温度过热。供暖曲线如图 7-12 所示。

对于 2.4 曲线，室外温度每降低 1℃，供水温度升高 2.4℃，如果温暖天气关闭点＝21℃，且室外温度＝－1℃，则供水温度为 74℃。

对于 0.6 曲线，室外温度每降低 1℃，供水温度提高 0.6℃，如果温暖天气关闭点＝

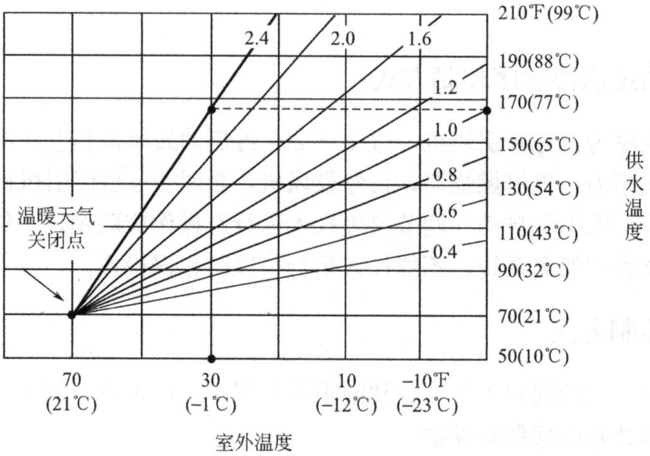

图 7-12　锅炉供热曲线示意图

21℃，且室外温度=－1℃，则供水温度为 34℃。

4. 供暖曲线的选择

操作人员可以根据系统运行情况和环境变化来选择供暖曲线。

室内温度反馈控制系统根据室内温度和室外温度来自动计算系统供暖曲线，供暖曲线斜率的计算公式为：

$$\text{供热曲线斜率}=\frac{\text{指定供水温度}-\text{室内温度}}{\text{室内温度}-\text{指定室外温度}} \tag{7-1}$$

例如：指定室外温度=5℉（－15℃），室内温度=70℉（21℃），指定供水温度=160℉（71℃）。则供暖曲线斜率=（160℉－70℉）/(70℉－5℉)=1.4。

5. 出水温度控制

锅炉是整个供暖系统的热源。传统的锅炉控制简单地设定锅炉出水温度，会出现供热大于需求的情况，造成能源的大量浪费。热能可以由两个参数反映，一个是出水温度，另一个是循环水流量。在锅炉控制中，对出水温度的调节称之为质调，对流量的调节称之为量调。单纯的质调和量调都存在一定的缺陷，单纯的质调会造成锅炉运行在非最经济区域，并造成管路上的热损失；单纯的量调则可能对锅炉本体产生影响，并容易导致热交换不充分。因此经常采用质调和量调相结合的方法。

出水温度的设置原则：

（1）锅炉出水温度应使循环水流量保证在基准之上；

（2）锅炉出水温度应保证锅炉运行在效率较高的区域内；

（3）锅炉的回水温度应大于 60℃；

（4）锅炉的供回水温差大于 20℃。

在上述原则下，可以根据环境温度的情况对出水温度进行调整。

例如：以北京地区为例，供暖季节的环境温度一般在－15～10℃之间，将环境温度和出水温度的数学模型离散化，以环境温度的 3～5℃作为一个区间，设置相应于这个区间的出水温度，可以得到图 7-13 所示的锅炉出水温度曲线（以 5℃为单位区间）。

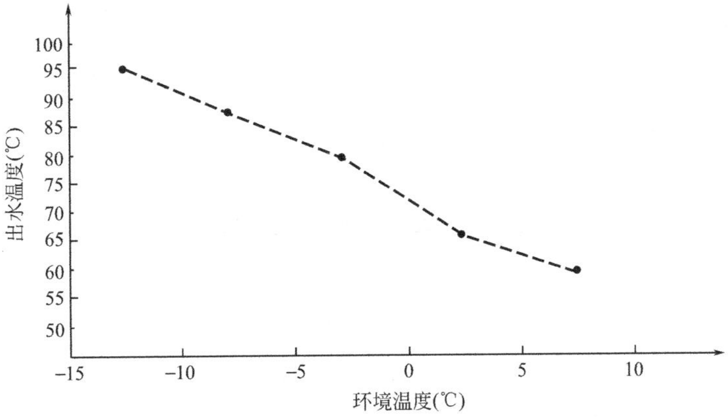

图 7-13　锅炉出水温度曲线

五、蓄能系统控制

蓄能方式主要有相变蓄能、水/冰蓄能、导热油蓄能等。其中水蓄能具有系统简单、冷热同蓄、响应速度快、调节灵活等优点。在燃气冷热电联供系统中水蓄冷（热）系统经常使用，有利于联供系统的冷热平衡调节。利用水蓄能存储富裕余热，保证发电机组满负荷高效运行。水蓄冷系统利用水的显热来储存冷量，12℃的冷水经过冷水机组冷却后存储于蓄冷罐中用于次日的冷负荷供应。蓄冷罐存储冷量的大小取决于蓄冷罐存储冷水的数量和蓄冷温差。

（一）冷量控制

根据设计数据，蓄冷罐冷量占设计日负荷的25%～30%，占设计日电价峰值时段负荷的35%左右。因此，在大多数时间需要完全蓄冷，即电价谷时段将蓄冷罐全部蓄满冷量。可以通过蓄冷罐出水温度来判断蓄冷罐是否蓄满冷量，如果蓄冷罐出水温度达到10℃，可根据现场调试确定出水温度，温度检测可以确认蓄冷罐是否蓄满冷水。

在特殊情况下可能需要进行部分蓄冷，则通过预测得到所需蓄冷量，实时监测罐内温度变化，当达到所需蓄冷量时停止充冷。

由蓄能罐特性可知，充冷时间延长可以减少斜温层厚度，每个罐放冷速度也要控制在限制范用内。监测管道上的流量，通过蓄能罐进出管道上电动调节阀的控制实现上述速度控制和冷量控制。

（二）蓄能模式控制

蓄能空调系统的运行由冷水机组与蓄能罐共同配合完成。根据负荷情况以及电价情况，冷水机组与蓄能群控系统可分为五种运行方式：冷水机组单独供冷、冷水机组单独充冷、蓄能罐单独供冷、冷水机组与蓄能罐联合供冷及冷水机组在供冷的同时为蓄能罐充冷。

运行之初，各种运行方式的选择以及五种工况的切换采取人工方式进行。五种工况的转换，均考虑系统调节，每台冷水机组的开、关均需 3～5min。冷水机组与蓄能群控系统可自动记录所有操作当日的气候条件及逐时的冷量负荷，积累一定数据以后，冷水机组与蓄能群控系统可对之前的气候条件、负荷情况以及系统运行数据的经验数据进行分析，掌握一定的规律，并逐渐实现对冷水机组与蓄能系统自动控制。

第四节 注意事项

燃气冷热电联供系统为优化能源配置、满足冷热电需求、实现能源的阶梯利用、提高能源的利用效率提供设计方案，通过多能互补以及能源之间的协调利用，可以有效提高能源的利用率，减少能源浪费，增加可再生能源的消纳，打造绿色、低碳、节能、智能的综合能源系统。综合能源系统虽然有着极大的优势，但是由于综合能源系统是将不同类别的能源结合在一起，同时也将电网与热网、冷网连接在一起，不同能源的联合必然会带来新的设计问题。

与传统的发电方式相比，燃气冷热电联供系统除了要考虑能源系统电力的平衡，还需要考虑冷/热负荷的平衡，以及电、冷/热之间的协调，同时为了保证燃气冷热电联供系统中发电设备的热效率，运行中对发电设备的负荷率也有一定的要求。电价、燃气气价、并网方式、发电设备的最低保证出力等因素都会对系统运行造成很大的影响。而当同时考虑燃气冷热电联供系统与调峰设备共同承担系统的冷、热负荷，所以冷/热负荷一定时，燃气冷热电联供系统的供冷量/供热量制约着调峰设备的供冷/供热，而电空调制冷/制热量的变化又会造成能源系统总的电负荷变化，从而影响着内燃机的出力及外购电量的变化。燃气冷热电联供系统与电空调之间的相互影响使得系统运行特性更加复杂，而不是简单的“以电定热（冷）”或者“以热定电（冷）”模式。

冷热电联供系统，尤其是小型区域性冷热电联供或楼宇冷热电联供系统在我国的推广应用中存在对建筑物全年负荷分布缺乏细致的分析，导致系统的规模和配置不合理。

系统配置问题主要指的是燃气冷热电联供系统组成、装置的形式选择、各单机的容量和台数等的确定。在实施冷热电联供系统中，正确估算电力负荷、热负荷和空调负荷是项目能否取得效益的关键。目前对于燃气冷热电联供项目的前期可行性研究往往只是简单的方案比较，而且仅考虑有限的几种负荷模式，将系统的容量配置与后期的运行模式孤立开来，容易导致系统配置的不合理，系统运行的经济性也就无从谈起。

一、运行模式相对复杂

燃气冷热电联供系统的最大优点是提高能源的利用率以促进节能，要达到这一目标必须要有良好的运行模式保证，与末端的需求紧密结合。单纯的“以热定电”或“以电定热”都不足以取得良好的经济效益，因为建筑冷热电负荷是呈全年动态变化的，而燃气冷热电联供机组也有其自身的特点，当它与吸收式制冷结合实现供冷功能后，其热、电、冷的输出就显得尤为复杂，其运行模式和运行方案也将是一个动态的变化过程。事实上，燃气冷热电联供系统的运行除了受全年负荷变动的制约外，还受到电力和燃料价格、国家或地区能源政策等的影响。

（一）燃气冷热电联供系统配置需求

燃气冷热电联供系统设备选型及配置，不能仅考虑最大冷热负荷需求，按最大负荷进行装机。冷热负荷由发电余热、补充供冷供热设备以及蓄能装置共同承担，应在分析负荷分布的基础上，以余热利用最大化为原则，尽量使各种设备运行在高效区选型配置，有条件时应进行不同负荷工况下的模拟计算。同时，补充供冷供热设备的选择还应根据项目不同的资源条件和能源价格情况，包括项目可利用的可再生资源，最终达到最佳选型配置运行。

（二）燃气冷热电联供系统运行需求

燃气冷热电联供系统优化运行需要在设计阶段进行详细的研究，联供系统运行复杂，需在设计阶段进行各种运行工况的详细仿真模拟，并为后期运行调试提供翔实的运行方案。针对全年变化的热电冷负荷，在燃气冷热电联供系统最佳配置的基础上，提出合理的运行模式和运行方案，这是不同于单纯的供冷、供热项目设计的需求。不同的外部条件、不同的系统配置会有不同的运行方案和模式，在设计可研阶段需要研究整个燃气冷热电联供系统的合理应用是非常关键和必要的。随着热、电、冷负荷的动态变化，包括冷热电联供装置、制冷、供热机组以及蓄能装置如何运行，以达到整体系统最佳的经济性，不仅要在系统优化配置方面作研究，还要深入分析研究整个系统的最优运行方式。

二、控制模式相对复杂

燃气冷热电联供能源站主设备多、辅助设备多，其对应的工艺系统复杂，工艺分为电、冷、热三个专业，极少部分系统类似于常规制冷、供热工艺，但大多数联供系统与常规能源站工艺系统不同，其中更有一些关键工艺过程是涉及冷热电联供系统是否能安全运行的重点，应重点实现相关控制功能。

（一）发电机组发电质量及站内电负荷监控

燃气冷热电联供系统站最核心的设备之一是燃气发电机组，燃气发电机组发电质量对整个系统安全有重要的影响，除了从设计角度保证安全外，在运行中对其的监控也至关重要。另外，发电机组发电量及机房电负荷变化直接决定了分布式能源供电系统的运行方式，应对其进行实时监控。

（二）联供系统发电、余热利用控制和调节

燃气冷热电联供能源系统一个核心的特点是燃气发电及余热供冷供热之间的关联性，其运行基本原则是要保证发电产生的余热被完全有效利用。在一些特殊工况如空调季初期、末期、夜间等阶段会存在电热（冷）负荷不匹配的情况，此时应制定相应的控制策略以控制和调整联供系统的热电特性，保证用户最大的节能和经济效益。

（三）联供系统设备安全保障控制

实现燃气冷热电联供能源系统的安全、稳定、经济运行是控制系统的基本目标，分布

式能源主设备主要包括燃气发电机组及余热利用机组。对于燃气发电机组进气压力、排烟温度、冷却水温度等参数的监控是保证其安全的重要措施。对于余热型溴化锂冷（温）水机组应通过对烟气、缸套水等相关阀门的控制，在保证余热型溴化锂冷（温）水机组本身运行安全的前提下，使得余热能被最有效的利用。此外应注意与各主设备厂家的配合，了解主设备的需求并分清设备的控制界面。

（四）空调系统（冷热）设备最佳组合

燃气冷热电联供系统中空调（冷热）供应的设备种类较多，各自具有不同的运行及经济特性，因此在实际运行控制中应根据具体运行工况、启停设备，保证在特定的工况下运行与其相适应的最佳设备组合。如前所述，一般的运行原则优先利用余热；另外，在电价较高时段优先利用燃气，电价较低时段优先利用电制冷，同时也需兼顾当前时段的设备运行状况。

（五）联供系统综合效率监控

联供系统控制中除了利用控制系统保证能源站的安全、高效、经济运行以外，通过监控系统对能源站各主设备及联供系统全面及时的运行数据统计、分析也具有重要的意义。应在控制设计阶段系统中实现分析和评价功能，实现对系统能量计量、发电效率、综合热效率、运行经济性、系统节能特性等诸多方面运行特性的实时统计和分析，使得联供系统的优越性真正实现。

三、控制工况转换相对复杂

燃气冷热电联供系统工况复杂，电、冷、热在一个系统内，相互关联，互为依存，结合电冷、电热工况分析，得出工况识别及其转换条件，并编制相应逻辑控制图。显然，采用逻辑型顺控器或微处理机是可以实现的，但还必须解决工况转换时遇到的问题，即控制系统必须解决的一些问题。

（一）工况转换边界条件

存在工况转换边界条件的竞争现象，即相邻两工况转换过渡条件完全相同，由于其逻辑特征码完全相同，会产生同时输出两工况的竞争现象，应设计振荡延时或其他消除竞争的环节，来实现点或线过渡的转换条件。

（二）工况转换干扰

在工况转换之时，调节机构的工作状态重新组合，例如从全开到全关，或从全关到全开，会引起调节机构的位置型条件脱空状态，或由于偶然因素导致参数型条件暂时超限，构成对控制系统的破坏。过渡过程时间长短取决于所选用调节机构全行程时间的长短，为此应设计输入条件缓冲环节。

第八章　燃气供应系统

燃气冷热电联供分布式能源系统主要以天然气为动力。由于天然气的大力发展及其的良好环保性能，以及天然气资源的巨大发展前景，天然气在冷热电联供系统中的应用最为广泛。本章介绍了燃气的性质及分类、城镇燃气输配系统的构成及燃气的主要设备以及冷热电三联供系统中燃气供应单元的主要技术要点。

第一节　燃气的性质及分类

一、燃气与燃气的性质①

（一）燃气

气体燃料俗称为燃气。广义上讲，可以燃烧的气体均可称为燃气。如 H_2（氢气）、CO（一氧化碳）、CH_4（甲烷）、C_3H_8（丙烷）或一些可燃的混合气体等。如果燃气的热值很低，则燃气的输送流量将大大增加，相应的输送管网的投资也将增加。因此，燃气是指满足一定的质量要求，供给居民、工商业作为燃料用的燃气。在我国，目前城镇燃气主要有三类：人工燃气（包括煤制气、油制气）、天然气与液化石油气；其中，天然气是自然生成的；人工燃气是由其他能源转化而成的，或是生产工艺的副产品；液化石油气是石油加工过程的副产品。

天然气主要包括气田气、石油伴生气、凝析气田气和煤层气、页岩气。气田气、石油伴生气、凝析气田气经净化处理后，主要成分为 CH_4（甲烷），这三种气称为常规天然气。

煤层气是一种以吸附状态为主，生成并储存在煤系地层中的非常规天然气，其主要成分为 CH_4（甲烷）。

页岩气是从页岩层中开采出来的天然气，是一种重要的非常规天然气资源。页岩气常分布在盆地内厚度较大、分布广的页岩烃源岩地层中，分布范围广、厚度大，且普遍含气，这使得页岩气井能够长期地以稳定的速率产气。

人工燃气主要是指通过能源转换技术获得的煤制气和油制气。煤制气可分为干馏煤气和气化煤气。油制气根据工艺的不同可分为热裂解气和催化裂解气。

炼铁或炼钢过程中副产的高炉煤气和转炉煤气也可归入人工燃气类。

沼气的主要成分是甲烷（CH_4）。沼气的成分组成包括 50%～80%的甲烷（CH_4）、20%～40%的二氧化碳（CO_2）、0%～5%的氮气（N_2）、小于 1%的氢气（H_2）、小于 0.4%的氧气（O_2）与 0.1%～3%的硫化氢（H_2S）等。由于沼气含有少量硫化氢，所以略带臭味。每立方米沼气的发热量为 20.0～24.4MJ。即 $1m^3$ 沼气完全燃烧后，能产生相

---

① 郭全. 燃气壁挂锅炉及其应用技术［M］. 北京：中国建筑工业出版社，2008.

当于0.7kg无烟煤提供的热量，相当于常规天然气的66%左右。沼气的来源包括农业废弃物发酵沼气、城市生活垃圾发酵沼气、工业有机废水废渣发酵沼气、污泥发酵沼气、垃圾填埋气等。将沼气经除尘、脱水、脱硫和提纯后达到城镇燃气品质要求的可燃性气体称之为生物天然气（Bio-Natural Gas）。

液化石油气与人工燃气一样，也属于二次能源。我国目前液化石油气主要是炼油厂的副产气，而进口的液化石油气主要是按一定的比例将丙烷和丁烷混合而成。

（二）燃气的主要性质

1. 热值

燃气热值是指：在标准状态下1m^3（或1kg）燃气完全燃烧所放出的热量。由于燃气燃烧过程中往往生成一定量的水蒸气（水蒸气量的多少视燃气种类而不同），根据生成的水蒸气的热量是否被利用，又可将燃气热值分为高热值与低热值。

（1）高热值在标准状态下1m^3（或1kg）燃气完全燃烧后烟气冷却至原始温度，包括水蒸气潜热的发热量。

（2）低热值在标准状态下1m^3（或1kg）燃气完全燃烧后烟气冷却至原始温度，不包括水蒸气潜热的发热量。

以某一种天然气为例，燃烧1m^{3}该天然气，如生成的水蒸气全部同烟气一起排出，不加以利用，则其产生的热量大约为36MJ，如果产生的水蒸气全部冷凝，且水蒸气的气化潜热全部被加以利用，则其产生的热量约为40MJ。如此，该天然气的高热值为40MJ/m^3，低热值为36MJ/m^3。

（3）两种方法可用于确定燃气的热值：热量计法与分析计算法。

1）热量计法使用热量计对燃气燃烧产生的热量进行测量，进而得到燃气的热值。

$$H=\frac{Q}{V} \tag{8-1}$$

式中 H——燃气热值，MJ/m^3；

Q——燃气燃烧放出的热量，MJ；

V——燃气累计流量，m^3。

燃气在热量计中燃烧，将热量传递给水，根据水的温升及被加热的水量计算出热量Q。在对热量Q进行计量的同时，计量燃气量V。最终根据式（8-1）计算出燃气热值H。

式（8-1）中，如果Q中计入了冷凝水的潜热，则H为高热值，否则为低热值。

2）分析计算法通过对燃气组分进行分析，在已知单一可燃组分热值的情况下，通过计算得到燃气的热值。

$$H=\frac{1}{100}(c_1\times H_1+c_2\times H_2+\cdots+c_i\times H_i+\cdots+c_n\times H_n) \tag{8-2}$$

式中 H——燃气热值，MJ/m^3；

c_i——燃气中各单一可燃组分的浓度，%；

H_i——燃气中各单一可燃组分的热值，MJ/m^3。

式（8-2）中，如果各单一可燃组分的热值H_i使用高热值，则计算得到的为燃气高热值，否则为低热值。

2. 相对密度

（1）燃气相对密度是指燃气密度与空气密度的比。

如某一种天然气，其密度为 0.716kg/m³，空气的密度为 1.293kg/m³，则该天然气的相对密度为 0.716/1.293=0.55。

燃气的相对密度如果小于 1，则说明该燃气的密度比空气小，燃气在空气中将上浮；反之将下沉。如液化石油气的相对密度约为 2.08，液化石油气在空气中泄漏后容易在低洼处聚集，不易在空气中扩散。

（2）燃气的相对密度可通过测量法或计算确定。

1）测量法使燃气与空气分别流过同一个小孔，根据小孔出流原理，有：

$$\frac{V_g}{t_g}=\xi\times\sqrt{\frac{\Delta p}{\rho_g}} \tag{8-3}$$

$$\frac{V_a}{t_a}=\xi\times\sqrt{\frac{\Delta p}{\rho_a}} \tag{8-4}$$

式中 V_g——从小孔中流出的燃气体积，L；

V_a——从小孔中流出的空气体积，L；

t_g——从小孔中流出 V_g 体积的燃气所用时间，s；

t_a——从小孔中流出 V_a 体积的空气所用时间，s；

ρ_g——燃气密度，kg/m³；

ρ_a——空气密度，kg/m³；

ξ——小孔出流系数；

Δp——小孔两侧压力差，Pa。

如果控制 $V_g=V_a$，两次出流时的压差相等，则根据式（8-3）与式（8-4）可以得到：

$$\frac{t_g^2}{t_a^2}=\frac{\rho_g}{\rho_a}=s \tag{8-5}$$

只要测得燃气与空气的出流时间 t_g 与 t_a 即可得到燃气相对密度 s。

2）计算法通过对燃气组分进行分析，在已知单一组分相对密度的情况下，通过计算得到燃气的相对密度。

$$s=\frac{1}{100}(c_1\times s_1+c_2\times s_2+\cdots+c_i\times s_i+\cdots+c_n\times s_n) \tag{8-6}$$

式中 s——燃气相对密度；

c_i——燃气中各单一组分的浓度，%；

s_i——燃气中各单一组分的相对密度。

3. 华白数

燃气的华白数是燃气的高热值与其相对密度平方根的比值：

$$W=\frac{H_h}{\sqrt{s}} \tag{8-7}$$

式中 W——华白数，MJ/m³；

H_h——燃气高热值，MJ/m³；

s——燃气相对密度。

华白数是在考虑燃气互换性时的一个重要指标。当以一种燃气置换另一种燃气时，首先应保证燃具的热负荷在互换前后不发生大的变化。如果两种热值与相对密度均不相同的燃气进行互换，此时，只要保证华白数相等或相近，就能在同一燃气压力下、同一燃具上获得同一热负荷。如其中一种燃气的华白数较另一种燃气大，则热负荷也较另一种大。因此，华白数又称为“热负荷指数”。

4. 燃气爆炸极限

燃气在空气中的浓度在一定的范围内，点火形成的燃烧氧化反应能维持进行，发生爆炸式燃烧，燃气的这种浓度区间称为爆炸浓度区间，简称爆炸区间，爆炸极限是爆炸浓度区间的两个边界值，分别称为爆炸上限和爆炸下限。

(1) 爆炸下限、燃气与空气混合物中燃气含量减少到不能形成爆炸混合物时的某一限值。

(2) 爆炸限上：燃气与空气混合物中燃气含量增加到不能形成爆炸混合物时的某一限值。

表 8-1 所示为几种常见可燃气体的爆炸极限

几种常见可燃气体爆炸极限 **表 8-1**

	CH_4(甲烷)	C_2H_6(乙烷)	C_3H_8(丙烷)	H_2(氢气)	CO(一氧化碳)
爆炸上限(%)	15.0	13.0	9.5	75.9	74.2
爆炸下限(%)	5.0	2.9	2.1	4.0	12.5

二、城镇燃气分类

(一) 我国城镇燃气的分类

现行国家标准《城镇燃气分类和基本特性》GB/T 13611① 中，将城镇燃气分为六类：人工煤气（R)、天然气（T)、液化石油气（Y)、液化石油气混空气（YK)、二甲醚（E)及沼气（Z)，按照华白数进行分类，见表 8-2。

我国城镇燃气分类（15℃，101325Pa，干） **表 8-2**

类别		华白数 W_s(MJ/m³)		高热值 H_s(MJ/m³)	
		标准	范围	标准	范围
人工煤气	3R	13.92	12.65～14.81	11.10	9.99～12.21
	4R	17.53	16.23～19.03	12.69	11.42～13.96
	5R	21.57	19.81～23.17	15.31	13.78～16.85
	6R	25.70	23.85～27.95	17.06	15.36～18.77
	7R	31.00	28.57～33.12	18.38	16.54～20.21

① GB/T13611-2018. 城镇燃气分类和基本特性［S］：北京，中国标准出版社，2018.

续表

类别		华白数 W_s(MJ/m³)		高热值 H_s(MJ/m³)	
		标准	范围	标准	范围
天然气	3T	13.30	12.42～14.41	12.91	11.62～14.20
	4T	17.16	15.77～18.56	16.41	14.77～18.05
	10T	41.52	39.06～44.84	32.24	31.97～35.46
	12T	50.72	45.66～54.77	37.78	31.97～43.57
液化石油气	19Y	76.84	72.86～87.33	95.65	88.52～126.21
	22Y	87.33	72.86～87.33	125.81	88.52～126.21
	20Y	79.59	72.86～87.33	103.19	88.52～126.21
液化石油气混空气	12YK	50.70	45.71～57.29	59.85	53.87～65.84
二甲醚	12E	47.45	46.98～47.45	59.87	59.27～59.87
沼气	6Z	23.14	21.66～25.17	22.22	20.00～24.44

(二) 国际煤气联盟 (IGU) 燃气分类

国际煤气联盟（International Gas Union，IGU）根据世界大多数国家基准气和界限气（基准气是设计和制造燃具的参照标准，界限气是试验各种燃烧工况时用的燃气）的使用情况，在十三届世界煤气会议上推荐了比较完整的基准气和界限气，得到了许多国家的采纳或部分采纳。

IGU 将城镇燃气分为三族，分别为第Ⅰ族、第Ⅱ族和第Ⅲ族。第Ⅰ族主要包括人工气与液化气混空气；第Ⅱ族主要为天然气；第Ⅲ族为液化石油气。表 8-3～表 8-5 中分别列出了第Ⅰ、Ⅱ、Ⅲ族燃气的基准气和基本燃烧特性值。

IGU 第Ⅰ族基准气 **表 8-3**

组别	牌号	组分(体积%)							燃烧特性		
		H_2	CH_4	C_2H_4	C_3H_6	C_3H_8	N_2	空气	H_h (MJ/m³)	s	W (MJ/m³)
A 组(城镇燃气)	G110	50	26				24		16.75	0.411	26.13
B 组(焦炉气)	G120	47.1	32				20.9		18.80	0.412	29.27
C 组(液化石油气混空气)	G130					26.4		73.6	26.92	1.148	25.12

IGU 第Ⅱ族基准气 **表 8-4**

组别	牌号	组分(体积%)				燃烧特性		
		CH_4	C_3H_8	N_2	H_2	H_h (MJ/m³)	s	W (MJ/m³)
H 组	G20	100				39.90	0.554	53.59
L 组	G25	86		14		34.33	0.612	43.88

IGU 第Ⅲ族基准气　　　　表 8-5

牌号	H_h(MJ/m³)	s	W(MJ/m³)	成分
G30	133.18	2.077	92.40	C_4H_{10}

比较表 8-2 与表 8-4，IGU 分类法中第Ⅱ族 H 组，牌号 G20、L 组，牌号 G25 的基准气，分别相当于国内分类法中牌号为 12T、10T 的基准气。

三、天然气的种类

天然气是一种混合气体，它由一些单一的可燃气体（如 CH_4）和不可燃气体（如 CO_2 等）混合而成。在天然气中，主要的可燃成分为 CH_4（甲烷）。有些天然气中还含有乙烷、丙烷、丁烷等烷烃。不可燃成分的含量很少，如含有少量的氮气、二氧化碳、硫化氢及其他微量非烃类气体。

（一）天然气分类

天然气的分类方法很多，根据目前的勘探、开采及开发、应用技术的不同，天然气可以分为常规天然气和非常规天然气两大类，并可进一步细分，如图 8-1 所示。

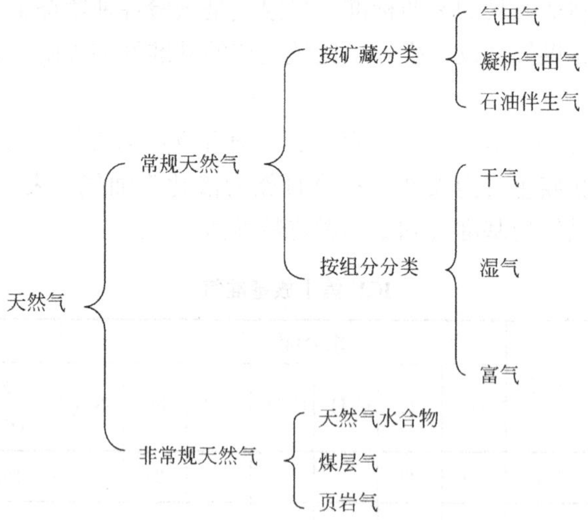

图 8-1　天然气分类

（1）气田气是指产自天然气气藏的纯天然气。其中甲烷含量一般不少于 90%，还含有少量的二氧化碳、硫化氢、氮等气体。我国四川的天然气即为气田气。

（2）凝析气田气是指含有少量石油轻质馏分（如汽油、煤油组分）的天然气。其中甲烷含量约为 75%。当凝析气田气由气田开采出来后，经减压降温，可分离为气液两相。

（3）石油伴生气是指与石油共生的、伴随石油一起开采出来的天然气，其主要成分是甲烷、乙烷、丙烷、丁烷，还有少量的戊烷和重烃。我国大港地区华北油田的石油伴生气中，甲烷含量约为 80%，乙烷、丙烷及丁烷等含量约为 15%。

（4）干气与湿气的区别在于每一基准立方米（压力为 101325Pa，温度为 20℃）井口流出物中，C5以上重烃液体含量的多少，低于13.5cm^3的为干气；高于13.5cm^3的为湿气。

（5）富气与贫气的区别在于每一基准立方米井口流出物中，C3以上重烃液体含量的多少，超过94cm^3的为富气，低于94cm^3的为贫气。

（6）酸性天然气与洁气的区别在于其含H_2S和CO_2等酸性气体的多少，含量较高的，需要进行净化处理才能达到管道输送要求的为酸性天然气；含量很少，不需要进行净化处理的为洁气。

（7）天然气水合物（可燃冰）天然气与水在一定条件（合适的温度、压力、气体饱和度、水的盐度、pH值等）下形成的类似于冰的笼形结晶化合物。天然气水合物的主要气体为甲烷，每立方米天然气水合物可分解、释放出160～180m^3天然气。

（8）煤层气与矿井气是指在煤的生成和变质过程中伴生的可燃气体。煤层气主要成分为甲烷，同时含有二氧化碳、氢气及少量的氧气、乙烷、乙烯、一氧化碳、氮气和硫化氢等气体。矿井气是煤层气与空气混合而成的可燃气体，其主要成分为甲烷（30%～55%）、氮气（30%～55%）、氧气及二氧化碳等。

（9）页岩气是从页岩层中开采出来的天然气，是一种重要的非常规天然气资源。生烃源岩中一部分烃运移至背斜构造中形成常规天然气，尚未逸散出的烃则以吸附或游离状态留存在暗色泥页岩或高碳泥页岩中形成页岩气。

以吸附、游离和溶解状态赋存于泥页岩中的天然气与常规天然气相比，其气藏的特点是页岩既是源岩，又是储层和封盖层。因此页岩气开发具有开采寿命长和生产周期长的优点，大部分产气页岩分布范围广、厚度大，且普遍含气，这使得页岩气井能够长期地以稳定的速率产气。

页岩气有机成因来源种类多，既有生物气、未熟—低熟气、热解气，又有原油、沥青裂解气。页岩演化和各个阶段均有可能形成具备商业价值的页岩气藏，但高演化阶段页岩气藏的规模更大。目前发现的具有商业价值的页岩气藏有机质类型以Ⅰ-Ⅱ型为主，页岩中有机质丰度与页岩气产能之间有着良好的线性关系。但是页岩孔隙中的含水量和矿物组成的变化会影响这种线性关系。

页岩气开采技术主要有水平井+多段压裂技术、清水压裂技术和压裂技术—同步压裂技术，这些先进的技术不断提高着页岩气井的产量。

（二）天然气的应用特点

随着人类社会的发展和环保意识的增强，气体燃料作为洁净能源在世界能源消费结构中所占的比重越来越大。在一些先进国家，天然气的应用几乎覆盖了民用、商业、交通和所有的工业部门。综合、合理地利用天然气，才能充分、有效地发挥天然气资源的作用。

1.天然气是一种优质的清洁能源

天然气的主要成分为甲烷，较之其他烃类燃料，其碳氢比最小，因而完全燃烧性能最好，燃烧空气需要量小，烟气中CO_2、NO_x产生量少。不仅是很好的清洁燃料，而且是应用广泛的化工原料。当天然气作为燃料使用时，与煤、石油等常规一次能源相比，具有燃烧热值高、清洁、安全、易于运输与储存、经济性好等特点。

2. 天然气是一种高效、安全的能源

天然气的热值高，燃烧时最高温度可达 2000℃以上。使用天然气可以改善能源结构，减少煤炭运输量，减轻大气污染，保护生态环境；可以改善居民生活条件，减少固体燃料及废渣的堆放和运输量。在某些工业生产中使用天然气，可以明显提高产品的产量及质量，提高生产过程的自动化程度和劳动生产率，进而取得良好的经济效益。较之人工煤气或油制气，天然气不含 CO 有毒成分，天然气的爆炸极限比更窄，因而安全性更好。天然气比空气轻，一旦泄漏，天然气易于在空气中稀释放散，因而危险性较小。因此，发展天然气，可以明显地取得节能效益、服务效益和环保效益。

3. 天然气资源丰富

我国能源资源储量比较丰富，但资源质量及勘探程度不很高，人均能源占有量相对较低。近年来，国家在能源结构的调整上投入了很大力量，由依靠煤炭的单一型结构逐步形成了以煤炭为主、多种能源互补的能源生产体系。

4. 使用天然气，环境效益优越

我国城镇发展对环境保护的要求越来越高，大气质量与城镇使用的能源有直接关系。燃气是城镇优质能源的重要组成部分，其中，天然气更是城镇燃气的理想气源。提高城镇燃气利用水平，对改善大气质量有重要意义。

第二节　城市燃气输配系统

一般来说，设置在城市中的冷热电联供系统能源站，其燃气供应主要依托城市燃气输配系统。城市燃气输配系统的目的是安全、可靠地为城市供应气体能源，现代化的城市输配系统是复杂的能源综合设施的集合，主要由不同压力的燃气管网、场站等设施及监控、调度、维护、管理等软硬件系统组成①。

一、压力级制

燃气管道之所以要根据输气压力来分级，是因为燃气管道的气密性与其他管道相比有特别严格的要求，漏气可能导致火灾、爆炸、中毒或其他事故。燃气管道中的压力越高，管道接头脱开或管道本身出现裂缝的可能性和危险性也越大。当管道内燃气的压力不同时，对管道材质、安装质量、检验标准和运行管理的要求也不同。

根据《城镇燃气设计规范》GB 50028-2006②，城镇燃气管道按设计压力 P 分为 7 级，如表 8-6 所示；

居民用户和小型公共建筑用户一般直接由低压管道供气。低压管道输送燃气时，压力不大于 2kPa；输送天然气时，压力不大于 3.5kPa；输送气态液化石油气时，压力不大于 5kPa。

① 段常贵. 燃气输配［M］. 北京：中国建筑工业出版社，2001.

② GB50028-2006. 城镇燃气设计规范［S］. 北京：中国标准出版社，2006.

城镇燃气压力分级 表 8-6

名称		压力 P(MPa)
高压燃气管道	A	$2.5 < P \leqslant 4.0$
	B	$1.6 < P \leqslant 2.5$
次高压燃气管道	A	$0.8 < P \leqslant 1.5$
	B	$0.4 < P \leqslant 0.8$
中压燃气管道	A	$0.2 < P \leqslant 0.4$
	B	$0.01 \leqslant P \leqslant 0.20$
低压燃气管道		$P < 0.01$

中压 A 和中压 B 管道必须通过区域调压站或用户专用调压站才能给城市分配管网中的低压和中压管道供气，或给工厂企业、大型公共建筑用户以及锅炉房供气。高压 B 燃气管道一般情况下是大城市供气的主动脉。高压燃气必须通过调压站才能送入中压管道、高压储气罐以及工艺需要高压燃气的大型工厂企业。

高压 A 输气管道有时也构成大型城市输配管网系统的外环网。

二、与城市燃气管网连接的燃气冷热电联供系统

连接于城市管网的燃气冷热电联供系统，通常由引入管、调压站（箱）、用气计量装置、安全控制装置和炉前管道等构成。炉前燃气管道与燃烧设备和控制装置的关系极为密切，因而常把它们视为一个整体。

《城镇燃气设计规范》GB 50028-2006 第 10.2.1 条规定，室内燃气管道压力大于 0.8MPa 的特殊用户设计应按专业规范执行。燃气冷热电联供系统使用的原动机种类很多，一般燃气内燃机可直接使用中压燃气，而燃气轮机，需要燃气有较高的供气压力，属于《城镇燃气设计规范》规定的特殊用户。因此，在《燃气冷热电三联供工程技术规程》CJJ 145-2010 第 1.0.2 条、第 4.1.4 条规定的发电机组容量范围，将独立设置的能源站燃气压力提高至 2.5MPa、建筑物内的能源站燃气压力提高至 1.6MPa，基本上能满足小型燃气轮机的用气要求。规范编制出发点主要是考虑到能源站一般由专业人员管理，采取必要的技术措施后安全是有保障的，部分地区如北京、上海等地的实例也证明了这一点。

第三节 原动机对气体燃料的技术要求

燃气冷热电联供系统使用机械能—电能转换装置称为原动机。首先将燃气的化学能转化为机械功，同时对系统余热进行回收利用。燃气冷热电联供系统使用的燃气包括天然气、沼气、人工燃气等气体燃料。原动机包括燃气内燃机（Gas Engine）、燃气轮机（Gas

Turine)、微型燃气轮机（Micro-Turbine，也称微燃机）、燃气外燃机（Stirling Engine，也称斯特林发动机）等。

一、燃气轮机对气体燃料的一般要求①

（一）原则性要求

气体燃料必须在燃气轮机燃料系统的进口处完全气化。液态或固态杂质都能危及燃气轮机的正常工作。水滴对燃气轮机喷嘴影响很大，过多的水分将引起喷嘴盐堵和积碳，所以应采用消除液态和固态杂质的装置，并采用诸如加热器之类的特殊设备以确保燃料完全气化。如有杂质，必须将其控制在燃气轮机制造厂规定的范围内。

燃气物性指标中除了热值、相对密度等外，闪点特性对于安全具有影响；成分中 V、Na、K、S 等微量元素对燃气轮机高温零件寿命影响很大。此外，含水量对燃气轮机喷嘴影响很大。

燃气轮机在气体燃料应用中需要注意的问题：

（1）液滴（包括水滴、液态烃）的存在会引起火焰温度剧烈下降而熄火；

（2）固态颗粒阻塞燃料喷嘴，引起温度分布不均匀，甚至产生局部烧蚀；

（3）稳定的热值是保证稳定燃烧的条件；

（4）硫和微量碱金属对热通道有腐蚀作用；

（5）如果供气压力不符合要求，使燃烧不稳定，甚至导致烧坏部件设备.

因此，燃气供应单位应提供表 8-7 中的各项要求。

燃气轮机对气体燃料的原则要求 **表 8-7**

序号	项目	要求
1	组分	报告
2	供气压力	报告
3	供气温度	报告
4	净热值	报告
	范围	报告
	变化率	报告
5	密度	报告（如果全部组分给出可以计算）
6	着火极限（上极限和下极限）	报告（包括使用的测定方法和气体燃料的压力和温度）
7	杂质	
8	不饱和碳氢化合物	报告
9	萘	报告
10	液态碳氢化合物和气体燃料的水合物	最高凝结温度应该比燃料系统最低温度低一个温度范围（一般为 25～30℃）

① 刘万琨. 燃气轮机与燃气—蒸汽联合循环［M］. 北京，化学工业出版社，2006.

续表

序号	项目	要求
11	水	最高凝结温度应该比燃料系统最低温度低一个温度范围（一般为25～30℃）
12	固态杂质	报告固体杂质总含量和固体颗粒尺寸范围
13	总的含硫量	必须按照当地的环保条例作出规定，为了防止对回热装置的腐蚀，需要附加控制措施
14	硫化物	报告
15	硫化氢(H_2S)	报告
16	硫醇(RSH)	报告
17	硫化碳酰(COS)	报告
18	氮的氧化物(NO_x)	报告
19	氨(NH_3)	报告
20	碱金属(K/Na)	报告

(二) 技术性要求①

1. 对气体燃料的组分要求

(1) 应该有一份完整的气体燃料定量分析记录。

(2) 应记录所含硫化氢、总硫的浓度，这样，当需要避免透平叶片材料的高温腐蚀以及控制阀和系统的常温腐蚀时，就可采取必要的预防措施。

(3) 碱金属钠、钾、锂的总含量应低于相当于在燃料中形成5ppm碱金属硫酸盐的含量。因为硫和碱金属在气体燃料中既可以呈气态或液态还可以呈固态杂质存在，它们在燃烧过程中结合成有腐蚀性的碱金属硫酸盐。

(4) 在配备有余热回收设备时，应控制气体燃料中的总硫含量低于30ppm。

2. 对气体燃料的特性要求

(1) 发热量

标准型机组使用的气体燃料，其单位体积燃料的低位发热量应在11～186MJ/m^3范围内（该低位发热量是在101. kPa，温度为15. 5℃的条件下确定的数值）。在这一范围，对于每一具体场合，发热量应是某一定值，并且在运行中变化幅度不应超过设计值和允许值的±10%。

(2) 互换性

华白数表征燃气的互换性，是进入燃气轮机燃气品质的另一控制性指标。当为系统供应的燃气华白数发生变化时，应考虑燃烧特性变化引发的影响。两种燃气互换时华白数的变化不超过±(5%～10%)。

① 糜洪元，张继平. 燃气轮机气体燃料分类、使用特点、技术规范及燃油电厂天然气改造. 第四届全国火力发电技术学术年会论文。

(3) 过热度

规定过热度是为了确保去燃气轮机的燃气不含一点液体。过热度是气体的温度及其各自的露点之间的温度差。该要求与烃和湿气的浓度无关。

3. 着火浓度极限

气体燃料的着火浓度上限和下限的最小比值为 2.2。着火浓度极限的定义条件为 15.5℃和 101.3kPa。

4. 对气体燃料供气压力的要求

燃气轮机气体燃料供气压力主要保证燃料喷嘴前后的压降，而其压降应能保证冬天低环境温度下，在最大负荷或尖峰负荷下能确保最大的燃料供应量。

(1) 高压比压气机的燃气轮机，燃料气供应压力更高；

(2) 使用低热值燃料，由于因燃气空气比（质量百分比）与高热值燃料相比更大，供气压力应更高；

(3) 具有尖峰负荷的燃机比基本负荷机组的燃料供气压力更高；

(4) 燃料供气压力应受到燃料系统部件可承受压力的限制；

(5) 燃气轮机运行中，天然气压力波动范围应限制在±5%，压力变化梯度不大于 0.2bar/s（2.9psi/s）。

5. 对气体燃料中杂质的要求

气体燃料中有可能会含有一种或几种下列污染物：

(1) 固体：沙粒、尘土、铁锈、硫化铁、炭黑、焦炭、焦油和气体燃料的水合物等。

惰性固体颗粒——必须除掉气体燃料中的灰尘、细砂、炭黑和铁锈等，因为它们能引起气体燃料系统的堵塞。这些物质通常在气体燃料的气源处就应除掉，但是细小的颗粒常常被气体带入输气管道，所以在燃气轮机现场必须设置过滤装置。

焦油——劣质碳氢化合物的黑色混合物。常温下，它们可从制造的煤气中凝析出来。为了防止燃料系统的堵塞，在制气的过程中应把焦油除掉。

气体燃料的水合物——在压力和含水量很高而温度很低的天然气系统中，容易生成一种冰状的碳氢化合物的加成物结晶，这类沉淀物能造成燃料系统的堵塞，保持低含水量可以减少气体燃料水合物的生成。必要时，应当使用甲醇阻止结晶的生成。

(2) 液体：液态的碳氢化合物、水、盐水、洗涤剂和润滑油等。

液态碳氢化合物——在进入燃气轮机燃料系统的气体燃料中，如含有任何液态碳氢化合物，都会使输入的热量发生很大的变化。严重情况下，燃烧中未燃尽的液滴会在正常火焰区之外产生火焰，这将损坏燃烧室和涡轮等热端部件。虽然有清除液体的气液分离器，但也难以分离出微小的液滴。因此，为了防止液态燃料进入燃气轮机，应当采取进一步的除雾措施。

(3) 气体：萘、硫化氢、硫的氧化物、氮的氧化物和氨等。

萘——一种芳香烃碳氢化合物，存在于某些气体燃料中。萘是一种具有高蒸汽压力的升华固态物质。含有气态萘的气体燃料在温度低的燃料系统中有可能生成固态萘的沉积物。通常在气体燃料供给用户之前，应把萘除掉。

硫化氢——含硫天然气和人工煤气中都含有硫化氢，它对燃料系统中的某些金属具有腐蚀作用。在高压和有水的情况下，其腐蚀作用尤为严重。因此，必须限制其含量。为了直接使用硫化氢含量高的煤气，应恰当地选择燃料系统的材料。硫化氢的存在，会使排出的燃气中含有氧化硫。当使用废气回热装置时，为了防止酸性腐蚀，必须限制包括硫化氢在内的总含硫量。

有机硫化物——在许多人工煤气中，除含有硫化氢之外，还存在着有机硫化物（如二硫化碳、硫化碳酞、硫茂和硫醇等）。这些硫化物对某些金属，尤其是对铜有腐蚀作用。硫醇也能导致某些胶质的生成。有机硫化物在燃烧时能生成二氧化硫，因此，在把煤气供给用户之前就应当除掉这些硫化物。

氨——人工煤气中所含的氨对铜合金具有腐蚀作用，在燃烧过程中能生成氧化氮，对环境造成污染，这是应当引起重视的问题。

氮的氧化物——即使少量氮的氧化物也能促使不饱和碳氢化合物生成胶质和固态沉积物，因为这两种反应物都是气态的，反应可能发生在过滤器之后，在过滤器和燃烧室之间的管道中可能产生沉淀物。用电处理法或吸收法可以除去氮的氧化物。

不饱和碳氢化合物——以乙烯和环戊二烯为代表的不饱和碳氢化合物，能在气态时聚合，在燃料系统中可能产生胶质和沉淀物，在诸如氧化氮之类的催化剂作用下，会加速这种聚合作用。

(4) 杂质含量的极限值

气体燃料中的固体微粒，除碳氢化合物以外，其质量分数不能超过 30ppm。固体微粒的大小和密度分布为：在 101.3kPa、15.5℃条件下，在空气中的沉降速度大于 6mm/s 的固体微粒不超过总含量的 1%，沉降速度大于 10mm/s 的固体微粒不超过总含量的 0.1%。

气体燃料在工作状态下，超过饱和含水量的水分不得高于气体质量的 0.25%。

气体燃料应该是清洁的“干气”。但不排除“湿气”用作燃气轮机燃料，在使用时应采取措施防止在管路中积聚重烃液体冲进燃料系统。

在恒压下，当气体燃料温度下降 10℃时，不得有萘、气态水化物、其他固态或半固态碳氢化合物从气体中凝析出来。

碱金属的极限要求：对低热值燃料，因其燃料空气比高，则对气体燃料中微金属含量的限制值要更低一些，可按以下公式计算：

$$\frac{X_A+(F/A)\times X_F}{1+(F/A)}\leqslant X_E \tag{8-8}$$

式中　F/A——燃气/空气比；

X_F——燃料中污染的集中含量（重量），ppm；

X_A——空气中污染的集中含量（重量），ppm；

X_E——燃烧中的污染集中含量的限制值，ppm。

表 8-8 所示为不同燃气空气比下 Na 金属允许含量。

不同燃气空气比下 Na 金属允许含量　　表 8-8

燃气类型	低热值(kcal/Nm^3)	燃料气/空气质量比 F/A	燃料气中允许的 Na 污染含量 X_p(ppm)	
			X_A=0.00ppm	X_A=0.01ppm
天然气	9925	0.019	1.29	0.76
焦炉煤气	2870	0.058	0.44	0.27
低热值燃气	960	0.263	0.12	0.08

（三）气体燃料的处理

供燃气轮机使用的气体燃料（尤其是天然气），通常都已经过处理，以除去气体燃料中的凝结物、水和固体杂质。根据气体燃料的供应质量，燃料的处理也可以在燃气轮机现场进行。通常用过滤器滤掉初始净化装置后面的残留固体杂质。

必须除去气体燃料中的液态碳氢化合物，以保证燃气轮机的安全运行。

必须除去气体燃料中的水分，以防在低温下（例如压力降低的瞬间）结冰或生成固态的气体燃料水合物。

必要时，可采用逆吸收过程来净化含有硫化氢的气体燃料。采用洗涤法清除掉气体燃料中的焦油和碳黑。

二、内燃机对气体燃料的要求[①]

往复式内燃机的原理是：燃料和空气在气缸内不断进行燃烧爆炸使活塞产生往复运动，通过曲轴将往复运动变成轴功带动电机发电，其可利用的废热主要来自三个方面：气缸排出的废气（400～700℃）、气缸夹套冷却水和润滑油冷却水。燃气发动机的燃料气和空气在喷入气缸前进行混合和压缩，故其压力不能太高（最大压缩比是12.5），因为要产生自爆，在气缸内还需要火花塞点火来引爆。相对于柴油、汽油等液体燃料来说，气体燃料品种多样，各种燃气的可燃气体成分、热值都存在很大的差异，从而难以开发研制出一种燃气内燃机来满足各种可燃气体的要求。对于目前所应用的改进机型来说面临空燃比难以控制、燃烧性能不稳定、功率下降等诸多问题。

（一）燃气内燃机对气体燃料的要求

燃气内燃机对气体燃料的要求应根据不同厂商的具体要求进行设计，一般要求如下：

1. 机组对天然气的要求

在距离机组燃气进气调压阀前1m内，（1）天然气压力100～300kPa（增压机）或50～300kPa（非增压机）；（2）天然气中甲烷体积含量不低于70%；（3）H_2S≤20mg/Nm^3；（4）杂质粒度＜5μm，杂质含量≤30mg/Nm^3；若可燃气体中含硫及氨成分较高，不仅会严重腐蚀火花塞电极，而且会使机油中酸值增加，腐蚀机组内部零件，同时易于生成沉淀物，增加对发动机的腐蚀和磨损。

2. 机组对沼气的要求

在距离机组燃气进气调压阀前1m内，（1）沼气温度≤40℃；（2）沼气压力3～10kPa，压力变化速率≤1kPa/min；（3）沼气中甲烷体积含量不低于40%，变化速率≤2%/min；（4）H_2S≤200mg/Nm^3；（5）NH_3≤20mg/Nm^3；（6）杂质粒度≤5μm，杂质含量≤30mg/Nm^3；（7）沼气中水分含量≤40g/Nm^3。对于甲烷体积含量30%～40%的沼气需要机组特殊配置。

若可燃气体中含硫及氨成分较高，不仅会严重腐蚀火花塞电极，而且会使机油中酸值

① 孟凡生，阴秀丽，蔡建渝等.我国低热值燃气内燃机的研究现状.内燃机，2007，3：46-69.

增加，腐蚀机组内部零件，同时易于生成沉淀物，增加对发动机的腐蚀和磨损。

3. 机组对瓦斯的要求

在距离机组燃气进气调压阀前 1m 内，（1）瓦斯温度≤40℃；（2）瓦斯压力 3～10kPa，压力变化速率≤1kPa/min；（3）瓦斯中甲烷体积含量不低于 9%，变化速率≤2%/min；（4）对于甲烷体积含量小于 30%的瓦斯，甲烷与氧气体积含量之和不低于 28%，氧气体积含量不低于 16%；（5）杂质粒度≤5μm，杂质含量≤30mg/Nm^3；（6）硫化氢含量不大于 200mg/m^3。对于超出规定范围的气体需与厂商沟通，根据气体成分核实是否可行。

4. 机组对焦炉煤气的要求

在距离机组燃气进气调压阀前 1m 内，（1）焦炉煤气温度≤40℃；（2）焦炉煤气压力 3～10kPa，压力变化速率≤1kPa/min；（3）焦炉煤气中氢气体积含量≤60%；（4）H_2S≤200mg/Nm^3；（5）NH_3≤20mg/Nm^3；（6）焦油含量≤50mg/Nm^3；（7）杂质粒度≤5μm，杂质含量≤30mg/Nm^3；（8）焦炉煤气中水分含量≤40g/Nm^3。

若可燃气体中含硫及氨成分较高，不仅会严重腐蚀火花塞电极，而且会使机油中酸值增加，腐蚀机组内部零件，同时易于生成沉淀物，增加对发动机的腐蚀和磨损。

（二）案例

以某工程所选用额定功率为 3431kW 的内燃机（品牌为颜巴赫）为例，所需燃气参数如表 8-9 所示

某品牌燃气内燃气所需燃气参数表　　　表 8-9

燃料类型		天然气
额定甲烷值/最小甲烷值①	MN	94/80
甲烷值波动速度		10MN/30s
压缩比 ε②		10.50
预燃室最低燃气供应压力	kPa	420
内燃机所需燃气压力范围	kPa	12-20
燃气压力允许波动范围	%	±10
燃气压力最大波动率	kPa/sec	1
燃气温度	℃	0～40
燃气露点温度	℃	<18
凝结、升华		0
氧含量	%VOL	<3
燃料低热值波动速度		1%/30s
内燃机燃料消耗量③	kWh/kWh	2.25

① 甲烷值表示点燃式发动机燃料抗爆性的一个约定数值。一种气体燃料的甲烷值就是 ASTM 的辛烷值评定方法，在规定条件下的标准发动机试验中，将该燃料与标准燃料混合物的爆震倾向进行比较而测定的。当被测气体燃料的抗爆性能与按照一定比例混合的甲烷和氢气混合气标准燃料的抗爆性能相同时，该标准燃料中甲烷的体积百分比的数值是该气体燃料的甲烷值。

② 压缩比 ε 为气缸总容积与燃烧室容积的比值。压缩比越大，则在压缩终了时混合气体的压力和温度越高，对应燃烧速度增快。因而发动机输出功率增大，热效率提高。

③ 内燃气每发 1kWh 电所需燃料提供热量，结合燃气热值计算燃料需用量。

由于燃料气体中的杂质，润滑油可能失去其防腐蚀特性。根据内燃机厂家的要求，为了保证发电机用燃气清洁度，要求计量间内燃气过滤器对 10μm 以上的杂质过滤效率不得小于 98%，过滤器后燃气相对湿度不得大于 85%。

供内燃机的燃气在计量间经计量后经主阀组接至内燃机的燃气进口。为了满足点火需求，从主阀组上接出一 DN25 支路，由压缩机升压至 0.4～0.5MPa，并经由缓冲罐和预压阀组，接至预燃室进口，用于内燃机点火功能。为了对预压阀组进行压力控制，从预燃室接口接一路 DN15 信号管反馈至预压阀组，需要保证零压阀与内燃机燃气入口的间距为 1～3m。

第四节　增压系统

由于燃气冷热电联供系统所处位置与外部燃气输配系统并不一定相互匹配，燃气供应压力有时低于燃气冷热电联供系统所需压力。因此，需要在燃气系统上设置必要的增压系统，以满足燃气冷热电联供系统的需要。

一、压缩机

压缩机的选型应根据系统的负荷及压力来确定，并综合考虑未来发展情况。

如果增压机房的容量较大，宜选用排气量较大的压缩机。压缩机组过多会增加建筑面积与维修费用。当负荷波动较大，最低小时的排气量应小于单机的排气量，此时可以选用排气量大小不同的机组。

燃气系统中目前常用的压缩机包括：活塞式压缩机、罗茨式压缩机、离心式压缩机。

（一）活塞式压缩机

活塞式压缩机使用得十分广泛。这种压缩机的吸气量随着活塞直径的增大而增加。压力越大，压缩时引起的升温及功率消耗越大，所以高压排气的活塞式压缩机，一般为带有中间冷却器的多级压缩形式。

1. 活塞式压缩机排量计算

压缩机的排气量，通常是指单位时间内压缩机最后一级排出的气体量，换算成第一级进口状态时的气体体积值。常用单位为 m^3/min 或 m^3/h。

压缩机的理论排气量：

对于单作用式压缩机：

$$q_1 = V_1 n = FSn \tag{8-9}$$

对于双作用式压缩机

$$q_1 = (2F - f)Sn \tag{8-10}$$

对于多缸单作用压缩机

$$q_1 = FSni \tag{8-11}$$

式中　q_1——压缩机理论排气量，m^3/min；

V_1——级进口状态的气体体积，m^3；

F——级活塞面积，m^2；

f——一级活塞杆面积，m^2；

S——一级活塞行程，m；

n——主轴转速，r/min；

i——气缸数。

压缩机实际排气量由下式确定：

$$q=\lambda_v\lambda_\rho\lambda_t\lambda_L q_1=\lambda_0 q_1 \tag{8-12}$$

式中　q——压缩机实际排气量，m^3/min；

λ_0——排气系数；

λ_v——考虑余隙影响的容积系数；

λ_ρ——考虑由于吸气阀的压力损失使排气量减小的压力系数；

λ_t——由于吸入气体在气缸内被加热，使实际吸入气体减少的温度系数；

λ_L——考虑机器泄漏影响的泄漏系数。

为提高压缩机最终出口压力，可采用多级压缩机，但多级压缩机虽然省功率，但结构较复杂，造价也高。一般可根据排气终了压力决定选用压缩机的级数。

2. 活塞式压缩机分类

活塞式压缩机可按排气压力的高低、排气量的大小及消耗功率的多少进行分类，但一般是按结构形式分类。

(1) 立式。压缩机气缸中心线和地面垂直。由于活塞环的工作表面不承受活塞的重量，因此气缸和活塞的磨损较小，能延长机器的寿命。机身形状简单、重量轻、基础小、占地少。其主要缺点是稳定性差，尤其大型立式压缩机，其安装、维修和操作都比较困难。

(2) 卧式。压缩机的气缸中心和地面平行，分单列卧式和双列卧式。由于整个机器都处于操作者的视线范围内，维护管理方便，安全、拆卸较易。主要缺点是惯性不能平衡，转速受限制，导致压缩机、原动机和基础的尺寸及重量较大，占地面积也大。

(3) 角式。压缩机的各气缸中心线彼此成一定角度，结构紧凑，动力平衡性较好。根据各气缸的相互位置的不同，又把它分为L形、V形、W形、扇形等。

(4) 对置型。它是卧式压缩机的发展，气缸分布在曲轴的两侧。这种压缩机除具有卧式压缩机的优点外，还由于活塞作对称运动，使其惯性力平衡，从而可提高转速。

(二) 罗茨式压缩机

1. 罗茨式压缩机构造与工作原理

罗茨式压缩机是回转式压缩机的一种，其特点是在最高设计压力范围内，管网阻力变化时流量变化很小，工作适应性强，故在流量要求稳定而压力波动幅度较大的工作场合可自行调节。它的结构简单，主机由机壳、主动和从动转子所组成。

在椭圆形机壳内，有两个由高强度铸铁制成的二叶渐开线叶形转子，它们分别装在两个互相平行的主、从动轴上，并用滚动轴承作二支点支撑，轴端装配了两个大小及样式完全相同的齿轮配合转动。当原动机带动两个齿轮作相反的旋转时，两个转子也作相反方向的转动。两转子相互之间、转子与机壳之间具有一定的间隙而不直接接触，使转子能自由地运转，而又不引起气体过多地泄露。左边转子作逆时针旋转，则右边的转子作顺时针方向旋转，气体由上部吸入，从下部排出。利用下面压力较高的气体抵消了一部分转子与轴的重量，使轴承受的压力减少，因而减少磨损。

2. 排气量

罗茨式压缩机每旋转一周的理论排气量为压缩室容积的 4 倍，而每一个压缩室的截面积与转子横截面之比大致相等。故每转一周的排气量近似等于与转子长径为直径所作的圆与转子的厚度的乘积，故排气量为：

$$q = \lambda_v n \pi R^2 B \tag{8-13}$$

式中 q ——排气量，m^3/min；

n ——转数，r/min；

R ——转子长半径，m；

B ——转子的厚度，m；

λ_v ——容积系数，一般取 0.7～0.8。

罗茨式压缩机的转速一般随着尺寸的加大而减少。小型压缩机的转数可达 1450r/min，大型压缩机的转数通常不大于 960r/min。它的壳体制成风冷和水冷式两种结构，排气压力小于 0.05MPa 的产品多为风冷式，排气压力大于 0.05MPa 的产品多为水冷式。

3. 罗茨式压缩机分类

根据两转子中心线的相对位置，将罗茨式压缩机分为两种形式：

（1）立式。即两转子中心线在垂直于地面的平面内，进、出气口分别在机壳两侧。一般转子直径在 50cm 以下者均为立式。

（2）卧式。即两转子中心线在平行于地面的平面内，进气口在机壳的顶部，出气口在机壳下部一侧。转子直径在 50cm 以上者均为卧式。

（三）离心式压缩机

1. 工作原理

当原动机传动轴带动叶轮旋转时，气体被吸入并以很高的速度被离心力甩出叶轮而进入扩压器中。由于扩压器的形状，使气流部分流动动能转变为压力能，速度随之降低而压力升高。这一过程相当于完成一级压缩。当气流接着通过弯道和回流器经第二道叶轮的离心力作用后，其压力进一步提高，完成了第二级压缩。这样，依次逐级压缩，一直达到额定压力。提高压力所需的动力大致与吸入气体的密度成正比。当输送空气时，每一级的压力比 P_2/P_1 最大值为 1.2，同轴上安装的叶轮最多不超过 12 级。由于材料极限强度的限制，普通碳素钢叶轮叶顶周速为 200～300m/s；高强度钢叶轮叶顶周速则为 300～450m/s。

离心式压缩机的优点是：排气量大、连续而平衡；机器外形小，占地少；设备轻，易损件少，维修费用低；机壳内不需要滑润；排出气体不被污染；转速高，可直接和电动机或汽轮机连接，故传动效率高；排气侧完全关闭时，升压有限，可不设安全阀。其缺点是高速旋转的叶轮表面与气体磨损较大，气体流经扩压器、弯道和回流器的局部阻力也较大，因此效率比活塞式压缩机低，对压力的适应范围较窄，有喘振现象。

2. 分类

（1）按叶轮数目可分单级和多级压缩机；

（2）按进气方式可分单吸入和双吸入；

（3）按叶轮装在轴上的形式可分为悬臂结构和双支撑结构；

（4）按叶轮出口角β：$\beta>90°$为前向叶轮；$\beta=90°$为径向叶轮；$\beta<90°$为后向叶轮。

叶轮的叶片出口角β越小，其效率越高，稳定工作范围越大，但每级的压力比就减小。对于压缩一般的气体的固定式压缩机，提高它的效率是主要的，通常采用后向叶轮形式，并且越到后面几级的叶轮，其叶片出口角度越小。

（四）用于燃气冷热电系统的压缩机相关要求

《燃气冷热电三联供工程技术规程》CJJ 145-2010 相关条款规定如下：

5.2.2　燃气增压机和缓冲装置应符合下列规定：

1 燃气增压机前后应设缓冲装置，缓冲装置后的燃气压力波动范围应满足用气设备的要求；

2 燃气增压机和缓冲装置宜与原动机一一对应；

3 燃气增压机的吸气、排气和泄气管道应设减振装置；

4 燃气增压机应设置就地控制装置，并宜设置远程控制装置。

5.2.3　燃气增压机运行的安全保护应符合下列规定：

1 燃气增压机应设置空转防护装置；

2 当燃气增压机设有中间冷却器和后冷却器时，应加设介质冷却异常的报警装置；

3 驱动用的电动机应为防爆型结构；

4 润滑系统应设低压报警及停机装置；

5 燃气增压机应设置与发电机组紧急停车的连锁装置；

6 燃气增压机排出的冷凝水应集中处理。

考虑到单台压缩机供应多台原动机的用气，燃气压力变化可能会相互影响，在燃气冷热电系统中建议压缩机与原动机一一对应设置。

压缩机润滑方式可分为有油润滑、无油润滑或少油润滑，在设备采购前根据原动机的要求确定润滑方式。压缩机使用寿命一般不低于 20 年，不间断的连续运行一般不低于 8000h。驱动用的电动机应为防爆型结构，防爆等级一般不低于 ExdIIBT4。距离压缩机组 1m 处主机噪声应低于 80dB（A）。

压缩机冷却方式有水冷却、风冷却和混合冷却方式。采用循环水冷却方式时，应根据压缩机冷却参数等要求，配套设置冷却水系统。

压缩机启动的参数条件及运行过程中的参数条件，一般均需引入压缩机控制盘。当参数超限时，压缩机将自动停机。主要的报警/停机参数一般有：

（1）压缩机进、出口的高、低位报警，高限停机；

（2）压缩机任何一级出口温度高位报警，高限停机；

（3）压缩机润滑油系统低压、低位报警及停机；

（4）压缩机冷却系统温度高位报警及压缩机停机；

（5）冷却水循环水泵运行信号，水泵停机报警及压缩机停机；

（6）压缩机房可燃气体报警高位停机；

（7）压缩机其他异常报警及停机。

二、缓冲装置

《城镇燃气设计规范》GB 50028-2006 第 10.6.2 条规定，在压力小于或等于 0.2MPa 的供气管道上严禁直接安装加压设备，间接安装加压设备时，加压设备前必须设低压储气罐，保证加压时不影响地区管网的压力工况。为减少对供气管道的影响，增压机前后均应设置缓冲装置。

增压机前设置缓冲装置，使增压机前燃气压力得到缓冲和稳定，可保证增压机工作平稳，特别对增压机启动时作用更大。对于活塞式增压机，其出口燃气压力会因增压机产生脉动，故增压机后设置缓冲装置，以消除脉动。

一般而言，设置一定容积的立式或卧式储罐作为缓冲装置是常规选择方案，储罐的设计压力应根据系统的设计压力并按照压力容器的相关规定确定。

第五节　联供系统的燃气供应

燃气供应在燃气冷热电联供系统中主要承担燃料供应功能。燃气单元包括计量、过滤、压力调节、燃气分配、放散、安全监测、电气控制等装置。[①]

一、燃气调压计量模块

燃气调压计量模块主要功能一般包括计量、过滤、压力调节、天然气分配、排放、排污、安全监测等，可以分成入口及计量部分、过滤分离部分、调压部分。图 8-2 所示为燃气调压计量模块流程图。

（一）入口部分

一般由绝缘接头及进口紧急切断装置 ESD（Emergency Shutdown Device）两部分组成。入口绝缘接头用于将站内的管道与站外的电保护系统隔离，确保电保护系统的完整性。经过绝缘接头后进入进口 ESD，该 ESD 的开与关决定整个燃气供应系统的安全，确保特殊情况能够紧急切断燃气供应。

ESD 的执行机构一般为气动执行机构，弹簧返回型。在启动 ESD 之前，要确保整个燃气系统具备通气条件，各个设备、阀门处于正确的位置。在运行期间，紧急情况下需要切断燃料供应，应第一时间关闭 ESD，切断气源供应。

ESD 采用的动力气源可以是氮气或燃气。氮气更为安全。ESD 开启前首先需打开

① 中国华电集团公司. 大型燃气——蒸汽联合循环发电技术丛书（综合分册）[M]. 北京：中国电力出版社，2009.

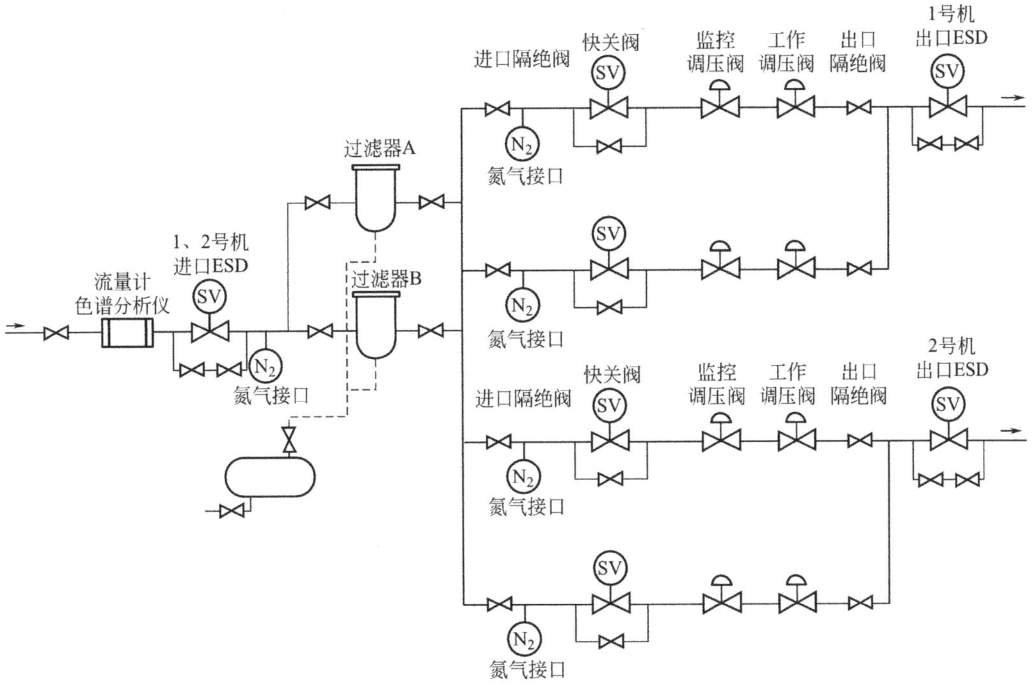

图 8-2　燃气调压计量模块流程图

ESD 的旁路阀，使 ESD 阀门前后压力平衡，减小 ESD 阀门的工作扭矩，之后可以在控制室远程遥控打开 ESD，也可以就地通过手动模式打开执行机构气源控制阀关闭 ESD。

燃气冷热电联供系统能源站的燃气单元中，也可使用电磁阀作为 ESD，电磁阀响应速度快，一般情况下响应时间小于 1s。

（二）过滤分离部分

过滤分离部分由过滤器和排污箱组成。

燃气经过进口 ESD 后便进入过滤器，过滤器用于除去燃气中的杂质。由于燃气中会存在少量的水及重烃类，这些组分将严重影响燃气轮机燃烧室的正常工作。为确保燃气稳定运行，进入过滤器中的燃气不能含有过多的水。过多的水将在燃气的带动下对滤芯产生影响，堵塞滤芯的过滤面积，增加滤芯内外壁的压力差，影响滤芯的寿命，严重时会将滤芯损坏。因此，过滤器一般设计为两台，一用一备。排污箱用以采集过滤产生的污物，污物应定期排放。

过滤器的过滤效率：5μm 以上的颗粒，过滤效率为 100%；2～5μm 的颗粒，过滤效率大于 99.9%；0.5～2μm 的颗粒，过滤效率大于 95%。

过滤器一般包括以下组成部分：

（1）安全阀：用于在过滤系统超压时自动泄压。

（2）放空阀：用于过滤器排放泄压。

（3）液位计：用于判断分离过滤的污物液位；

（4）排污系统：用于将污物排出。

(5) 差压变送器：用于显示过滤器进出口的差压。该差压表示滤芯的污染程度，当压差大于 40kPa 时，应考虑更换滤芯。

(三) 调压稳压部分

调压支路设置应根据用气设备确定，每台用气设备对应的调压稳压支路一般为一用一备。每条支路由隔绝阀、快关阀、监控调压器和工作调压器组成。

(四) 计量部分

可用流量计一般有孔板、涡轮、超声波流量计。在流量计选择上，除考虑流量范围、准确度、线性度外，还应考虑管道的压力。对于大流量、用气平稳的用气设备，原则上采用超声波流量计。使用流量计必须要留有足够的直管段（表前大于 5*D*，表后大于 3*D*）。

必要时，与流量计一起配套使用的还有气相色谱仪，配合使用可进行能量计量。

(五) 气密性试验及气体置换

燃气系统的气密性试验通常在初次投用之前或系统大、小修之后进行。正常运行中，通常采用一些简易的方式来检验其气密性，例如便携式检测器，可用来检测连接部位有无泄漏。

如果需进行检修工作，首先需将检修部分系统隔绝，并用氮气置换天然气，这样无需停用整个系统，可以缩小隔绝范围，节约燃气。

二、天然气前置模块

当用气设备为燃气轮机时，每台燃气轮机机组都配置有前置模块，燃气从调压计量站出来后需经过前置模块处理。以某公司配套提供的前置模块为例，前置模块由前置过滤器、性能加热器、燃气启动电加热器、除湿器、排污箱、出口计量装置等设备组成，如图 8-3 所示。

(一) 启动电加热器和性能加热器

在燃气轮机启动初期，启动电加热器用来加热燃气，使进入燃烧室的燃气具有一定的过热度，随着燃气轮机机组负荷增加、燃气增大，启动电加热器已不能维持燃气的温度，这时性能加热器的投用条件逐渐具备，接替启动电加热器来提高和维持燃气的温度，启动电加热器退出运行。

性能加热器为管壳式，单回路，两只串联运行，其作用是加热燃气到设计所需温度，一般在 180℃左右。

燃气的出口温度可以通过调节性能加热器给水量来控制，监控人员可以在 DCS 画面上输入指令，由 DCS 系统中的调节模块转换成调节阀开关指令。

(二) 前置过滤器和除湿器

前置过滤器和除湿器的作用相同，都是进一步去除燃气中的液体成分及固体小颗粒。

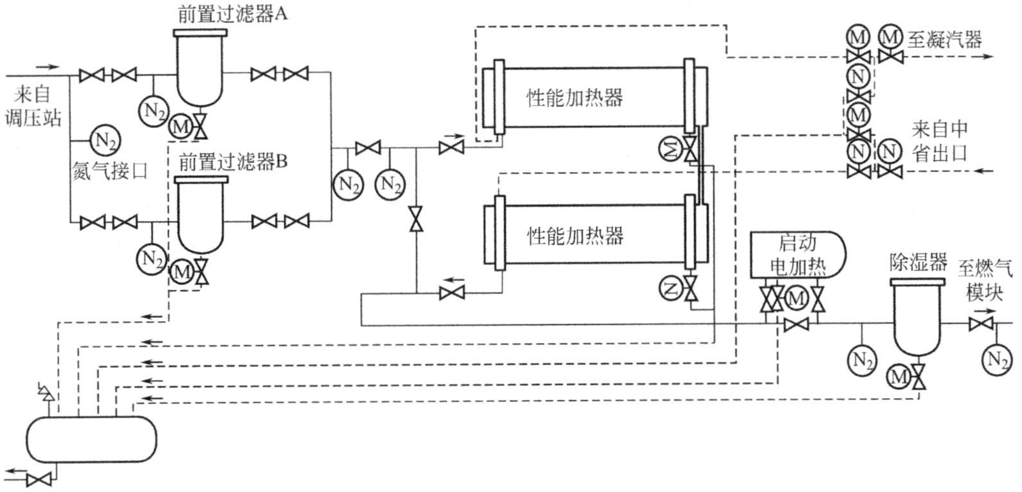

图 8-3　前置模块流程图

它们的性能直接影响了燃气轮机热通道部件的寿命。

（三）前置模块的运行

当燃气轮机机组监控人员发出机组启动指令后，前置模块就随机组投入运行。机组达到点火转速时，启动电加热器投入运行；当性能加热器达到启动条件时，性能加热器投用，启动电加热器退出运行。性能加热器投入运行中。燃气的温度应控制在设定值附近，如果过高，就会引起保护动作将性能加热器退出运行；温度过低，控制系统就会执行自动减负荷程序。因此燃气温度异常会影响机组负荷，若控制不好，可能导致机组快速减负荷。

由于前置过滤器和除湿器的液位开关均带保护，因此日常检查需注意液位，如果疏水阀故障时，可通过手动疏水阀排污。除湿器的液位异常升高还意味性能加热器的管壁可能破裂或泄漏，水进入了燃气系统，若机组不及时切断燃气，很可能会导致燃烧室、热通道等部件损坏。

进入排污箱的除了燃气中的液体和固体杂质之外，在性能加热器投用时，还有部分给水进入了排污箱，因此排污箱除了定期排污以外，在燃气轮机机组每次启动后还需排污。由于排污箱可能含有硫化氢等有害气体及其他可燃液体，排污需排到固定的容器中。

三、安全与自控

ESD 紧急停车系统按照安全独立原则要求，独立于 DCS 集散控制系统，其安全级别高于 DCS。在正常情况下，ESD 系统是处于静态的，不需要人为干预。作为安全保护系统，凌驾于生产过程控制之上，实时在线监测装置的安全性。只有当生产装置出现紧急情况时，不需要经过 DCS 系统，而直接由 ESD 发出保护联锁信号，对现场设备进行安全保护，避免危险扩散造成巨大损失。

除了 ESD 系统外，在能源站的安全监测系统中一般还包括分散式控制系统 DCS

(Distribution Control System) 和安全仪表系统 SIS (Safty Instruments System)。常规燃气数据采集及各燃气设备控制均由 DCS 系统完成。SIS 系统主要为燃气系统中报警和联锁部分，对控制系统中检测的结果实施报警动作或调节或停机控制。

燃气调压计量站厂房应有良好的通风，防止天然气泄漏后的积聚，必须有完善的可燃气体检测系统及灭火系统，使用的工器具应该为防爆型。

《燃气冷热电联供工程技术规范》中要求，能源站房内有燃气设备和管路连接处，应设置可燃气体探测报警装置，除符合现行行业标准《城镇燃气报警控制系统技术规程》CJJ/T 146 的有关规定，还应符合的规定有：当可燃气体浓度达到爆炸下限的 25%时，应报警，并应联动启动事故排风机；当可燃气体浓度达到爆炸下限的 50%时，应联锁关闭燃气紧急自动切断阀；自动报警应包括就地和主控制器处的声光提示。

第六节　主要燃气设备

参照《天然气输配工程》中描述的主要燃气设备①，本节主要介绍计量设备、调压稳压设备、过滤器、安全装置和激光甲烷检测设备。

一、计量设备

燃气冷热电系统中燃气的计量是燃气贸易的依据。燃气流量通常是指单位时间内通过某一横截面的燃气数量，以气体体积度量时称为体积流量，其单位为 m^3/h 或 m^3/s。以质量度量时称为质量流量，其单位为 kg/h 或 kg/s。燃气计量通常以某一段时间间隔内通过燃气总量来表示，即燃气的体积总量（单位为 m^3）或质量总量（单位为 kg）来进行计量，二者可统称为累积流量，又可称为积算流量。

(一) 燃气流量的测量方法

燃气流量的测量，根据所在的环境，以及各种不同的测量目的，可以采用各种各样的流量测量方法（检测技术）。常用的燃气流量测量方法有容积式的流量测量方法、差压式的流量测量方法、速度式的流量测量方法、流体振动式的流量测量方法和无接触式测量方法等。我国通行基准状态（101325Pa，20℃）下气体体积计量流量计量制，选用计量装置需遵守现行国家标准《石油液体和气体计量的标准参比条件》GB/T 17291 的相关规定。

1. 容积式的流量测量方法

这种方法与日常生活中用容器来计量液体体积的方法有点类似，其工作过程是：让燃气不断地充满具有一定容积的某"计量空间"（计量室），然后再连续地将这部分燃气送至出口输送出去，在测量过程中，将这些"计量空间"被燃气充满的次数乘以"计量空间"的体积，可以得到通过燃气流量计的体积总量。设某时间间隔内，"计量空间"被燃气充

① 严铭卿，廉乐明. 天然气输配工程 [M]: 北京，中国建筑工业出版社，2005.

满的次数为 n，“计量空间”的固定容积为 V，则该时间间隔内通过燃气流量计的体积总量为：

$$Q = nV \tag{8-14}$$

此即容积式流量测量方法的基本方程式。

2. 差压式流量测量方法

若在燃气流过的管道中安装一个使流通截面缩小的节流件，则燃气流过该节流件时会在节流件前后产生静压力差 ΔP ，设节流件处的燃气管道截面积为 F ，燃气密度为 ρ ，则根据流体力学原理可以导出燃气的体积流量 Q 为：

$$Q = CF\sqrt{2\Delta P\rho} \tag{8-15}$$

式中　C——测量系数。

若节流件前后的燃气管道截面积 F 和燃气密度 ρ 为定值，则燃气体积流量与节流件前后压差 ΔP 的平方根成正比，因此，只要测出 ΔP 就可测量出体积流量 Q ，这就是差压式流量测量方法的基本原理。

3. 速度式流量测量方法

速度式流量测量方法是以直接测量燃气管道内的燃气流动速度为依据来测量燃气流量的方法。若测出的是管道截面上的燃气平均流动速度 $\overline{v}$ ，则单位时间内燃气的体积流量 Q 为：

$$Q = F\overline{v} \tag{8-16}$$

若测出的是管道横截面上某一燃气质点的流速 v ，则燃气的体积流量 Q 为：

$$Q = KFv \tag{8-17}$$

式中，K 为横截面上的平均流速与被测质点流速的比值，即 $K = \overline{v}/v$ 。在典型的层流或紊流分布情况下，圆管横截面上流速的分布是有规律的，所以 K 为确定值。但在阀门、弯头等局部阻力后，流速分布变得不规则，K 值很难确定。因此，速度式流量测量方法要求测量燃气流速的位置（即仪表安装处）前后有足够长的直管段，使燃气在进入测点（仪表）前，其速度分布就达到典型的层流分布或紊流分布。

4. 振动式的流量测量方法

这种方法的要点在于利用流体作振动（或振荡）原理来进行流量测量。在管内流动的燃气中放置一个柱形钝体，燃气流就会在柱形钝体下游两侧产生两列有规律的漩涡，此漩涡以一定速度沿管道轴线方向运动，同时，漩涡还沿轴线的垂直方向振动，在柱体周围和下游的燃气流漩涡的振动是有规律的，而且在柱体两侧交替发生，其振动频率与流量大小存在对应关系，通过检测漩涡的振动频率，就可以测得燃气流量。

（二）燃气流量计的分类

燃气流量计按照其测量方法分为五大类。

1. 容积式流量计

容积式流量计的测量本体由测量元件和壳体组成。测量元件的运动通过机械传动机构传至积算器或通过信号传至显示仪表，以计量和显示天然气的总量。容积式燃气流量计按测量元件和测量方式可分为皮膜式燃气表、腰轮式（罗茨式）燃气流量计和湿式燃气流量计。容积式燃气流量计的特点是：测量准确度高；量程比变化范围大，安装较方便，对仪表前、后直管段长度的要求不高，但量程相对较小，传动机构比较复杂，可供流量不大的各类用户使用。

2. 差压式燃气流量计

差压式燃气流量计又称为节流式燃气流量计，由节流装置和差压计两部分组成。根据节流件的形式，又分为孔板式燃气流量计和喷嘴式燃气流量计。

差压式燃气流量计的结构简单，既适用于气态燃气，又适用于液态燃气。孔板和喷嘴已经标准化，只要严格遵照技术要求加工和安装，就可以根据计算结果制造和使用，不必单独检定。若采用非标准孔板和非标准喷嘴，则应单独检定后方可使用。差压式燃气流量计的主要缺点是测量范围窄，一般量程比为3∶1，安装要求严格，压力损失较大，燃气中的铁锈等杂质附着于节流件上时对测量精确度影响大，此外，差压计上的流量指示刻度为非线性，直观性差。

3. 速度式燃气流量计

速度式燃气流量计用叶轮来感受燃气的流动速度，所以叶轮是测量元件。叶轮的形式有平叶轮和螺旋叶轮两种，平叶轮的叶片为平直叶片，叶轮轴与燃气流动方向垂直；螺旋叶轮的叶片弯曲成螺旋状，叶轮轴与燃气流动方向平行。前者通常称为叶轮式燃气流量计，后者称为涡轮式燃气流量计。洁净燃气的小流量计量多采用叶轮式，较大的燃气流量多采用涡轮式。

速度式燃气流量计的测量精确度较高；测量范围较宽，最大可达15∶1；动态响应好，即惰性小；压力损失较小；能耐较高的工作压力和工作温度；当仪表发生故障时，不影响管道内燃气的正常输送。但制造精度和组装技术要求较高，所有叶片必须仔细加以平衡，轴承的摩擦力必须很小，使用安装要求较高。

4. 振动（荡）式燃气流量计

振动式燃气流量计又称振荡式燃气流量计或漩涡式燃气流量计。对燃气流动进行强迫振荡而产生进动型漩涡的仪表称作旋进漩涡式燃气流量计；燃气流动形成自然振荡的分离形漩涡的仪表称作涡列式燃气流量计或涡街式燃气流量计。涡街式燃气流量计按照漩涡发生体的形状，又分成圆柱形涡街式燃气流量计和三角柱型涡街式燃气流量计两类。

振动式燃气流量计内没有活动部件，不易损坏，构造简单，使用寿命长，维护较方便；测量精确度高，可达到1%；线性测量范围宽，量程比可高达30∶1，漩涡产生的频率只与燃气流速有关，几乎不受燃气温度、压力、密度、成分和黏度变化的影响。仪表输出频率信号很容易实现数字化测量以及与计算机联用，所以漩涡式燃气流量计，尤其是涡街式燃气流量计，具有广阔的市场前景。但是，燃气流速分布情况和脉冲流会影响测量的精确度，当漩涡发生体被燃气杂质粘附时，将给测量结果带来误差。

5. 超声波燃气流量计

声波是一种机械波，当它的振动频率在20～20kHz范围内时，可为人耳所听到，称为可闻声波；低于20Hz的机械振动人耳不可闻，称为次声波；频率高于20kHz的机械振动称为超声波。超声波有许多不同于可闻声波的特点：它的指向性很好，能量集中，因此穿透本领大，如能穿透几米厚的钢板而能量损失不大；在遇到两种介质的分界面时，能产生明显的反射和折射现象，这一现象类似于光波。超声波的频率越高，其声场的指向性就越好，与光波的反射、折射性就越接近。

声波的传播方式可分为纵波、横波和表面波三种。按超声波的波形，又可分为连续超声波和脉冲波两种。连续超声波是指持续时间比较长的超声振动，而脉冲波是指持续时间只有几十个重复脉冲的超声波。为了提高分辨率，减少干扰，超声波传感器多采用脉冲超声波。

超声波流量计由超声波换能器、电子线路及流量显示和累积系统三部分组成。超声波发射换能器将电能转换为超声波能量，并将其发射到被测流体中，接收器接收到的超声波信号，经电子线路放大并转换为代表流量的电信号供给显示和积算仪表进行显示和积算。这样就实现了流量的检测和显示。

超声波流量计常用压电换能器。它利用压电材料的压电效应，采用适合的发射电路把电能加到发射换能器的压电元件上，使其产生超声波振动。超声波以某一角度射入流体中传播，然后由接收换能器接收，并经压电元件变为电能，以便检测。发射换能器利用压电元件的逆压电效应，而接收换能器则是利用压电效应。

超声波流量计换能器的压电元件常做成圆形薄片，沿厚度振动。薄片直径超过厚度的10倍，以保证振动的方向性。压电元件材料多采用锆钛酸铅。为固定压电元件，使超声波以合适的角度射入到流体中，需把元件放入声楔中，构成换能器整体（又称探头）。声楔的材料不仅要求强度高、耐老化，而且要求超声波经声楔后能量损失小即透射系数接近1。常用的声楔材料是有机玻璃，因为它透明，可以观察到声楔中压电元件的组装情况。另外，某些橡胶、塑料及胶木也可作声楔材料。

超声波流量计的电子线路包括发射、接收、信号处理和显示电路。测得的瞬时流量和累积流量值用数字量或模拟量显示。

根据对信号检测的原理，目前超声波流量计大致可分传播速度差法（包括：直接时差法、时差法、相位差法、频差法）、波束偏移法、多普勒法、相关法、空间滤波法及噪声法等类型。其中噪声法（听音法）是利用管道内流体流动时产生的噪声与流体的流速有关的原理，通过检测噪声表示流速或流量值。其原理及结构最简单，便于测量和携带，价格便宜但准确度较低，适于在流量测量准确度要求不高的场合使用。由于直接时差法、时差法、频差法和相位差法的基本原理都是通过测量超声波脉冲顺流和逆流传播时速度之差来反映流体的流速的，故又统称为传播速度差法。其中频差法和时差法克服了声速随流体温度变化带来的误差，准确度较高，所以被广泛采用。按照换能器的配置方法不同，传播速度差不同，又分为：Z法（透过法）、V法（反射法）、X法（交叉法）等。波束偏移法是利用超声波束在流体中的传播方向随流体流速变化而产生偏移来反映流体流速的，低流速时，灵敏度很低适用性不大。多普勒法是利用声学多普勒原理，通过测量不均匀流体中散射体散射的超声波多普勒频移来确定流体流量的，适用于含悬浮颗粒、气泡等流体流量测量。相关法是利用相关技术测量流量，原理上，此法的测量准确度与流体中的声速无关，因而与流体温度、浓度等无关，因而测量准确度高，适用范围广。

（三）燃气流量计的参数

1. 公称直径

公称直径是指为了与燃气管道连接而人为规定的燃气流量计的标准内径，又称为公称通径，用符号 *DN* 表示，其单位为毫米。公称直径系列一般为15、25、40、50、80、

100、150、200、250、300、400、500 等，$DN \leqslant 50$ 时称为小直径，$50 < DN \leqslant 150$ 时称为中等直径，$DN > 150$ 时称为大直径燃气流量计。

2. 额定流量

每种燃气流量计在规定技术性能或最佳技术性能时的燃气流量值称为该燃气流量计的额定流量，又称作公称流量，其单位一般为 m^3/h。生产厂通常按国家标准确定的流量系列制造流量计。根据额定流量的大小又可将流量计分为微流量（$Q \leqslant 60L/h$）、小流量（$60L/h < Q \leqslant 20m^3/h$）、一般流量（$20m^3/h < Q \leqslant 1000m^3/h$）和大流量（$Q > 1000m^3/h$）。

3. 流量范围、量程和量程比

流量范围是指燃气流量计在正常使用条件下，测量误差不超过允许值时可测的最大流量与最小流量的范围；最大流量与最小流量的代数差称为流量计的量程；最大流量与最小流量的比值称为流量计的量程比。

流量范围、量程和量程比都是描述流量计测量范围的参数。量程是流量范围的定量描述参数，量程比则是不同流量范围的流量计之间进行宽窄比较的一个参数，量程比大说明可测量的流量范围宽，反之则说明流量计可测量的流量范围窄。一般情况下，一台流量计的流量范围越宽，性能越好。流量范围和量程比通常由生产厂给出。同一生产厂制造的同一类流量计，其量程比一般是相同的。

4. 基本误差、准确度和准确度等级

燃气流量计在规定的正常工作条件下所确定的测量范围最大误差的绝对值 Δ_{max} 和该流量计的测量上限或量程 x_m 之比值，称为该流量计的基本误差 δ_j 。燃气流量计的基本误差通常用下式表示：

$$\delta_j = \frac{|\Delta_{max}|}{x_m} \times 100\% \tag{8-18}$$

燃气流量表的基本误差表征了流量表在规定的正常条件下所具有的误差，它能很好地说明燃气流量计的准确度。

流量计的示值接近于被测燃气实际流量值的程度，称为燃气流量计的准确度（又称精确度或精度），基本误差越小，准确度越高。将准确度大小划分为等级称为燃气流量计的准确度等级（精确度等级或精度等级）。将允许的基本误差去掉“%”后的数值即表示燃气流量计的准确度等级。国家对流量计规定的准确度等级系列有 0.02、0.05、0.1、0.2、1.0、1.5、2.5、4.0 和 5.0 等。

流量计的准确度等级是评价流量计质量优劣的最重要技术指标之一，数值越小，流量计的准确度越高，准确等级也越高。燃气流量计的准确度等级一般不应低于 1.5。

5. 压力损失

燃气流量计的压力损失是指燃气流过流量计时所引起的不可恢复的压力值。压力损失通常用燃气流量计进口与出口之间的静压差来表示。压力损失随流量大小而变化。压力损失是衡量燃气流量计测量成本高低的一项重要技术指标，压力损失越小，燃气流动的能量消耗越小，输送燃气所需的能量损失越小，测量成本越低，燃气输送就越经济。

6. 流量计特性曲线

燃气流量计的特性曲线是反映燃气流量计的性能随流量变化而变化的曲线。常用的特性曲线有多种形式，例如，表示流量计测量误差随流量Q而变化的关系曲线，这种曲线一般称为误差特性曲线。又如，表示压力损失随流量Q而变化的关系曲线，称为压力损失特性曲线，其他如流量系数特性曲线、仪表系数特性曲线等。

7. 流量系数

通过燃气流量计的实际流量与理论流量的比值称为流量计的流量系数。影响流量系数的因素比较复杂，很难通过理论分析确定，一般只能由实验得到，在选用燃气流量计时，一般由产品说明书上查得。

8. 仪表系数

燃气流量计的仪表系数表示通过流量计的单位体积燃气流量所对应的信号脉冲数。对于脉冲信号输出类型的燃气流量计（如漩涡式燃气流量计，涡街式燃气流量计等），仪表系数是一个重要参数，同时也是这类燃气流量计的测量元件与显示仪表相互联系的依据。仪表系数由生产厂通过试验确定。燃气的输送温度和输送压力的变化对仪表系数有明显的影响。

9. 灵敏度

燃气流量计对被测燃气流量值变化的反应能力称为灵敏度，又称灵敏限，当输入与输出量纲相同时，又称放大比或放大系数（分辨率）。对于瞬时流量计和具有脉冲输出的流量计，其灵敏度k往往用流量计的指示增量ΔL与被测流量的变化增量ΔQ之比来表示，即$k=\Delta L/\Delta Q$。对于显示累积流量的流量计则往往采用始动流量（灵敏限）来表示其灵敏度。

10. 线性度

流量计的线性度是指在全部流量范围内的特性曲线偏离最佳拟合直线程度的量度，有时用线性误差来表示。当仪表的灵敏度在整个测量范围内为常数时，此仪表为线性。对于用仪表系数S来评定流量计特性的脉冲输出燃气流量计，其线性度通常用全部流量范围的仪表系数对仪表系数平均值的最大偏差ΔS与仪表量程X_m的比值（$\Delta S/X_m$）来表示。

11. 工作压力和工作温度

燃气流量计的工作压力是指流量计在运行条件下长期准确计量所能承受的最大压力；燃气流量计的工作温度是指流量计在运行条件下长期准确计量所能承受的最高温度和最低温度。

12. 重复性

燃气流量计的重复性表示用该流量计连续多次测量同一流量时给出相同结果的能力。要特别强调重复性与准确度的区别。准确度表示燃气流量计测量值接近真值的能力。一台流量计的重复性能差，其准确度必然差，但重复性能好的燃气流量计，也可能给出相同的不准确的测量结果。

（四）燃气流量计的选用

1. 选用的基本条件

选用燃气流量计时应从技术、经济和维护管理三方面加以综合考虑。技术方面首先要考虑燃气流量计的实用性和需要满足的计量精度，即流量计的各项技术性能是否符合实际工作条件和计量要求，例如燃气流量计适应燃气类别与状态（或气态）、流量测量范围、计量精度、工作压力和公称直径等均应满足所要计量燃气的要求。经济方面除了考虑流量计的实际价格外，还应考虑流量计的压力损失、准确度以及安装时的复杂程度。对于技术性能和经济性满足使用要求的燃气流量计，再用维护管理的难易程度、流量计使用寿命的长短来判断，经综合分析选用最佳的燃气流量计。既要避免盲目追求先进，造成货源不落实、不通用，无法维修；又要避免只考虑经济，使所采用计量表不能满足计量要求，造成经济纠纷。

2. 燃气冷热电联供系统燃气流量计的选用

由城市低压燃气管网供气的燃气冷热电联供系统用户，其燃气流量计的工作条件与商业用户相似，可以采用皮膜式燃气表。若用户的用气量大于 $100m^3/h$，而且安装条件能满足要求时，也可选用腰轮式或涡（叶）轮式燃气流量计。

由城市中压或高压燃气管网供气的燃气冷热电联供系统用户，一般均将燃气流量计安装在厂区燃气计量站内，也可以设置单独的燃气计量间，因为流量计的压力损失对选用影响甚微，所以，一般均采用涡轮式燃气流量计、差压式燃气流量计或涡街（振动）式燃气流量计。当前，主要采用差压式燃气流量计，因其结构简单，使用寿命长，标准化节流装置不需单独标定，差压计的系列配套齐全。但其测量范围窄，量程比小，对用气量波动范围较大的用户不适应，而且刻度为非线性，量值指示不直接。涡轮式燃气流量计和振动式（尤其是涡街式）燃气流量计既具有差压式燃气流量计的优点，又能克服差压式流量计的缺点，所以是具有广泛应用前景的燃气流量计，发展较快，显示仪表电子线路也已经成熟，目前已被普遍选用。对流量测量要求较高的地方，可选用超声波流量计。

另外，多年来我国天然气贸易计量一直是在法定的质量指标下按体积计量，即按立方米计价，并未考虑热值因素。行业标准规定以温度 293.15K（20℃）、压力 101.325kPa 时的状态为天然气计量标准状态。国际天然气贸易历经了体积计量和能量计量两个阶段。不同国家还根据自身的特点采取了不同的技术路线。日本绝大多数天然气资源为进口，同时还大量进口液化石油气，日本采用了在接收站掺混液化石油气统一热值的技术方案，天然气热值统一为 $46.05MJ/m^3$，实质上是以能量计量。法国采用“kWh”作为燃气贸易结算单位。欧洲其他国家，例如英国、德国、意大利等同样使用“kWh”作为天然气消费结算单位。国际 LNG 贸易结算单位采用“百万 BTU”（BTU——英国能量单位，一个 BTU 定义为在标准压力下将 1lb 纯水从 58.5℉加热至 59.5℉所需要的能量。通常一个 BTU 是 1lb 水升高 1℉温度所需要的能量。）未来，采用能量计量方式作为燃气冷热电联供系统的贸易结算方式应是发展方向。①

二、调压稳压设备

燃气供应系统的压力工况一般采用调压器控制，其作用是根据需求情况将管道的压力调节至用户所需的压力。调压器一般由敏感元件、控制元件、执行机构和阀门组成。

（一）调压器的工作原理

燃气供应系统的压力工况是利用调压器来控制的，调压器的作用是根据燃气的需用情

① 白丽萍，孙明烨，陈皖华等. 天然气贸易能量结算方式探讨：煤气与热力 [J]. 2010，30（3）：39-41.

况将燃气调至不同压力。

在燃气输配系统中，所有调压器是将较高的压力降至较低的压力，因此调压器是一个降压设备。

气体作用于薄膜上的力可按下式计算：

$$N = F_a P = cFP \tag{8-19}$$

式中　N——气体作用于薄膜上的移动力；

F_a——薄膜的有效面积；

P——作用于薄膜上的燃气压力；

c——薄膜的有效系数；

F——薄膜表面在其固定端的投影面积。

调节阀门的平衡条件可近似认为

$$N = W_g \tag{8-20}$$

式中　W_g——重块的质量。

当出口处的用气量增加或入口压力降低时，燃气出口压力 P 降低，造成 $N<W_g$，失去平衡。此时薄膜下降，使阀门开大，燃气流量增加，使压力恢复平衡状态。

当出口处用气量减少或入口压力增加时，燃气出口压力 P 升高，造成 $N<W_g$，此时薄膜上升，带动阀门使开度减小，燃气流量减少，因此又逐渐使压力恢复到原来的状态。

可见，不论用气量及入口压力如何变化，调压器可以通过重块（或弹簧）的调节作用，经常自动地保持稳定的出口压力。因此，调压器和与其连接的管网是一个自调系统。

该自调系统的工作就是首先由薄膜测出出口压力，然后通过薄膜将这个压力和重块（或弹簧）力进行比较，依靠两者之间的差值，通过薄膜及其悬吊的阀杆带动阀芯上下移动，调节调压器出口处的管道压力。因此，该自调系统由测量元件（或称敏感元件）、传动装置、调节机构和调节对象（与调压器出口连接的燃气管道）所组成。

（二）调压器的分类

调压器通常分为直接作用式（自力式）和间接作用式（指挥器操纵）两种。直接作用式调压器只依靠敏感元件（薄膜）所感受的出口压力的变化移动调节阀门进行调节。敏感元件就是传动装置的受力元件。使调压阀门移动的能源是被调介质。在间接作用式调压器中，燃气出口压力的变化使操作机构（例如指挥器）动作，接通能源（可为外部能源，也可为被调介质）使调节阀门移动。间接作用式调压器的敏感元件和传动装置的受力元件是分开的。

按用途或使用对象可以分为区域调压器、专用调压器及用户调压器。按进出口压力分为高高压、高中压、高低压调压器，中中压、中低压调压器及低低压调压器。按结构可以分为浮筒式及薄膜式调压器，后者又可分为重块薄膜式和弹簧薄膜式调压器。

若调压器后的燃气压力为被调参数，则这种调压器为后压调压器。若调压器前的压力为被调参数，则这种调压器为前压调压器。城市燃气供应系统通常多为后压调压器调节燃气压力。

燃气冷热电联供系统一般适合选用直接作用式调压器。

（三）调压器的技术要求

在计算通过调压器调节阀门的气体流量时，通常以流量系数 C_g 来反映其阻力特性。若进口温度不变时，且调压器的流量特性处在临界状态，体积流量仅与进口绝对压力成正比；若进口温度不变时，且调压器的流量特性处在亚临界状态，体积流量取决于进口和出口绝对压力。由于通过调节阀口前后气体状态变化比较复杂，在实际工程应用中调压器的通过能力及其调节特性难于用理论计算的方法确定，一般按标准状态（0.101325MPa，273.16K）对调压器进行静特性试验，求出其压力（P_1 和 P_2）与流量（q）之间的关系曲线。

1. 流量系数

燃气流经调压器的调压过程，可视为通过调节阀孔前后的可压缩流体因局部阻力而发生状态变化。

若按绝热流动来考虑，则调压器的体积流量可由以下公式确定：

（1）临界流动状态 $\left(\nu=\dfrac{P_2+P_0}{P_1+P_0}\leqslant 0.5\right)$

$$q=69.7C_g\frac{P_1+P_0}{\sqrt{d(t_1+273)}} \tag{8-21}$$

（2）亚临界流动状态 $\left(\nu=\dfrac{P_2+P_0}{P_1+P_0}>0.5\right)$

$$q=69.7C_g\frac{P_1+P_0}{\sqrt{d(t_1+273)}}\sin\left[K_1\sqrt{\frac{P_1-P_2}{P_1+P_0}}\right] \tag{8-22}$$

式中 ν——临界压力比，取空气流经阀门的 ν 为 0.5；

q——通过调压器的基准状态（0.101325MPa，20℃）下的气体流量，m^3/h；

P_0——标准大气压力，0.101325MPa；

P_1、P_2——调压器进、出口处气体的表压力，MPa；

t_1——调压器前气体的温度，℃；

d——基准状态下气体的相对密度，空气 $d=1$；

C_g——流量系数，指调压器全开启时，进口压力为 1psia（0.00689MPa），温度为 60℉（15.6℃），在临界状态下所通过的以 ft^3/h（$0.02875m^3/h$）为单位的空气流量；按测试工况下 C_g 的平均值由厂家提供；

K_1——形状系数，按测试工况下 K_1 的平均值由厂家提供。

第一次测试（空气作介质）的 K_1 可由以下公式求得：

1）临界流动状态：

$$\frac{P_2+P_0}{P_1+P_0}\leqslant\frac{K_1^2-8100}{K_1^2} \tag{8-23}$$

2）亚临界流动状态

$$K_1=\frac{\sin^{-1}\left[\dfrac{q\sqrt{d(t_1+273)}}{69.7C_g(P_1+P_0)}\right]}{\sqrt{(P_1-P_2)/(P_1+P_0)}} \tag{8-24}$$

2. 大流量调压器在部分开度下的流量系数

$$C_{gx}=\frac{q\sqrt{d(t_1+273)}}{69.7(P_1+P_0)\sin\left(K_1\sqrt{\frac{P_1-P_2}{P_1+P_0}}\right)} \tag{8-25}$$

调压器通过流量大小与调节阀的行程（开启度）一般呈直线、抛物线和对数曲线关系。为了求得调压器在不同开启度下的流量系数（C_{gx}），可通过相关阀门流量特性曲线作图求出。

部分开度下的流量系数通常表示为全开时流量系数的百分数 Y，而调节元件位置则以最大行程（由机械限位器限制）的百分数 X 表示。为了选用方便，调压器厂家一般都按公称通径（DN）相应列出 P_1、P_2 和 q 关系表（数表或图表），此处 q 只能视为调压器在可能的最小压降和调压阀完全开启条件下的额定流量。

在流体力学研究与测试技术中，以水为介质测试流量参数亦广泛被采用。若调压器调节阀的容量以流通能力 C 值表示，则 C 定义：密度为＝1000kg/m³，压力为 0.0981MPa 时，介质流经调节阀的流量（m³/h）。实际选用调压器时，可用如下公式确定流通能力 C 值：

（1）临界流动状态 $\left(\nu=\frac{P_2+P_0}{P_1+P_0}\leqslant 0.5\right)$

$$C=\frac{q}{3365.1}\sqrt{\frac{\rho_0 Z(t+273)}{P_1+P_0}} \tag{8-26}$$

（2）亚临界流动状态 $\left(\nu=\frac{P_2+P_0}{P_1+P_0}>0.5\right)$

$$C=\frac{q}{3874.9}\sqrt{\frac{\rho_0 Z(t+273)}{(P_1+P_0)^2-(P_2+P_0)^2}} \tag{8-27}$$

式中　C——调节阀的流通能力，t/h；

q——在基准状态下（P＝0.101325MPa，T＝293.16K）时的气体流量，m³/h；

t——气体流动温度，℃；

ρ_0——在基准状态下气体的密度，kg/m³；

P_1、P_2——调压器进、出口处气体的表压力，MPa；

Z——气体的压缩因子。

3. 静特性

静特性是表述调压器出口压力 P_2 随进口压力 P_1 和流量 q 变化的关系。在进口压力 P_1 和设定出口压力 P_2S 为定值时，通过先增加流量后降低流量进行往返检测，就可得到出口压力 P_2 随流量变化的曲线，并要求该曲线具有较高的重复性。改变进口压力（P_{1min}～P_{1max}）重复上述试验步骤，则可以得到调压器在同一设定出口压力 P_2S 时各不相同进口压力 P_1 下的许多静特性线簇，并可绘出静特性线簇 q-P_2 坐标图。

根据上述测试，按照《城镇燃气调压器》CB 27790-2011 规定的方法进行分析，就可以得到调压器以下指标：稳压精度（A），稳压精度等级（Ac）、关闭压力（Pb）、关闭压力等级（SG）、关闭压力区和关闭压力区等级（SZ）。

三、过滤器

按照燃气气质现行国家标准《天然气》GB 17820、《液化石油气》GB 11174、《油气田液化石油气》GB 9052.1 和《人工煤气》GB 13612 中规定的杂质含量指标可知，天然气和液化石油气无游离水和其他杂质，而人工燃气的允许杂质含量中含有焦油灰尘、氨和萘，这些杂质（甚至是饱和水蒸气组分），对调压器、流量计及其他仪表会有腐蚀、污染和堵塞的作用。为了保证调压、计量系统的正常运行，必须根据不同燃气气质选择相应的过滤器，在调压、计量之前把固体颗粒和液态杂质截留和排除。

过滤器的除尘效果可用净化率 η 和透过率 D 来表示，即：η 为过滤器后除尘量与过滤器前未除尘气体绝对含尘量之比；D 为过滤后被除尘气体含尘量与过滤器前未除尘气体含尘量之比。不同的仪表和设备允许或可以接受的颗粒物粒度范围有所不同。例如，不同形式的流量计对颗粒物的要求有很大的不同，一般为 5～50μm，其中涡轮流量计对粒度要求比较高，为 5～20μm，而超声波流量计允许粒度可放宽至 50μm 或以上。又如，调压器（间接作用式）根据阀口的形式和材料以及消声器结构的不同，其粒度要求一般为 20～50μm，其中指挥器的要求高一档次，为 2～5μm，自身还带有过滤网。当然，颗粒物清除的指标越高对设备和仪表的保护越有利，但是增加了除尘设备容量和过滤器的阻力，为此检修频繁、工作量大。所以，应根据设备情况合理地确定固体杂质的清除精度和过滤效率。

在调压设施中，调压器前一般选用精度为 5～100μm 的过滤器，形式有两类，即填料式和滤芯式。

（一）填料式过滤器

一般选用纤维细而长、强度高的材料作为填料，如玻璃纤维、马鬃等。装入前应浸润油脂，以提高过滤效果。

填料过滤器一般用在中低压系统中较多，用以过滤燃气中的固体悬浮物杂质。

（二）滤芯式过滤器

滤芯式过滤器由外壳和滤芯构成。外壳多为圆筒形，能截留较多的液态污物，并设有排污口，可定期在线排污。滤芯是一定规格网目的防锈金属丝网，其阻力或过滤效果与网目疏密度有关，一般通过滤芯材料的阻力：初状态时为 250～1000Pa，终状态时可取 10000～40000Pa，通过测压口测量压力降判定是否需要清洗滤芯。

（三）管道过滤器

管道过滤器实际上就是滤芯式结构的过滤器，又称过滤阀，按《通用阀门压力试验》GB/T 13927 规定的各项要求对阀体进行检验，选用时必须与调压器前管道的各项参数相匹配。其与上述两种过滤器的不同之处在于过滤阀截留污物腔体的容积小，并要经常拧松法兰盖螺钉以清洁滤芯。

四、安全装置

由于调压器失灵，会使调压器失去自动调节及降压能力。燃气就会未经调压由进口直接流向出口，造成调压器后的燃气系统超压。如系统超压就会损坏下游设备，发生管道、设备漏气或引起燃具不完全燃烧，直接危及用户的安全。在燃气管道系统上应设置必要的安全装置，一般包括超压切断阀、超压放散阀、监控式调压器、旁路管道、放散管道等。

（一）超压切断阀

燃气工艺设计时，应在调压器进口（或出口）处设防止燃气出口压力过高的超压切断阀（除非调压器本身自带可不设），作为系统的安全装置。超压切断阀属于非排放式安全保护装置，并且宜选人工复位型。

超压切断阀是一种闭锁机构，由控制器、开关器伺服驱动机构和执行机构构成，信号管与调压器出口管路相连，在正常工况下常开。安全保护装置内的压力一旦高于或低于设定压力上限（或下限）时，气流就会在此处自动迅速地被切断，而且关断后又不能自行开启，它始终要安装在调压器的前面。

（二）超压放散阀

在调压工艺中，燃气超压放散阀属于排放式安全装置。鉴于排入大气的燃气不仅污染环境，也多多少少浪费了资源，因此一般采用微启泄压排放方式。

超压放散阀由控制器、伺服驱动机构和执行机构构成，必要时还加上开关器。正常工况下常闭，一旦在其所连接的管路内出现高于设定上限压力时，执行机构动作，将超压气体自动泄放，经放空管排入大气。当管路的压力下降到执行机构动作压力以下时，超压放散阀就自动关闭。通常，将其安装在调压器下游出口管路上。

现行欧洲标准 EN12186 推荐设置采用超压切断阀（第一安全装置）加上超压放散阀（第二安全装置）组合模式，并需满足如下要求：

（1）调压器入口最大上游工作压力 MOPu≤0.01MPa 或 MOPu≤（MOPd）max 调压器出口事故压力时，可不使用安全装置；

（2）调压器入口 MOPu>（MOPd）max 时，只装一个无排气的安全装置，即可选用超压切断阀和监控式调压器，若再选超压放散阀则只许微启排放；

（3）调压器入口 MOPu 与调压器出口最大下游工作压力 MOPd 的压差大于 1.6MPa，并且 MOPd 大于出口管道强度试验压力 STPd 时，应安装两套安全装置，即超压切断阀加上超压放散阀（全流量排放），其目的是为了增加安全性。

（三）监控式调压器

监控式调压器一般与工作调压器形式、规格一致，工艺布置是串联设置。监控式调压器给定出口压力略高于工作调压器的出口压力。因此，正常情况下，监控式调压器的阀口是全开的。当工作调压器失灵，出口压力上升到监控式调压器的给定出口压力时，监控式调压器投入运行，从而防止出口压力的继续升高。

（四）旁通管道

凡不能间断供气的调压装置均应设置旁通管道，以便在调压器检修时使用。

（五）放散管

《燃气冷热电三联供工程技术规程》CJJ 145-2010 相关条款规定如下：

5.3.1　燃气管道应装设放散管、取样口和吹扫口。

5.3.2　燃气管道吹扫口的位置应能满足将管道内燃气吹扫干净的要求。

5.3.3　燃气管道放散管的管口应高出屋脊（或平屋顶）1m 以上，且距地面的高度不应小于 4m，并应采取防止雨雪进入管道和放散物进入房间的措施。

燃气冷热电联供系统中能源站均应设置燃气管道放散管，作为特殊情况下的最终手段，在切断燃气入口阀门后，将燃气管道内储存的燃气放散，避免恶性事故的发生和蔓延。

五、激光甲烷检测设备

目前检测甲烷气体的方法有载体催化式传感法、热导检测法、气敏传感法以及气相色谱法等多种。载体催化型检测法有灵敏度高、响应时间短、受湿度和温度影响小、结构坚固、便于使用、价格低廉等一系列优点，但其测量范围小、易受硫化物的中毒，以及存在零点漂移和灵敏度漂移问题；热导法结构比较简单，但具有零点漂移、易受水蒸气和氧气浓度的影响等缺点；气敏传感法具有灵敏度高、能耗少、寿命长等优点，不存在载体催化元件中毒影响等问题，其缺点也较明显：一是选择性差，尤其是受水蒸气影响严重，虽然通过添加某些材料或改变反应温度可以适当提高其选择性，但作用不大；二是线性测量范围窄，测量可燃性气体浓度的精度较差；气相色谱法是利用物理分离分析技术来检测可燃性气体浓度，其缺点是难以进行现场实际操作。

检测甲烷气体泄漏目前已知最先进的方法是可调谐半导体激光吸收光谱（TD-LAS）技术检测气体浓度。国外在这方面的研究比较多，国内近几年也出现了这方面的研究。

（一）主要技术原理

基于激光吸收光谱的物质检测原理，光源作用在物质分子上，与物质分子发生相互作用产生定量吸收，通过检测光通量或相关变化量的大小，实现特定波长下的光吸收检测，然后通过调制激光器的出射激光波长，实现对不同波长下光吸收量的检测，获得物质的吸收光谱并反演获得物质的浓度信息，从而实现物质的定性定量检测。根据直接检测量的不同，目前常用的基于吸收光谱的物质检测手段主要有三种：一是直接检测透射光谱，反演获得物质在特征波长处的吸收光谱及光吸收量，实现物质的定性定量检测。二是光热探测，即检测分子在不同波长的光作用下产生的热量变化。分子在吸收电磁波能量发生能级跃迁之后，会迅速的以热的形式将这部分能量释放出来，从而使分子产生热辐射变化，热辐射的变化量与物质的分子数目有关，通过探测热辐射的大小实现物质检测。三是光声探测，即检测分子在不同波长的光作用下产生的声波信号实现物质的检测。当作用在物质分子上的光波长受到周期性调制时，分子释放出的热辐射也随调制波长周期性变化，热辐射变化造成分子体积出现周期性热膨胀，产生声波信号，声波信号的幅度与物质分子的数量相关，通过检测声波信号的大小实现物质的检测。

不同气体分子，对特定波长的光都有吸收特性，光强因吸收特性发生变化，变化程度与气体浓度成正比。激光吸收光谱探测仪利用了甲烷分子对特定波长强吸收的特点，即激光束穿过甲烷气体时，导致激光的强度产生衰减，激光强度的衰减与被测气体浓度成正比。

图 8-4 为激光甲烷气体的光谱图，激光甲烷气体在光谱仪上显示，在 1653nm 附近，有强烈的吸收峰，这就是激光甲烷气体传感器应用的光谱线。

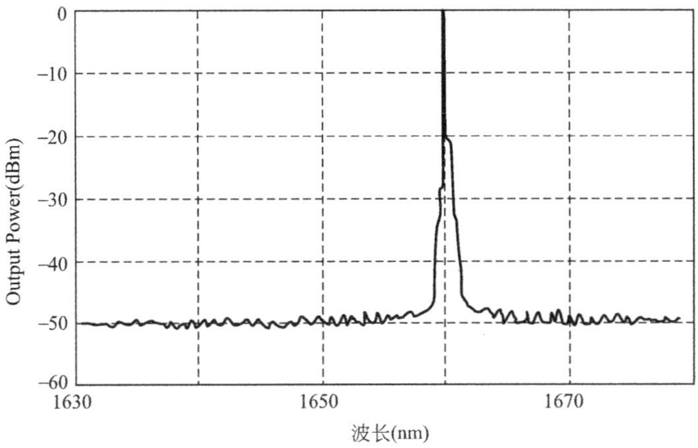

图 8-4　激光甲烷气体光谱图

（二）激光甲烷气体检测仪与传统气体检测仪的性能比较

在气体传感器发展历程中，人们常把应用热催化技术、电化学技术探测气体的传感器，称作为第一代气体传感器；应用红外技术探测气体的传感器，称作为第二代气体传感器；应用激光光谱探测气体的传感器，称作为第三代气体传感器。其性能比较如表 8-10 所示。

性能比较表　　表 8-10

序号	比较项目	热催化 第一代	红外(NDIR) 第二代	激光(TDLAS) 第三代
1	精度	差	好	好
2	量程范围	低量程	全量程	全量程
3	响应时间	20s	20s	5s
4	误报率	高	高	低
5	标定周期	14d	1a	5a

续表

序号	比较项目	热催化 第一代	红外(NDIR) 第二代	激光(TDLAS) 第三代
6	使用寿命	2a	5a	5～8a
7	选择性	差	差	好
8	成本	低	中	高

(三) 激光甲烷气体检测仪应用特点与主要应用场景

1. 主要应用特点

(1) 点式监测——无源感知，本质安全

应用激光技术，制作“点式”气体传感器。可以做成分布式气体传感器，这种类型的传感器探头可以做成“无源点式”探头，即感知气体探头，不带电，属于本质安全型，如图 8-5 所示，探头输出端是光纤。

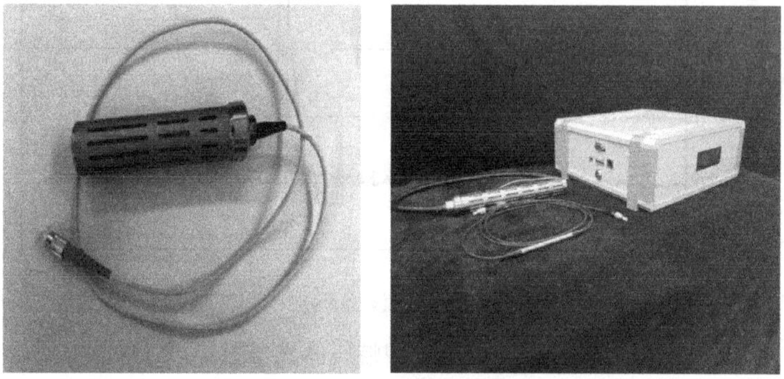

图 8-5　点式激光气体传感器

探头与主机之间的连线是光纤，长度可达 2～3km，可以把探头安放在危险区域，把主机放在监控室中。

(2) 线束监测——远距离遥测，主动防护

应用激光技术制作“线束”气体传感器，依靠线束感知气体浓度。比如，手持式激光甲烷遥测仪，如图 8-6 所示；定点激光甲烷气体巡检仪等，如图 8-7 所示。这种产品打破了传统气体传感器，靠空气扩散，被动感知气体的存在，这个激光束照射到哪里，就可以感知那里的气体浓度。

(3) 感知迅速，反应更快

激光线束式产品的响应时间都小于 1s，激光点式传感器的响应时间一般为 3～5s，而传统的气体传感器都在 20s 以上。

(4) 抗干扰强，避免误报，选择性好

激光气体传感器是靠光谱技术制造的，一个光谱对应一个气体成分。因此，激光气体传感器的选择性好，不会产生误报，抗干扰性能力强，特别适合于天然气、瓦斯气等场合应用。

图 8-6　手持式激光甲烷遥测仪

图 8-7　定点激光甲烷气体巡检仪

（5）可实现气体浓度的全量程检测

传统的气体传感器，例如热催化技术的瓦斯传感器或燃气传感器，当现场气体浓度超过 5%VOL，就会发生失效中毒现象。而激光气体传感器可以实现全量程 0～100%VOL 测试。

（6）抗湿度性好、稳定性好，寿命更长

在湿度较大的工业场所，传统的气体传感器都会发生检测漂移或误报（红外气体传感器），例如在煤矿环境下，传统瓦斯气体传感器，都不能稳定地工作。

2. 激光甲烷检测的主要应用领域

（1）石油化工：石油原油储罐、成品油储罐、LNG 储罐及管道泄漏的在线监测和巡检工具，石油化工生产装置泄漏在线监测。

（2）煤矿及煤化工：煤矿瓦斯、瓦斯发电、煤巷道巡检、煤化工等。

（3）城市燃气：燃气门站、调压站、阀室和地下管线巡检。

（4）城市地下管廊：管廊可燃及有毒气体在线检测及管廊巡检。

第九章　辅助系统

本章重点介绍燃气冷热电联供工程的辅助系统，主要包括烟风系统、通风系统、消防及环保等的设计原则、计算方法、技术措施、主要设备选择等。

第一节　烟风系统

烟风系统是能源站燃烧设备安全可靠运行的重要组成部分，为保证燃烧，必须为燃烧设备提供充足的空气，并能及时排除燃烧设备产生的燃烧产物。燃气冷热电联供工程使用的燃气内燃机、燃气轮机、微燃机等一般均为正压燃烧，在进行烟风系统设计时应进行通风计算，并合理布置烟风系统。

一、烟风道、烟囱设置原则

烟风道、烟囱设计应根据烟风系统及厂房布置条件进行，做到运行安全可靠、技术先进、经济合理、安装维修方便和可能条件下的美观。主要设计原则、注意事项如下①②：

（1）能源站发电机组排烟背压一般较高，但需经过消声装置、余热利用设备，甚至加装烟气冷凝设施等，因此需要根据设备参数，详细计算烟气系统阻力，保证机组正常工作。

（2）发电机组应采用单独的烟道，其他用气设备宜采用单独烟道。当多台设备共用一个烟道时，各设备的排烟不得相互影响，且需在分烟道设置隔断门，保证烟气不得流向停止运行的设备。

（3）烟囱应采用钢制或钢筋混凝土构筑。烟囱的高度应满足烟气排放环保要求，当烟囱周围半径 200m 距离内有建筑物时，烟囱高度一般应高出最高建筑物 3m 以上。

钢制烟囱的强度和刚度应经计算确定，烟囱壁厚还应考虑一定的腐蚀裕度，内外壁应刷耐热防腐涂料；钢制烟囱高度与直径之比超过 20 倍时，必须设置牵引拉绳，烟囱与基座连接部分宜做成锥形。

（4）每台用气设备和余热利用设备的烟道上或容易聚集烟气的地方，均应安装泄爆装置，泄爆装置的泄爆面积不小于所保护体积的 $0.025m^2/m^3$，且直径不小于 200mm，泄爆装置应设置在靠近被保护的设备或管道上，防爆门动作时，不应伤害运行人员及附近设备，其爆破口位置应便于监视和方便维修。

（5）在进行烟风道设计时，应注意以下事项：1）烟风道应力求平直、畅通、附件少、

① 工业锅炉房实用设计手册编写组. 工业锅炉房实用设计手册［M］. 北京：机械工业出版社，1991.

② 小型热电站实用设计手册编写组. 小型热电站实用设计手册［M］. 北京：中国电力工业出版社，1989.

气密性高、有较好的空气动力学特性；2）管道内的空气、烟气分配均匀，避免烟灰的沉积和堵塞，应避免出现袋形、死角以及局部流速过低的管段，水平烟道按气流方向上坡流动，且上坡度应大于 0.03；3）与设备连接的管道应考虑传递振动和传递载荷的设施；4）金属矩形风道、烟道应配置足够的加强筋或加强杆，以保证其强度和刚度。具体做法可参照国家标准图集《锅炉房风烟道及附件》06R403；5）应尽量采用地上风、烟管道，布置时应不妨碍操作和通行；当必须采用地下风、烟管道时，管道底部应高于地下水位以及排除冷凝水的措施；6）风、烟管道的设计应考虑防爆、防堵、防漏、防震、防雨、防腐蚀和防噪声等措施；7）热风道和烟道的布置应考虑热膨胀补偿，并应保温；8）厂房内通道上方的风、烟管道，其最低点与地面的垂直净距，对一般通道不应小于 2m，对需要通过机动车的通道不小于 2.5m；9）对布置在扶梯上方的风、烟道，其最低点与扶梯倾斜面之间的垂直距离不应小于表 9-1 的规定；10）除受地位限制的管道外，相邻管道之间及管道与设备、管道与建筑物之间的净距，不宜小于表 9-2 所列的数值（有保温的管道系指保温层外表面之间的净距）；11）风烟管道应采用焊接连接，仅当所连接的设备、部件为法兰接口或检修时需要拆卸的管道才采用螺栓连接。

管道保温层表面与扶梯倾斜面之间的垂直距离　　表 9-1

扶梯倾斜角(°)	38	45	50	60	70	75	80	90
距离(mm)	1900	1800	1700	1500	1300	1200	1000	800

管道与周围的净距（单位：mm）　　表 9-2

项目	圆形	矩形	
		边长≤1000	边长>1000
平行管道之间的净距； 管道与墙壁或楼板平行的净距	200～300	≥300	≥500
管道与相邻设备或梁柱交叉的净距	≥100	≥150	≥200

二、烟风管道材料、规格及制作要求

（1）烟、风管道及其零部件和加强筋材料可用 Q235AF、Q235A/B 等钢材制作，部分烟道可用 10、16Mn 钢板制作。

（2）焊接烟、风道的焊条宜采用 T42-0～T42-6 型焊条。

（3）对需要强度计算的管道，可根据钢材的许用应力数据进行计算确定。

（4）烟风道壁厚一般可按下列数值确定：烟道：5mm，风道 3～4mm；防爆门短管：5mm。

（5）管道截面宜采用圆形，当布置上有困难或由此增加较多异形件时，可采用矩形，其短边与长边之比不小于 0.4～0.5。常用的烟道规格见表 9-3 和表 9-4。

（6）烟风道及其异形件必须有足够的强度、刚度和整体稳定性，避免产生强烈的振动，既经济、安全，又制作方便。

圆形烟道 表 9-3

公称通径 DN（mm）	外径×壁厚（mm）	每米管道质量（kg/m）
100	108×4	10.26
125	133×4	12.73
150	159×4.5	17.15
200	219×5	26.39
250	273×5	33.05
300	325×5	39.46
350	377×5	45.87
400	426×5	51.91
450	480×5	58.57
500	530×5	64.74
550	580×5	70.90
600	630×5	77.07
700	720×5	88.16
800	820×5	100.50
900	920×5	112.83
1000	1020×5	125.16
1100	1120×5	137.49
1200	1220×5	149.82
1300	1320×5	162.15
1400	1420×5	174.48
1500	1520×5	186.81

矩形管道（典型规格）（公称通径，mm） 表 9-4

300×400	1200×800	2200×2000	5000×3800
300×500	1200×1000	2400×1200	5000×4200
300×600	1200×1200	2400×1400	5500×3600
300×700	1400×700	2400×1600	5500×4200
400×500	1400×800	2400×1800	5500×4800
400×600	1400×900	2400×2000	6000×4000
400×700	1400×1000	2600×1600	6000×4600
400×800	1400×1200	2600×1800	6000×5000
500×600	1500×800	2600×2000	7000×4600
500×800	1500×900	2600×2200	7000×5300

续表

500×900	1500×1000	2800×1800	7000×6000
500×1000	1500×1200	2800×2000	7500×5000
600×700	1600×1000	2800×2200	7500×5600
600×800	1600×1200	2800×2400	7500×6400
600×900	1600×1400	3000×2000	8000×5000
700×500	1600×1600	3000×2400	8000×6000
700×700	1800×900	3000×2600	8000×6800
700×800	1800×1000	3200×2200	8500×5800
800×800	1800×1200	3200×2600	8500×6400

(7) 管道加固肋可不按防爆要求设计，设计时应确定管道中介质的基本参数：设计温度、压力、荷载，并进行设计计算确定。

(8) 矩形管道宜采用横向加固肋，纵向加固肋仅作为负压管道横向加固肋防失稳用，面板及横向加固肋均需各自满足强度、刚度和防振要求。矩形烟风道面板按沿四周固定的薄板大挠度变形理论计算，其相对挠度不宜大于计算边跨度的1/120；横向加固肋按钢架（刚接）或简支梁（铰接）设计，其相对挠度不宜大于计算边跨度的1/400。

矩形道体相邻面板间的边接宜采用角钢内贴式，道体整体性强，方便制作，也可采用直焊式。

三、烟风系统设计计算

(一) 燃烧计算①②

在进行燃烧计算时，把空气和烟气，包括水蒸气等均作为理想气体。在标准状况下每立方米燃气按燃烧反应方程式完全燃烧需要的空气量（指干空气）称为气体燃料的理论空气需要量。气体燃料燃烧后的产物就是烟气，当只供给理论空气量时，燃料完全燃烧后产生的烟气称为理论烟气量，理论烟气的组成为 CO_2、SO_2、N_2 和 H_2O 等。前三种组成合在一起称为干烟气，包括 H_2O 在内的烟气称为湿烟气。将烟气中的 CO_2 和 SO_2 合并表示称为三原子气体，用 RO_2 表示。当有过量空气时，烟气中除上述组分外，还含有过量空气，当燃烧不完全时烟气中还有 CO、CH_4、H_2 等可燃组分，这时的烟气量称为实际烟气量。

1. 空气量计算

理论空气量 V^0 计算：

---

① DL/T5240-2010.火力发电厂燃烧系统设计计算技术规程［S］.北京：中国电力出版社，2011.

② 燃油燃气锅炉房设计手册编写组.燃油燃气锅炉房设计手册［M］.北京：机械工业出版社，2013.

当燃气组成已知，可按式（9-1）计算标态下燃气燃烧所需的理论空气量。

$$V^0=\frac{1}{0.21}\left[0.5H_2+0.5CO+\sum\left(m+\frac{n}{4}\right)C_mH_n+1.5H_2S-O_2\right] \tag{9-1}$$

式中 V^0——理论空气量（干空气/干燃气），m^3/m^3；

H_2，CO，C_mH_n，H_2S——燃气中各种可燃组分的体积百分数，%；

O_2——燃气中氧气的容积成分，%

当已知燃气低位发热值 Q_{net} 或高位发热值 Q_{gr} 时，理论空气量可按式（9-2）、式（9-3）进行估算。

燃气低位发热值小于 10500kJ/m³ 时，有：

$$V^0=\frac{0.209}{1000}Q_{net,ar} \tag{9-2}$$

燃气低位发热值大于 10500kJ/m³ 时，有：

$$V^0=\frac{0.26}{1000}Q_{net,ar}-0.25 \tag{9-3}$$

对烷烃类燃气（天然气、石油伴生气、液化石油气）可按式（9-4）、式（9-5）进行估算。

$$V^0=\frac{0.26}{1000}Q_{net,ar}-0.25 \tag{9-4}$$

$$V^0=\frac{0.24}{1000}Q_{gr,ar} \tag{9-5}$$

式中 $Q_{net,ar}$——标准状态下燃气的低位发热值，kJ/m³；

$Q_{gr,ar}$——标准状态下燃气的高位发热值，kJ/m³。

为使燃料完全燃烧，供给燃烧的空气量一般多于理论空气量，实际供给的空气量与理论空气量的比值称为过量空气系数，用 α 表示。

$$\alpha=\frac{V}{V^0} \tag{9-6}$$

2. 烟气量计算

含有标态下 1m³ 干燃气的湿燃气完全燃烧后产生的烟气量，当已知燃气组分时，烟气量计算如下：

（1）理论烟气量（$\alpha=1$）

三原子气体体积计算见式（9-7）：

$$V_{RO_2}=V_{CO_2}+V_{SO_2}=0.01(CO_2+CO+\sum mC_mH_n+H_2S) \tag{9-7}$$

式中 V_{RO_2}——标准状态下干燃气中三原子气体体积，m^3/m^3；

V_{CO_2}，V_{SO_2}——标准状态下二氧化碳和二氧化硫的体积，m^3/m^3。

水蒸气体积按下式计算：

$$V_{H_2O}^0=0.01[H_2+H_2S+\sum\frac{n}{2}C_mH_n+120(d_g+V^0d_a)] \tag{9-8}$$

式中 $V_{HO_2}^0$——理论烟气中水蒸气体积（水蒸气/干燃气），m^3/m^3；

d_g——标准状态下燃气的含湿量，kg/m³；

d_a——标准状态下空气的含湿量，kg/m³。

氮气体积按下式计算：

$$V_{N_2}^0 = 0.79V^0 + 0.01N_2 \quad (9\text{-}9)$$

式中　$V_{N_2}^0$——标准状态下理论烟气中氮气的体积，m^3/m^3。

理论烟气总体积按下式计算：

$$V_y^0 = V_{RO_2} + V_{HO_2}^0 + V_{N_2}^0 \quad (9\text{-}10)$$

式中　V_y^0——标准状态下理论烟气量，m^3/m^3。

（2）实际烟气量计算（$\alpha>1$）

三原子气体的体积 V_{RO_2} 仍按式（9-7）计算，水蒸气体积按下式计算：

$$V_{H_2O} = 0.01\left[H_2 + H_2S + \sum \frac{n}{2} C_m H_n + 120(d_g + \alpha V^0 d_a)\right] \quad (9\text{-}11)$$

式中　V_{H_2O}——实际烟气中水蒸气体积，m^3/m^3。

氮气体积按下式计算：

$$V_{N_2} = 0.79\alpha V^0 + 0.01N_2 \quad (9\text{-}12)$$

式中　V_{N_2}——实际烟气中氮气体积，m^3/m^3。

过剩氧气体积按下式计算：

$$V_{O_2} = 0.21(\alpha - 1)V^0 \quad (9\text{-}13)$$

式中　V_{O_2}——实际烟气中过剩氧体积，m^3/m^3。

实际烟气总体积按下式计算：

$$V_y = V_{RO_2} + V_{HO_2} + V_{N_2} + V_{O_2} \quad (9\text{-}14)$$

式中　V_y——实际烟气量，m^3/m^3。

当已知燃气低位发热值 Q_{net} 时，烟气量可按式（9-16）、式（9-17）进行估算。

理论烟气量的计算：

对烷烃类燃气（天然气、石油伴生气、液化石油气）可按下式进行估算：

$$V_y^0 = \frac{0.272}{1000} Q_{net,ar} + a \quad (9\text{-}15)$$

式中　a——附加值，对于天然气，$a=2$；对于石油伴生气，$a=2.2$；对于液化石油气，$a=4.5$。

对于炼焦煤气可按下式估算：

$$V^0 = \frac{0.272}{1000} Q_{net,ar} + 0.25 \quad (9\text{-}16)$$

对于标准状态下低位发热值小于 $12600kJ/m^3$ 的燃气按式计算。

$$V^0 = \frac{0.173}{1000} Q_{net,ar} + 1.0 \quad (9\text{-}17)$$

实际烟气量可按下式计算：

$$V_y = V_y^0 + (\alpha - 1)V^0 \quad (9\text{-}18)$$

（二）烟风道截面面积计算

确定烟、风道截面面积时，应正确选择烟气流速，其具体数值可按表 9-5 选用。截面积可按下式计算：

$$A = \frac{V}{3600W} \quad (9\text{-}19)$$

式中　A——截面积，m^2；

V——空气量或烟气量，m^3/h；

W——空气或烟气流速，m/s。

烟风道推进设计流速（单位：m/s）　　**表 9-5**

类别	冷风道			烟道或热风道	
	自然通风	机械通风吸入段	机械通风压出段	机械通风	自然通风
混凝土	3～5	6～8	8～12	6～8	3～5
金属	3～5	8～12	10～15	10～15	8～10

（三）烟风阻力计算

1. 沿程阻力 Δh_d 计算

$$\Delta h_d = \lambda \frac{L}{D_{dl}} \cdot \frac{W^2}{2} \cdot \rho \tag{9-20}$$

式中　λ——摩擦阻力系数，对于无衬金属烟风道取 0.02；土建烟风道当量直径 $D_{dl} \geqslant$ 0.9m 时，取 0.03，$D_{dl} < 0.9$m 时，取 0.04；

L——烟风道管段长度，m；

W——空气或烟气流速，m/s；

D_{dl}——烟风道当量直径，m；圆形管道为其内径；非圆形管道 $D_{dl}=4A/U$（A 为截面积，m^2；U 为周长，m）；

ρ——空气或烟气密度，kg/m^3，$\rho=\rho_0 \cdot 273/(273+t_{av})$，式中 ρ_0 为标准状态下空气或烟气密度，对于空气为 1.293kg/m^3，t_{av} 为空气或烟气的平均温度。

沿程阻力一般都不大，可用近似方法计算，即取截面不变且最长的1～2段管道，求出其每米的沿程阻力，然后乘以管道的总长，即为整个管道的沿程阻力。烟囱的沿程阻力计算时，λ 均取 0.04，当量直径取进出口平均直径，烟气密度取进出口平均密度。

2. 局部阻力 Δh_j 计算

$$\Delta h_j = \zeta \rho \frac{w^2}{2} \tag{9-21}$$

式中　ζ——局部阻力系数，可查阅相关资料获得。

3. 烟囱出口的阻力

烟囱的出口阻力 Δh_{ch} 可按下式计算：

$$\Delta h_{ch} = A \rho_{ch} \frac{W_{ch}^2}{2} \tag{9-22}$$

式中　ρ_{ch}——烟囱出口烟气密度，kg/m^3；

W_{ch}——烟囱出口烟气流速，m/s；烟囱出口流速可按表 9-6 选用；

A——烟囱出口阻力系数，$A=1$。

烟囱出口推荐流速　　表 9-6

通风方式	全负荷时流速(m/s)	最小负荷时流速(m/s)
机械平衡式通风	10-20	2.5-3
自然通风	6-10	2.5-3
微正压通风	10-15	2.5-3

4. 烟囱抽力计算

烟囱抽力应按下式计算或按表确定：

$$S_y = h \cdot g\left(\rho_k^0 \frac{273}{273+t_k} - \rho_y^0 \frac{273}{273+t_{av}}\right) \tag{9-23}$$

式中　S_y——烟囱抽力，Pa；

h——计算点之间的垂直距离，m；

ρ_k^0、ρ_y^0——标准状体下空气和烟气的密度 kg/m^3；

g——重力加速度，$g=9.81m/s^2$；

t_k——外界空气温度，℃；

t_{av}——烟囱内烟气平均温度，℃，按下式计算确定：

$$t_{av} = t_y - 4.47 \cdot \frac{A}{\sqrt{D}}h \tag{9-24}$$

式中　t_y——烟气进入烟囱的温度，℃；

D——最大负荷下，由一个烟囱负担的燃烧设备的燃料耗量，m^3/h；

A——修正系数，按烟气种类按表 9-7 取值。

修正系数　　表 9-7

烟囱种类	无衬铁烟囱	有衬铁烟囱	混凝土烟囱≤0.5mm	混凝土烟囱>0.5mm
修正系数 A	2	0.8	0.4	0.2

5. 阻力修正

对于海拔大于 300m 的地区，如果流量已进行低气压修正，其阻力及自生通风力应乘以 $P/101$，进行修正，其中：

$$P = b + (h_1 + h_2)/2 \tag{9-25}$$

式中　h_1——计算管段的始端压力，如为负值应取负值，kPa；

h_2——计算管段的末端压力，如为负值应取负值，kPa；

B——设备装置地点的大气压，kPa，可用表 9-8 查得。

如果 $(h_1 + h_2) < 5kPa$，则可以不予调整。

各海拔相对应的大气压　　表 9-8

海拔(m)	≤200	300	400	600	800	1000	1200	1400	1600	1800
大气压力(kPa)	101.32	97.33	95.99	93.73	91.86	89.46	87.46	85.89	83.73	81.86
大气压力(mmHg)	760	730	720	703	689	671	656	642	628	614

6. 烟囱直径计算

烟囱出口内径 d_1 应按下式计算：

$$d_1=\sqrt{\frac{D\cdot V_y\cdot(t_c+273)}{3600\times273\times0.785\times W_2}} \tag{9-26}$$

式中 d_1——烟囱出口内径，m；

D——最大负荷下，由一个烟囱负担的燃烧设备的燃料耗量，m^3/h；

V_y——烟气量，m^3/h；

W_2——烟囱出口处烟气流速，m/s；

t_c——烟囱出口处烟气温度，℃，按下式计算：

$$t_c=t_y-8.944\frac{A}{\sqrt{D}}h \tag{9-27}$$

第二节 通风系统

燃气冷热电联供系统能源站通风系统是能源站中的一个重要组成部分，是能源站安全生产的基本保障。它的基本任务是采用安全、经济、有效的通风方法，在能源站生产过程中，必须源源不断地输送新鲜空气保证用气设备的正常燃烧和排除易燃易爆气体保证能源站安全运行。

能源站的通风系统非常重要，不仅要满足生产要求，还要满足卫生和事故通风的要求。在通风设计时，应优先利用自然通风，当自然通风不能满足卫生和生产要求时，应设置机械通风系统或机械与自然相结合的联合通风系统。对于主机间、燃气调增压间、计量间等还应单独设置事故送排风系统。

能源站的供暖、通风、空气调节应符合现行国家标准《工业企业设计卫生标准》GBZ1《工业建筑供暖通风与空气调节设计规范》GB50019，可参考《发电厂供暖通风与空气调节设计规范》DL 5035 的规定，防火排烟设计应按现行国家标准《建筑设计防火规范》GB 50016，《火力发电厂与变电站设计防火规范》GB 50229 等要求。

一、通风系统分类

常用的工业通风系统从通风的动力角度出发可分为：自然通风和机械通风；从通风的作用范围来看，可以分为：局部通风、全面通风和事故通风。无论应用哪种通风方式，都是为了达到同样的目的，都是用最适合的方式将一定空间内的有害物控制在安全浓度范围之内，为作业环境提供足够的新鲜空气、创造良好的气候条件，稀释、排除、净化空间内的各种有毒有害气体，从而保障生产安全、高效地运行。

（一）自然通风和机械通风

1. 自然通风

自然通风是依靠室外风力造成的风压和室内外空气温度差造成的热压使空气流动。这种方式无需动力设备，经济，但进风不能预处理，排风也不能净化，最重要的是通风效果不稳定，无法人为调控。自然通风的效果取决于热压或风压的大小，热压则由空间内外温差和进、排风口间距离这两个因素决定，更多时候热压和风压同时作用，共同影响自然通风的效果。

2. 机械通风

机械通风方式则与自然通风相对应，是利用风机动力来使空气流动的方法。机械通风时，进风可预先进行冷热干湿的处理，通风参数可根据具体情况确定，排风也可进行粉尘和有害气体的净化，回收贵重原料，减少环境污染，可将新鲜空气按工艺布置特点分送到特定的地点，通过按需分配空气量，从而达到较理想的通风效果，但通风系统较复杂，投资、运行管理费用较大。

（二）局部通风、全面通风和事故通风

1. 局部通风

局部通风是对有限空间内某个或某几个部分进行通风，包括局部送风和局部排风。局部送风是指向局部区域送风，使得局部工作地点保持良好的空气环境，而局部排风则是通过设置排风罩来实现，直接在局部地点将集中产生的有害物捕集，经净化处理后排至室外的方式。局部通风方式需要的风量少、效果好，是较常采用的方式，适合于面积较大、操作人员较少、有害物源固定、有害物量较少的生产车间，既简便又经济。

2. 全面通风

全面通风是对整个空间进行通风换气，它一方面利用新鲜空气来稀释空间内有害物，消除余温、余热以达到良好的卫生标准要求，同时不断地把污染空气排出室外，使室内空气中污染物维持在卫生标准允许的浓度范围内。全面通风对于风量的要求较高，需确保空间内各种有毒有害物全部稀释或排除，还要有恰当的通风气流组织形式，除了气流组织方式、通风风量大小，全面通风的效果还取决于房间内热湿和有害物的产生量等因素。

需要注意的是全面通风考虑的因素较复杂、所需风量较大，所需设备也很庞大。全面通风的具体实施方法又包括全面排风法，全面送风法，全面排送风法和全面送、局部排风混合法等，可根据车间的具体情况采用不同的方法。

3. 事故通风

对于有可能突然从设备或管道中逸出大量有害气体或燃烧爆炸性气体的空间，应采用事故排风系统，排风口需设在有害气体或爆炸危险气体量最大的地点，在排除爆炸性危害气体时，应考虑风机防爆问题。这是一种特殊的通风方式，特定情况下才会开启。

二、能源站通风系统的作用

（一）排除余热

温度、湿度及通风的状况是保持能源站内适宜空气条件的主要因素，也是决定能源站生产能力和安全的决定性因素之一，没有适合的工作环境作保障，将直接影响到设备及工人的工作效率。

能源站的主机间、水泵间、换热间等房间的余热宜采用有组织的自然通风排除，当自

然通风不能满足要求时，应设置机械通风。能源站内的余热主要来自发电机本体、汽水管道、烟道等散热损失。这就涉及能源站内各房间需要保持多高的温度较合适的问题，而温度的高低决定了采用何种通风方式及通风量的大小。虽然现在的能源站自动化程度较高，操作人员大多时间在设有空调的控制室内，但其他房间的温度也不宜太高，所以通风量的大小首先应从消除余热来考虑。

（二）排除易燃易爆气体

天然气的主要成分是甲烷，爆炸极限为5%～15%。能源站中天然气可能泄漏的区域是指从调压站（箱）到发电机、余热锅炉、余热直燃机（带补燃装置）、其他燃烧设备之间的天然气管线、阀表、配件等。通风的目的是稀释有害气体，保证可燃气体浓度大大小于爆炸极限下限。

天然气爆炸是在一瞬间产生高温（达3000℃）、高压的燃烧过程，爆炸波速可达300m/s，造成的破坏力很大。如果天然气泄漏遇到明火、静电、闪电或操作不当等会发生爆炸、火灾，在密闭空间会使人缺氧、窒息，甚至死亡，给单位安全生产及人民生命财产带来不可估量的损失。

按照泄漏部位分为：室外埋地管线泄漏，室内燃气管线泄漏，燃烧设备本体泄漏，燃烧器泄漏，控制、调节、测量等零部件及其连接部位泄漏。能源站天然气泄漏除了因员工违章操作引起和自然及外力引起外，主要有以下原因：

（1）室外埋地燃气管线泄漏：施工质量不过关，管线腐蚀穿孔。

（2）室内燃气管线泄漏：施工时施工质量不过关，或长期运行管线腐蚀。

（3）燃烧设备本体泄漏：由于在燃气燃烧设备设计初期或安装时未按有关技术要求施工。如燃气燃烧设备运行时振动大，焊缝脱焊或造成炉墙保温层开裂；观火孔、防爆门、人孔门等关闭不严；燃烧设备在运行时自动熄火。

（4）燃烧器泄漏：设计原因或安装调试不到位；燃烧器在长期运行后，空燃比失调，使燃烧工况发生变化。

（5）控制、调节、测量等零部件及其连接部位泄漏：由于这些部件经常动作可能会造成开关不灵活、关闭不严，或由于燃烧设备运行过程中振动大造成连接部位松动天然气泄漏，或由于控制、调节、测量等零部件质量差，关闭不严漏气；或由于法兰、密封垫片、密封胶等老化造成泄漏。

（三）排除事故后的残余废气

当能源站采用水喷雾或气体灭火系统时，尤其是采用气体灭火装置时，一旦发生火灾，启动气体灭火系统工作，同时要关闭通风系统及出入这些房间风道上的阀门。确定火熄灭后，再启动排风系统，排除残留气体，为保证灭火后能从室内下部地带排除残留废气，房间的换气次数不少于$4h^{-1}$，并于房间下部设置排风口。

（四）保证燃料充分燃烧

发电机、余热锅炉（补燃时）、余热直燃机（补燃时）、其他燃烧设备运行时，需要充足的空气才能保证燃料的充分燃烧，通风系统需要将室外的新鲜空气送入室内或设备空气入口，保证用气设备正常工作。

（五）人体环境卫生需要

通风系统应考虑运行、检修人员工作场所的新风，新风应来自室外，根据工作场所值班及维检修人员确定。

三、能源站通风量确定

（一）能源站通风量确定考虑因素

能源站各类场所在确定通风量及通风方案时，应根据房间性质、工作场所值班及维检修人员等情况综合考虑确定，主要房间通风量确定时需考虑因素见表 9-9，其他常规场所的通风按《工业建筑供暖通风与空气调节设计规范》GB50019-2015 等相关规范设计。

能源站主要房间通风方案及通风量确定时需考虑因素①②　　表 9-9

房间	通风量确定考虑因素				
	保证燃烧	排除余热	排除有害气体	人体环境卫生需要	排除余湿
燃烧设备间	√	√	√	√	
燃气增压、调压、计量间			√	√	
敷设燃气管道的房间			√	√	
汽机间					√
水泵间		√		√	

如：在燃烧设备间通风量确定时，应考虑以下因素：（1）燃烧设备所需要的助燃空气量，可根据厂家样本或根据负荷计算确定；（2）消除设备散热所需要的通风量，应根据厂家提供的发电设备、燃机等散热设备的散热量确定；（3）人体环境卫生所需要的新鲜空气量；（4）排除室内有害气体通风量。

（二）通风量计算③

1. 按换气次数计算的通风量

$$L = Vn \tag{9-28}$$

式中　L——排风量，m^3/h；

V——房间容积，m^3，房间容积根据实际计算目标可为有效容积（如吊顶下）或实际建筑物计算容积（计算事故排风量时，当房间高度小于或等于 6m 时，按房间实际体积计算，当房间高度大于 6m 时，按 6m 的空间体积计）；

① GB50019-2015. 工业建筑供暖通风与空气调节设计规范［S］. 北京：中国计划出版社，2015.

② DL5035-2016. 发电厂供暖通风与空气调节设计规范［S］. 北京：中国电力出版社，2004.

③ 关文吉. 供暖通风空调设计手册［M］. 北京：中国建材出版社，2016.

n——换气次数，h^{-1}。

2. 保证燃烧必要的通风量

燃烧必要的空气量可按式（9-29）计算：

$$V_1 = \frac{V_0 \alpha G N (273 + T)}{273} \tag{9-29}$$

式中 V_0——燃料完全燃烧所需的理论空气量，m^3/h；

α——过量空气系数，当缺少设备资料时，透平机可取 3.0，内燃机引擎分三元触媒和稀薄燃烧，分别为 1.0 和 2.0；

G——单台燃机燃气耗量，m^3/h；

N——燃机台数；

T——吸入空气温度，℃。

3. 排除余热的通风量

发电机室内原动机运转时，原动机、发电机、余热回收装置、排气管等的放热会使室温上升。为保证发电机室和发电机组箱体内在一定的温度以下，必须进行换气。

换气量的计算，不仅要考虑原动机放热，还要考虑排气管、消声器、余热燃烧设备等的放热量。排除余热的计算公式如下：

$$L = 36000 \frac{Q}{C\rho(t_p - t_s)} \tag{9-30}$$

式中 L——排风量，m^3/h；

Q——室内显热发量，kW；

C——空气比热容，kJ/(kg·℃)；

ρ——空气密度，kg/m^3；

t_p——室内空气设计温度，℃；

t_s——送风温度，℃。

对于发动机的散热量可按式（9-31）计算：

$$Q = GHf_t \tag{9-31}$$

式中 G——单台燃机燃气耗量，m^3/h；

H——燃料低位发热值，kJ/m^3；

f_t——燃机散热率，燃机散热率，燃气轮机为 1.0%～2.0%，内燃机 7.7%～10%。

4. 排除余湿通风量

$$L = \frac{W}{\rho(d_p - d_s)} \tag{9-32}$$

式中 L——排风量，m^3/h；

W——室内余湿量，g/h；

ρ——空气密度，kg/m^3；

d_p——室内空气中的含湿量，g/kg；

d_s——送风进入空气的含湿量，g/kg。

5. 稀释室内有害气体所需要的换气量

$$L = \frac{G}{y_p - y_s} \tag{9-33}$$

式中　L——排风量，m^3/h；

G——室内有害气体散发量，mg/h；

y_p——室内空气中有害的最高允许浓度，mg/m^3；

y_s——送风进入空气中有害气体的浓度，mg/m^3。

在燃气冷热电联供系统的能源站中，主要有害气体为燃气。因此，设计时主要考虑能源站易燃易爆气体（燃气）的泄漏所需通风量。另外，通风设计时还应考虑排除其他有害气体，特别是当能源站采用水喷雾或气体灭火系统时，尤其是采用气体灭火装置时，一旦发生火灾，启动气体灭火系统工作，同时要关闭通风系统及出入这些房间风道上的阀门。确定火熄灭后，再启动排风系统，排除残留气体，为保证灭火后能从室内下部地带排除残留废气。

当散入室内的有害气体数量不能确定时，全面通风量可根据房间的换气次数确定，房间的正常换气次数可按表 9-10 确定。

同时放散有害物质、余热、余湿时，全面通风量应按其中所需最大的换气量计算。

6. 人体环境卫生所需新鲜空气量

工作场所的新风应来自室外，根据工作场所值班及维检修人员确定，人均新风量应按《工业企业设计卫生标准》GBZ 1 中工作场所微小气候人均新风量确定。新风量应满足：非空调工作场所人均占用容积$<20m^3$ 的车间，应保证人均新风量$\geqslant 30m^3/h$；如所占容积$>20m^3$ 时应保证人均新风量$\geqslant 20m^3/h$；采用空气调节的车间应保证人均新风量$\geqslant 30m^3/h$①

7. 通风总量

在计算确定房间进气总量时，应累计房间正常通风进气的总量后，与事故排风进气总量进行比较，取最大值作为房间最终需要的通风最大进气总量，并作为选择进气、排风装置的依据。

同样，房间排风量也应对房间累计正常排风总量和事故排风总量进行比较，取最大值作为房间最终需要的最大排风量。由于事故排风量的换气次数远大于正常通风换气次数，一般情况下，事故排风量也是房间的最大排风总量。

燃烧设备间、燃气增压间、调压间、计量间、敷设燃气管道房间的通风量，应根据工艺设计要求进行通风量计算，最终确定的通风换气次数不应小于表 9-10 的规定②③。

通风换气次数　　　　表 9-10

位置	燃气压力 P (MPa)	房间	通风换气次数(h^{-1})		
			正常通风	事故通风	不工作时
建筑物内	$P\leqslant 0.4$	燃烧设备间	6	12	3
		燃气增压、调压、计量间	3	12	3
		敷设燃气管道的房间	3	6	3

① GBZ 1-2010.工业企业设计卫生标准［S］.北京：中国计划出版社，2010.

② GB 51131-2016.燃气冷热电联供工程技术规范［S］.北京：中国建筑工业出版社，2016.

③ DL/T 5508-2015.燃气分布式供能站设计规范［S］.北京：中国计划出版社，2015.

续表

位置	燃气压力 P (MPa)	房间	通风换气次数(h^{-1})		
			正常通风	事故通风	不工作时
建筑物内	$0.4<P\leqslant1.6$	燃烧设备间	9	18	3
		燃气增压、调压、计量间	5	18	3
		敷设燃气管道的房间	5	9	3
独立设置	$P\leqslant0.8$	燃烧设备间	6	12	3
		燃气增压、调压、计量间	3	12	3
		敷设燃气管道的房间	3	6	3
	$0.8<P\leqslant2.5$	燃烧设备间	9	18	3
		燃气增压、调压、计量间	5	18	3
		敷设燃气管道的房间	5	9	3

四、通风系统方案

在选择通风系统方式时应根据生产工艺特点、工人操作位置、有害物性质和浓度分布等因素，尽可能地选择局部通风方式，当局部通风达不到卫生标准的要求时，再考虑全面通风。对于某些高温高热的生产车间，工艺流程较复杂，设备繁多，又具有粉尘、有害气体等多种有害物，进行通风设计时，须全面考虑各种有害物的情况，结合投资因素，综合运用各种通风方式，才能达到最佳效果。恰当地应用各种通风方法，综合解决整个车间的通风问题，对于保持良好的空气环境，提高通风系统的技术经济性能，降低工业事故风险，确保工业生产安全具有重要的意义。

自然通风分为无组织自然通风和有组织自然通风。有组织自然通风是指合理安排进、排风口的位置和面积，使室外空气通过可调节的门窗、孔洞，有规律地流经生活或者作业地带的自然通风。机械通风是指为实现通风换气而设置的由通风机和通风管道组成的系统。能源站一般建筑面积大，人员分布不均，通风设计时在满足作业环境要求的前提下优先考虑自然通风，有利于降低设备运行耗能。在需设置机械通风时要根据能源站的建筑及使用要求合理设置通风系统。

（一）有组织自然通风系统

（1）合理设计进、排气口面积。能源站自然通风是利用能源站内外空气的温度差所形成的热压作用和室外空气流动时产生的风压作用，使能源站内外空气不断交换，形成自然通风。但由于风压作用受自然条件限制，具有多变性，无风时即无风压作用，因此不宜作为能源站自然通风的动力考虑。在能源站自然通风设计中，必须合理协调进、排气口面积，力求进气口面积不小于排气口面积，这应该是提高自然通风效果的极为重要和有效的技术措施。

然而，在实际工程设计中，某些能源站由于缺乏精心的合理规划，造成附属房间把能源站围得严严实实，使能源站失去了大片可开设进气口的宝贵位置。而能源站自然通风设计中如未经认真进行研究推敲，只是迁就于既定的建筑设计现状，不管合理与否，消极的拼命加大天窗面积，将导致进气口面积远大于排气口面积，使能源站自然通风模式形成极不合理的状况，虽然为能源站自然通风天窗增加了大量建设投资，却未获取应有的通风效果。

(2) 尽量避免进气短流问题。所谓进气短流，系指由进气口进入能源站内的新鲜空气，在未进入作业区范围之前，就已经被加热而上升至天窗排气口排出室外的现象。显而易见，这样的进气，没有起到提高作业区空气质量和改善作业区热环境的作用。因此，为提高能源站自然通风效果，应尽量避免这种进气短流的现象。

(3) 必须注意解决通风天窗的飘雨问题。近些年来，屡屡出现通风排气天窗严重飘雨的问题，给生产造成一定的影响，因此，设计中必须认真予以解决。目前一般常用的是矩形通风天窗。在以往的设计中，矩形通风天窗或在天窗垂直口设挡雨板，或在天窗水平口设挡雨片，其中在水平口设挡雨片的做法，无论通风效果还是防飘雨效果，均优于前者。

(二) 机械通风系统

1. 机械通风的特点

自然通风的缺点是风压动力小，受室内外条件影响大，而机械通风虽然耗能大，但优点是可以人为地调控室内环境。因此，对于大多数能源站，则必须采用机械通风的方式，对进入及排出的空气进行处理，以保证车间作业环境的正常和减少对室外环境的影响。机械通风设计主要的根据是室内外的空气参数、工艺要求、环保要求等。

2. 能源站机械通风设置时考虑的因素

能源站由于占地面积、柱间跨度及高度比较大，内部工艺设备分布复杂，采光窗及工业门窗数量较多，以后的扩建及改建等情况，机械通风设计时需要综合考虑各种因素，合理设置通风。目前一般能源站优先考虑自然通风，在自然通风不能满足要求的情况下设置机械通风，对于工艺设备及管道复杂的单层能源站，普遍采用设屋顶式排风机或侧墙排风，侧墙开进风百叶自然进风或者设屋顶进风机进风。对于多层能源站，可设置墙装或吊装风机送排风。如果设置侧墙开进风百叶，需要合理设置进风百叶的高度，以防止外部灰尘通过百叶进入能源站内部，尤其对于设置于沿海一带台风常见区域的能源站，雨水也有可能通过进风百叶进入能源站内部，因此进风百叶需作防雨防尘等措施。对于屋顶设置通风机的方式，虽然能通风换气，但对于车间下部人员活动区域的空气质量改善效果不尽理想。另外，屋顶设置通风机时需要注意进排风的短路、漏水等问题。这方面除了土建施工需要做好防水外，通风设计时可在屋顶风机上设置挡雨设施。能源站内的工艺设备及管道很多，加上建筑给排水管道及电气的桥架，往往是管路错综复杂，而通风管道尺寸较大，管路占用空间大，因此通风机设置通风管道一般较短，避免管道之间过多的干涉问题。通风设计时应根据能源站的使用功能不同合理设置通风换气次数，对于门窗较多且常处于开启状态的能源站，需要校核门窗的漏风量对于通风的影响。同时，对于不同用途的房间，能源站内的正负压要求也不同，尤其是对于某些大型项目，不同用途的站房与能源站往往相邻设置，设计通风时需要考虑相邻站房对能源站的通风换气的相互影响。另外，设置时需要考虑此处位置的通风，可局部设置风管加强通风死角的空气流动。

五、设计注意事项

能源站通风设计有其自身的特点，不同能源站的通风设计又有其各自的特点，但是设计中如何有效、安全、经济、合理、节能是从事能源站通风设计人员共同关心的。

（一）通风室内、外计算参数

一般能源站通风室内计算参数都是根据《工业建筑供暖通风与空气调节设计规范》GB 50019来确定的。由于自控技术的发展，能源站正在向无人值班、少人值班的方向过渡，因此能源内部环境温湿度的设计主要是满足机电设备对温湿度的要求。

一般采取的方法是根据能源站的具体位置结合所在或邻近城市或气象台站的气象资料进行修正，由于各个能源站所处环境和城市及气象站所处环境不同，导致计算采用的室外计算参数各不相同。因此对于大型能源站室外计算参数，应委托有关权威部门实测而得。

（二）通风的气流组织

气流组织方式是影响全面通风效果的最主要因素。在空间内通风时通过对进、排风口位置的布置，对风口形式的选择，对风流的分配使得空气按照设计好的流程流动，即为通风的气流组织。常用的气流组织方式包括下送上排、上送下排、上送上排和中间送上下排等形式，选用时视实际情况而定，但须遵循一定的原则：

（1）全面通风的进排风系统应避免使含有大量热、湿或有害物质的空气流入没有或仅有少量热、湿或有害物质流入作业地带或人员经常停留的地方。

（2）在整个通风空间内，应确保进风气流分布均匀，尽量减少涡流区，避免有害物质在局部区域积聚。

（3）当采用机械送风系统的送风方式时，对于放散热或同时放散热、湿和有害气体的生产厂房及辅助建筑物，如采用上部或上下部同时全面排风时，宜送至作业地带；

同时放散热、湿和有害气体，或仅放散密度比空气小的有害气体的生产厂房，除设局部排风外，宜在上部地带进行自然或机械的全面排风。

（4）排风口应尽量接近有害物源或是有害物量最多的区域，保证污染空气能有效、迅速地从污染源附近或有害物浓度最大的区域排出。

（5）当采用全面通风消除余热、余湿或其他有害物质时，应分别从室内温度最高、含湿量或有害物质浓度最大的区域排风，当排出有爆炸危险的气体和蒸汽时，排风口上缘距顶不应大于0.4m。

（6）自然通风的厂房进风面按夏季最有利的方位布置，一般布置在夏季白天主导风向的上风侧；夏季进风口下缘距室内地坪的高度，应采用0.3～1.0m；在集中供暖地区，冬季进风口下缘距室内地坪的高度不宜低于4m，如低于4m，应采取防止冷风吹向工作点的措施。

（三）防潮除湿

设计应采用升温降湿和机械除湿相结合的方式，比如由交通洞、施工洞、尾水洞等进入发电机层的新风相对湿度较高时，可以利用诸如回水泵房、空压机房等排出的温度较高的热风对新风进行升温降湿。在气流流动的过程中，如果能满足某一处的相对湿度要求、又不能利用二次回风加热的，可设置电加热器等热源升高气流温度而达到降湿目的。在低温潮湿的地方，最好使用移动式除湿机，如水轮机。

（四）通风的自控

在无人值班、少人值守的技术政策下，能源站通风系统的自控变得相当重要，通风监控系统应与能源站计算机监控系统统一规划，综合考虑，在能源站中央控制室内监控台上能自动监视通风设备运行的实际情况，并能远程控制启停。

（五）事故排风

能源站的防毒、防爆、防火是非常重要的。在新风的吸风口应设置滤尘装置；对主机间、调压站、计量间等，设置独立的排风系统且能直接排至站外，不能形成二次循环。事故排风的排风口应符合下列规定：

（1）不应布置在人员经常停留或经常通行的地点；

（2）排风口与机械送风系统的进风口的水平距离不应小于 20m；当水平距离不足 20m 时，排风口必须高出进风口，并不得小于 6m；

（3）当排气中含有可燃气体时，事故通风系统排风口距火花可能溅落地点应大于 20m；

（4）排风口不得朝向室外空气动力阴影区和正压区；

（5）事故通风的通风机应分别在室内、外便于操作的地点设置电器开关。

（六）通风装置

燃气轮机在室内布置时，主机罩壳内的通风一般是自然进风、机械排风，为减少室内散热量，排放口宜接至室外，并应考虑排放噪声，若超过噪声控制的标准时，应采取消声措施。发电机组送风口宜布置在靠近发电机的位置。当室外温度较高时，燃气轮机宜采用进气冷却。

有燃气管道通过的房间的机械通风机和电动机应采用防爆型，通风机和电动机应采用直联方式。机械通风设施应设置导除静电的接地装置。另外，通风系统宜设置避免空气再循环的高位排风设施，并考虑冬季排风设施关闭后排除有害气体的措施，如在高位设置排风帽等。

（七）防烟排烟

防烟排烟设计应与机械通风、除尘及空调系统协调统一。建筑物的防烟、排烟设计应按现行国家标准《建筑设计防火规范》GB 50016 的有关规定执行。超大型能源站的防烟分区往往是通过土建的梁来划分的，考虑通风防排烟管道尺寸较大、占用空间较多，如果分开设置会占用较多的空间，因此一般采用通风兼防排烟系统，但能源站常常是一套系统带多个防烟分区，这样的通风兼防排烟系统会对电气控制提出更高的要求。对于未设置机房的通风兼排烟风机除了在选用风机时提出耐高温的要求外，按照规范要求，对风机还需要作防火防烟的防护措施。能源站中控制室等人员操作场所的空调送风一般采用送冷风，在减少能耗的情况下尽量保证人员操作区域的冷量要求，同时也会从室外引进部分新风，以达到送冷风处的空气质量要求。因此，通风需要考虑送冷风新风部分占用送风部分的比例，以及通风换气对冷量损耗的影响，综合防排烟及空调新风各方面因素合理确定通风换气量，确保通风在满足暖通空调要求的前提下尽量减少能耗。

六、通风设备及风道

（一）通风设备

通风机根据作用原理可分为离心式、轴流式和贯流式三种。在通风工程中大量使用的是离心式和轴流式风机。根据用途不同，通风机又可分为输送一般气体的通风机、高温通风机、防爆通风机、防腐通风机、耐磨通风机等。

选择通风机时宜根据管路特性曲线和风机性能曲线进行选择，性能参数应符合下列规定：

（1）通风机的风量应在系统计算的总风量上附加风管和设备的漏风量，通风机的压力应在系统计算的压力损失上附加10%～15%。

（2）当计算工况与风机样本标定状态相差较大时，应将风机样本标定状态下的数值换算成风机选型计算工况下的风量和全压。

（3）风机的选用设计工况效率不应低于风机最高效率的90%。

国家建筑标准设计图集《轴流风机安装》12K101-1、《屋顶风机安装》12K101-2、《离心通风机安装》12K101-3、《混流通风机安装》12K101-4适用于一般工业及民用建筑的通风及空调系统，设计人员可根据实际情况直接选用，施工时可照图施工。

通风进气、排风一般需要进行消声降噪处理，选择消声设备时，应根据区域环境噪声标准和工业厂界噪声标准规定、噪声源频率等确定消声量，并应根据消声设备的声学性能及空气动力特性等因素，经技术经济比较后确定。常用的消声设备有：消声百叶、消声器等。典型的消声器参见国家建筑标准设计图集《XZP100消声器选用与制作》15K116-1、《XZP200系列消声器选用与制作》14K116-2等。

《XZP100消声器选用与制作》15K116-1，适用于新建、改建、扩建的工业与民用建筑中的通风、空调系统。输送介质无腐蚀性、无粉尘、无油烟、物理性能类似于空气的气体。主要内容包括：32种全规格的XZP100消声器主要尺寸及性能参数表、图；制作部分含32种全规格的消声器制作总图和详图；图集附录部分，编入了消声器不同长度、不同串联方式等的实测数据，供设计人员选用参考。

《XZP200系列消声器选用与制作》14K116-2适用于工业与民用建筑中的通风和空调系统；环境温度−20～50℃，无腐蚀性介质的场合；输送介质温度低于150℃，无腐蚀性、无粉尘、无油烟、物理性能类似于空气的中、低压气体。图集包括矩形风管XZP200系列消声器的编制说明、消声器尺寸及性能表、性能曲线、外形图、制作总图、零部件图和构造节点详图等部分。风管规格从最小320mm×320mm至最大1600mm×1000mm共24种。该图集所给出的消声器性能参数和曲线完整可靠，设计人员可直接选用。图集中部分图纸详尽，施工人员和生产企业可照图制作。

由于通风消声设备消声效果有限，在消声处理时，应与工艺专业配合做好联合消声降噪的处理，当消声设备处理不能满足环保要求时，可对部分设备进行局部消声降噪处理。

（二）风道

通风管道的设计应在保证使用效果的前提下，考虑技术经济因素，并与建构筑物密切配合，做到协调和美观。

风道设计主要包括：(1) 确定风道的位置及选择风道的尺寸。风道的形状可选择圆形或矩形或配合建筑空间要求而确定的其他形状，风道的尺寸宜按国家制定的“通风管道定型化”的规定确定。(2) 计算风道的压力损失，以供选择风机。风道的压力损失就是空气在风道中流动的压力损失，它等于沿程压力损失和局部压力损失之和。(3) 送、排风机的选择和计算。

圆形和矩形风道及配件规格见表 9-11～表 9-15。[①]

通风管道规格的验收，风管以外径或外边长为准，风道以内径或内边长为准。通风管道的规格宜按照表 9-11、表 9-12 确定。圆形风管应优先采用基本系列。非规则椭圆形风管参照矩形风管，并以长径平面边长及短径尺寸为准。

圆形风管规格（风管直径 D，单位：mm）　　表 9-11

基本系列	辅助系列	基本系列	辅助系列
100	80	250	240
	90	280	260
120	110	320	300
140	130	360	340
160	150	400	380
180	170	450	420
200	190	500	480
220	210	560	530
630	600	1250	1180
700	670	1400	1320
800	750	1600	1500
900	850	1800	1700
1000	950	2000	1900
1120	1060		

① GB 50243-2006. 通风与空调工程施工与质量验收规范［S］. 北京：中国建筑工业出版社，2016.

矩形风管规格（风管边长，单位：mm） 表 9-12

120	320	800	2000	4000
160	400	1000	2500	—
200	500	1250	3000	—
250	630	1600	3500	—

硬聚氯乙烯风管法兰规格（单位：mm） 表 9-13

<table>
<tr><th>风管直径 D</th><th>材料规格(宽×厚)</th><th>连接螺栓</th><th>风管直径 D</th><th>材料规格(宽×厚)</th><th>连接螺栓</th></tr>
<tr><td>D≤180</td><td>35×6</td><td>M6</td><td>800<D≤1400</td><td>45×12</td><td rowspan="3">M10</td></tr>
<tr><td>180<D≤400</td><td>35×8</td><td rowspan="3">M8</td><td>1400<D≤1600</td><td>50×15</td></tr>
<tr><td>400<D≤500</td><td>35×10</td><td>1600<D≤2000</td><td>60×15</td></tr>
<tr><td>500<D≤800</td><td>40×10</td><td>D>2000</td><td colspan="2">按设计</td></tr>
<tr><th>风管边长 b</th><th>材料规格(宽×厚)</th><th>连接螺栓</th><th>风管边长 b</th><th>材料规格(宽×厚)</th><th>连接螺栓</th></tr>
<tr><td>b≤160</td><td>35×6</td><td>M6</td><td>800<b≤1250</td><td>45×12</td><td rowspan="3">M10</td></tr>
<tr><td>160<b≤400</td><td>35×8</td><td rowspan="2">M8</td><td>1250<b≤1600</td><td>50×15</td></tr>
<tr><td>400<b≤500</td><td>35×10</td><td>1600<b≤2000</td><td>60×18</td></tr>
<tr><td>500<b≤800</td><td>40×10</td><td>M10</td><td>b>2000</td><td colspan="2">按设计</td></tr>
</table>

设计通风管道时，应考虑以下几个因素：

（1）建筑提供的布置风道的空间和通风房间送、排风口的布置及气流组织情况。风道材料多采用钢板制作，也可采用铝板或不锈钢板制作。利用建筑空间兼作风道时，多数采用混凝土风道或砖砌风道。

风道的形状很多。圆形风道的强度大，耗用材料少，但占用空间大，一般不易布置得美观，通常大多数用于暗装风道。矩形风道易于布置，弯头及三通均比圆形风道小，可明装或暗装在吊顶内，采用较为普遍，有时为利用建筑空间也可做成三角形或多边形。

（2）风道设计既要考虑便于施工，又要保证严密不漏。整个系统的漏损要小，这样才能保证末端风口有足够的风量。

（3）为了减少通过风道壁的得热和失热，必要时风道作保温处理。

（4）风道的噪声值应控制在一定范围内，通风系统除设置必要的消声器外，还应控制风道内的风速，风道内的推荐流速见表 9-14。

风道内流速表 表 9-14

风道部位	钢板和塑料风道(m/s)	砖和混凝土风道(m/s)
干管	6-14	4-12
支管	2-8	2-6

(5) 风量的平衡。风道设计中风道内空气流动过程中压力损失，应进行详细的计算，以确保各支环路间的压力损失差值小于 15%。当通过调整风道断面仍无法达到上述要求时，宜装设调节装置。

第三节　消防系统

消防系统是保障能源站正常供应、保护生命财产安全的主要设施，完善合理的消防系统能保证在发生火灾事故时能及时扑救和以最短的时间疏散人员、控制火势，将损失减少到最低程度。本节主要阐述能源站消防的技术措施和设计注意事项。

一、能源站消防特点和措施

（一）火灾危险性及建筑耐火等级

能源站房应属于丁类生产厂房，站房独立设置建筑不应低于二级耐火等级。设在其他建筑物内的站房，均不应低于二级耐火等级。

（二）能源站防火间距

能源站与其他建、构筑物的防火间距应严格执行《建筑设计防火规范》、《高层民用建筑设计防火规范》的有关规定。本节所给的防火间距仅供设计时参考。

（1）独立能源站与其他厂房的防火间距可参照表 9-15 的规定。

厂房的防火间距（单位：m）　　表 9-15

耐火等级	一、二级	三级	四级
一、二级(能源站)	10	12	14

（2）独立能源站与高层建筑的防火间距可参照表 9-16 的规定。

高层建筑与厂房防火间距（单位：m）　　表 9-16

名称 \ 耐火等级(m)			一类		二类	
			高层建筑	裙房	高层建筑	裙房
一、二级(能源站)	耐火等级	一、二级	15	10	13	10
		三、四级	18	12	15	10

燃气热电冷三联供站房根据使用情况宜独立设置，且应有良好的自然通风或机械通风。站房建筑设计应结合周围环境、自然条件、建筑材料、技术等因素，进行建筑平面布置、立面设计、色彩处理、围护结构及材料选择等，妥善处理好建构筑物的各项使用功能之间的关系，并注意建构筑物群体与周围环境的协调，以及贯彻节省用地和节能的原则。

当联供机房没有条件单独设置时，可考虑将能源站设置于建筑物内，考虑到发电机房的泄爆、进风、排风、排烟等情况，根据《民用建筑电气设计规范》的要求，发电机房宜布置在首层，但是，通常大型公共建筑、商业建筑等民用建筑首层属黄金地带，并且首层会给周围环境带来一定的噪声，因此按规范规定，在确有困难时，也可布置在地下室，由于地下室出入不易，自然通风条件不良，给机房设计带来一系列不利因素。机房选址时应注意以下几点：

（1）主机间和燃气增压机间、计量间应有对外设防爆泄压口的条件。泄压口应避开人员密集场所和主要安全出口。

（2）不应设在四周无外墙的房间，为热风管道和排烟管道排出室外创造条件。

（3）尽量避开建筑物的主入口、正立面等部位，以免排风、排烟对其造成影响。

（4）注意噪声对环境的影响。

（5）不应设在厕所、浴室或其他经常积水场所的正下方和贴邻。

（6）宜靠近建筑物的变电所，这样便于接线，减少电能的损耗，也便于管理。

（7）不应靠近防微振的房间。

（8）机房应采用耐火极限不低于 2.00h 的隔墙和 1.50h 的楼板与其他部位隔开。

（9）机房应有两个出入口，其中一个出口的大小应满足搬运机组的要求，门应采取防火、隔声措施，并应向外开启。

（10）机房四周墙体及顶棚作吸声体，吸收部分声能，减少由于声波反射产生的混响声。

（三）防火、防爆、安全疏散

燃气冷热电三联供站房的建筑防火设计，应符合现行国家标准《建筑设计防火规范》GB 50016 的规定，站房应根据工艺布置的要求，进行建筑防火设计，墙体、构件的耐火等级应相匹配，燃气机房建筑不应低于二级耐火等级，布置在毗邻或布置在主体建筑内，其建筑不应低于主体建筑的耐火等级。

当能源站设置于建筑物内时，能源站与其他部位之间应采用耐火极限不得低于 2.00h 的不燃烧体隔墙和 1.50h 的不燃烧体楼板隔开。在隔墙和楼板上不应开设洞口，当必须在隔墙上开设门窗时，应设置甲级防火门窗。设置于建筑物内的能源站，其外墙上的门、窗等开口部位的上方应设置宽度不小于 1m 的不燃烧体防火挑檐或高度不小于 1.2m 的窗槛墙。

当能源站内设置燃气增压机间、调压计量间时，应采用防火墙与主机间、变配电室隔开。且隔墙上不应开设门窗及洞口。主机间和燃气增压机间、计量间的地面应采用撞击时不会发生火花的材料。

主机间和燃气增压机间、计量间应设防爆泄压口。泄压口应避开人员密集场所和主要安全出口。主机间泄压口的面积不应小于主机间建筑面积的 10%。燃气增压机间、调压计量间泄压面积宜按下式计算，但当其长径比大于 3 时，宜将该建筑划分为长径比小于或等于 3 的多个计算段，各计算段中的公共截面不得作为泄压面积：

$$A = 1.1V^{\frac{2}{3}} \tag{9-34}$$

式中 A——泄压面积，m^2；

V——厂房的容积，m^3。

独立设置的能源站，当主机间的面积不小于 $100m^2$ 时，其出入口不应少于两个，且应分别设在机房两侧，其中直通室外的出入口不少于一个；当主机间的面积小于 $100m^2$ 时，可设一个直通室外的出入口。

设置于建筑物内的能源站主机间、变配电室，出入口的数目不应少于两个，且直通室外或通向安全出口的出入口不少于一个。燃气增压机间、计量间直通室外或通向安全出口的出入口应不少于一个。

能源站应预留能通过设备最大搬运件的安装洞，安装洞可与门窗洞或非承重墙结合。平台、走道、吊装孔等有坠落危险处，应设栏杆或盖板。需登高检查和维修设备处应设有钢平台或扶梯，其上下扶梯不宜采用直爬梯。

（四）能源站房消防设计与要求

（1）设在高层建筑或裙房内的能源站，应有直接对外的安全出口，外墙开口部位的上方应设置宽度不小于 1.00m 的不燃烧体的防火挑檐。能源站房与建筑物的其他部位应用耐火不低于 3.0h 的隔墙和 1.5h 的楼板隔开。当能源站设在建筑物的顶层时，建筑物的顶板应做成双浇混凝土加厚处理，提高耐火极限。

（2）能源站房内应设固定灭火装置。

（3）联供机房应用防火墙与其他房间隔开。煤气、天然气的调压间、仪表计量间亦应设防火墙与其他房间隔开，门窗应直接对外开启，不得与联供机房连通，地面采用不发火的地面，室内的电气设备应为防爆型。

（4）联供机房的外墙、楼地面或屋面，应有相应的防爆措施，并应有相当于联供机房占地面积 10%的泄压面积，泄压方向不得朝向人员聚集的场所、房间和人行通道，泄压处也不得与这些地方相邻。地下联供机房采用竖井泄爆方式时，竖井的净横断面积应满足泄压面积的要求。

当泄压面积不能满足上述要求时，可采用在锅炉房的内墙和顶部（顶棚）敷设金属爆炸减压板作补充。

注：泄压面积可将玻璃窗、天窗、质量小于或等于 $120kg/m^2$ 的轻质屋顶和薄弱墙等面积包括在内。

（5）联供机房与相邻的辅助间之间的隔墙，应为防火墙；隔墙上开设的门应为甲级防火门；朝燃烧设备操作面方向开设的玻璃大观察窗，应采用具有抗爆能力的固定窗。

二、能源站消防设施

（一）消火栓系统

1. 室外消火栓

（1）民用建筑内的能源站，其室外消防给水与所在建筑统一考虑，并应符合现行国家标准《建筑设计防火规范》GB 50016 和《消防给水及消火栓系统技术规范》GB 50974 的相关规定。

（2）独立能源站应设置室外消火栓系统。

（3）独立能源站室外消火栓设计流量：建筑物体积 $V \leqslant 50000m^3$ 时为 15L/s，建筑物体积 $V > 50000m^3$ 时为 20L/s。

（4）独立能源站室外宜采用低压消防给水系统。

(5) 室外消火栓宜采用地上式室外消火栓，当采用地下式室外消火栓时，地下消火栓井的直径不宜小于 1.5m，且当地下式室外消火栓的取水口在冰冻线以上时，应采取保温措施。

(6) 室外消火栓的数量应根据室外消火栓设计流量和保护半径经计算确定，保护半径不应大于 150.0m，每个室外消火栓的出流量宜按 10～15L/s 计算。

(7) 室外消火栓应布置在消防车易于接近的人行道和绿地等地点，且不应妨碍交通，并应符合下列规定：1) 室外消火栓距路边不宜小于 0.5m，并不应大于 2.0m；2) 室外消火栓距建筑外墙或外墙边缘不宜小于 5.0m；3) 室外消火栓应避免设置在机械易撞击的地点，确有困难时，应采取防撞措施。

(8) 室外消火栓水源为市政给水管网时，其平时运行工作压力不应小于 0.14MPa，火灾时水力最不利消火栓的出流量不应小于 15L/s，且供水压力从地面算起不应小于 0.10MPa。

(9) 独立地下能源站应在出入口附近设置室外消火栓，且距出入口的距离不宜小于 5m，并不宜大于 40m。

(10) 当室外消防给水引入管设有倒流防止器，且火灾时因其水头损失导致室外消火栓不能满足压力要求时，应在该倒流防止器前设置一个室外消火栓。

(11) 室外消防给水管道的直径应根据流量、流速和压力要求经计算确定，但不应小于 DN100；室外消防给水管道应采用阀门分成若干独立段，每段内室外消火栓的数量不宜超过 5 个。

(12) 室外埋地管道宜采用球墨铸铁管、钢丝网骨架塑料复合管和加强防腐的钢管等管材。

(13) 埋地管道的地基、基础、垫层、回填土压实密度等的要求，应根据刚性管或柔性管管材的性质，结合管道埋设处的具体情况，按现行国家标准《给水排水管道工程施工及验收标准》GB 50268 和《给水排水工程管道结构设计规范》GB 50332 的有关规定执行。当埋地管直径不小于 *DN*100 时，应在管道弯头、三通和堵头等位置设置钢筋混凝土支墩。

(14) 埋地管道的阀门宜采用带启闭刻度的暗杆闸阀，当设置在阀门井内时可采用耐腐蚀的明杆闸阀，应采用球墨铸铁材质。

2. 室内消火栓

(1) 民用建筑内的能源站，其室内消火栓给水系统与所在建筑统一考虑，并应符合现行国家标准《建筑设计防火规范》GB 50016 和《消防给水及消火栓系统技术规范》GB 50974 的相关规定。

(2) 占地面积大于 300m^2 的独立能源站应设室内消火栓系统。

(3) 独立能源站建筑高度 $h \leqslant 24$m 时，室内消火栓设计流量为 10L/s，同时使用消防水枪数 2 支，每根竖管的最小流量 10L/s。

(4) 独立能源站火灾延续时间按 2h 计算。

(5) 室内消火栓的配置应符合下列要求：应采用 *DN*65 室内消火栓，并可与消防软管卷盘或轻便水龙设置在同一箱体内；应配置公称直径 65 有内衬里的消防水带，长度不宜超过 25.0m；消防软管卷盘应配置内径不小于 Φ19 的消防软管，其长度宜为 30.0m；轻便水龙应配置公称直径 25 有内衬里的消防水带，长度宜为 30.0m；宜配置当量喷嘴直径 16mm 或 19mm 的消防水枪，但当消火栓设计流量为 2.5L/s 时宜配置当量喷嘴直径 11mm 或 13mm 的消防水枪；消防软管卷盘和轻便水龙应配置当量喷嘴直径 6mm 的消防水枪。

（6）设置室内消火栓的能源站，包括设备层在内的各层均应设置消火栓。

（7）室内消火栓的布置应满足同一平面有 2 支消防水枪的 2 股充实水柱同时达到任何部位的要求。

（8）室内消火栓的设置位置应满足火灾扑救要求，并应符合下列规定：室内消火栓应设置在楼梯间及其休息平台和前室、走道等明显易于取用，以及便于火灾扑救的位置；同一楼梯间及其附近不同层设置的消火栓，其平面位置宜相同。

（9）建筑室内消火栓栓口的安装高度应便于消防水龙带的连接和使用，其距地面高度宜为 1.1m；其出水方向应便于消防水带的敷设，并宜与设置消火栓的墙面成 90°角或向下。

（10）设有室内消火栓的独立能源站应设置带有压力表的试验消火栓，其设置位置应符合下列规定：多层能源站应在其屋顶设置，严寒、寒冷等冬季结冰地区可设置在顶层出口处或水箱间内等便于操作和防冻的位置；单层能源站宜设置在水力最不利处，且应靠近出入口。

（11）室内消火栓宜按直线距离计算其布置间距，且消火栓的布置间距不应大于 30.0m。

（12）能源站消火栓栓口动压不应小于 0.35MPa，且消防水枪充实水柱应按 13m 计算。

（13）室内消火栓系统管网应布置成环状；室内消防管道管径应根据系统设计流量、流速和压力要求经计算确定；室内消火栓竖管管径应根据竖管最低流量经计算确定，但不应小于 *DN*100。

（14）室内消火栓环状给水管道检修时应符合下列规定：室内消火栓竖管应保证检修管道时关闭停用的竖管不超过 1 根，当竖管超过 4 根时，可关闭不相邻的 2 根；每根竖管与供水横干管相接处应设置阀门。

（15）消防给水管道的设计流速不宜大于 2.5m/s。

（16）室内架空管道应采用热浸锌镀锌钢管等金属管材。当管径小于或等于 *DN*50 时，应采用螺纹和卡压连接，当管径大于 *DN*50 时，应采用沟槽连接件连接、法兰连接，当安装空间较小时应采用沟槽连接件连接。

（17）室内架空管道的阀门宜采用蝶阀、明杆闸阀或带启闭刻度的暗杆闸阀等，材质应采用球墨铸铁或不锈钢。

（18）消防给水系统管道的最高点处宜设置自动排气阀。

（19）室内消防给水系统由生活、生产给水系统管网直接供水时，应在引入管处设置倒流防止器。当消防给水系统采用有空气隔断的倒流防止器时，该倒流防止器应设置在清洁卫生的场所，其排水口应采取防止被水淹没的技术措施。

（20）设有室内消火栓的地下能源站应采取消防排水设施：消防排水设施宜与地下室其他地面废水排水设施共用；单独的室内消防排水宜排入室外雨水管道；室内消防排水设施应采取防止倒灌的技术措施。

（21）高层和超过 4 层的多层独立地上能源站，超过 2 层或建筑面积大于 10000m^2 的地下或半地下能源站，应设置消防水泵接合器。

（22）消防水泵接合器的给水流量宜按每个 10～15L/s 计算。水泵接合器应设在室外便于消防车使用的地点，且距室外消火栓或消防水池的距离不宜小于 15m，并不宜大于 40m。墙壁消防水泵接合器的安装高度距地面宜为 0.70m；与墙面上的门、窗、孔、洞的净距不应小于 2.0m，且不应安装在玻璃幕墙下方；地下消防水泵接合器的安装，应使进水口与井盖底面的距离不大于 0.40m，且不应小于井盖的半径。

（23）消火栓按钮不宜作为直接启动消防水泵的开关，但可作为发出报警信号的开关或启动干式消火栓系统的快速启闭装置等。

（二）自动喷水灭火系统

1. 设置条件

民用建筑内的能源站，当建筑内其他部位设置自动喷水灭火系统时，能源站应设置自动喷水灭火系统。

2. 设计要求

（1）民用建筑内能源站的自动喷水灭火系统设计基本参数，应结合所在建筑的火灾危险性统一考虑。

（2）能源站自动喷水灭火系统应采用湿式系统。

（3）洒水喷头的公称动作温度宜高于环境最高温度 30℃。

（4）不做吊顶的场所，当配水支管布置在梁下时，应采用直立型洒水喷头；吊顶下布置的洒水喷头，应采用下垂型洒水喷头或吊顶型洒水喷头。

（5）每个防火分区、每个楼层均应设水流指示器。当水流指示器入口前设置控制阀时，应采用信号阀。

（6）每个报警阀组控制的最不利点洒水喷头处应设末端试水装置，其他防火分区、楼层均应设直径为 25mm 的试水阀。

（7）配水管道可采用内外壁热镀锌钢管、涂覆钢管，沟槽式连接件（卡箍）、螺纹或法兰连接。

（8）管道的直径应经水力计算确定。配水管道的布置，应使配水管入口的压力均衡。

（9）管道内的水流速度宜采用经济流速，必要时可超过 5m/s，但不应大于 10m/s。

（10）短立管及末端试水装置的连接管，其管径不应小于 25mm。

（11）自动喷水灭火系统应有备用洒水喷头，其数量不应少于总数的 1%，且每种型号不得少于 10 只。

（三）水喷雾灭火系统

1. 设置条件

民用建筑内的能源站，当建筑内其他部位未设置自动喷水灭火系统时，主机间可设置水喷雾灭火系统。

2. 设计要求

（1）主机间水喷雾的喷水强度不宜小于 10L/（min·m^2），对于燃气锅炉还应考虑爆膜片和燃烧器的局部喷雾，每个点的喷雾强度不少于150L/min，持续喷雾时间不宜小于30min。以上设计参数供参考，设计采用需经当地消防部门批准。

(2) 水雾喷头的工作压力，当用于灭火时不应小于0.35MPa；当用于防护冷却时不应小于0.2MPa。

(3) 保护对象的保护面积应按其外表面积确定，当保护对象外形不规则时，应按包容保护对象的最小规则形体的外表面积确定。

(4) 水雾喷头与保护对象之间的距离不得大于水雾喷头的有效射程。

(5) 水雾喷头的平面布置方式可为矩形或菱形。当按矩形布置时，水雾喷头之间的距离不应大于1.4倍水雾喷头的水雾锥底圆半径；当按菱形布置时，水雾喷头之间的距离不应大于1.7倍水雾喷头的水雾锥底圆半径。水雾锥底圆半径应按下式计算：

$$R = B\tan\frac{\theta}{2}$$

式中　R——水雾锥底圆半径，m；

B——水雾喷头的喷口与保护对象之间的距离，m；

θ——水雾喷头的雾化角，(°)。

(6) 给水管道应符合下列规定：过滤器与雨淋报警阀之间及雨淋报警阀后的管道，应采用内外热浸镀锌钢管、不锈钢管或铜管；需要进行弯管加工的管道应采用无缝钢管；管道工作压力不应大于1.6MPa；系统管道采用镀锌钢管时，公称直径不应小于25mm；采用不锈钢管或铜管时，公称直径不应小于20mm；系统管道应采用沟槽式管接件（卡箍）、法兰或丝扣连接，普通钢管可采用焊接；沟槽式管接件（卡箍），其外壳的材料应采用牌号不低于QT 450-12的球墨铸铁；应在管道的低处设置放水阀或排污口。

(7) 室内设置的系统宜设置水泵接合器。

(四) 细水雾灭火系统

1. 设置条件

民用建筑内的能源站，当建筑内其他部位未设置自动喷水灭火系统时，主机间可设置细水雾灭火系统。对于高层民用建筑内的能源站，其配电室可采用细水雾灭火系统。

2. 设计要求

(1) 细水雾灭火系统的选型和设计，应综合分析保护对象的火灾危险性及其火灾特征、设计防火目标、保护对象的特征和环境条件以及喷头的喷雾特征等因素确定。

(2) 主机间宜采用局部应用方式的开式系统，配电室宜选择全淹没应用方式的开式系统。

(3) 细水雾灭火系统应满足现行国家标准《细水雾灭火系统技术规范》GB 50898的相关规定。

(五) 气体灭火系统

1. 设置条件

民用建筑内的能源站，当建筑内其他部位未设置自动喷水灭火系统时，主机间可设置气体灭火系统。对于高层民用建筑内的能源站，其配电室可采用气体灭火系统。

2. 设计要求

（1）气体灭火剂的类型、气体灭火系统形式的选择，应根据被保护对象的特点、重要性、环境要求并结合防护区的布置，经技术经济比较后确定。

（2）当采用七氟丙烷、IG541 混合气体或热气溶胶全淹没灭火系统时，应满足现行国家标准《气体灭火系统设计规范》GB 50370 的有关规定。

（3）由于二氧化碳灭火系统仅适用于不经常有人停留的场所，因此不建议在能源站内使用。

（六）建筑灭火器

能源站应配置建筑灭火器，并符合下列要求：

（1）能源站应按中危险级配置灭火器。

（2）能源站宜选择可扑灭 A 类、C 类、E 类火灾的磷酸铵盐干粉灭火器，配电室、控制室可配置一定数量的二氧化碳灭火器。

（3）一个计算单元内配置的灭火器数量不得少于 2 具，每个设置点的灭火器数量不宜多于 5 具。

（4）灭火器的配置设计，还应满足现行国家标准《建筑灭火器配置设计规范》GB 50140 的相关规定。

第四节　环保措施

能源站排放的烟气、废水和发出的噪声、振动对周围环境有比较显著的影响，因此在工程建设过程中，必须采取必要的、有效的治理措施。

一、烟气排放

（一）燃气及其燃烧特性

燃气是在常温常压下呈气体状态的易燃、易爆的混合性气体，有些燃气还具有毒性。燃气中可燃成分有氢气、一氧化碳、甲烷及碳氢化合物（烃类）等；不可燃成分有二氧化碳、氮气等惰性气体；部分燃气还含有氧气、水及少量杂质。燃气按照其来源及生产方式大致可分为四大类：天然气、人工燃气、液化石油气和生物气（人工沼气）等。燃气的燃烧可分为：混合—着火—燃烧三个阶段。燃气开始燃烧时的温度称为着火温度。不同气体的着火温度是不同的。一般可燃气体在空气中的着火温度比在纯氧中的着火温度高 50～100℃。事实上，着火温度不是一个固定的数值，它与可燃气体在空气中的浓度、与空气的混合程度、燃气压力、燃烧空间的形状及大小等许多因素有关。在工程上，实际的着火温度应由实验确定。

（二）排放烟气的特性及污染控制方法

气态污染物种类繁多，特点各异。目前，二氧化硫、氮氧化物和烟（粉）尘是我国主要的大气污染物，《中华人民共和国大气污染防治法》《燃煤二氧化硫排放污染防治技术政策》及《我国酸雨控制区和二氧化硫污染控制区环境政策》对二氧化硫、氮氧化物和烟（粉）尘的控制提出了明确而严格的要求。尽量减少二氧化硫、氮氧化物和烟（粉）尘的排放，对于保护和改善大气环境，不仅十分重要，而且十分紧迫。

1. 烟（粉）尘控制方法

烟（粉）尘是燃烧设备排放烟气中最直观的环境污染物，其浓度和黑度达到一定数值后就可以被直接观测到。一般来讲，燃煤是造成烟（粉）尘污染的主要因素。煤炭这种化石燃料含有一定量的灰分，在燃烧过程中必然会有一部分烟（粉）尘随着高温的烟气排放到大气当中。而燃气却不会有此类的问题。作为燃料，燃气几乎不含灰分，只要在燃气的燃烧过程中，使燃料达到完全燃烧便可避免生成炭黑、造成烟（粉）尘污染。

2. SO_x 控制方法

燃料对环境破坏最主要的因素是含硫。由于燃料中含有硫，燃烧后形成 SO_2，其中少量 SO_2 进一步氧化生成 SO_3，SO_3 与烟气中的水蒸气结合成为硫酸，含有硫酸蒸汽的烟气不仅腐蚀管材，排放后还会对大气环境造成破坏。

天然气之中一般不含硫，即使少数矿井出口的天然气含有硫（主要是以 H_2S 形式存在），也很容易在后续的加工中分离去除，供应到用户处的天然气几乎不含硫，所以对环境的污染十分轻微，是一种清洁能源。

3. NO_x 控制方法

氮氧化物是造成大气污染的重要污染源之一，人类活动所排放的氮氧化物90%以上来自于燃料的燃烧过程。氮氧化物包括 NO、NO_2、N_2O、N_2O_3、N_2O_4 和 N_2O_5 等几种化合物。NO_x 主要是指 NO、NO_2。矿物燃料燃烧时产生的氮氧化物主要是一氧化氮（约占 NO_x 的 95%），排入大气层与空气中的氧或臭氧结合生成 NO_2。在阳光的作用下，并在一定的条件下 NO_2 与氧或臭氧结合生成 N_2O 光化学烟雾。

NO 是无色无味的气体，微溶于水，它与血液中的血色素亲和力很强。NO 与血色素结合生成氮氧血红蛋白或氮氧—正铁血红蛋白，它们是变性血色素，不能再与氧结合，从而不能将氧气输送到人体各种器官，使人体缺氧而引起中枢神经麻痹、痉挛等症状。NO 还有致癌作用，对细胞分裂和遗传信息的传递亦有不良影响。

NO_2 是红褐色气体，它是由 NO 氧化而来，其毒性比 NO 高 4～5 倍，含量为 0.1ppm 即可嗅到，1～4ppm 时即有恶臭。流行病学调查结果表明，当空气中 NO_2 浓度大于 0.5ppm 时，其对人体危害就变得较明显了。

燃烧过程中产生的氮氧化物主要是一氧化氮（NO）和二氧化氮（NO_2），另外还有少量的氧化亚氮（N_2O）产生。燃料燃烧时所形成 NO_x 可分为三种，即热力型 NO_x，燃料型 NO_x，以及快速型 NO_x。根据燃烧过程的特点，NO_x 污染的控制方法主要可分为三种方法：燃料脱氮、改进燃烧方式和烟气脱硝。

目前应用比较多的脱硝技术是选择性催化还原法（SCR），该法工艺简单，处理效果好，转化率达90%以上，但仅能化有害为无害，尚未达到变废为宝、综合利用的目的。而固体吸附法中的泥煤—碱法对氮氧化物的脱除率可达 97%～99%，排出口的 NO_x $<0.01\%$。

一般以煤炭为燃料平均运行热效率为50%左右，而现今燃气运行热效率比同参数的燃煤高，通常可达85%～90%。热效率高意味着燃气更加节能，可以降低燃料的使用量，从源头上减少了污染物的排放量。

（三）国内外脱氮技术介绍

目前脱氮技术有两种：一是低氮燃烧技术，在燃烧过程中控制 NO_x 的产生，分为低氮燃烧器技术、空气分级燃烧技术、燃料分段燃烧技术；工艺相对简单、经济，但不能满足较高的 NO_x 排放标准。另一种是烟气脱硝技术，使 NO_x 在形成后被净化，主要有选择性催化还原（SCR）、选择性非催化还原（SNCR）、电子束法等；排放标准严格时，必须采用烟气脱硝。

1. 低氮燃烧技术

由氮氧化物（NO_x）形成原因可知，对 NO_x 的形成起决定作用的是燃烧区域的温度和过量空气量。低氮燃烧技术就是通过控制燃烧区域的温度和空气量，以达到阻止 NO_x 生成及降低其排放量的目的。对低氮燃烧技术的要求是，在降低 NO_x 的同时，使燃烧设备燃烧稳定，且飞灰含碳量不能超标。

（1）燃烧优化

燃烧优化是通过调整燃烧设备燃烧配风，控制 NO_x 排放的一种实用方法。它采取的措施是通过控制燃烧空气量、保持每只燃烧器的风、气比相对平衡及进行燃烧调整，使燃料型 NO_x 的生成降到最低，从而达到控制 NO_x 排放的目的。

（2）燃料分级燃烧技术

该技术是将燃烧设备的燃烧分为三个区域进行，主燃料区送入大部分燃料，将燃料燃烧所需空气分阶段送入，将约85%左右的空气量送入主燃烧区，主燃料的上部（火焰的下游）喷入二次燃料进行再燃烧并形成还原性气氛，在第三区送入燃烧所需其余空气，完成燃尽过程，以此实现燃料和空气分级燃烧。可实现 NO_x 减排率可达60%。

（3）烟气再循环技术

该技术是将燃烧设备尾部的低温烟气与进风混合后送入炉内，降低了燃烧区域的温度，同时降低了燃烧区域氧的浓度，所以降低了 NO_x 的生成量。该技术的关键是烟气再循环率的选择和煤种的变化

（4）技术局限

这些低 NO_x 燃烧技术设法建立空气过量系数小于1的富燃区或控制燃烧温度，抑制 NO_x 的生成，可以一定程度降低 NO_x 排放浓度，对于排放要求较高地区，需要结合烟气净化技术来进一步控制氮氧化物（NO_x）排放。低氮燃烧器技术主要通过降低火焰温度和氧含量减少 NO_x 产生，可降低 NO_x 生成量30%～60%。

2. 烟气脱硝技术

在排放要求较高时，需采用烟气净化技术。目前应用较广的烟气脱硝技术有：选择性催化还原（SCR）法、选择性非催化还原（SNCR）法、同时脱硫脱硝（如电子束法、活性焦还原法）等。几种常用烟气脱硝技术的比较如下：

（1）选择性催化还原（SCR）技术

SCR法就是在固体催化剂存在下，利用各种还原性气体如 H_2、CO、烃类、NH_3 与 NO_x 反应使之转化为 N_2 的方法。以 NH_3 作还原剂时，金属氧化物（如 V_2O_5、MnO_2

等）是最常用的 SCR 工业催化剂。该技术已在日本、德国、北欧、中国等国家和地区的燃煤电厂广泛应用。

用 NH_3 催化还原 NO_x 的 SCR 技术已实现工业化并应用于众多项目当中，具有脱氮效率高（NO 脱除率可达 90%以上）、反应温度较低（573～753K）、催化剂不含贵金属、寿命长等优点。目前被认为是最好的固定源脱硝技术。但是此项技术也还存在一些不足：1）由于使用了腐蚀性很强的 NH_3 或氨水，对管路设备的要求高，造价昂贵，投资费用达到 50～70 美元/kW；2）由于 NH_3 加入量的控制会出现误差，容易造成二次污染；3）NH_3 易泄漏，操作及贮存困难，且易形成 $(NH_4)_2SO_4$；4）只适用于固定污染源的净化，难以解决如汽车发动机等移动源的 NO_x 净化问题。

（2）选择性非催化还原（SNCR）

SNCR 脱硝技术主要是指在没有催化剂参与的情况下，用氨（NH_3）或尿素（$CO(NH_2)_2$）等还原剂将烟气中的 NO_x 还原为 N_2 和水。在 20 世纪 70 年代中期日本最早在一些燃油、燃气电厂使用了 SNCR 技术。SNCR 脱硝系统最主要的优点是建设为一次性投资，不仅有较低的运行成本，且设备占地面积较小，由于 SNCR 脱硝技术经济性高，所以比较适合我国国情。为此，在我国燃煤电厂烟气脱硝技术中占有重要地位。

SNCR 技术是利用机械式喷枪将氨基还原剂（如氨气、氨水、尿素）溶液雾化成液滴喷入炉膛，热解生成气态 NH_3，在 950～1050℃温度区间（通常为锅炉对流换热区）和没有催化剂的条件下，NH_3 与 NO_x 进行选择性非催化还原反应，将 NO_x 还原成 N_2 和 H_2O。喷入炉膛的气态 NH_3 同时参与还原与氧化两个竞争反应：温度超过 1050℃时，NH_3 被氧化成 NO_x，氧化反应起主导；温度低于 1050℃时，NH_3 与 NO_x 的还原反应为主，但反应速率降低。

SNCR 是一项十分成熟的烟气脱硝技术，相对 SCR 而言，脱硝效率较低。但是由于它的投资和运行成本低，特别适用于小容量锅炉；在小容量锅炉可以做到较高的脱硝效率，综合性价比较高。SCNR 整体工艺比较简洁，具有如下特点：1）现代 SNCR 技术可控制 NO_x 排放降低 20%～50%。脱硝效率随机组容量增加，炉膛尺寸扩大、机组负荷变化范围扩大，增加了 SNCR 反应温度窗口与还原剂均匀混合的控制难度，致使脱硝效率降低。2）还原剂雾化液滴在大于 1100℃温度下分解时，部分被氧化成 NO_x，增加 NO_x 原始控制难度，致使还原剂的有效利用率较低。脱硝效率为 30%～40%，化学当量比 NSR 为 1.2～1.5，还原剂利用率仅为 20%～30%；3）SNCR 装置不增加烟气系统阻力，也不产生新的 SO_3，氨逃逸浓度通常控制在 10ppm，生成的硫酸氢铵量较少，造成空预器的堵塞、腐蚀效应相对较弱；4）还原剂喷入炉膛前，需要稀释到 10%以下，而雾化液滴蒸发热解过程需要吸收一定的热量，这会造成锅炉热效率下降约 0.1～0.3 个百分点。

（3）电子束法脱硝

电子束或电晕放电法的原理是在烟气中加入少量氨气、水蒸气或甲烷气，再利用电子加速器或电晕放电产生的高能电子流，直接照射待处理的气体，通过高能电子与气体中的氧分子及水分子碰撞，使之离解、电离，形成非平衡等离子体，其中所产生的大量活性粒子（如 OH、O 和 HO_2 等）与污染物进行反应，使之氧化去除。许多国家已经建立了一批电子束试验设施和示范车间。日本、德国、美国和波兰的示范车间运行结果表明，这种电子束系统去除 SO_2 的总效率通常超过 95%，去除 NO_x 的效率达到 80%～85%。高能电子产生等离子体工艺是工业烟气中去除 NO_x 的有效方法之一。其优点是不产生废水，回收副产物 NH_4NO_3 可作氮肥加以利用，能同时脱除 SO_2 和 NO_x，且具有较高的脱除率。

但电子束照射法仍有不少缺点：1）能量利用率低。当电子能量降到 3eV 以下后，将失去分解和电离的功能，剩余的能量将被浪费掉；2）电子束法所采用的电子枪价格昂贵，电子枪及靶窗的寿命短，所需的设备及维修费用高昂；3）设备结构复杂，占地面积大，X 射线的屏蔽与防护问题不容易解决。上述原因限制了电子束法的实际应用和推广。针对电子束法存在的缺点，20 世纪 80 年代初期，日本的 Masuda 提出了脉冲电晕放电等离子体技术。该法避免了电子加速器的使用，也无须辐射屏蔽，增加了技术的安全性和实用性。

（4）活性焦吸附法脱硫脱硝

吸附法是利用吸附剂对 NO_x 的吸附量随温度或压力的变化而变化的原理，通过周期性地改变反应器内的温度或压力，来控制 NO_x 的吸附和解析反应，以达到将 NO_x 从气源中分离出来的目的。根据再生方式的不同，吸附法可分为变温吸附法和变压吸附法两种。变温吸附法脱硝技术的研究起步较早，现已有一些工业装置应用于工业废气处理。变压吸附法是最近研究开发的一种较新的脱硝技术。常用的吸附剂有杂多酸、分子筛、活性炭、硅胶及含 NH_3 的泥煤等。

吸附法净化 NO_x 废气的优点是：净化效率较高，不消耗化学物质，设备简单，操作方便，可对废气中的 NO_x 进行回收利用。缺点是：由于吸附剂吸附容量小，需要的吸附剂量大，设备庞大，需要再生处理；由于过程为间歇操作，投资费用较高，能耗较大。

二、降噪

治理噪声首先要分析噪声源及频谱，发电机组噪声主要来自以下几个方面：燃烧噪声、机械噪声及排气噪声，其中排气噪声为整个机房噪声的最高点，治理时需多加注意。这几种噪声无规律杂乱组合之后，主频率峰为 125～500Hz，属于宽带偏中低频突出噪声。治理起来比较麻烦。

噪声治理方法主要有两种：一种是降低声源噪声；另一种是控制噪声传播途径。发电机房噪声治理主要是在传播途径上做文章，降低声源噪声主要由生产厂家实现。控制噪声传播途径的核心是利用声波在传播中自然衰减作用去缩小噪声的污染面，具体措施有以下几种：吸声处理、隔声处理、改变传播方向等。在实际工程中有时用其一种，有时三种手段并用，如对进机房进排风口进行吸声、隔声处理；排烟口改变噪声传播方向；墙面及吊顶进行吸声处理等。

（1）噪声的产生及限定值。燃气透平的噪声基本上是高频率领域的成分，不采取防噪措施时，每个单体的噪声为：机器侧 1m 左右通常为 90～115dB（A）。燃气引擎的噪声基本集中在中低频率的波段上，它的单体噪声为：机器侧 1m 左右通常为 90～105dB（A）。关于噪声标准的限制值，执行国家有关的标准。

（2）噪声控制措施。为减少室内噪声的传播，发电机组一般包裹在箱体内；室内贴附吸声材料，降低室内噪声水平；内藏型的室外设置的设备，要在不希望噪声传播的方向设遮声壁；为防止从排气管传出噪声传播，排气管中要设消声器；经过换气口和换气导管的噪声传播，也要考虑防噪措施。

三、防振

（一）振动的发生及对建筑物的影响

(1) 为了避免对相邻房屋的噪声、振动的影响，联供系统机器尽量不要设置在建筑中间层，尽可能设置在地下或放置在其他房间内。

(2) 建筑躯体固有的振动数要事先计算出来，相对应地设置一些防振装置。

(3) 燃气引擎基础为独立基础或悬浮式基础时，要使用防振材料，以防止向建筑体的振动传递。

(4) 尽管透平机与引擎不同没有往复式动作，但也要考虑一定的防振措施。

（二）基本防振措施（机器的防振）

(1) 机器与基础之间要设置防振材料，与机器相连接的配管、排气管要设置充分长的弹性接头，要进行使机器本体振动不传递到外壳及配管的设计。在这种情况下，固定金属物也要按照防振标准设计。

(2) 防振材料包括橡胶垫衬、防振橡胶、防振橡胶环、金属弹簧、空气发条等。在医院、酒店等防振要求比较高的地方，要使用空气发条或金属弹簧。

（三）配管、排气管、导管的防振

(1) 原动机产生的振动，可能传递到人们认为不会有振动的配管、排气管等。而配管的振动会传递并影响到建筑，因此必须防止配管等的振动。要使用防振接头、防振支撑等防止配管的振动。

(2) 地面、墙壁等贯通的地方，要将洞穴修补好。为防振和隔热，要采用泡沫等缓冲材料或灰浆进行填补。

（四）抗震措施

特别是对于架空的机器，要采取措施防止其地震时移动。在这种场合下，要采用正确的防震措施，使防震效果不受影响。

有些机器需要防止翻倒，因此要采用一些外框等将其固定住。

第十章 能源站布置

燃气冷热电联供系统能源站因其运行使用燃气等原料，如果发生燃气泄漏，达到一定浓度有可能发生爆炸，从而引发火灾，因此，能源站属于具有一定爆炸性危险的建筑，其对周围的危害性极大，因此，对新建能源站原则上有条件时宜设置在地上独立的建筑物内相对安全，并应采取设置泄爆口、安全出口、换气通风、消防疏散等一系列措施，防止意外发生。但是，现在大城市的土地资源越来越紧张，当因场地条件的限制，并且能源站规模较小时，可以采取与建筑物贴建或者在建筑物内设置能源站房。为了安全，站房不应设置于人员密集场所的上层或下层，也不能贴邻主要疏散口的两侧，更不应设置于住宅楼内。同时，站房应有泄爆口，靠外墙布置，采取具有一定抗爆能力的防火隔墙、现浇楼板与贴邻部位隔开等防爆方面的措施，尽量减小因能源站发生危险引发对相邻房间的危害。建筑上除了采取共性的安全措施外，还应根据站房在建筑物中不同部位提出针对性要求。①

根据工程性质和规模等具体条件，能源站设置可以采用独立建筑或在建筑物内的布置能源站房的形式，也可采用露天布置形式。地上独立（包括露天布置）能源站适合规模较大的区域性冷、热、电联供系统，或用于工厂的能源中心。

参考《燃气分布式供能站设计规范》DL/T 5508-2015 的术语，本章中的独立式能源站指的是独立设置的能源站，楼宇式能源站指的是在建筑物内设置的能源站。设置原动机、补燃余热设备、燃气锅炉等设备的房间称为燃烧设备间。

第一节 站址选择

能源站的站址选择原则是根据《燃气冷热电联供工程技术规范》GB 51131-2016 和《燃气分布式供能站设计规范》DL/T 5508-2015 等相关规范的规定编制的，同时也参考了《小型火力发电厂设计规范》GB 50049-2011 中的相关规定。

能源站的站址应综合考虑城市规划要求、热（冷）用户分布、燃料供应情况、机组容量、燃气管道压力、工程建设条件、环境保护等因素，因地制宜地按照独立式能源站、楼宇式能源站等类型进行选择。

一、独立式能源站选址原则

独立式能源站的站址选择应考虑城市规划、消防、环境保护、风景名胜和遗产保护等要求，地区地形、地质、地震、水文、气象等自然条件，用地与拆迁、水源、交通运输、

① 林在豪，刘毅，柯宗文.分布式供能系统站房布置形式及选用条件.上海节能，2005，6：62-65.

施工以及与相邻企业的关系及建设计划等因素，并应通过技术经济比较和经济效益分析，对厂址进行综合论证和评价，择优确定。

站址选择应考虑燃料供应的安全性、可靠性、经济性，使燃料供应距离较短。同时，应避开经常受悬浮固体颗粒物严重污染的区域。站址选择应靠近负荷中心，供热（冷）范围宜符合下列要求：

（1）蒸汽供热半径小于或等于 5km；

（2）热水供热半径小于或等于 10km；

（3）供冷半径小于或等于 2km。

此外，能源站防洪防涝标准应满足《小型火力发电厂设计规范》GB 50049-2011 第 5.0.4 条的有关要求。

规模很大的能源站，需要较高压力级别天然气直接供应，原动机的站房采用地上独立建筑。如浦东国际机场冷、热、电联供的能源中心是设在地上独立建筑物内；日本川崎某工厂露天热电联产供能站，设置了 3 台装机总容量达 34MW，燃气轮机单机功率分别为 18MW、7 MW、6 MW 的露天布置能源站①。

二、楼宇式能源站布置原则

（一）楼宇式能源站布置的几种情况

楼宇式能源站根据能源站燃烧气质压力和发电机的容量等因素，结合各种条件，在建筑物内布置可分为以下几种情况①：

1. 地上首层设置

地上首层设置站房，大型设备搬运方便，安装条件、设备检修、通风、采光、操作环境等也都要比其他部位要好，适合设置较大规模的站房。

2. 地下（半地下）设置

地下（半地下）设置是布置站房较理想场所，只要留有足够的设备运输通道或吊装孔以及泄爆口，就可以充分利用地下空间。但是作为站房应不少于两个安全出口，其中直通室外的安全出口不少于一个。

3. 楼层中设置

设置在楼层中的站房应靠外墙，并注意原动机及附属设备起吊条件和场地。由于周边及上下均有建筑物，从安全、安装、检修等方面来看这种设置都处于最不利条件，为此必须要有条安全通道，并做好防火挑檐。这种设置对机型及总容量等方面应有严格限制。

注：据了解，目前国内尚无在楼层中设置的先例。

4. 屋顶设置

屋顶可分裙房屋顶和主楼屋顶，对有较大屋顶可利用的建筑物，屋顶站房具有与周围建筑影响少和通风条件好的特点。国外有一报社就是利用屋顶露天设置了 3 台燃气轮机及余热锅炉等，为了减少对周边的噪声影响，靠外墙侧还设置了高于燃气轮机高度的隔声挡

① 林在豪，刘毅，柯宗文. 分布式供能系统站房布置形式及选用条件. 上海节能，2005，6：62-65.

板，并设有垂直交通及安全通道。

（二）楼宇式能源站布置要求

能源站房因其燃烧设备间、计量间等属于具有一定爆炸性危险的房间，一般尽量独立设置或室外布置。当站房不能独立设置时，可贴邻主体建筑布置，并应采用防火墙、现浇楼板与贴邻部位隔开，且不应贴邻人员密集场所。防火墙应具有一定的抗爆能力。

当场地条件所限采用楼宇式能源站时，宜将所有设备集中布置在一栋建筑内，当布置有困难时可将其中部分设备布置在建筑外的其他建筑内。布置在建筑物内的能源站的燃烧设备间、计量间可以利用主体建筑的地下一层、首层布置，并应将燃烧设备间、计量间设置在靠建筑外墙部位。严禁将燃烧设备间、计量间布置在人员密集场所的上一层、下一层、贴邻位置；不能贴邻主要疏散口的两侧，更不应设置于住宅楼内。使用沼气作为燃料的能源站不宜布置在楼宇内。

当楼宇式能源站必须贴邻汽车库、修车库布置时，参考《汽车库、修车库、停车场设计防火规范》GB 50067-2014 第 4.1.11 的规定：燃油或燃气锅炉、油浸变压器、充有可燃油的高压电容器和多油开关等，不应设置在汽车库、修车库内。当受条件限制，楼宇式能源站必须贴邻汽车库、修车库布置时，可以参考现行国家标准《建筑设计防火规范》GB 50016 的有关规定。这样规定是为了尽量减小发生火灾爆炸带来的危险性和发生事故的几率。

采用微型燃机时，可布置在屋面或高层建筑的设备夹层。

楼宇式能源站燃烧设备使用的燃气比重大于或等于空气比重的 75%时，燃烧设备间不得布置在楼宇的地下室。燃烧设备使用的燃气应利用城市公用设施直接供气，不得在楼宇内设置瓶装气仓库。

燃烧设备布置在建筑物地下一层或首层时，单台发电机的容量不应大于 7MW；当布置在建筑物顶层时，单台发电机容量不应大于 2MW，且应对建筑结构进行验算。

当燃烧设备设置在建筑物顶层时，燃烧设备间距屋顶安全出口的距离不应小于 6.0m。

楼宇式能源站场地标高应与所供能对象防洪排涝标准一致。

（三）楼宇式能源站布置实例

案例一：北京日出东方凯宾斯基酒店能源站

北京日出东方凯宾斯基酒店为五星级饭店，位于北京市怀柔区，为 2014 年 APEC 会议接待酒店，建筑面积 8.3 万 m^2。为满足酒店供能需求，酒店配套新建三联供能源中心一座，能源中心配置 4 台燃气内燃发电机组，2 台全补燃烟气热水型冷温水机组，1 台螺杆式冷水机组 和 1 台离心式冷水机组，2 台燃气热水锅炉，2 台燃气蒸汽锅炉，自然冷却板换等（见图 10-1）。其中 1 台燃气发电机与酒店旁雁栖湖大坝光伏发电组成微电网，通过中控调度，可以为核心岛、会展中心、酒店等三个用户供电。

案例二：融程花园酒店天然气分布式能源站工程

融程花园酒店能源站设置在融程花园酒店主体建筑地下一层，因能源站与地下车库贴邻，设计时采用防火防爆墙与能源站房隔开。根据相关规范规定，能源站应有两个直接对外的出入口，现状条件只有一个直接对外的出入口，设计时在车库内隔出疏散走廊新增一

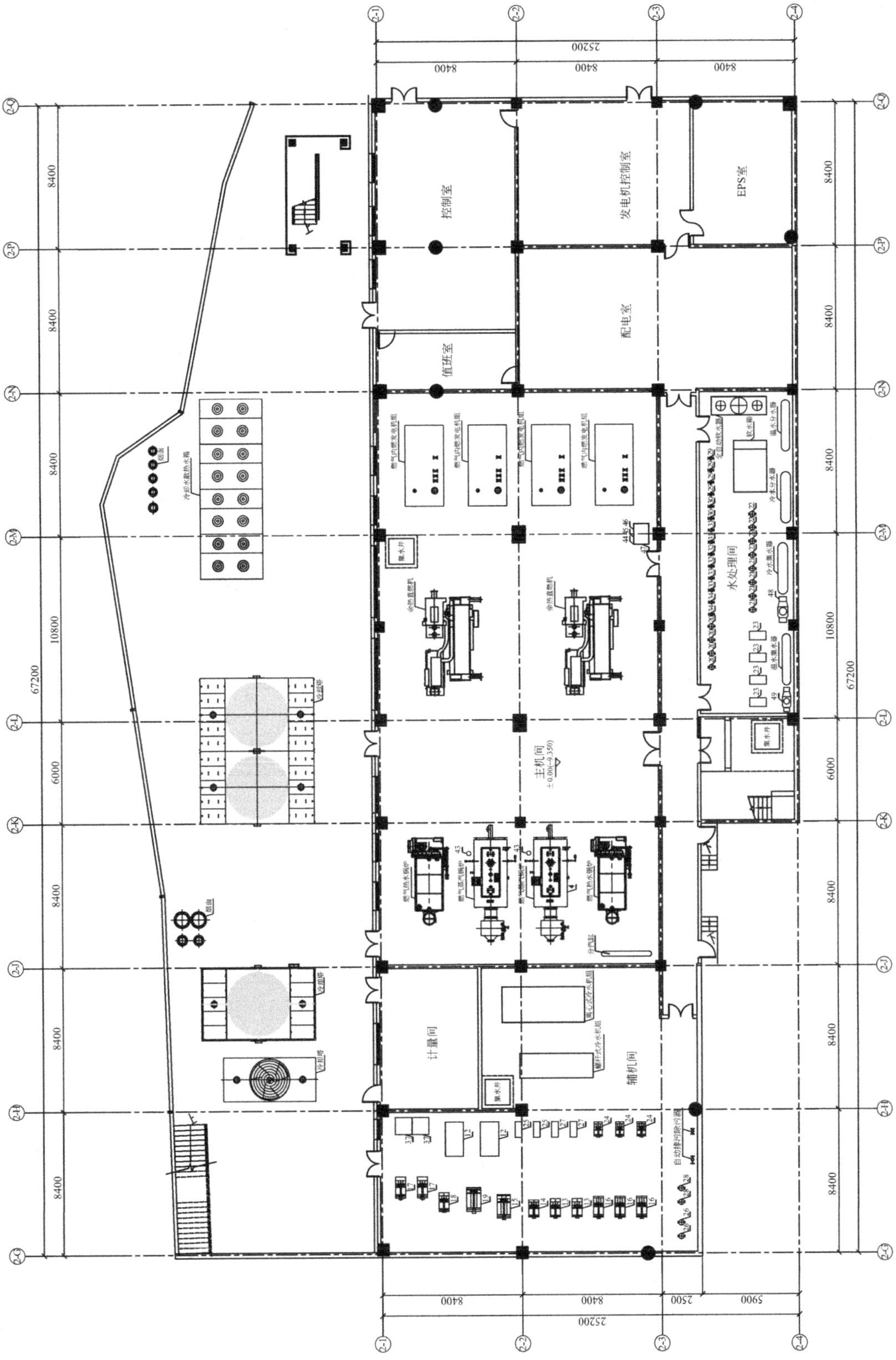

图 10-1　北京日出东方凯宾斯基酒店能源站

个对外出入口。现状能源站房的泄爆面积不满足要求，采用竖井方式进行泄爆，要求竖井的净横断面积应满足泄压面积的要求，泄压方向避开朝向人员聚集的场所、房间和人行通道。能源站与其他房间的隔墙上穿墙钢套管与管道之间应采用防火密封胶泥进行封堵，防止能源站发生燃气泄漏后，通过管道穿墙部位空隙窜入未采取电气防爆、强制通风等措施的其他房间（见图 10-2）。

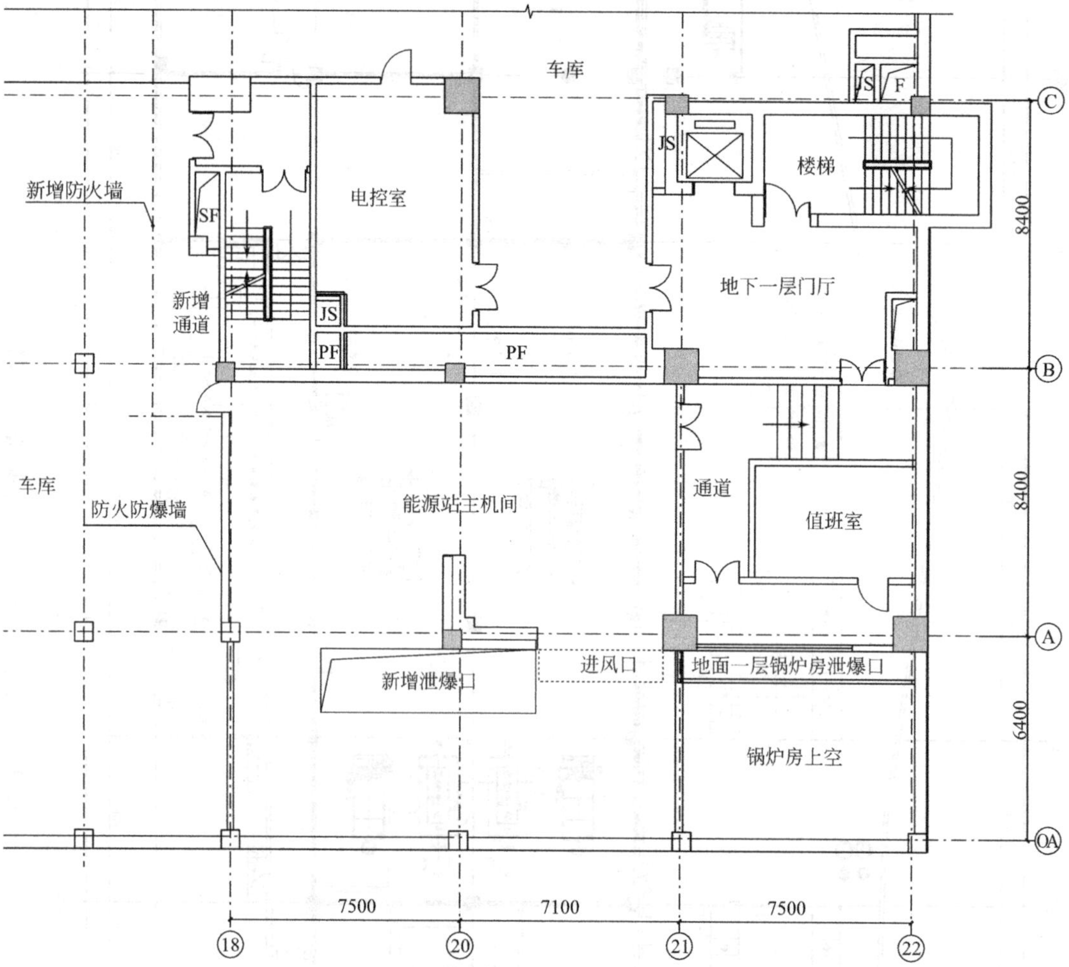

图 10-2 融程花园酒店天然气分布式能源站

第二节 独立式能源站总平面布置

对于新建能源站的总平面布置应结合其所在区域的技术经济、自然条件，并应满足生产、运输、防震、防洪、防火、安全、卫生、环境保护和职工生活设施的需要，经多方案技术经济比较后，择优确定。新建能源站总平面布置根据《燃气分布式供能站设计规范》DL/T 5508-2015 等相关规范中的规定进行编制。

首先，应符合城乡规划、土地利用规划、燃料和水源供应、交通运输的要求。按照规划容量远近结合，对站区、施工区、交通运输、环境保护、出线走廊、供热（冷、气）管廊，以及防火、安全、卫生、施工及检修等要求，结合场地自然条件进行统筹规划，并经技术经济比较后择优确定。

其次，应充分利用地形、地势、工程地质及水文地质条件，合理地布置建筑物、构筑物和有关设施，并应减少土（石）方工程量和基础工程费用。

另外，工业企业分期建设时，总体规划应正确处理近期和远期的关系。近期集中布置，远期预留发展，分期征地，严禁先征待用。

一、独立式能源站总平面布置原则

独立式能源站总平面布置应以主设备间为中心，以工艺流程合理为原则，充分利用自然地形、地质条件，合理规划功能区域。独立式能源站的总平面布置应符合下列要求：

（1）原动机（房）、汽机（房）、余热锅炉（房）、燃气锅炉房等主设备区宜布置在站区适中位置，并处于土质均匀、地基承载力较高地段。

（2）天然气调压站、增压站等易燃易爆建（构）筑物宜布置在站区边缘，并处于明火、散发火花点的常年最小风频下风侧。

（3）建（构）筑物布置应考虑消防、防振及防噪声要求。

（4）厂区内的建筑宜采用联合建筑，建筑格调和色彩应与周围环境相协调。

（5）站区宜设置两条道路与城市道路相连，当站区设置一条基地道路与城市道路相连接应符合国家标准《民用建筑设计通则》GB 50352-2019 第 4.2.1 条的规定。

二、独立式能源站各单体建筑物的火灾危险性、耐火等级及防火间距

独立式能源站的主要建（构）筑物火灾危险性及耐火等级应按表 10-1 的规定确定。其他建（构）筑物在生产过程中的火灾危险性及耐火等级应符合相关建筑防火规范的规定。

建（构）筑物在生产过程中的火灾危险性及耐火等级　　　表 10-1

序号	建筑物名称	火灾危险性	耐火等级
1	原动机房	丁	二级
2	汽机房	丁	二级
3	余热锅炉房	丁	二级
4	制冷机房	丁	二级
5	制冷站、供热站	戊	二级
6	天然气增压站、调压站	甲	二级
7	材料库、检修车间	戊	二级
8	冷却塔	戊	二级

注：制冷机房为能源站内制冷机（房），不是指制冷站内的制冷机（房）。除本表规定的建（构）筑物外，其他建（构）筑物的火灾危险性及耐火等级应符合国家现行有关标准的规定。

原动机房、汽机房、余热设备间（房）、天然气调压站、增压站与其他建构物的最小间距应符合表 10-2 的规定，其他各建构筑物之间的最小间距应符合现行国家标准《小型火力发电厂设计规范》GB 50049、《火力发电厂与变电所设计防火规范》GB 50229、《建筑设计防火规范》GB 50016、《城镇燃气设计规范》GB 50028、《石油天然气工程设计防火规范》GB 50183 等有关规范的规定。

独立式能源站的建（构）筑物与明火或散发火花点的最小间距应符合现行国家标准《建筑设计防火规范》GB 50016 的要求。

对于预装式变电站，有干式和湿式两种，其电压一般在 10kV 或 10kV 以下。这种装置内部结构紧凑、用金属外壳罩住，使用过程中的安全性能较高。因此，此类型的变压器与邻近建筑的防火间距不应小于 3m。对于规模较大的油浸式箱式变压器的火灾危险性较大，仍应按表 10-2 的有关规定执行。

建筑物、构筑物之间的最小间距（m）　　表 10-2

序号	建(构)筑物名称	丙、丁、戊类建筑		原动机房、汽机房、余热锅炉房、制冷机房	天然气增压站、调压站	变压器油量(t/台)			屋外配电装置	自然通风冷却塔	机械通风冷却塔	行政生活福利建筑		线路中心线(厂外)	厂外道路(路边)	厂内道路(路边)		围墙
		一级、二级	三级			≤10	>10 ≤50	>50				一级、二级	三级			主要	次要	
1	原动机房、汽机房、余热锅炉房、制冷机房	10	12	—	30	12	15	20	10	30	30	10	12	5	无出入口 1.5，有出口无引道 3，有引道 7～9			5
2	天然气增压站、调压站	12	14	30	—	25			25	20	25	25		30	15	10	5	5

注：1. 表列间距除注明者外，冷却塔自塔外壁算起；建筑物自最外边轴线算起；露天生产装置自最外设备的外壁算起；屋外变、配电装置自最外构架边缘算起；道路为城市型时，自路面边缘算起，为公路型时，自路肩边缘算起。
2. 单个小型机械冷却塔与相邻设施的间距可适当减少。
3. 生产及辅助生产建筑物均为丙、丁、戊类建筑耐火等级，自然通风冷却塔、机械通风冷却塔距离水工设施为 15m，其他建（构）筑物采用 20m。
4. 在改建、扩建工程中，当受条件限制时，表列间距可适当减少，但不得超过 25%。
5. 在屋外布置油浸变压器时，其与外墙净距不宜小于 10m；当在靠近变压器的外墙上于变压器外廓两侧各 3m、变压器总高度以上 3m 的水平线以下的范围内设有防火门和非燃烧性固体窗时，与变压器外廓之间的距离可为 5～10m；当在上述范围内的外墙上无门窗或无通风洞时，与变压器外廓之间的距离可在 5m 以内。

单独建造的终端变电站，通常是指 10kV 降压至 380V 的最末一级变电站。这些变电站的变压器大致在 630～1000kV 之间，可以根据变电站的耐火等级按照民用建筑的有关防火间距执行《建筑设计防火规范》GB 50016。但单独建造的其他变电站，则应将其视为丙类厂房根据《建筑设计防火规范》GB 50016 来确定有关防火间距。

三、独立式能源站内道路设计

独立式能源站内道路设计应符合现行国家标准《厂矿道路设计规范》GBJ 22 和现行

行业标准《城市道路工程设计规范》CJJ 37 要求。

站内各建（构）筑物之间应根据生产、消防、生活和检修维护的需要设置行车道路；主设备区、配电装置区、天然气增压站、调压站周围应设置环形道路或消防车道；站内主要出入口主干道行车部分路面宽度宜为 6～7m，主设备区周围的环形道路路面宽度宜为 6m，站内支道路路面宽度宜为 3.5～4m；站内道路宜采用水泥混凝土或沥青混凝土路面；室外布置的原动机、余热锅炉周围应留有检修场地和起吊运输设备进出的道路，净空高度不宜小于 5m，困难时不应小于 4.5m。消防车道宽度和净空高度均不应小于 4m。

四、独立式能源站总平面设计的其他要求

独立式能源站的站区围墙应与周围环境相协调，除满足站址所在地城市（镇）规划要求外，站区围墙高度不应低于 2.2m；屋外配电装置应设有 1.8m 高的围栅，变压器场地周围应设有 1.5m 高的围栅，天然气调压站、增压站周围宜设有 1.5m 高的围栅。当天然气调压站、增压站利用站区围墙时，该段围墙应为高度不低于 2.5m 的非燃烧体实体围墙。

独立式能源站放空管道布置应符合现行国家标准《石油天然气工程设计规范》GB 50183 和《城镇燃气设计规范》GB 50028 的相关规定。

使用沼气的独立式能源站站区总平面布置除应符合现行行业标准《燃气分布式供能站设计规范》DL/T 5508 外，还应符合现行行业标准《沼气工程技术规范》NY/T 1220 的要求。

第三节　建筑与结构

能源站的建筑结构设计应满足现行国家及行业相关规范、标准的有关规定，同时还应根据能源站的特殊性，对其防火、防爆、噪声控制等加以重视。因燃气泄漏容易引发爆炸，对此提出防火隔墙应具有一定的抗爆能力的概念，并对具有一定抗爆能力的防火隔墙在具体实施中提供了参考做法，供大家借鉴。建筑布置针对燃气调压站、计量间、燃烧设备间这种特殊房间，提出几种布置方式，希望给大家提供参考。

一、一般规定

（1）能源站中的原动机（房）、补燃余热设备间（房）、燃气锅炉间（房）等有燃烧设备的站房应属于丁类生产厂房。

（2）独立式能源站的建（构）筑物的安全等级为二级，能源站布置在主体建筑内的楼宇式能源站建（构）筑物的安全等级应与主体建筑一致，但不应小于二级。

（3）独立式能源站的建筑的耐火等级不应低于现行国家标准《建筑设计防火规范》GB 50016 中规定的二级。

（4）燃气调压间、增压间应属于甲类生产厂房，其建筑不应低于二级耐火等级。

(5) 独立式能源站的建筑物的结构设计使用年限除临时性建(构)筑物外，应为50年。

(6) 能源站建筑设计应满足工艺生产流程、安全使用要求。建筑布置应包括内部交通、防火、防爆、防噪声、抗震、采光、自然通风、防腐、防冻和生活设施等设计。

(7) 能源站建筑设计应积极采用新型、节能、绿色环保的新技术、新材料。

二、建筑布置

(一) 燃气调压站布置

燃烧设备的燃烧器所需的燃气压力一般为10～20kPa，而市政燃气管道一般为中压供气，约为0.4MPa。为保证燃烧器前的燃气压力稳定，避免燃烧不稳定，甚至引起脱火，应设专用的天然气调压装置。实际设计中，燃气调压装置的设置一般有两种方式。

其一，与能源站建筑合并，设置在一个建筑物内，此时可以参考GB 50041-2008第15.1.1条第3款的规定，对调压间按以下要求进行设计：调压间应为靠外墙的单层建筑，与相邻房间用无门窗和洞口的防火墙隔开，建筑耐火等级不低于二级，采用轻型结构屋顶和向外开启的门窗，地面采用不发火花的材料，留有一定的防爆面积，并设置事故排风装置、燃气报警器等。调压间属甲类生产厂房，因此调压间的电气装置应采用防爆型。

其二，在能源站附近露天设置专用的燃气调压箱。因其为露天设置，大大降低了因燃气调压箱泄漏燃气引起爆炸的几率。设计中若场地允许，应优先采用第二种调压设置方式①。

(二) 计量间、燃烧设备间布置

计量间和燃烧设备间属于具有一定爆炸性危险的房间，因此应设置爆炸泄压设施，且不应布置在人员密集场所的上一层、下一层或贴邻。设于地下、半地下及首层的燃烧设备间应布置在靠外墙部位，且应符合现行国家标准《建筑设计防火规范》GB 50016的有关规定。

燃烧设备使用的燃气比重大于或等于空气比重的75%时，燃烧设备间不得布置在楼宇的地下室。燃烧设备使用的燃气应利用城市公用设施直接供气，不得在楼宇内设置瓶装气仓库。

(三) 其他布置要求

当通过噪声控制措施满足环保要求时，原动机房、余热锅炉、燃气调压站、增压站可根据地方气候特点采用露天或半露天布置方式。

配电装置、调压间、增压间的布置宜避开建筑物的伸缩缝。

三、防火、防爆

能源站的建筑设计应按现行国家标准《建筑设计防火规范》GB 50016和《火力发电

① 徐相军. 谈燃气锅炉房的安全设计. 工程建设与设计，2012，6：87-88.

厂与变电站设计防火规范》GB 50229 的相关规定执行。独立式能源站其相应的建（构）筑物的火灾危险性分类及耐火等级不应低于表 10-1 的规定。

原动机房、汽机房、余热锅炉房、制冷机房、燃气调压站、增压间与其他建（构）筑物的最小间距应符合表 10-2 的规定，其他各建（构）筑物之间最小间距应符合现行国家标准《小型火力发电厂设计规范》GB 50049、《火力发电厂与变电所设计防火规范》GB 50229、《建筑设计防火规范》GB 50016、《城镇燃气设计规范》GB 50028、《石油天然气工程设计防火规范》GB 50183 等有关规范的规定。

根据现行国家标准《建筑设计防火规范》GB 50016 中的术语，防火墙为防止火灾蔓延至相邻建筑或相邻水平防火分区且耐火极限不低于 3.00h 的不燃性墙体；防火隔墙为建筑内防止火灾蔓延至相邻区域且耐火极限不低于规定要求的不燃性墙体。建筑设计防火规范》GB 50016-2014（2018 年版）第 6.1.5 条明确规定，可燃气体管道严禁穿过防火墙。但是能源站内的计量间、为能源站专用的燃气调压间、增压间的燃气管道必须穿过燃烧设备间与计量间或者调压间之间的防火墙，在实际工程中大多也是这么做的。因此，笔者认为可以将这道防火墙改名为防火隔墙，同时，对燃气管道穿墙提出钢套管与管道之间应采用防火密封胶泥进行封堵的要求，以保证燃气不发生串气的问题。

为独立式能源站专用的燃气调压站、增压间，当与能源站贴建时应采用防火墙与燃烧设备间、变配电室隔开，且隔墙上不得开设门窗及洞口。防火墙耐火极限不低于 3.00h，且应具有抗爆能力。

具有一定抗爆能力的防火隔墙，在实际工程中通常采用钢筋混凝土墙或双面挂钢筋网抹灰（单侧厚度不低于 50mm）的加筋实心砌体墙。在《抗爆、泄爆门窗及屋盖、墙体建筑构造》14J938 中还有由钢龙骨和纤维水泥复合钢以及岩棉组成的抗爆墙的做法。

设置于主体建筑物内的楼宇式能源站房，原动机房、汽机房、余热锅炉房、计量间等有燃气使用的房间与周围其他部位之间应采用耐火极限不低于 2.00h 的防火隔墙和耐火等级不低于 1.5h 的现浇楼板隔开。防火隔墙应具有一定的抗爆能力。在防火隔墙和现浇楼板上不应开设洞口；当在隔墙上开设门窗时，应采用具有抗爆能力的甲级防火门、甲级防火固定窗。

站房宜设集中控制室，控制室与燃烧设备间相邻时，相邻隔墙应为耐火极限不低于 2.00h 的防火隔墙，防火隔墙应具有抗爆能力。隔墙上开设的门应为甲级防火门，朝主机操作面开设的玻璃观察窗应采用具有抗暴能力的甲级防火固定窗。

燃气调压站（间）、燃气增压站（间）建筑设计应考虑防爆、泄爆，地面应采用不发火花地面。当采用室内布置时，应该考虑建筑泄爆面积，泄爆面积应按照《建筑设计防火规范》GB 50016-2014（2018 年版）第 3.6.4 条的规定进行计算。燃气调压站、增压间与其他建筑的距离应满足《城镇燃气设计规范》GB 50028-2006 表 6.3.3 的要求。燃烧设备间和燃气调压间、增压间、计量间设置的泄压面朝向应避开人员密集场所和安全出口。

燃烧设备间、计量间应考虑防爆、泄爆，当采用室内布置时，应该考虑建筑泄爆面积，泄爆面积应不小于燃烧设备间占地面积的 10%。当泄压面积不能满足上述要求时，可采用在房间的内墙和顶部（顶棚）敷设金属爆炸减压板作补充。

关于金属爆炸减压板的使用是有前提条件的，首先燃烧设备间必须有泄压面积，因为条件限制，泄压面积不能满足要求并无法采取新增门窗洞口面积等其他措施时，才可以使用。泄压方向不得朝向人员聚集的场所、房间和人行通道，泄压处也不得与这些地方相邻。地下站房采用竖井泄爆方式时，竖井的净横断面积应满足泄压面积的要求。当房间的长径比大于 3 时，宜将该房间划分为长径比小于或等于 3 的多个计算段，各计算段中的公共截面不得作为泄压面积。

当泄爆口距离主要用气设备较远或者泄爆面积不完全满足规范要求时，在主要用气设备上方应设置金属爆炸减压板，减压板由建设单位委托专业单位进行专项设计。

增设泄爆口的泄爆方向不得直接冲击上方建筑楼板，且不得朝向人员密集场所、房间或人行通道，泄压处也不得与这些地方相邻。因现场条件限制，泄爆口上方无法避开建筑楼板时，应在泄爆口上方设置斜向导流板，引导爆炸气流经由侧墙上的泄爆孔洞释放。导流板应在楼板下方满布，倾斜角度宜为 45°（也可分段按不同倾斜角布置，但应保证经导流板反射后的气流方向可通过侧墙上的泄爆孔洞朝向室外），侧墙上的泄爆孔洞下边缘应高出室外地面不小于 2m，上方应设置外挑长度不小于 1.0m 的防火挑檐。导流板和防火挑檐均应具有抗爆能力，且导流板下表面应满布金属爆炸减压板。导流孔的泄爆面积应按导流板与侧墙泄爆口下边缘之间的最小距离计算。图 10-3 所示是在工程实例中增设泄爆口时采用了上述具体措施的示例。

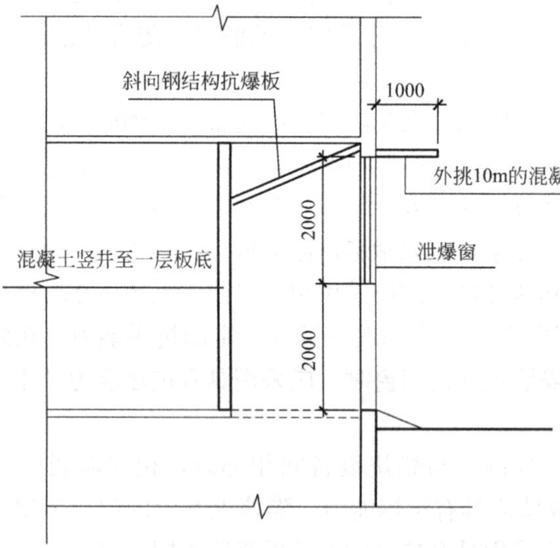

图 10-3　既有建筑增设泄爆口做法示意图

变配电室内部相通的门宜为丙级的防火门；变配电室直接通向室外的门应为丙级防火门。

独立式能源站，燃烧设备间应至少设置一个直通室外的安全出口；当地上燃烧设备间建筑面积不小于 $400m^2$ 时，疏散门的数量不应少于 2 个，并应分散设置。门的开启方向应向疏散方向开启，站房内最远工作地点到安全出口或疏散楼梯间的距离不应超过 50m。当地上站房的设备间每层面积不大于 $400m^2$ 时，可设一部疏散楼梯。当燃烧设备间布置在地下时，建筑面积小于或等于 $50m^2$ 时可设一个出口，当建筑面积大于 $50m^2$ 时应设两个出口，且站房内最远工作地点到安全出口或疏散楼梯间的距离不应超过 45m。

楼宇式能源站的站房，燃烧设备间的疏散门数量不应少于 2 个，其中至少 1 个应设置安全出口；疏散门数量不少于 2 个时，应分散设置。

独立式能源站的疏散楼梯至少应有 1 个楼梯通至各层且能直接通向室外。垂直疏散楼梯可采用钢筋混凝土楼梯或角度不大于 45°的钢梯，梯段净宽不应小于 1.1m。

建筑布置应满足消防以及工艺流程需要，应保证纵向、横向走道以及垂直交通畅通。通道应满足检修和消防要求，主要人行通道宽度不宜小于 1.2m。首层大门尺寸应满足大型设备的安装和检修需要。

燃气增压间、调压间、计量间应各设置至少 1 个安全出口。

长度大于 7m 的变配电室应在变配电室的两端各设一个出口，且直通室外或安全出口的疏散门不应少于 1 个，长度大于 60m 时，应增加一个出口，相邻安全出口之间的距离不应大于 40m。

四、建筑节能

随着人们对建筑的舒适度要求不断提高，除了站区办公、生活建筑执行《公共建筑节能设计标准》GB 50189 及地方建筑节能标准以外，能源站的生产建筑也需要考虑建筑节能。

站区办公、生活建筑节能设计应执行现行国家标准《公共建筑节能设计标准》GB 50189 及地方建筑节能设计相关法规、标准或规定。

站区有空调或供暖要求的主要生产建筑物，应按《工业建筑节能设计统一标准》GB 51245-2017 表 3.1.1 中的一类工业建筑进行节能设计。

站区有通风换气要求的主要生产建筑物，应按《工业建筑节能设计统一标准》GB 51245-2017 表 3.1.1 中的二类工业建筑进行节能设计。

能源站建筑节能设计中对建筑与建筑热工、供暖通风空调与给水排水、电气、能量回收与可再生能源利用等专业提出通用性的节能设计要求，规定相应的节能措施。

五、建筑装修

能源站中的原动机（房）、汽机（房）、余热设备间（房）等燃烧设备间室内墙面、顶棚、地面的装修材料燃烧性能等级应满足《建筑内部装修设计防火规范》GB 50222-2017 的 A 级不燃的要求。

原动机房、汽机房、余热锅炉房、供热设备间、制冷设备间的±0.000m 地面应耐冲击、防油污、易清洗，原动机房运行层平台应采用易清洁、防滑材料。墙面和顶棚宜采用浅色、不吸尘、反光良好的材料。原动机房顶棚不得采用吊顶。

燃气调压站、增压间、计量间的地面、墙面、顶棚均应采用 A 级不燃材料，地面应采用耐磨、防滑、不发火花地面材料。内墙面宜平整光洁，顶棚内表面应平整，不得采用吊顶。

供热设备间、制冷设备间及化水间等有水房间的楼面、地面应考虑防排水设计。

变压器室、配电室等应设置防雨雪和小动物从采光窗、通风窗、门、电缆沟等进入室内的设施。

高压配电室宜设不能开启的距室外地坪不低于1.80m的自然采光窗，当高度小于1.8m时，窗户应采用不易破碎的透光材料或加装格栅；低压配电室可设能开启的不临街的自然采光窗。

独立式能源站内产生噪声的厂房应考虑建筑隔声设计，使其经过隔声处理后的厂界噪声满足现行国家标准《工业企业厂界环境噪声排放标准》GB 12348及当地环保部门的要求。楼宇式能源站原动机房、供热设备间、制冷设备间的隔墙应隔声，隔声量不应小于40dB，门和窗的隔声量不应小于25dB。当然，这些建筑方面采取的措施都没有设备本身采取措施降低噪声的效果明显。因此，首先应采用噪声低的设备，管道与设备之间设置软接头，有振动设备应考虑隔振垫等措施。

隔振降噪设计应按现行国家标准《隔振设计规范》GB 50463的有关规定执行。

六、建筑结构

能源站的建（构）筑物结构应根据工艺要求，结合经济以及施工工艺要求，选用合理的结构形式，根据不同要求可采用钢结构、钢筋混凝土结构或组合结构等形式，建（构）筑物结构设计应符合国家现行有关标准及规范的要求。

站区内建（构）筑物的结构设计应满足承载力、稳定、抗变形、抗裂、抗震等要求。当构件受动荷载作用时，应做动力验算。

建（构）筑物伸缩缝的间距设置应按现行行业标准《火力发电厂土建结构设计技术规程》DL 5022的规定执行。

建筑体形、质量及地基条件相差较大的建（构）筑物毗邻布置时，应设置沉降缝。

改、扩建工程的结构设计应搜集并分析原有建（构）筑物的资料，必要时，应根据建筑物的种类分别按现行国家标准《工业厂房可靠性鉴定标准》GB 50144和《民用建筑可靠性鉴定标准》GB 50292的规定进行可靠性鉴定。

建筑活荷载的选取应符合现行行业标准《火力发电厂土建结构设计技术规程》DL 5022的规定。

动力设备基础的设计应符合现行国家标准《动力机器基础设计规范》GB 50040的规定。

楼宇式能源站内的动力设备基础的设计应采用隔振措施。

烟囱结构设计应符合现行国家标准《烟囱设计规范》GB 50051的规定。自立式钢烟囱和塔架基础可按现行国家标准《高耸结构设计规范》GB 50135的有关规定进行设计。

有腐蚀性时防腐设计应符合现行国家标准《工业建筑防腐蚀设计标准》GB 50046的规定。

七、抗震设计

抗震设防烈度为6度和6度以上地区的能源站建（构）筑物，必须进行抗震设计。

能源站建（构）筑物的抗震设计应贯彻预防为主的方针，使建筑经抗震设防后，减轻建筑的地震破坏，避免人员伤亡，减少经济损失。

独立式能源站建（构）筑物主要生产、辅助及附属建（构）筑物应按现行国家标准《建筑工程抗震设防分类标准》GB 50223 中的丙类建筑进行抗震设防；燃气调压站、增压间应按乙类建筑进行抗震设防；一般材料库、站区围墙、自行车棚等次要建筑物应按丁类建筑进行抗震设防。

当燃气调压站、增压间的建筑规模很小，且采用了抗震性能较好的结构体系时，允许按丙类设防。

结构布置应重视抗震概念设计的要求，厂房结构应与工艺专业统一规划，平面和竖向布置宜规则、均匀，合理布置结构抗侧力体系和结构构件，提高结构体系的抗震性能。

地震区能源站房结构选型应综合考虑抗震设防烈度、场地土特性及厂房布置等条件，能源站房结构不宜采用钢筋混凝土单跨框架结构，当采用钢筋混凝土单跨框架结构时，应采取提高结构安全度的可靠措施。

烟囱结构抗震设计应符合现行国家标准《烟囱设计规范》GB 50051 的规定。

管道支架抗震设计应符合现行国家标准《构筑物抗震设计规范》GB 50191-2012 的规定。管道应设置防止管道震落的措施。

建筑结构中墙体、构造柱、圈梁等非结构构件的基本抗震措施，应按《建筑抗震设计规范》GB 50011-2010（2018 年版）第 13 章规定的执行。

第四节　机房设备布置

能源站的设备布置应符合冷、热、电生产工艺流程，做到设备布置紧凑合理、节约用地。当室外布置时，应根据环境和设备的要求设置相应的防雨、防冻、防腐、防雷等设施。厂房内设备、表盘、管道、支吊架和平台扶梯等设施色调应柔和协调。

一、原动机及余热设备

能源站主设备布置时，应进行优化布置。在经济合理的条件下，应尽量减少原动机与余热设备间的排气压损，缩短汽水管道的长度。

（1）原动机可采用室内或室外布置，对环境条件差、严寒地区或对环境噪声有特殊要求的项目，宜采用室内布置。当采用室外布置时，应采用壳装形式。

（2）原动机与余热利用设备布置时，应尽可能减少两者之间的排气烟道阻力，避免使燃机背压升高，减少燃机出力。

（3）原动机的相关辅助设备宜就近布置在其周围，以便于油、气、水等管道连接，但同时应考虑起吊设备进出通道畅通。原动机室外布置时，辅助设施一般也采取室外布置方式，应根据环境条件和设备本身的要求设置防雨、伴热或加热设施等，以免设备损坏。

（4）余热锅炉应靠近原动机布置，对向上排气的原动机，余热锅炉可与其分层布置。为降低建设投资费用，余热锅炉可采用露天布置的方式，对无补燃的余热锅炉来说，余热锅炉是为了有效利用燃气轮机高温排烟能量而专门设计的蒸汽发生器，不需要设置燃烧系统，炉前也没有一套燃烧系统的辅助设备，炉外四周保温、散热损失小，并具有防雨、防噪声的功能，因此燃机电厂的余热锅炉一般都露天布置，只有当燃机电厂地处严寒地带，为了防止余热锅炉的设备附件、阀门、仪表等冻坏、管道冻裂，才考虑室内布置，或紧身封闭。

余热锅炉的辅助设备，如高、低压循环泵与高、低压给水泵等及余热锅炉的仪表、阀门等附件露天布置时，应考虑在设备上设防雨罩，以达到保护电动机及电气设备防潮、防腐的目的；在严寒地区，应对仪表、阀门等附件保温，防止冻坏。对大气中含有腐蚀性气体（如海边的盐雾、化工企业散发的有害气体）时，还应考虑防腐的措施。

（5）带补燃的燃气溴化锂冷温水机组宜与原动机布置在同一房间或区域，以便于燃气系统布置和采取相应的防爆、泄爆及消防措施等。不带补燃的余热型溴化锂冷温水机组也应尽量靠近原动机布置，尽可能减少两者之间的排气烟道阻力，根据用地及厂房条件、烟气系统及汽水管道系统情况布置于同层或上下层。

带补燃的燃气溴化锂冷温水机组的机房应设置独立的燃气计量装置，烟囱宜独立设置。

二、汽轮机

（1）汽轮机应采用室内布置，汽轮机运转层宜采用岛式布置。

（2）汽轮机的布置可按照现行国家标准《小型火力发电厂设计规范》GB 50049 的有关要求进行。

（3）汽轮机的主油箱、油泵及冷油器等设备宜布置在汽轮机房零米层并远离高温管道。对汽轮机主油箱及油系统必须考虑防火措施，在主厂房外的适当位置，应设置事故油箱（坑），其布置标高和油管道的设计，应满足事故时排油通畅，事故油箱（坑）的容积不应小于 1 台最大机组油系统的油量。事故放油门应布置在安全及便于快速操作的位置，并有两条人行通道可以到达。

除氧器给水箱的标高，应满足各种工况下，给水泵不发生气蚀的要求，除氧器也可布置在余热锅炉上，除氧器应定压运行，以确保给水泵正常运行。在气象条件、布置条件合适时，除氧器可采用露天布置，宜靠近汽机房的外侧布置。

凝汽器胶球清洗装置宜布置在凝汽器旁，布置于循环冷却水管道进出口一侧，以便于管道连接，减少阻力，减少能耗，提高收球率。

三、其他设备及注意事项

（1）独立式能源站有其他制冷设备时，制冷设备宜靠近原动机布置，且宜与供暖加热设备合并布置。楼宇式能源站的制冷机可设置在建筑物的底层或地下室。

（2）制冷机房主要通道的净宽度不应小于 1.5m，机组与机组或其他设备的净距不应小于 1.2m，机组与上方管道、电缆桥架等的净距不应小于 1m。冷水机组应留出不小于蒸发器、冷凝器等长度的清洗、维修距离。制冷系统冷却塔的布置应靠近制冷机房，并应有良好的自然通风条件。

(3) 主设备的辅助设备及仪表、阀门等附件室外布置时，应根据环境条件和辅助设备及仪表、阀门等本身的要求采取防雨、防冻、防腐等措施。

(4) 转动设备在布置时，应考虑尽量减少噪声和振动对操作人员和环境的影响。

(5) 设备布置时，应考虑合理的巡视通道，并根据不同设备要求留出足够的检修操作场地。

(6) 主设备、辅助设备及热工监测、控制等，在操作、维护需要时，应设置安全平台和扶梯。

(7) 为方便检修，高大设备的上方可根据厂房情况设置从地面到设备顶部的吊装设施，需要穿越楼板时，应开设吊装孔。需要定期检修或更换部件的设备上方，如水泵、电制冷机等的上方可根据现场条件设置起吊装置或吊装措施。

第十一章　供配电系统

燃气冷热电联供能源站站用供配电系统是为能源站的控制系统、照明系统、风机、水泵等电动设备提供动力的来源。燃气冷热电联供能源站站用供配电系统是保证整个能源站正常、可靠运行的基础。供配电系统应结合能源站自身用电量的大小、供电接入系统运行模式，安全、合理地设计供配电系统。本章重点介绍了供配电系统的设计原则、负荷分级及供电要求、电源及供配电系统、供配电系统设备及选择及设计时注意的事项。

第一节　设计原则

能源站站用供配电接线的设计应按照运行、检修、施工的要求，考虑全站发展规划，积极慎重地采用成熟的新技术和新设备，使设计达到经济合理，技术先进，保证机组安全、经济地运行。在设计时应按照以下几项原则进行考虑：

（1）供配电系统设计应贯彻执行国家的技术经济政策，做到保障人身安全、保证对站用负荷可靠和连续供电，使能源站主机安全运转。

（2）供配电系统设计应按照负荷性质、用电容量、工程特点和地区供电条件，统筹兼顾，合理确定设计方案。

（3）供配电系统设计应根据工程特点、规模和发展规划，做到远近期结合，在满足近期使用要求的同时，兼顾未来发展的需要。

（4）供配电系统设计应采用符合国家现行有关标准的高效节能、环保、安全、性能先进的电气产品。应注意其经济性和发展的可能性并积极慎重地采用新技术、新设备，使站用电接线具有可行性和先进性。

（5）供电系统应简单可靠，应用灵活地适应正常、事故、检修等各种运行方式的要求，便于操作管理。同一电压等级的配电级数高压不宜多于两级，低压不宜多于三级。

（6）当用电设备为大容量或负荷性质重要，或在有潮湿环境、爆炸和火灾危险场所等的建筑物内，宜采用放射式配电。

（7）单相用电设备的配置应力求三相负荷距平衡。

（8）由建筑物外引入的配电线路，应在室内分界点便于操作维护的地方装设隔离电器。

（9）控制各类非线性用电设备（整流器等）所产生的谐波引起的电网电压正弦波形畸变率，宜采取下列措施：

1）按谐波次数装设分流滤波器。

2）选用联结组别 Dyn11 的三相配电变压器。

第二节　负荷分级及供电要求

燃气冷热电联供能源站现在已广泛应用在数据中心、机场、商场、医院等不同场合。在设计能源站站用供配电系统时首先要对能源站所供能源在项目中的重要性及停止供应对于项目会有何种影响有一个明确的定义。本节从供电负荷和供电要求两方面来进行介绍。

一、负荷分级

能源站机房内电力负荷应根据对供电可靠性的要求、工程规模及中断供电在对人身安全、经济损失上所造成的影响程度进行分级。一般分为一级负荷、二级负荷和三级负荷。

（1）符合下列情况之一时，应视为一级负荷：

1）中断供电将造成人身伤害时。

2）中断供电将在经济上造成重大损失时。

3）中断供电将影响重要用电单位的正常工作时。

中断供电使生产过程或生产装备处于不安全状态、重大产品报废、用重要原料生产的产品大量报废、生产企业的连续生产过程被打乱，需要长时间才能恢复等将在经济上造成重大损失，则其负荷特性为一级负荷。例如：大型银行营业的照明、一般银行的防盗系统；大型博物馆、展览馆的防盗信号电源、珍贵展品室的照明电源，一旦中断供电可能会造成珍贵文物和珍贵展品被盗；重要交通枢组、重要通信枢组、重要的经济信息中心、特级或甲级体育建筑、重要宾馆、国宾馆、承担重大国事活动的会堂、经常用于重要国际活动的大量人员集中的公共场所等，中断供电将影响重要用电单位的正常工作或造成正常秩序严重混乱，其用电负荷为一级负荷。

（2）在一级负荷中，当中断供电将造成人员伤亡或重大设备损坏或发生中毒、爆炸和火灾等情况的负荷，以及特别重要场所的不允许中断供电的负荷，应视为一级负荷中特别重要的负荷。

在生产连续性较高行业，当生产装置工作电源突然中断时，为确保安全停车，避免引起爆炸、火灾、中毒、人员伤亡而必须保证的负荷，为特别重要负荷。例如：中压及以上的锅炉给水泵、大型压缩机的润滑油泵等或者事故一旦发生能够及时处理、防止事故扩大、保证工作人员的抢救和撤离而必须保证的用电负荷，为特别重要负荷。在工业生产中如正常电源中断时处理安全停产所必需的应急照明、通信系统、保证安全停产的自动控制装置等；民用建筑中，如大型金融中心的关键电子计算机系统和防盗报警系统；大型国际比赛场馆的记分系统以及监控系统等，用电负荷为特别重要负荷。

（3）符合下列情况之一时，应视为二级负荷：

1）中断供电将在经济上造成较大损失时。

2）中断供电将影响较重要用电单位的正常工作。

中断供电使得主要设备损坏、大量产品报废、连续生产过程被打乱需较长时间才能恢复、重点企业大量减产等将在经济上造成较大损失。例如：交通枢纽、通信枢纽等用电单位中的重要电力负荷，以及中断供电将造成大型影剧院、大型商场等较多人员集中的重要的公共场所秩序混乱，因而用电负荷为二级负荷。

（4）不属于一级和二级负荷者应为三级负荷。

（5）区域性供能的三联供能源站的用电负荷，不应低于二级。

二、供电要求

对于不同用电负荷，外电源的要求也不相同。

（一）一级负荷

应由双重电源供电，当一电源发生故障时，另一电源不应同时受到损坏。这里指的双重电源可以是分别来自不同电网的电源，或者来自同一电网但在运行时电路之间联系很弱，或者来自同个电网但其间的电气距离较远，一个电源系统任意一处出现异常运行时或发生短路故障时，另一个电源仍能不中断供电，这样的电源都可视为双重电源。

（二）一级负荷中特别中重要负荷

（1）除应由双重电源供电外，尚应增设应急电源，并严禁将其他负荷接入应急供电系统。

（2）设备的供电电源的切换时间，应满足设备允许中断供电的要求。

（三）二级负荷

宜由两回线路供电。在负荷较小或地区供电条件困难时，二级负荷可由一回路6kV及以上专用的架空线路供电。

（1）两回线路与双重电源略有不同，两者都要求线路有两个独立部分，而后者还强调电源的独立。

（2）电缆发生故障后有时检查故障点和修复需时较长，而一般架空线路修复方便（此点和电缆的故障率无关）。当线路自配电站引出采用电缆线路时，应采用两回线路。

（四）三级负荷

对电源无特殊要求，对供电可靠性要求不高，只需一路电源供电。

第三节　系统设计要求

三联供能源站可根据本站站用的电量大小及站址周边的供电情况从适应性、经济性，来综合考虑外电源的选择、电压等级、供配电系统、照明系统及接地形式的设置①。

---

① 中国航空规划设计研究总院有限公司组编　工业与民用供配电设计手册.第四版.北京：中国电力出版社，2016.

一、电源选择

（1）电力系统所属大型电厂单位容量投资少、能效高、成本低；公共电网供电可靠性高。三联供能源站站用的电源宜优先取自地区电网。

（2）符合下列情况之一时，三联供能源站宜设置自备电源：

1）需要设置自备电源作为一级负荷中的特别重要负荷的应急电源时或第二电源不能满足一级负荷的条件时。

2）设置自备电源比从电力系统取得第二电源经济合理时。

3）有常年稳定余热、压差、废弃物可供发电，技术可靠、经济合理时。

4）所在地区偏僻，远离电力系统，设置自备电源经济合理时。

5）有设置分布式电源的条件，能源利用效率高、经济合理时。

（3）应急电源与正常电源之间，应采取防并列运行的措施（机械联锁、电气联锁），目的在于保证应急电源的专用性，防止正常电源系统故障时应急电源向正常电源系统负荷送电而失去作用，如应急电源发电机的启动命令必须由正常电源主开关的辅助接点发出，因为继电器有可能误动作而造成与正常电源误并网。有个别用户在应急电源向正常电源转换时，为了减少电源转换对应急设备的影响，将应急电源与正常电源短暂并列运行，并列完成后立即将应急电源断开。当需要并列操作时，应符合下列条件：

1）应取得供电部门的同意。

2）应急电源需设置频率、相位和电压的自动同步系统。

3）正常电源应设置逆功率保护。

4）并列及不并列运行时故障情况的短路保护、电击保护都应得到保证。

二、电压选择

（1）三联供能源站的供电电压应从用电容量、用电设备特性、供电距离、供电线路的回路数、用电单位的远景规划、当地公共电网现状及其发展规划以及经济合理等因素考虑决定。

（2）1～20kV交流三相系统的标称电压及电气设备最高电压见表11-1。各级电压线路送电能力见表11-2。

标称电压及电气设备最高电压表　　**表11-1**

系统标称电压(kV)	3(3.3)	6	10	20
设备最高电压(kV)	3.6	7.2	12	24

各级电压线路送电能力　　**表11-2**

标称电压(kV)	线路种类	送电容量(MW)	供电距离(km)
6	架空线	0.1～1.2	15～4
6	电缆	3	3以下
10	架空线	0.2～2	20～6

续表

标称电压(kV)	线路种类	送电容量(MW)	供电距离(km)
10	电缆	5	6以下
20	架空线	0.4～4	40～10
20	电缆	10	12以下

注：表中数字的计算依据：

1. 架空线及6～20kV电缆芯截面按240mm^2，电压损失≤5%。
2. 导线的实际工作温度θ：架空线为55℃；6～10kV：XLPE电缆为90℃；20kV：XLPE电缆为：80℃。
3. 导线间的几何均距d_j：6～20kV为1.25m，功率因数$\cos\varphi$=0.85。

（3）需要两回电源线路的三联供能源站，宜采用同级电压供电。但根据各级负荷的不同需要及地区供电条件，也可采用不同级电压供电。

（4）配电电压的高低取决于供电电压、用电设备的电压以及供电范围、负荷大小和分布情况等。

三、高压配电方式

根据对供电可靠性的要求、变压器的容量及分布、地理环境等情况，三联供能源站的高压配电系统宜采用放射式，也可采用树干式、环式及其组合方式。

（一）放射式

供电可靠性高，故障发生后影响范围较小，切换操作方便，保护简单，便于自动化，但配电线路和高压开关柜数量多而造价较高。

（二）树干式

配电线路和高压开关柜数量少且投资少，但故障影响范围较大，供电可靠性较差。

（三）环式

有闭路环式和开路环式两种，为简化保护，一般采用开路环式，其供电可靠性较高，运行比较灵活，但切换操作较繁。

四、低压配电方式

三联供能源站低压配电系统设计应根据工程规模、负荷性质、容量及发展等因素综合确定。应满足生产和使用所需的供电可靠性和电能质量的要求，同时应注意接线简单可靠、经济合理、技术先进、操作方便安全，具有一定灵活性，能适应生产和使用上的变化及设备检修的要求。配电系统接线有以下几种方式：

（一）放射式

配电故障互不影响，供电可靠性较高，配电设备集中，检修比较方便，但系统灵活性较差，有色金属消耗较多，一般在下列情况下采用：

（1）容量大、负荷集中或重要的用电设备。

（2）需要集中联锁启动、停车的设备。

（3）有腐蚀性介质和爆炸危险等环境，不宜将用电及保护启动设备放在现场者。

（二）树干式

配电设备及有色金属消耗较少，系统灵活性好，但干线故障时影响范围大。

（三）变压器干线式

除了具有树干式系统的优点外，接线更简单，能大量减少低压配电设备。为了提高母干线的供电可靠性，应适当减少接出的分支回路数，一般不超过 10 个。

（四）链式

适用于距配电屏较远而彼此相距又较近的不重要的小容量用电设备。链接的设备一般不超过 5 台、总量不超过 10kW。供电给容量较小用电设备的插座，采用链式配电时，每一条环链回路的数量可适当增加。

（五）环形终端供电

最大优点在于供电可靠性高，降低了供电回路的阻抗，提高了保护电器动作的灵敏度。适用于面积不超过 $100m^2$，单个设备容量不超过 2kW 的场所，每个插座的额定电流不超过 10A，回路的导体截面不应小于 $2.5mm^2$（铜芯）。

在正常环境的建筑物内，当大部分用电设备容量不是很大，且无特殊要求时，宜采用树干式配电。当用电设备为大容量或负荷性质重要，在有潮湿、腐蚀性环境、爆炸和火灾危险场所等的建筑物内，宜采用放射式配电。当一些容量很小的次要用电设备距供电点较远，而彼此相距很近时，可采用链式配电，但每一回路环链设备不宜超过 5 台、总量不宜超过 10kW。当供电给小容量用电设备的插座时，每一回路的链接设备数量可适当增加。

五、照明配电系统

（一）电压选择

（1）三联供能源站照明网络一般采用 220/380V 三相四线制中性点直接接地系统，灯用电压一般为 220V。当需要采用直流应急照明电源时，其电压可根据容量大小、使用要求来确定。

（2）安全电压限值：正常环境 50V，潮湿环境 25V。安全电压及设备额定电压不应超过此限值。目前，我国常用于正常环境的手提行灯电压为 36V。在不便于工作的狭窄地点，且工作者接触有良好接地的大块金属面（如在锅炉、金属容器内）时用电压为 12V 的手提行灯。

（3）在特别潮湿、高温、有导电灰尘或导电地面（如金属或其他特别潮湿的土、砖、混凝土地面等）的场所，当灯具安装高度距地面小于 2.5m 时，容易触及的固定式或移动式照明器的电压可选用 24V。

（二）配置原则

（1）照明负荷应根据其中断供电可能造成的影响及损失，合理地确定负荷等级，并应根据照明的类别，结合电力供电方式统一考虑，正确选择照明配电系统的方案。

（2）正常照明电源宜与电力负荷合用变压器，当有较大冲击性电力负荷时，可由专用馈电线供电，并效验电压偏差值。

（3）备用照明应由两路电源或两回线路供电：

1）备用照明的供电应从两段低压配电干线分别接引。

2）当设有自备发电机组时，备用照明的一路电源应接至发电机作为专用供电回路，另一路可接至正常照明电源。

3）当供电条件不具备两路电源或两回线路时，备用电源宜采用蓄电池组，或设置带有蓄电池的应急灯。

（4）当备用照明作为正常照明的一部分并经常使用时，其配电线路及控制开关应与正常照明分开装设。当备用照明仅在事故情况下使用时，则当正常照明因故停电时，备用照明应自动投入工作。

（5）疏散照明最好由另一台变压器供电。当只有一台变压器时，可在母线处或建筑物进线处与正常照明分开，还可采用带充电电池（荧光灯还需要带有直流逆变器）的应急照明灯。

（6）在照明分支回路中，不得采用三相低压断路器对三个单相分支回路进行控制和保护。

（7）照明系统中的每一单相分支回路的电流不宜超过 16A，光源数量不宜超过 25 个；连接建筑物组合灯具每一单相回路电流不宜超过 25A，光源数量不宜超过 60 个；连接高强度气体放电灯的单相分支回路的电流不应超过 30A。

（8）插座不宜和照明灯接在同一分支回路，宜由单独的回路供电。当插座为单独回路时，每一回路插座数量不宜超过 10 个（组），用于计算机电源的插座数量不宜超过 5 个（组）。备用照明、疏散照明的回路上不应设置插座。

（9）为减轻气体放电光源的频闪效应，可将其同一灯具或不同灯具的相邻灯管（光源）分接在不同相序的线路上。

（10）移动式照明可由电力或照明线路供电，宜采用安全电压或剩余电流动作保护器保护。

（11）三相配电干线的各相负荷宜分配平衡，最大相负荷不宜超过三相负荷平均值的 115%，最小相负荷不宜超过三相负荷平均值的 85%。

（12）在爆炸危险性环境中，照明配线及灯具选择应符合所对应的爆炸性环境危险区域的要求。

六、接地形式

（一）高压系统接地形式

三联供能源站高压系统中性点接地方式与电压等级、单相接地故障电流、过电压水平以及保护装置配置等有密切关系。高压站用电系统中性点接地方式的选择，主要与接地电容电流的大小有关。当接地电容电流小于或等于7A时，可采用不接地或经高阻接地方式；当电容电流大于7A但小于或等于10A时，可采用不接地或经低阻接地方式；当电容电流大于10A时，采用低电阻接地方式。一般三联供能源站10kV系统采用不接地或经高阻接地方式。

1. 中性点不接地方式

当三联供能源站的高压站用电系统发生单相接地故障时，流过短路点的电流为电容性电流，且三相电压基本平衡。当单相接地电容电流小于或等于10A时，允许继续运行2h，可利用此段时间排除故障，当单相接地电容电流大于10A时，接地处的电弧不能自动熄灭，将产生较高的电弧接地过电压（可达额定相电压的3.5～5倍），并易发展成多相短路，该种接地应动作于跳闸，停止对设备的供电。对于分布式能源站，由于其机组容量较小，通常电容电流也较小，高压站用电中性点多采用不接地方式。

2. 中性点经高电阻接地方式

当三联供能源站的高压站用电系统的中性点经过适当的电阻接地，可以抑制单相接地故障时健全相的过电压倍数不超过额定相电压的2.6倍，避免故障扩大。常采用二次侧接电阻的配电变压器接地方式，无需设置大电阻器就可达到预期的目的。中性点经高阻接地方式适用于高压站用电系统接地电容电流小于7A，且为了降低间歇弧光接地过电压水平和便于寻找接地故障点的情况。

3. 中性点经低电阻接地方式

三联供能源站的高压站用电系统的中性点经过低电阻接地，与采用高阻接地方式有相似之处，都可能使间歇性电弧接地过电压水平限制在2.6倍以内。要求此时的电阻电流不小于电容电流，并且单相接地故障总电流值应使保护装置准确且灵敏地动作于跳闸，该种接地方式可使接地故障检测手段大为简单并且可靠。

（二）低压系统接地形式

低压配电系统接地形式是按照系统电源点的对地关系和负荷侧电气装置的外露可导电部分的对地关系来划分的。

系统接地形式有TN系统、TT系统和IT系统。TN系统按中性导体（N）和保护接地导体（PE）的配置方式还分为TN-C、TN-C-S和TN-S三类系统。

三联供能源站的站内供电系统多采用TN-S系统。

第四节　设备及选择

在设计三联供能源站站用供配电系统时首先要对三联供能源站所供能源在项目中的重要性及停止供应对于项目会有何种影响有一个明确的定义。本节从供电负荷和供电要求两方面来进行介绍。

一、变压器的选择

（1）三联供能源站的配电变压器选择应根据负荷性质和用电情况、环境条件确定，并应选择低损耗、低噪声变压器。

(2) 变压器容量应根据计算负荷选择，变压器的长期负荷率不宜大于 85%。

(3) 配电变压器宜选择 Dyn11 联结组别的变压器。

(4) 三联供能源站的变压器台数应根据负荷特点和经济运行进行选择，当符合下列条件之一时，宜装设两台及以上变压器：

1) 有大量一级或二级负荷；

2) 季节性负荷变化较大；

3) 集中负荷较大。

(5) 装有两台及以上变压器的变电站，当其中任何一台变压器断开时，其余变压器的容量应满足一级负荷及二级负荷的用电。

(6) 对昼夜或季节性波动较大的负荷，供电变压器经技术经济比较，可采用容量不一致的变压器。

二、变配电室其他主要设备及配置

(一) 电气设备[①]

1. 高压断路器

高压断路器种类和形式需要根据环境、使用技术条件等并根据设备的不同特点来选择，高压断路器不但能在正常负荷下接通和断开电路，而且在事故状态下能迅速切断短路电流。目前使用的高压断路器主要有真空断路器和六氟化硫（SF6）断路器等。这两类高压断路器各有优点，当然要根据工程项目的实际情况来判断使用哪种类型的断路器。

(1) 真空断路器

利用真空（是相对而言，绝对压力低于 1 个大气压）的高介质强度来实现灭弧的断路器称为真空断路器。其优点是开断能力强、灭弧迅速、运行维护简单等。由于真空断路器在不同类型电路中的操作，都会使电路产生过电压。不同性质电路的不同工作状态，产生的操作过电压原理不同，其波形和幅值也不同。为限制操作过电压，真空断路器应根据电路性质和工作状态配置专用的 R—C 吸收装置或金属氧化物避雷器。

(2) 六氟化硫断路器

利用 SF6 气体作为灭弧介质的断路器称为 SF6 断路器。其优点是体积小、可靠性高、开断性能好、燃弧时间短、不重燃、可开断异常接地故障、可满足失步开断要求等。但结构复杂、材料和密封要求高等。多使用在 35kV 系统中。

2. 高压隔离开关和接地开关

高压隔离开关是能源站的常用开关电器，它没有灭弧装置，不承担接通和断开负荷电流和短路电流，主要在高压配电系统中仅作为检修时有明显断开点使用，所以不需要校验额定开断电流和关合电流，在回路中通常需要与断路器配合使用，具有在有电压、无负荷电流的情况下，分、合电路的能力。

接地开关主要是为了保证电气设备和母线的检修安全。隔离开关和联装的接地开关之

---

① 中国华电科工集团有限公司. 燃气分布式供能系统设计手册. 北京：中国电力出版社，2018.

间，应设置机械联锁，根据用户要求也可以设置电气联锁，封闭式组合电器可采用电气联锁。配人力操作的隔离开关和接地开关应考虑设置电磁锁。

3. 高压负荷开关

负荷开关的选择与高压断路器类似，它处于断路器和隔离开关之间，主要用来接通或断开正常负荷电流，不能用以断开短路电流，不校验短路开断能力。

大多数场合它与高压熔断器配合使用，断开短路电流则由熔断器承担，从而可以代替断路器，带有热脱扣器的负荷开关还具有过载保护性能。组合使用时，高压负荷开关的开断电流应大于转移电流和交接电流。

4. 高压熔断器

高压熔断器是最简单的一种保护电器，它用来保护电气设备免受过载和短路电流的损害。一般作为小容量变压器或线路的过载与短路保护，它具有结构简单、价格便宜、维护方便和体积小等优点，有时与负荷开关配用可以代替价格昂贵的断路器，一般用在变压器高压侧、3～10kV对侧无电源的负载线路、电压互感器高压侧以及电容器回路等。

5. 电流互感器

电流互感器将一次回路的大电流成正比例地变换为二次小电流以供给测量仪表、继电保护及其他类似电器，电流互感器通常为电磁式。当电流互感器一次电流等于额定连续热电流，且带有对应于额定输出负荷，其功率因数为1时，电流互感器温升应不超过规定限值。电流互感器应按技术条件选择和校验。三联供能源站的发电系统保护用电流互感器一般可不考虑暂态影响，可采用P类电流互感器。对某些重要回路可适当提高所选互感器的准确限值系数或者饱和电压，以减缓暂态影响。是否提高准确限值系数一定要依据规范和设计计算来确定。

三联供能源站测量用电流互感器应根据电力系统测量和计量系统的实际需要合理选择电流互感器。一般选用S类电流互感器。电能计量用仪表与一般测量仪表在满足准确级条件下，可共用一个二次绕组。

6. 电压互感器

电压互感器将一次回路的高电压变换为二次低电压以供给测量仪表、继电保护及其他类似电器，电压互感器的用途是实现被测电压值的变换，与普通变压器不同的是其输出容量很小。一般不超过数十伏安或数百伏安，供给电子仪器或数字保护的互感器，输出功率可能低到毫瓦级。一组电压互感器通常有多个二次绕组，用于不同场合，如保护、测量、计量等，绕组数量需要根据不同用途和规范要求选择。电压互感器应按技术条件选择和校验。

7. 常用导体

（1）裸导体

裸导体通常由铜、铝、铝合金制成，载流导体一般使用铝或铝合金材料。铝成型导体一般为矩形、槽形和管形；铝合金导体有铝锰合金和铝美合金两种，形状均为管形；铜导体只用在持续工作电流大，且出线位置特别狭窄或对铝有严重腐蚀的场所。裸导体可分为硬导体和软导线两种，常用的硬导体有矩形、槽形、管形；常用的软导线有钢芯铝绞线、分裂导线和扩径导线。硬导体多用于燃、汽机容量不大、采用发电机出线小间的布置方案；软导线则主要用于主变压器至高压配电装置及配电装置以外的输电线路。

（2）共箱母线

共箱母线（包括共箱铜（铝）导体母线、共箱绝缘母线、共箱隔相母线、全封闭共箱母线及共箱铝管母线）将每相多片标准型铜排（铝排）或铝管装设在支柱绝缘子上，外壳采用铝薄板保护。一般情况下，如果额定载流量在2500A及以上，由于多片导体间集肤效应严重，为减少每相导体片数，一般采用铜导体。由于其自身特点共箱母线防护等级一般为IP43。该母线可用于额定电流较小的燃、汽机出线和励磁系统。

（3）共箱电缆母线

共箱电缆母线的各相由一根至数根单芯电缆组成，每根电缆间保持一定的间距，彼此间相互平行，直线式地全部装在罩箱内，整套装置均由工厂成套供货，现场加工安装。电缆母线有相对于普通共箱母线具有安全可靠、布置紧凑、适应性强、基本无需维护等特点，但其一次投资巨大，布置上转直角弯困难，母线还需交换相位。

8. 低压断路器

低压断路器也称为自动空气开关，主要在不频繁操作的低压配电线路或开关柜（箱）中作为电源开关使用，也可用来控制不频繁启动的电动机。它的功能相当于闸刀开关、过电流继电器、失压继电器、热继电器及漏电保护器等电器部分或全部的功能总和，当发生严重过电流、过载、短路、断相、漏电等故障时，能自动切断线路，起到保护作用。断路器特性和用途如表11-3所示。

断路器的特性和用途 **表11-3**

断路器类型	电流类型和范围	保护特征		主要用途
配电线路保护	交流200～4000A	选择型B类	二段保护:瞬时、短延时	电源总开关
			三段保护:瞬时、短延时、长延时	
		非选择型A类	限流型:长延时、瞬时	支路近端开关和支路末端开关
	直流600～6000A	快速型:有极性,无极性		保护晶闸管变流设备
		一般型:长延时,瞬时		保护一般直流设备
	交流60～600A	直接启动	一般型:过电流脱扣器瞬动倍数:8～15I_n	保护笼形电动机
			限流型:过电流脱扣器瞬动倍数:12I_n	保护笼形电动机,还可装于靠近变压器端
		间接启动	过电流脱扣器瞬动倍数:3～8I_n	保护笼形电动机和绕线型电动机
照明及导线保护	交流5～50A	过载长延时,短路瞬时		单机,除用于照明外,尚可用于生活建筑内电气设备和信号二次回路
漏电保护	交流20～200A	15mA,30mA,50mA,75mA,100mA,0.1s内分断		确保人身安全,防止漏电引起火灾
特殊用途	交流或直流	一般只需瞬时动作		如灭磁开关

（二）电气设备选择

分布式能源站由于其机组容量较小，高压配电装置的电压等级较低，同时往往在占地面积上受到限制，因此其设备的选择必须综合考虑下述的诸多因素：

（1）当三联供能源站高压采用专用电源线的进线开关时，宜采用高压断路器或负荷开关—熔断器组合电器。当进线无继电保护和自动装置要求且无需带负荷操作时，可采用隔离开关或隔离触头。

（2）当三联供能源站高压为非专用电源线的进线开关时，应采用断路器或负荷开关—熔断器组合电器。

（3）高压母线的分段处宜采用断路器，当不需要带负荷操作、无继电保护、无自动装置要求时，手动切换电源能满足要求时，可采用隔离开关或隔离触头组。

（4）高压引出线宜装设断路器。

（5）向频繁操作的高压用电设备供电的出线断路器兼作操作开关时，应采用具有频繁操作性能的断路器，也宜采用高压限流熔断器和真空接触器的组合电器。

（6）高压固定式配电装置中采用负荷开关—熔断器组合电器时，应在电源侧装设隔离开关。

（7）变压器一次侧开关的装设，应符合下列规定：

1）电源以树干式供电时，应装设断路器或负荷开关—熔断器组合电器。

2）电源以放射式供电时，宜装设隔离开关或负荷开关。当变压器安装在本配电站内时，可不装设开关。

（8）每段高压母线上及架空线路末端必须装设避雷器。接在母线上的避雷器和电压互感器，宜合用一组隔离开关。

（9）高压电源进线、母线分段及有电源反馈可能的馈电回路，应增加带电显示器装置，其他馈电回路宜设带电显示器装置。

（10）增加接地开关的配置。

（11）由地区网供电的变配电站电源进线处，宜装设供计费用的专用电压及电流互感器或专用电能计量柜。

（12）变压器二次侧电压为1000V及以下的总开关，宜采用低压断路器。当有继电保护或自动切换电源要求时，低压侧总开关和母线分段开关均应采用低压断路器。

（13）当低压母线为双电源，变压器低压侧总开关和母线分段开关采用固定式安装低压断路器时，在总开关的出线侧及母线分段开关的两侧，宜装设隔离开关或隔离触头。

（14）有防止不同电源并联运行要求时，来自不同电源的进线低压断路器与母线分段的断路器之间应设防止不同电源并列运行的电气联锁。

（15）高压断路器的选择：

按断路器在电力系统中工作位置：

1）发电机断路器。它主要用来切断发电机母线的短路故障。发电机断路器主要有3种类型：少油型、压缩空气型和SF6型。少油型用于短路电流较小的回路，另两种断路器的开断能力很强。

2）输电断路器。工作于35kV及以上的输电系统中的断路器，这类断路器要求能进行自动重合闸，而且由于系统稳定的需要应有较短的开断时间和自动重合闸的无电流间隔时间（0～2s）。此外，输电断路器还要求有切断近区故障和空载长线的能力，如果是作为联络用断路器，则还需要考虑失步开断能力。

3）配电断路器。工作于35kV以下的配电系统中，其额定电压为6～10kV，额定电流为200～1250A，额定开断电流小。从保证供电的可靠性出发，这类断路器仍有自动重合闸要求，又因它对系统稳定的影响较小，自动重合闸的无电流间隔时间可以取得大些（0～5s），对开断时间的要求也可适当放宽。

（16）6.3～35kV配电装置宜采用中置式手车开关柜。开关柜并应具有“五防”装置。

（17）400V配电装置宜采用抽屉柜。

（18）低压断路器的选择：

1）框架断路器（万能式）——ACB。原则上额定电流在630A以上要求采用框架断路器，塑壳断路器一般为630A（一些新产品可达到1600A）以下。可见框架断路器的额定电流要大很多，一般为630～6300A。另外，框架断路器的分段能力要比塑壳断路器高。

在实际应用中，800A以上的回路或分段能力要求特别高的回路或需要功能较多的回路应该采用框架断路器，630A以下的回路，一般使用塑壳断路器。

比如施耐德的空气断路器MT系列就划分三种，分别是630～1600A，800～4000A，4000～6300A。框架断路器电流等级和分断能力比塑壳断路器高，一般用于上级进线，塑壳断路器用于框架下级。

框架断路器的所有零件都装在一个绝缘的金属框架内，常为开启式，可装设多种附件，更换触头和部件较为方便，多用在电源端总开关。过电流脱扣器有电磁式、电子式和智能式等几种。断路器具有长延时、短延时、瞬时及接地故障四段保护，每种保护整定值均根据其壳架等级在一定范围内调整。手动及电动操作均有，随着微电子技术的发展，目前部分智能型断路器具有区域选择连锁功能，充分保证了动作的灵敏性和选择性。

2）塑壳断路器——MCCB。在电流超过跳脱设定后能够自动切断电流。塑壳断路器通常含有热磁跳脱单元，而大型号的塑壳断路器会配备固态跳脱传感器。其脱扣单元分为：热磁脱扣与电子脱扣器。也被称为装置式断路器，因其接地线端子外触头、灭弧室、脱扣器和操作机构等都装在一个塑料外壳内。辅助触点，欠电压脱扣器以及分励脱扣器等多采用模块化，结构非常紧凑，一般不考虑维修，适用于作支路的保护开关。

其多采用手动操作，大容量可选择电动分合。由于电子式过电流脱扣器的应用，可分为A类和B类两种，B类具有良好的三段保护特性，但由于价格因素，采用热磁式脱扣器的A类产品的市场占有率更高。

塑壳断路器是过电流脱扣器，有电磁式和电子式两种，一般电磁式塑壳断路器为非选择性断路器，仅有长延时及瞬时两种保护方式；电子式塑壳断路器有长延时、短延时、瞬时和接地故障四种保护功能。部分电子式塑壳断路器新推出的产品还带有区域选择性联锁功能。

3）微型断路器——MCB。建筑电气终端配电装置引中使用最广泛的一种终端保护电器。用于125A以下的单相、三相的短路、过载、过压等保护，包括单极1P，二极2P、三极3P、四极4P四种。

4）以上几种断路器的区别：

① 分断能力不同，ACB 的分断能力相对较高，MCCB 次之，MCB 最差。

② 安装位置不同，ACB 多被作为主断路器（电源端总开关），因为它本身具有延时功能，能够延时分断和脱扣，而且还具有很好的通信功能和选择性，而 MCCB 多被作为配电电器，在线路的中间位置，因为它只具备分断能力和反时限脱扣能力，不具备选择性，所以只能作为下级保护开关、紧急停止开关；MCB 多被用在负载端，因为它的分断能力相对比较低一般为 6000A 和 4500A。

③ 外形尺寸相差很大，MCB 的体积小，安装方便，ACB 的体积最大，安装繁杂，MCCB 处于中间。

在电气设计中低压断路器主要用于线路的过载、短路、过电流、失压、欠压、接地、漏电、双电源自动切换及电动机的不频繁启动（9 种）时的保护、操作等。断路器的选择还应考虑断路器与断路器、断路器与熔断器的选择性配合：

1）断路器与断路器的配合应考虑上级断路器的瞬时脱扣器动作值，应大于下级断路器出线端处最大预期短路电流，若由于两级断路器处短路时回路元件阻抗值差别小，使之短路电流值差别不大，则上级断路器可选择带短延时的脱扣器。

2）限流断路器在短路电流大于或等于其瞬时脱扣器整定值时，将会在数毫秒内脱扣，故下级保护电器不宜用断路器实现选择性保护要求。

3）具有短延时的断路器，当其时限整定在最大延时时，其通断能力下降，因此，在选择性保护回路中，考虑选择断路器的短延时通断能力应满足要求。

4）还应考虑上级断路器的短路延时可返回特性与下级断路器的动作特性时间曲线不应相交，短延时特性曲线与瞬时特性曲线间不应相交。

5）断路器与熔断器配合使用时应考虑上下级的配合，应将断路器的安秒特性曲线与熔断器的安秒特性曲线比较，以使在发生短路电流的情况下，具有保护选择性。

6）断路器作配电线路的保护时，宜选用带长延时动作过流脱扣器的断路器，当线路末端发生单相接地短路时，短路电流不小于断路器瞬时或短延时过流脱扣器整定电流的 1.5 倍。

第五节　注意事项

燃气冷热电联供系统的能源综合利用率高，越来越受到大家的关注，在国内已经建成、运行了不少项目。但三联供能源站由于项目自身的特点，因而在设计时应注意以下事项：

（1）发电机组的辅机用电和其余设备自用电可由同一母线供电，使系统结构简洁，操作维护方便。

（2）燃机机组及内燃机的启动电源宜由系统取得。单独设置启动电源成本高、维护量大、利用率低，因而优选从系统取得电源。

（3）三联供能源站内的站用变压器应采用干式变压器。干式变压器防火要求低，同时三联供能源站以燃气作为能源，因而从防火安全角度考虑，使用干式变压器较为有利。

（4）为重要用户供电和兼作备用电源的冷热电联供站，当无外来电源不能启动时，应增设独立启动电源。

（5）可燃气体报警系统及各种控制装置应设不间断电源。

（6）在燃气计量间、主机间等有燃气管道的房间照明、排风等设备的设计应按防爆要求设置。

第十二章　监控系统

燃气冷热电联供工程以燃气为一次能源进行发电，并利用发电余热制冷、供热，对能源进行有效地梯级利用，实现发电、制冷和供暖的功能。燃气冷热电联供工程主要包括联供系统、燃气供应系统、供配电系统及辅助设施等部分。因此，燃气冷热电联供工程需要设置一套监控系统实现对各个系统的整合，完成燃气冷热电联供工程的数据采集、控制、处理、存储、分析、显示、报警及报表等功能。

本章重点介绍与燃气冷热电联供工程相关的监控中心、通信网络、现场控制单元 PLC 及现场仪表与执行机构。

第一节　必要性及设计原则

燃气冷热电联供工程监控系统设置的目的就是通过对机房内各种设备的信息进行采集、处理，实现自动监视、控制、调节、保护，满足控制策略的要求，从而保证机房设备安全稳定、优化运行，保证供冷、供热、供电。燃气冷热电联供工程的控制策略见本书第七章。

燃气冷热电联供工程监控系统的建设和运行维护，应符合安全性、可靠性、实时性、通用性、扩展性、经济性的原则。

安全性是指核心数据和报警数据是完整和可靠的，具备严格的用户权限功能，防病毒及黑客攻击，保证燃气冷热电联供工程的安全稳定运行。

可靠性是指系统采用成熟的、经过测试的、使用广泛、能够稳定运行的技术体系、软件平台、硬件设备、仪器仪表。

实时性是指运行数据和报警信息的采集、传输、显示、存储，控制命令的下达、执行和反馈在限定时间内进行。

通用性是指采用开放的、通用的硬件、软件、数据接口。系统应选用国际主流并在相关行业得到广泛应用的硬件设备和软件平台。软件平台要高度开放，支持国际标准协议和其他系统软件接口，保证数据资源和其他子系统共享。

扩展性是指系统根据需要扩容时应方便、快捷，不改动系统的整体结构，计算机设备处理能力、监控组态软件点数、PLC I/O 点数、设备通信接口、通信接口等留有一定余量，便于系统扩容和变更。

经济性是指系统在规划设计时，应在满足工程需求的前提下选用性价比高的系统、技术和设备。

第二节　构成及功能

燃气冷热电联供工程监控系统应包括监控中心、通信网络、现场控制单元 PLC 及现场仪表与执行机构等层级。燃气冷热电联供工程监控系统的结构如图 12-1 所示。

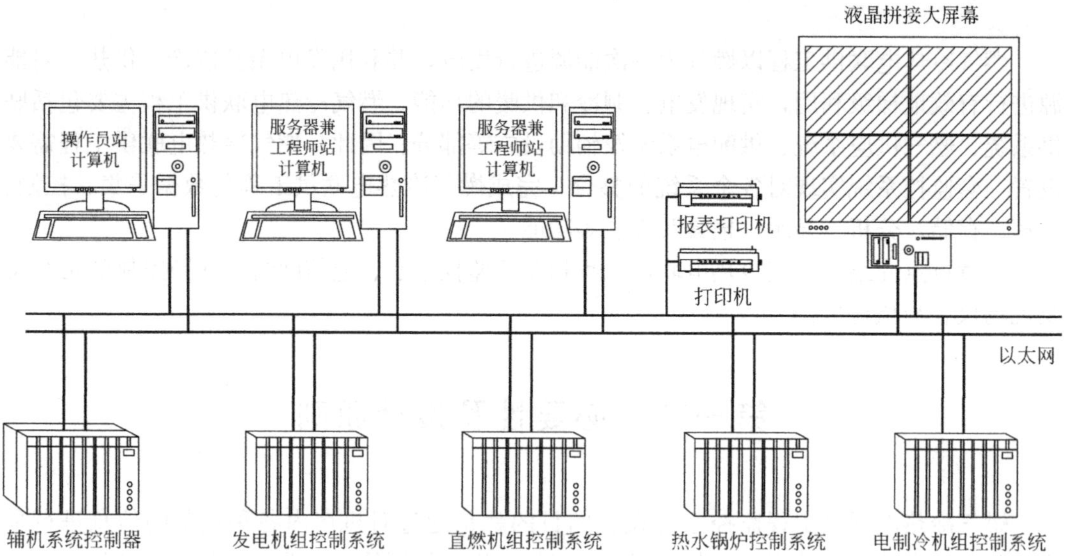

图 12-1　监控系统的结构图

监控中心设置在燃气冷热电联供工程控制室，应具有数据采集、监视、控制、分析处理、下达控制命令等功能。

通信网络应在监控中心和现场控制单元 PLC 间建立数据传输通道，并符合网络安全与可靠性的要求。

现场控制单元 PLC 应具有现场数据采集、监视、控制等功能，将数据通过通信网络传输到监控中心，并执行监控中心的控制命令。

燃气冷热电联供工程主要包含发电机组、烟气热水型余热直燃机组、燃气热水锅炉机组、电制冷机组等。

发电机组、直燃机组、燃气锅炉机组、电制冷机组及辅机系统分别设置现场控制单元 PLC，PLC 与现场变送仪表和执行机构直接连接，完成数据采集监控及联锁保护功能。各现场控制单元 PLC 要求能独立工作，完成各自机组的控制。

通常情况下发电机组、直燃机组、燃气锅炉机组及电制冷机组的 PLC 和配套仪表随各自的机组成套供货。因此，各现场控制单元 PLC 在设计、招投标及采购的各个环节都不能忽视对其接口标准的开放性和兼容性要求。

现场仪表及执行机构应采用标准信号或协议。

为保证燃气冷热电联供工程运行的安全、可靠，监控系统的关键设备及网络宜采用冗余措施，以便当发生故障时能自动进行故障切换，自动对系统的数据进行备份，为运行管理提供可靠的保障。

第三节　监控中心的功能及配置要求

监控中心的基本配置通常有服务器、工程师站、操作员站、外部存储设备、路由器、交换机、打印机和大屏幕等附属设备。

一、监控中心硬件功能及配置要求

（一）服务器

服务器是系统的核心，运行各种软件，采集过程数据，担负着整个系统的实时数据库和历史数据库的管理、网络管理等重要工作。服务器应采用客户机—服务器式结构，为提高可靠性，服务器宜采用冗余配置。

服务器主要有实时数据服务器、历史数据服务器和 Web 服务器。

实时数据服务器负责处理、存储、管理从现场控制单元 PLC 采集的实时数据，并为网络中的其他服务器提供实时数据。

历史数据服务器主要完成历史数据的存储、管理，并为网络中的其他服务器和工作站提供数据。服务器运行标准数据库软件（如 Oracle、SQL 等），提供开放软件接口和标准物理接口。

Web 服务器为用户访问系统提供统一的 Web 界面，燃气冷热电联供工程生产管理、调度人员能够通过 IE 浏览器访问流程图、趋势图、报表等生产信息。

（二）工程师站

工程师站是系统工程师与监控系统的人机联系设备，用于调试、修改程序等，也可具有操作员站的功能。工程师可通过工程师站对监控系统的应用软件及数据库等进行维护和维修。

（三）操作员站

操作员站可根据实际需求配置多套，实现对工艺过程进行集中管理、分散控制，主要完成生产现场工艺流程的监控和管理功能。例如：实现燃气冷热电联供工程工艺及设施的监控、数据采集、存储、现场控制、显示、报警、报表等（见图 12-2）。

（四）附属设备

控制室根据需要可设置大屏幕显示系统、工业数字视频图像监视系统，以实时显示燃气冷热电联供工程主要设备的运行状态、系统的运行参数、机房的视频图像等内容。

（五）硬件配置原则

服务器、工程师站和操作员站计算机应采用主流品牌且宜为近年内投放市场的工作站或高性能工业计算机。

图 12-2 多功能操作员站

二、监控软件

监控软件应具有以下功能：

（1）人机接口；

（2）实时数据的采集、存储；

（3）报警管理功能；

（4）历史数据及趋势记录；

（5）标准的和自由格式的报告生成；

（6）系统访问安全；

（7）与第三方应用的数据集成；

（8）与各能耗分析系统的互联；

（9）网页发布功能和移动设备访问功能。

（一）人机接口

监控软件应至少有下列标准画面：

（1）菜单/导航画面；

（2）报警汇总显示画面；

（3）事件汇总显示画面；

（4）操作组显示画面；

（5）趋势显示画面；

（6）回路调节显示画面；

（7）诊断和维护画面；

（8）总汇显示画面；

（9）标准报表画面；

（10）点细目显示画面；

（11）最新/紧急报警区。

操作员通过操作员站，可以将由人或计算机分析计算后的被控参数设定值发送至相应的现场控制单元，完成现场控制。另外也可以按需要直接发到需要控制的设备，自动或手动给出由人或计算机运行分析后给出的控制指令，让相应的现场控制单元执行。

（二）数据采集与管理

实时数据库实时更新现场控制单元传来的测、控数据及运行状态，并将数据加工处理后，以数据文件形式存放在指定位置，数据采集、存储周期可以由用户自己设定，服务器依据系统的要求，存储历史数据，而且各类不同的数据有不同的存储时间间隔。历史数据的采集周期可以人工设定，历史数据可以用于趋势显示、用户画面显示、报表、应用程序、EXCEL 或其他兼容的数据库。

监控软件还应具备标准的算法完成数据的统计、分析功能。

（三）报警和事件管理功能

监控软件提供方便的报警和事件检测，管理和报表。操作员能很方便地浏览报警信息，系统提供多种工具可以快速查找系统问题。

在报警汇总画面中的报警可以单条或按页确认（见图 12-3）。在用户流程图上，报警同样也可单条或按页进行确认。各种报警优先级的颜色可以在报警汇总画面和用户流程图上设定，各个优先级报警均可在所有的流程图画面上显示出来。使操作员可立即判断出什么报警是最为重要的。除了这些功能外，在操作员站状态栏上的报警指示上，用颜色闪烁显示未经报警确认的最高优先级的报警，减少操作人员反应时间。

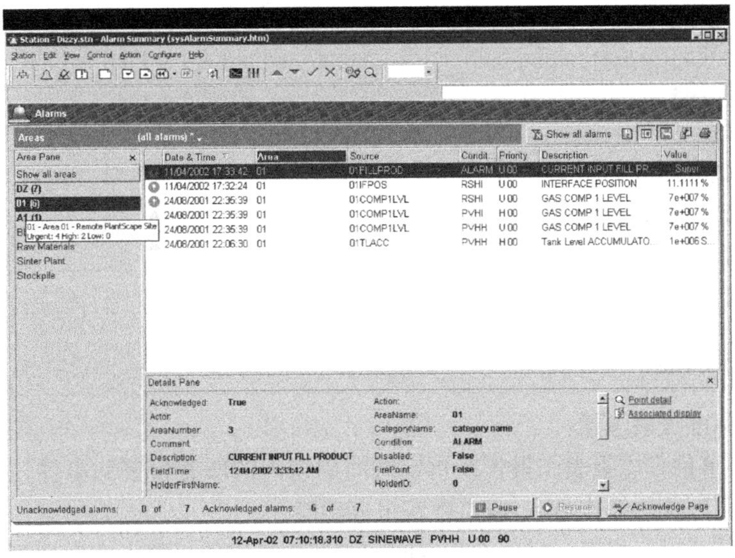

图 12-3　报警汇总显示画面

每个点可以组态的报警信息有：

（1）PV 高报；

（2）PV 低报；

（3）PV 高高报；

（4）PV 低低报；

（5）偏差高报；

（6）偏差低报；

（7）变送器高报；

（8）变送器低报；

（9）变化率；

（10）控制故障；

（11）控制超时。

事件信息表所列出的是系统发生的事件，包括：

（1）报警确认；

（2）返回正常状态；

（3）操作员控制动作；

（4）操作员登录和安全级别的改变；

（5）在线数据库修改；

（6）通信报警；

（7）系统重启动信息。

（四）趋势显示

监控软件通过简单的组态，就可以将数据以各种高级的趋势方式显示出来，提供分析和处理数据的功能，标准的趋势图包括：

（1）单棒图；

（2）两棒图；

（3）三个棒图；

（4）多量程趋势；

（5）多笔趋势图（见图 12-4）；

（6）*X-Y* 双变量坐标趋势；

（7）数据表；

（8）组趋势。

（五）报表功能

监控软件标准报表包括：

（1）报警/事件日志报表。报告在指定时间周期内的所有报警和事件。通过使用过滤器，这类报表可以提供操作员和/或点跟踪报表功能。

（2）报警持续时间报表。报告在指定时间周期内指定的报警点在返回到正常前的报警持续的时间。

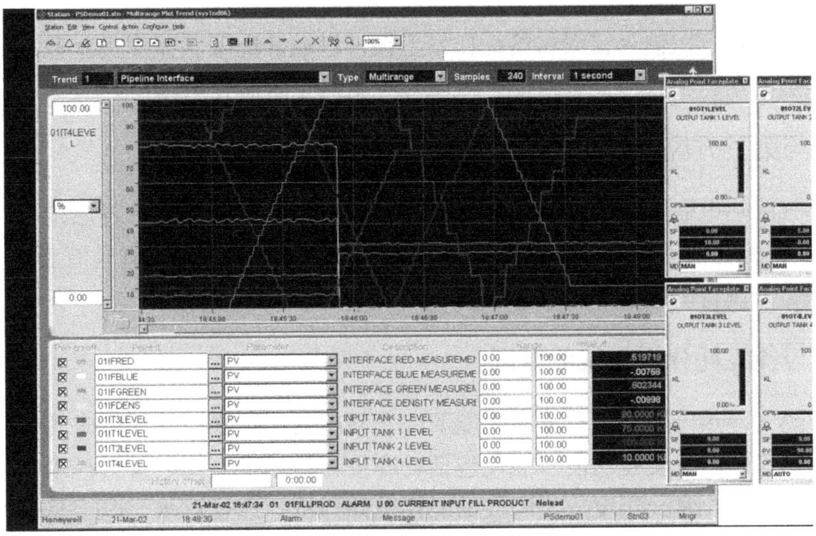

图 12-4　标准的多笔趋势图和弹出控制面板显示画面

（3）集成的 EXCEL 报表。用户可以通过 EXCEL 电子表格生成报表。采用开放式数据访问 ODA 的软件选项，Microsoft EXCEL 可以读取数据库的数据。

（4）自由格式报表。灵活多样的报表格式生成，并包括算术计算和统计功能，如最大值/最小值和标准偏差计算等功能。

（5）点属性报表。报告显示控制点当前的特殊属性，如中断扫描、坏值和禁止报警等。

（6）点交叉参考报表。提供指定点的数据库参考，便于在数据库点作废或重新命名后的系统维护。

（7）ODBC 数据交换报表。

（8）批量处理报表。报表可以是周期性生成，也可事件触发或按操作员要求生成，并可在线设定。报表可以输出为列显示器、打印机或直接输出到另一计算机作分析处理。

（六）系统访问安全

系统通过可组态的安全级别，控制级别和区域分配来维护系统的安全性。对系统安全性的组态可以对每一个操作员或操作站进行，最多有 6 种安全级别限制操作员的访问权限和系统的功能：

（1）LEVEL 1：退出功能；

（2）LEVEL 2：浏览和报警功能；

（3）LEVEL 3：LEVEL 2 功能和域参数控制；

（4）LEVEL 4：LEVEL 3 功能和 LEVEL 4 域参数，组态子系统，如报表；

（5）LEVEL 5：LEVEL 4 功能和用户可组态的参数；

（6）LEVEL 6：无限制。

操作员登录/退出安全性提供控制级别，以限制操作员对单个控制项或设备的控制。所有操作员初始化登录信息都存储在事件数据库中，且加上操作员标识。另外，只有当操作员的控制级别大于点控制级别时，才能对相应的点进行控制。

系统登录时，三次输入错误将给操作站上锁。区域分配限制操作员获取相应区域的图形、报警和点数据。在操作员登录时，区域分配就对系统起作用。

（七）与第三方应用集成

由于燃气冷热电联供工程设备较多，控制系统较多，发电机组、直燃机组及燃气锅炉机组的 PLC 和配套仪表随各自的机组成套供货，因此，监控软件应具有良好的开放性，支持多种第三方设备的通信接口。

（八）与各能耗分析系统的互联

为实现燃气冷热电联供工程分布式能源综合利用效率，监控软件还应具备与能耗分析系统关系数据库的数据交互功能。能耗包括耗冷量、耗热量、耗电量、耗水量、燃料耗量等，可进行日、周、月、年度等时间段的能耗统计分析。通过对水、电、热、冷及燃料的单耗、累计单耗进行分析，生成能耗日报表、能耗月报表等报表和图标，通过成本分析，掌握各个部分在水、电、热、冷及燃料在成本中的百分比，制订相应的能耗计划和节能措施。

（九）网页发布功能和移动设备访问功能

以 Web 方式动态展示数据，通过网页浏览器查看实时的、历史的生产信息，通过这种 B/S 方式的数据实时展现和分析，帮助用户实现生产过程的可视化。

移动终端使得燃气冷热电联供工程的运营决策者在任何地方都可以了解系统的运行情况。

第四节　网络结构及网络安全

监控中心的通信网络建议采用交换式以太网。有条件的情况下，对规模较大、安全等级要求高的监控中心，宜选用带管理的以太网交换机，支持 VLAN 及标准主流的网络管理协议，光纤环型冗余以太网与备份路由器可提高自动化系统网络的可靠性、可用性水平；管理型交换机与 VLAN 可提高网络安全性。网络通信支持 TCP/IP 协议。

监控中心应预留与上级公司或楼宇系统的通信接口。

监控中心与现场控制单元 PLC、现场控制单元 PLC 与仪表及执行机构通信的数据通信宜采用国际标准通用协议。

在信息技术极为发达的今天，计算机病毒的影响已司空见惯，一些新型病毒也不断爆发，病毒防护也是监控系统在设计、运行和维护各个阶段中都要高度重视的问题。

监控中心与其他信息系统之间的通信应考虑信息安全控制措施，信息安全控制措施可包括防火墙、VLAN 划分、单向数据隔离装置等。监控中心与其他网络应断开所有不必要连接，监控中心边界应部署防火墙。同时，VLAN 划分子网，实现信息安全控制功能。与办公网络的隔离宜采取单向数据隔离装置。

服务器、工程师站和操作员站等设备要及时安装最新补丁、病毒库及规则库等。

网络设备要关闭不必要的网络服务、禁用默认路由、配置信任网段、审计设备日志、设置高强度密码、配置并开启访问控制列表、禁用空闲端口等。

建议系统具备安全审计措施，能够对操作系统、数据库、网络设备、安全设备、业务应用的重要操作进行集中收集、自动分析。

监控中心系统管理员要定期备份关键业务的数据与系统。

第五节　现场控制单元的功能及配置要求

现场控制单元是系统实现数据采集和过程控制的核心，主要完成数据采集、工程单位变换、控制、联锁、算法、控制输出以及通过监控系统网络将数据传送到监控中心服务器等功能；现场控制单元通过采集现场仪表信号、给执行器送出控制信号。

现场控制单元的功能应符合下列规定：

（1）应具备设备运行状态实时、自动进行数据采集、监测、控制的功能。

（2）应将现场采集的数据实时传送到监控中心，并应提供数据完整性校验。

（3）应具备自动控制和执行监控中心指令的功能。

（4）应具备存储现场数据、报警信息和故障信息的功能。

（5）应具备检测数据异常、电池电压、运行状态、周围环境等自诊断功能，并应将报警信息和故障信息实时传输到监控中心。

（6）应具备参数修改、程序自恢复、固件升级、校时等功能。

现场控制单元输入/输出（I/O）通道，应按下列原则设计：

（1）I/O 接口应具有 AI、AO、DI、DO、PI 等类型，可配备现场总线接口等。

（2）I/O 卡件输入电路应具备电磁需离或光电隔离等抗干扰措施。

（3）开关量接口容量不能满足负载的要求或需将开关量隔离时，应配置隔离设备。

（4）I/O 卡件应有工作状态的 LED 指示。

（5）当信号源与 I/O 卡的信号不匹配时，可配置转换器或需离器。

（6）环境温度范围下，I/O 卡件精度应满足下列规定：模拟量输入信号精度为±（0.01%～0.5%）FS；模拟量输出信号精度为±（0.01%～0.5%）FS。

现场控制单元机柜宜设置在非爆炸危险区域内。

第六节　仪表及执行机构的选型要求

检测、控制仪表是站场内进行数据采集和执行控制系统命令的关键环节，直接关系到整个监控系统运行的可靠性和准确性。仪表选型应遵循以下原则：

（1）采用国内外成熟可靠，并经实践检验可行的技术和设备；选择的仪表应满足技术先进、性能可靠、操作维护方便、经济合理等原则；应满足被检测变量的精度等级要求。

（2）处于爆炸危险区的仪表采用相应防爆等级的仪表，防爆等级应根据所处环境条件确定相应的防护等级。

(3) 仪表选型应根据工艺要求的压力级制、量程范围、工作温度等因素确定。

(4) 选用的仪表必须是经国家授权部门认可、取得制造许可证的合格产品。

(5) 仪表的防护等级应根据所处环境条件确定。

一、温度仪表的选型、安装要求

(1) 温度检测元件为热电阻时，建议热电阻采用 Pt100 分度号，为了保证测量精度，热电阻要采用三线制。

(2) 要求以标准信号传输的场合，建议采用温度变送器，在满足安装环境温度的条件下，可选用一体化的温度变送器，其输出信号为 4～20mADC。

(3) 温度检测元件的插入深度应插至被测介质温度变化灵敏的区域。

(4) 当温度检测元件在满管流体管道上垂直安装或与管壁呈 45°角安装时，温度检测元件末端浸入管道内壁长度不应小于 50mm，不宜大于 125mm。

(5) 温度检测元件在设备上安装时，检测元件末端浸入设备内壁的长度不应小于 150mm；在烟道、炉膛等设备上安装时，应按实际需要确定插入深度。

二、压力/差压测量仪表

远传压力仪表建议选用智能型压力/变送器，用于流量压力补偿用的压力测量仪表采用绝对压力变送器，测量微小压力（<500Pa）时建议选用差压变送器，变送器的输出信号为 4～20mADC，二线制。

三、流量仪表

流量仪表主要有：节流装置及差压计、可变面积式流量计（转子流量计）、速度式流量计、容积式流量计、电磁流量计、超声波流量计、科氏力质量流量计、热式质量流量计等。用于贸易交接的计量仪表，应带温压补偿，并符合现行国家标准《用能单位能源计量器具配备和管理通则》GB 17167 的要求。用于天然气贸易结算的计量器具的准确度等级应符合国家标准《天然气计量系统技术要求》GB/T 18603-2014 中附录 A 和附录 B 的要求。流量变送器的信号为 4～20mADC，二线制。

四、电动执行机构

根据调节阀的压降、口径以及响应速度的要求，选择执行机构的类型及输出力矩。执行机构应具有限位保护、过力矩保护、电机过载、过热保护等功能。执行机构应具备就地/远程和启动/停止/关闭功能。

第十三章　经济评价

本章针对燃气冷热电联供系统的技术经济特点，介绍了经济评价的总体要求、财务分析方法、成本费用计算、经济效益评价、不确定性分析、风险分析等，并对燃气冷热电项目各种投资模式下的经济评价进行了讨论，最后进行了典型案例分析。

第一节　经济评价总则

燃气冷热电联供是一种建在用户端的能效高、节能、环保的能源供应方式，目前许多发达国家已可以将燃气冷热电联供综合利用效率提高到80%～90%，大大超过传统用能方式的效率。除此之外，燃气冷热电联供系统项目的效益，不但体现在经济方面，还有社会、环保和节能效益，在经济评价中应依据投资主体的不同要求，进行财务分析的评价，必要时进行经济费用效益分析。

一、编制依据与原则

燃气冷热电联供系统的经济评价，结合项目特点，依据《建设项目经济评价方法与参数》（第三版）的原则和《市政公用设施建设项目经济评价方法与参数》进行。经济评价应在保证客观、科学、公正的基础上，遵循有无对比、效益与费用计算口径对应一致，风险与收益权衡，定量分析与定性分析相结合、以定量为主，以及动态分析与静态分析相结合、以动态为主等原则。

二、评价内容

项目经济评价包括财务分析、经济费用效益分析、不确定性分析与风险分析等。

项目财务分析结论能满足最终决策需要时，可不必再进行经济费用效益分析。项目财务分析不能够满足最终决策的需要，或政府主管部门与投资主体提出要求时，需进行经济费用效益分析。

三、评价参数与计算期

用于财务分析的基准收益率、基准投资回收期等行业参数，可参考本书给出的数值；用于经济费用效益分析的社会折现率、影子汇率换算系数等参数，采用国家相关部门发布的数值；其他参数可由项目评价人员结合项目具体情况测定。

经济评价的计算期包括建设期和运营期。项目建设期依据实际情况确定，运营期根据项目主要生产设施的经济寿命综合确定，计算期原则上不宜超过 20 年。采用特许经营模式的项目，以特许合同规定的特许期为计算期。当借款偿还期有特殊要求时（如借款偿还期长于设定的运营期），可按借款偿还期确定运营期。

四、评价结论

项目财务分析可行即可判定项目在经济上可接受，如项目财务分析不能满足最终决策的需要，则需要进行经济费用效益分析。如经济费用效益分析结论较佳，则应调整和优化设计方案，使项目具有财务生存能力，即财务上可行。

第二节　资金来源与融资方案

燃气冷热电联供项目资本金主要来源于各级政府预算安排的基建投资和企业投资。

根据国家有关规定，燃气冷热电联供行业投资项目资本金占总投资的比例不低于 20%；投资项目的资本金一次认缴，并根据批准的建设进度按比例逐年到位。

燃气冷热电联供项目债务资金主要来源有商业银行贷款、国家政策性银行贷款、非金融机构贷款、国际商业银行贷款、外国政府贷款、国际出口信贷和国际金融组织贷款等。

债务融资应对使用贷款的利率、计息周期、贷款偿还期、宽限期、手续费、承诺费以及还款方式（等本金、等本息或最大还款能力）等贷款条件做细致的调查研究，选用成本较低的资金，并在评价说明中明确表述。

安排债务资金流入应注意借款与还款衔接的合理性，一般不宜借款与还款同期发生。

资金来源与融资方案应结合工程建设进度及资金需求，与项目实施进度及筹资方案相互衔接，并合理、有序安排项目资本金和债务资金的投入计划。

债务资金与资本金的比例是否合理，直接影响到项目的生存与发展。如果债务资金比例过重，将会增加项目运营期间的债务压力和财务费用，造成财务风险，甚至导致投资失败。

债务资金规模取决于项目自身的偿还能力。燃气冷热电联供项目偿债资金的来源主要有折旧费、摊销费、可供分配的利润。根据燃气冷热电联供项目保本微利的原则，在不考虑燃气冷热电联供贴费的前提下折旧费成为偿还债务资金的主要来源，应根据每年折旧费可用于还贷的数额和贷款偿还期的要求，并考虑运行期内所能承受的财务压力，计算确定债务资金。燃气冷热电联供贴费作为还贷资金的来源时，首先应确定燃气冷热电联供贴费中可用于偿还债务的总资金量，再依据一定的备付关系来确定债务资金。

第三节　财务效益与费用估算

一、需求分析

需求分析包含需求量预测和价格预测两方面内容。

燃气冷热电联供项目需求量（设计规模）预测依据城市总体规划、供热专项规划和现状热负荷以及发展热负荷确定。在燃气冷热电联供负荷逐年递增的过程中，应注意现状冷热负荷与新增冷热负荷的发展速度，结合当地近几年用户的发展情况以及新增冷热负荷的发展计划，合理确定发展速度和达产时间。对于生产性热负荷应合理确定不同热用户的年运行小时数，正确计算燃气冷热电联供量。

进行燃气冷热电联供项目财务分析时，电价格、冷热产品的预测价格原则上应采用评价时项目所在地的现行价格。对于当地无相应价格或采用现行价格计算的财务指标无法满足项目财务可行的要求时，应按反推的原则和测算方法计算项目预期财务价格，一般采用合理收益定价法计算，设定的收益率可以是投资方可接受的目标收益率或基准收益率。

财务分析可采用不含增值税价格或含增值税价格体系，若采用含增值税价格，应予说明并调整相关报表。

二、效益估算

（一）营业收入

燃气冷热电联供项目营业收入包括售电、供暖或蒸汽、生活热水以及集中空调系统用冷等产品的销售收入。计算营业收入时，假设冷热费收缴率能达到95%，电价区分不同计价形式分别计算。燃气冷热电联供产生的电产品一般首先自用，自用之外并网运行，按其节约电费计算营业收入。

计算营业收入时，应区分不同用户的性质及收费标准，准确计算营业收入总额。

（1）供冷按冷供量和计量冷价计算营业收入：

$$供冷营业收入=\sum 销售冷量\times 计量冷价$$

$$销售冷量=供冷量\times(1-网损率)$$

（2）按目前国内热费计量收费不同，供热的营业收入可分为两类：

1）按供暖面积和容量热价计算营业收入：

$$供热营业收入=\sum 供暖面积\times 容量热价$$

2）按供热量和计量热价计算营业收入：

$$供热营业收入=\sum 销售热量\times 计量热价$$

$$销售热量=供热量\times(1-网损率)$$

网损率由工艺专业根据专业规范以及采用的设备材料情况确定。

（3）供电按供电量和电价计算营业收入：

$$供电营业收入=\sum 不同时段供电量\times 不同时段电价$$

或者按上网电价计算供电收入。

（二）补贴收入

按照《企业会计制度》规定，补贴收入是指与项目收益相关的政府补助，包括政府按销量或工作量等依据国家规定的补助定额计算并按期给予的定额补贴，以及属于国家政策扶持的领域而给予的其他形式的补贴。

按照《企业会计准则》，企业从政府无偿取得的货币性资产或非货币性资产称为政府补助，并按照是否形成长期资产区分为与资产相关的政府补助和与收益相关的政府补助。在项目财务分析中，作为运营期财务效益核算的应是与收入相关的政府补助。

按照财政部、国家税务总局《关于企业补贴收入征税等问题的通知》(财税字［1995］181号)，企业取得国家财政性补贴和其他用途补贴收入，除国务院、财政部和国家税务总局规定不计入损益者外，应一律并入实际收到该补贴收入年度的应纳税所得额。

(三) 费用估算

项目总投资由建设投资、建设期利息和项目建成投产后所需的流动资金组成。

1. 项目总投资/项目报批总投资

项目总投资指含全部流动资金的项目总投资，项目报批总投资是指含30%铺底流动资金的项目总投资。

根据资产保全的原则和企业资产划分的有关规定，项目建成交付使用时，项目投入的全部资金分别形成固定资产、无形资产、其他资产和流动资产。燃气冷热电联供项目总投资形成各类资产分别为：

固定资产主要包括建筑工程费、设备及工器具购置费、安装工程费、预备费、建设期贷款利息和应分摊的待摊投资。待摊投资包括工程建设其他费用中除应进入无形资产和其他资产以外的全部费用。

无形资产包括工程建设其他费用中的技术转让费或技术使用费、商标权、土地使用权、商誉等。

其他资产包括工程建设其他费用中的生产准备费。

流动资产包括现金、存货、应收及预付账款、待摊费用等。

2. 投资估算

燃气冷热电联供项目投资估算采用的依据和达到的深度应符合国家现行有关规定以及项目所在省、市、区所颁布的相关文件的规定要求。

工程费用应依据住房城乡建设部颁布的投资估算方法及项目所在地定额管理部门发布的工程概、预算定额等相关造价文件编制。

工程建设其他费用依据国家有关部门以及项目所在省、市、区所颁布的相关文件的规定要求计取，并应包括项目所涉及地方规定的收费项目，如城市道路挖掘恢复费、临时占道费、建筑垃圾清运处理费、贷款启动费和贷款手续费等费用。

3. 利息计算

(1) 建设期利息

估算建设期利息，需要在建设投资分年计划的基础上设定初步融资方案。对采用债务融资的项目应估算建设期利息。建设期利息包括银行借款和其他债务资金的利息，以及其他融资费用。估算建设期利息，应根据不同情况选择名义年利率或有效年利率。

名义年利率和有效年利率的换算。当借贷资金不是按年结息，或付息资金来源不同时，应视情况选择名义年利率或有效年利率。将名义年利率换算为有效年利率的计算公式为：

$$\text{有效年利率}=\left(1+\frac{r}{m}\right)^{m}-1$$

式中　r——名义年利率；

m——每年计息次数。

当建设期用项目资本金或既有法人内部资金按期支付利息，当期还清，计息方式为单利时，可不必进行换算，直接采用名义年利率计算建设期利息。

计算建设期利息时，为了简化计算，假定借款均在每年的年中支用，借款当年按半年计息，其余各年份按全年计息，计算公式如下：

1）采用单利方式计息时：

各年应计利息＝(年初借款本金累计＋本年借款额/2)×名义年利率

2）采用复利方式计息时：

各年应计利息＝(年初借款本息累计＋本年借款额/2)×有效年利率

对有多种借款资金来源，每笔借款的年利率各不相同的项目，既可分别计算每笔借款的利息，也可先计算出各笔借款加权平均的年利率，并以加权平均利率计算全部借款的利息。

（2）其他融资费用估算

其他融资费用是指某些债务融资中发生的手续费、承诺费、管理费、信贷保险费等融资费用，一般情况下应将其单独计算并计入建设期利息；在项目前期研究的初期阶段，也可作粗略估算并计入建设投资；对于不涉及国外贷款的项目，在可行性研究阶段，也可作粗略估算并计入建设投资。

分期建成投产的项目，应按各期投产时间分别停止借款费用的借款利息，计入总成本费用。

项目财务分析中，建设期贷款利息计入固定资产，经营期贷款利息计入财务费用。在项目建设与运营同期进行期间，当年项目建设用贷款所发生的利息作为建设期贷款利息，可以资本化；运营中所发生的利息（即固定资产投产后所产生的利息）计入当期财务费用。

4. 流动资金估算

流动资金是指运营期内长期占用并周转使用的营运资金，不包括运营中需要的临时性营运资金。流动资金估算的基础是经营成本和商业信用等。

燃气冷热电联供项目流动资金按行业规定或前期研究阶段的不同可选用扩大指标估算法或分项详细估算法。

（1）扩大指标估算法是参照同类企业流动资金占营业收入或经营成本的比例，或单位产量占用营运资金的数额估算流动资金。在项目初期研究阶段一般可采用扩大指标估算法。在可行性研究阶段可遵从行业规定或习惯做法。

（2）分项详细估算法是利用流动资产与流动负债估算项目占用的流动资金。一般先对流动资产和流动负债主要构成要素进行分项估算，进而估算流动资金。流动资产的构成要素一般包括存货、现金、应收账款和预付账款；流动负债的构成要素一般只考虑应付账款和预收账款。流动资金应按下式计算：

流动资金＝流动资产－流动负债

流动资产＝应收账款＋预付账款＋存货＋现金

流动负债＝应付账款＋预收账款

流动资金本年增加额＝本年流动资金－上年流动资金

(3) 流动资金估算的具体步骤是首先确定各分项最低周转天数，计算出周转次数，然后进行分项估算。周转次数的计算：

周转次数=360天/最低周转天数

各类流动资产和流动负债的最低周转天数可参照同类企业的平均周转天数并结合项目特点确定，或按行业规定。在确定最低周转天数时应考虑储存天数、在途天数，并考虑适当的保障系数。

1) 流动资产估算：

存货估算仅考虑外购原材料、燃料、其他材料、在产品和产成品，并分项进行计算。因为冷热电无法储存，所以燃气冷热电联供项目无产成品和在产品。计算公式为：

存货=外购原材料、燃料+其他材料

外购原材料、燃料=年外购原材料、燃料费用/分项周转次数

其他材料=年其他材料费用/其他材料周转次数

应收账款是指企业对外销售产品、提供服务尚未收回的资金，计算公式为：

应收账款=年经营成本/应收账款周转次数

预付账款是企业为购买各类材料、半成品或服务所先支付的资金，计算公式为：

预付账款=外购商品或服务年费用/预付账款周转次数

现金需要量是指为维持项目正常生产运营必须预留的货币资金，计算公式为：

现金=(年职工薪酬+年其他费用)/现金周转次数

年其他费用=制造费用+管理费用+营业费用-(以上三项费用中所含的职工薪酬、折旧费、摊销费、修理费)

2) 流动负债估算：

项目评价中，流动负债的估算可以只考虑应付账款和预收账款两项。计算公式为：

应付账款=外购原材料、燃料动力及其他材料年费用/应付账款年周转次数

预收账款=预收的营业收入年金额/预收账款年周转次数

(4) 流动资金估算应遵循下列原则：

1) 在确定最低周转天数时，应根据项目的特点、投入和产出性质、供应来源以及各分项的属性考虑确定，并适当留有余地。

2) 当投入物和产出物采用不含税价格时，估算中应注意将进项税额和销项税额分别包含在相应的年费用金额中。

3) 流动资金一般应在项目投产前筹措。为简化计算，项目评价中流动资金可在投产第一年开始安排，并随生产运营负荷的增长逐年变化。

4) 采用分项详细估算法时，需以经营成本及其中的某些科目为基数，因此其估算应在营业收入和经营成本估算之后进行。

流动资金可从项目资本金和流动资金贷款两个渠道获得。流动资金贷款利息计入当期财务费用，流动资金在项目投产的第一年开始按生产负荷安排投入，货款利息按全年计算，计入财务费用，项目计算期末全部回收流动资金。

为简化计算，采用分项详细估算法时，燃气冷热电联供项目流动资产主要考虑应收账款、现金；流动负债主要考虑应付账款。应收账款的周转次数推荐采用360次，应付账款的周转次数推荐采用24次，现金的周转次数推荐采用12次。外购原材料、燃料费和外购

动力费应为到厂含税价格（货物出厂价＋进项税＋运费）进行计算。

当采用扩大指标估算法时，流动资金可参照同类企业或项目单位往年流动资金占经营成本、总成本费用、销售收入或固定资产投资比例来确定，适用于项目建议书等阶段的简单估算。

5. 总成本费用

总成本费用是指运营期内当期为生产产品或提供服务所发生的全部费用。总成本费用可以采用生产成本加期间费用估算法或生产要素法估算。

（1）生产成本加期间费用估算法：

总成本费用＝生产成本＋期间费用

式中生产成本＝直接材料费＋直接燃料和动力费＋直接生产人员职工薪酬＋其他直接支出＋制造费用

期间费用＝管理费用＋财务费用＋营业费用

其中，制造费用是指企业为生产产品和提供服务而发生的各项间接费用，包括生产单位管理人员职工薪酬、折旧费、修理费、办公费、水电费、机物料消耗、劳动保护费、季节性和修理期间的停工损失等。制造费用应按企业成本核算办法的规定，分别计入有关成本的核算对象。

管理费用：指企业为组织和管理企业生产经营所发生的管理费用，包括公司经费（行政管理部门管理人员职工薪酬、修理费、物料消耗、低值易耗品摊推销、办公费和差旅费等）、董事会费、聘请中介机构费、咨询费（含顾问费）、诉讼费、业务招待费、房产税、车船使用税、土地使用税、印花税、技术转让费、无形资产摊销、研究与开发费以及排污费等。

财务费用：指企业为筹集与占用生产经营所需资金等而发生的费用，包括应当作为期间费用的利息净支出、汇兑净损失以及相关的手续费等。

营业费用：指企业在销售产品或提供服务过程中发生的费用，包括应由企业负担的运输费、装卸费、包装费、保险费、展览费和广告费，以及为销售产品而专设的销售机构的销售人员职工薪酬、业务费等经营费用。为简化计算，项目评价中将营业费用归集为销售人员职工薪酬、折旧费、修理费和其他营业费用几部分。

采用生产成本加期间费用估算法时，经营成本与总成本费用的关系如下：

经营成本＝总成本费用－折旧费－摊销费－财务费用

（2）生产要素估算法：

总成本费用＝外购原材料、燃料及动力费＋职工薪酬＋折旧费＋摊销费＋修理费＋财务费用＋其他费用＝经营成本＋折旧费＋摊销费＋财务费用

1）外购原材料、燃料及动力费用。根据相关专业提出的外购原材料和燃料动力年耗用量，以及在选定价格体系下的预测价格进行估算。该价格应按入库价格计（即到厂价格），并考虑途库损耗。采用的价格时点和价格体系应与营业收入的选取一致。

2）职工薪酬。财务分析中职工薪酬是指企业为获得职工提供的服务而给予的各种形式的报酬。

（3）燃气冷热电联供项目的总成本费用一般按生产要素法估算，即：

总成本费用＝外购原材料、燃料及动力费＋职工薪酬＋折旧费＋摊销费＋修理费

+财务费用+其他费用（管理费用、制造费用、营业费用）

1）外购燃料费。外购燃料费是指从外单位购进的燃气的总费用。

外购燃气费=外购燃气量×燃气价

外购燃气量由工艺专业提供。

2）水费。水费是指燃气冷热电联供企业生产经营耗用的水费（不含污水处理费）。

水费=用水量×水价

用水量=燃气冷热电联供系统循环补充水量+公共用水量

3）动力费。动力费是指燃气冷热电联供企业除了自发电以外从电力部门购进电能的费用。根据电力部门的规定，视用电用户的电压等级和性质，分别按各地现行电价计算。

电费=电度电费

电度电费=Σ[各段运行耗电量(kWh/年)×各段电度电价(元/kWh)]

4）外购材料费。外购材料费是指产品生产过程中所耗用的材料（含各种化学药品等）费用。

外购材料费=Σ(各类材料用量×材料单价)

5）职工薪酬。指燃气冷热电联供企业所有人员的职工薪酬。指企业为职工提供的服务而给予各种形式的报酬及其他相关支出。职工薪酬包括：工资、奖金、津贴、职工福利费、各类社会保险费用、住房公积金、工会经费、职工教育经费、未参加社会统筹的退休人员退休金和医疗费用以及辞退福利、带薪休假等其他与薪酬相关的支出。

职工薪酬=人员工资总额+职工福利费+社会保险费+住房公积金
+工会经费+职工教育经费

人员工资总额=职工人员数量×人均年工资指标

职工福利费=人员工资总额×福利费费率

社会保险费=人员工资总额×各项保险费费率合计

住房公积金=人员工资总额×住房公积金单位缴存比率

工会经费=人员工资总额×工会经费计提费率

职工教育经费=人员工资总额×职工教育经费计提费率

职工福利费按年职工工资总额的14%计取。

社会保险费主要包括养老保险费、失业保险、医疗保险等国家规定用人单位需为职工缴纳的保险费。

住房公积金指根据国家规定用人单位需为职工缴纳的住房公积金。

工会经费、职工教育经费分别按年职工工资总额的2%和1.5%计提。

6）折旧费。指固定资产使用过程中，逐年损耗价值的补偿费。燃气冷热电联供项目固定资产折旧采用平均年限法。

年折旧率=(1−净残值率)÷折旧年限

年折旧费用=固定资产原值×折旧率

净残值率为3%～5%。

折旧费一般采用综合折旧法，根据主要燃气冷热电联供设施、设备的折旧期，确定综合折旧年限，综合折旧率根据综合折旧年限及净残值率计算。

折旧费的计算也可以采用分项明细法，区分固定资产类别，分别计算折旧费。

燃气冷热电联供项目固定资产分类折旧年限见表 13-1。

燃气冷热电联供项目固定资产分类折旧年限表　　表 13-1

分类名称	年限(年)	分类名称	年限(年)
发电设备	20	直埋燃气冷热电联供管道	20
动力、电气设备	20	架空燃气冷热电联供管道	15
机械设备	14	地沟敷设燃气冷热电联供管道	12
自动化、半自动化设备	12	生产用房	30
供热设备	20	非生产用房	35

7）修理费。指用于固定资产的大修理费用及日常维护费用。

修理费＝固定资产原值×修理费率

修理费率为 1.2%～2.4%，可参考项目采用的设备材料情况和所在地燃气冷热电联供企业实际运行情况确定。一般楼宇式能源站修理费率取下限，含管网的区域式能源站修理费率取上限。

8）其他制造费用。指不属于以上各项制造费用应计入的费用（包括租赁费、低值易耗品费、取暖费、办公费、差旅费、保险费、设计制图费、试验检验费、劳动保护费、季节性及修理期间的停工损失等）。

其他制造费用＝各项生产成本费用之和×其他制造费用费率

其他制造费用费率按其他制造费用在项目单位往年生产成本中所占比例确定，无参考依据时可按 0.5%～1.5%计取。

项目租赁大宗设备和土地、公共设施等资产的大宗租赁费用，不应纳入其他制造费用率计算，而应在其他制造费用中以租赁费单独计算并体现。

9）其他管理费用。指在管理费用中扣除行政管理部门管理人员职工薪酬、折旧费、摊销费、修理费以后的其余部分。包括董事会费、聘请中介机构费、咨询费、诉讼费、业务招待费、房产税、车船使用税、印花税、技术转让费、矿产资源补偿费、研究与开发费、存货盘亏或盘盈、计提的坏账准备等。

其他管理费用＝职工薪酬×其他管理费用费率

其他管理费用费率为 40%～50%，可参考项目所在地燃气冷热电联供企业实际运营状况和用户的缴费情况确定。考虑项目的坏账准备，对于收缴率较高的项目，其他管理费率取下限，收缴率低于 70%的项目，其他管理费率取上限。

10）财务费用。财务费用包括应当作为期间费用的利息净支出（建设投资在运营期应归还的货款利息、经营性贷款利息和流动资金贷款利息）、汇兑净损失以及相关的手续费和用户提前缴费的现金折扣等。

燃气冷热电联供企业为提前收取热费/冷费而对用户给出的优惠，属于现金折扣，计入财务费用。

现金折扣＝提前收取的销售额×综合优惠费率

提前收取的销售额可依据项目所在地历年热费/冷费提前收取比例确定。

综合优惠费率可参考项目所在地燃气冷热电联供企业为提前收取热费/冷费而给出的

优惠率，综合一定比例确定。前期无法确定时也可忽略不计。

11）其他营业费用。指燃气冷热电联供项目在燃气冷热电联供销售过程中所发生的各项费用，扣除销售人员职工薪酬、折旧费、修理费以后的其余部分，如收费网点费用等。项目评价中通常按营业收入的百分数估算。

其他营业费用=营业收入×其他营业费用费率

其他营业费用费率为0.5%～1.5%，可参考项目所在地燃气冷热电联供企业实际运营状况和用户的缴费情况确定。

12）其他特殊费用。燃气冷热电联供项目在一些地区还有些费用是特有的，如自备电厂系统备用费，按发电机组额定功率的70%来计算，具体费用标准见各地相关文件规定。

6. 经营成本

经营成本是项目经济评价中所使用的特定概念，是运营期的主要现金流出，其构成可用下式表示：

经营成本=外购原材料、燃料及动力费+职工薪酬+修理费+其他费用

也可以是从总成本费用中扣除折旧摊销和利息支出：

经营成本=总成本费用−折旧费−摊销费−利息支出

7. 固定成本和可变成本

根据成本费用与产量的关系可以将总成本费用分为固定成本、可变成本和半固定或半可变成本。

固定成本是指不随产品产量变化的各项成本费用，一般包括职工薪酬（计件工资除外）、折旧费、摊销费、修理费和其他费用等。

可变成本是指随产量增减而成正比例变化的各项费用，主要包括外购原材料、燃料及动力费和计件工资等。

有些成本费用属于半固定或半可变成本，如工资、营业费用和流动资金利息等都可能既有可变因素也有固定因素。必要时可进一步分解为固定成本和可变成本。项目评价中根据燃气冷热电联供项目的特点简化处理为固定成本。

长期借款利息应视为固定成本，为简化计算，一般将流动资金借款利息和短期借款利息也作为固定成本。

成本费用估算的两种方法可根据行业规定或结合项目特点选用其中一种。成本费用估算原则上应遵循国家现行《企业会计准则》和（或）《企业会计制度》规定的成本和费用核算方法，同时应遵循有关税法中准予在所得税前列支科目的规定。当两者有矛盾时，一般应按从税的原则处理。

固定成本=职工薪酬+折旧费+修理费+财务费用+其他费用(管理费、营业费、制造费)

可变成本=外购原材料、燃料费+水费+电费+外购材料费

8. 税金计算

冷热电产品应依法缴纳增值税、城市维护建设税、教育费附加、企业所得税和地方性税费。

产品的增值税计算：

增值税应纳税额=当期销项税额−当期进项税额

当期销项税额=销售收入(不含税)×适用税率

燃气冷热电联供热力（含热水、蒸汽等）、冷的销售适用增值税税率为9%，电销售行为适用13%的税率。

当期进项税额由当期生产过程中外购的燃料、水、电和材料费等所发生的进项税组成，其中：

修理费进项税＝修理费×修理费中可抵税的材料费比例×适用税率

修理费中可抵税的材料费比例可参考项目所在地燃气冷热电联供企业实际情况确定，无可参考资料的情况下，评价人员可根据当地财税政测算确定，比率一般在20%～50%之间。修理费适用税率为13%。

如采用不含税价计算，则：

不含税价＝含税价格÷(1＋适用税率)

9. 营业税金及附加

燃气冷热电联供项目营业税金及附加包括应缴纳城市维护建设税、教育费附加和项目所涉及的地方性税费。

城市维护建设税税率依据项目所在地分别计取，城市为7%，县、镇为5%，其他地区为1%。教育费附加税率为3%。如项目所在地有相关规定，按地方规定的税率计算。地方性税费是根据项目所在地相关税费文件规定以增值税、营业税、消费税为计税依据需缴纳的税费。如：防洪基金、河道清理费等。地方性税费缴纳额按地方相关规定计算。

10. 企业所得税

项目有盈利时应缴纳所得税。

所得税＝应纳税所得额×所得税率

应纳税所得额(利润)＝收入总额－准许扣除项目金额

准予扣除项目为纳税人取得收入过程中发生的与收入有关的成本、费用、税金和损失。燃气冷热电联供项目经济评价中为总成本费用、营业税金及附加和弥补以前年度亏损。对于所得税前利润不足以弥补以往年度亏损，可在五年内用所得税前利润延续弥补；延续五年未弥补的亏损，用缴纳所得税后的利润弥补。

燃气冷热电联供项目企业所得税税率依据国家相关规定执行。对于国家或地方有减免优惠的情况，按相关优惠政策执行。

11. 维持运营投资

在运营期内，设备、设施等需要更新的项目，应估算项目维持运营的投资费用，并在现金流量表中将其作为现金流出，参与内部收益率等指标的计算。同时，也应反映在财务计划现金流量表中，参与财务生存能力分析。

项目评价中，如果维持运营投资投入后延长了固定资产的使用寿命，或使产品质量实质性提高，或成本实质性降低等，使可能流入企业的经济利益增加，则该投资应予资本化，计入固定资产原值，并计提折旧。否则该投资只能费用化，不形成新的固定资产原值。

第四节 财务分析

财务分析应在财务效益与费用估算的基础上进行，通过编制财务报表，计算财务分析指标，考察和分析项目的盈利能力、偿债能力和财务生存能力，判断项目财务可接受性，明确项目对财务主体的价值以及对投资者的贡献，为项目决策提供依据。

一、融资前分析与融资后分析

财务分析可分为融资前分析和融资后分析。一般宜先进行融资前分析，在融资前分析结论满足要求的情况下，初步设定融资方案，再进行融资后分析。

在项目的初期研究阶段，可只进行融资前分析。

融资前分析是指在不考虑债务融资条件下进行的财务分析。融资前分析只进行盈利能力分析，并以项目投资折现现金流量分析为主，计算项目投资财务内部收益率和净现值指标，也可计算投资回收期指标。

融资后分析应以融资前分析和初步融资方案为基础，考察项目在拟定的融资条件下的盈利能力、偿债能力和财务生存能力、判断项目方案在融资条件下的可行性。

融资后分析主要进行项目资本金折现现金流量分析和投资各方折现现金流量分析，计算项目资本金财务内部收益率、投资各方收益率指标，以及项目资本金净利润率、总投资收益率等非折现指标。

融资后分析是进行融资决策和投资者最终决定出资的依据。

二、财务分析

（一）盈利能力分析

1. 项目现金流量分析

从项目投资总获利能力角度，考察项目方案设计的合理性。应考察整个计算期内项目现金流入和现金流出，编制项目投资现金流量表，计算项目投资内部收益和净现值等指标。根据需要，可从所得税前和所得税后两个角度进行，计算所得税前或所得税后财务分析指标。

2. 项目资本金现金流量分析

在拟定的融资方案的基础上进行的息税后分析，应从项目资本金出资人整体的角度，确定其现金流入和现金流出、制定项目资本金现金流量表。计算项目资本金内部收益率指标，考察项目资本金可获得的收益水平。

3. 投资各方现金流量分析

从投资各方实际收入和支出的角度，确定其现金流入和现金流出。分别编制投资各方现金流量表。计算投资各方内部收益率指标，考察投资各方可能获得的收益水平。当投资各方不按股本比例进行分配或有其他不对等的收益时，可选择投资各方财务现金流量分析。

4. 非折现方式分析

主要依据利润与利润分配表，并借助现金流量表计算相关盈利能力指标，包括项目资本金净利润率（ROE）、总投资收益率（ROI）和投资回收期等。

财务盈利能力分析的主要指标包括项目投资财务内部收益率和净现值、项目资本金财务内部收益率、投资回收期、总投资收益率、项目资本金净利润率等。

（1）财务内部收益率（$FIRR$）是指能使项目计算期内净现金流量现值累计等于零时的折现率，即 $FIRR$ 作为折现率使下式成立：

$$\sum_{t=1}^{n}(CI-CO)_t(1+FIRR)^{-t}=0$$

式中 CI——现金流入量；

CO——现金流出量；

$(CI-CO)_t$——第 t 期的净现金流量；

n——项目计算期。

项目投资财务内部收益率、项目资本金财务内部收益率和投资各方财务内部收益率都依据上式计算，但所用的现金流入和现金流出不同。三者可以有不同的判别基准。

（2）财务净现值（$FNPV$）是指按设定的折现率（一般采用基准收益率）计算的项目计算期内净现金流量的现值之和，可按下式计算：

$$FNPV=\sum_{t=1}^{n}(CI-CO)_t(1+i_c)^{-t}$$

式中 i_c——设定的折现率（同基准收益率）。

一般情况下，财务盈利能力分析计算项目投资财务净现值，可根据需要选择计算所得税前净现值或所得税后净现值。

在设定的折现率下计算的财务净现值大于等于零，项目方案在财务上可考虑接受。

（3）项目投资回收期（P_t）是指以项目的净收益回收项目投资所需要的时间，一般以年为单位。项目投资回收期宜从项目建设开始年算起。若从项目投产开始年计算，应予以特别注明。项目投资回收期可用下式表达：

$$\sum_{t=1}^{P_t}(CI\text{-}CO)_t=0$$

项目投资回收期可借助投资现金流量表计算。项目投资现金流量表中累计净现金流量由负值变为零的时点即为项目的投资回收期，计算公式为：

$$P_t=T-1+\frac{\left|\sum_{i=1}^{T-1}(CI-CO)_i\right|}{(CI-CO)_T}$$

式中 T——各年累计净现金流量首次为正值或零的年数。

投资回收期短，表明项目投资回收快，抗风能力强。

由于累计净现金流量分税前和税后，指标也有税前和税后之分。

（4）总投资收益率（ROI）表示总投资的盈利水平，是指项目达到设计能力后正常年份的年息税前利润或运营期内年平均息税前利润（$EBIT$）与项目总投资（TI）的比率，其计算公式为：

$$ROI=\frac{EBIT}{TI}\times 100\%$$

式中 $EBIT$——项目正常年份的年息税前利润或运营期内年平均息税前利润；

TI——项目总投资。

总投资收益率高于同行业的收益率参考值，表明用总投资收益率表示的盈利能力满足要求。

（5）项目资本金净利润率（ROE）表示资本金的盈利水平，是指项目达到设计能力后正常年份的年净利润或运营期内年平均净利润（NP）与项目资本金（EC）的比率，其计算公式为：

$$ROE=\frac{NP}{EC}\times 100\%$$

式中 NP——项目正常年份的年净利润或运营期内年平均净利润；

EC——项目资本金。

项目资本金净利润率高于同行业的净利润率参考值，表明用项目资本金净利润率表示的盈利能力满足要求。

（二）偿债能力分析

偿债能力分析应通过计算利息备付率（ICR）、偿债备付率（$DSCR$）和资产负债率（$LOAR$）等指标，分析判断财务主体的偿债能力。

1. 利息备付率（*ICR*）

指在借款偿还期内的息税前利润（$EBIT$）与应付利息（PI）的比值，它从付息资金来源的充裕性角度反映项目偿付债务利息的保障程度。其计算公式为：

$$ICR=\frac{EBIT}{PI}$$

式中 $EBIT$——息税前利润；

PI——计入总成本费用的全部利息。

其中，息税前利润=利润总额+计入总成本费用的全部利息。

利息备付率应分年计算。利息备付率高，表明利息偿付能力强，风险小。

利息备付率至少应大于1，并根据以往经验结合行业特点来判断，或是根据债权人的要求确定。

2. 偿债备付率（*DSCR*）

指在借款偿还期内，用于计算还本付息的资金（$EBITDA\text{-}T_{AX}$）与应还本付息金额（PD）的比值，它表示可用于计算还本付息的资金偿还借款本息的保障程度。其计算公式为：

$$DSCR=\frac{EBITDA-T_{AX}}{PD}$$

式中 $EBITDA$——息税前利润加折旧和摊销；

T_{AX}——企业所得税；

PD——应还本付息金额，包括还本金额和计入总成本费用的全部利息。融资租赁费用可视同借款本金偿还。运营期内的短期借款本息也应纳入计算。

如果项目在运营期内有维持运营的投资，可用于还本付息的资金应扣除维持运营的投资。

偿债备付率应分年计算。偿债备付率高，表明可用于还本付息的资金保障程度高。

偿债备付率应大于1，并结合债权人的要求确定。

3. 资产负债率（*LOAR*）

指各期末负债总额（*TL*）同资产总额（*TA*）的比率。其计算公式为：

$$LOAR=\frac{TL}{TA}\times 100\%$$

式中　*TL*——期末负债总额；

TA——期末资产总额。

适度的资产负债率，表明企业经营安全、稳健，具有较强的筹资能力，也表明企业和债权人的风险较小。对该指标的分析，应结合国家宏观经济状况、行业发展趋势、企业所处竞争环境等具体条件判定。项目经济评价中，在长期债务还清后，可不再计算资产负债率。

(三) 财务生存能力分析

财务生存能力分析应在财务分析辅助表和利润与利润分配表的基础上编制财务计划现金流量表，通过考察项目计算期内的投资、融资和经营活动所产生的各项现金流入和现金流出，计算净现金流量和累计盈余资金，分析项目是否有足够的净现金流量维持正常运营，以实现财务可持续性。

(1) 财务可持续性应首先体现在有足够大的经营活动净现金流量，其次各年累计盈余资金不应出现负值。若出现负值，应进行短期（临时）借款，同时分析该短期借款的年份长短和数额大小，进一步判断项目的财务生存能力。短期借款应体现在财务计划现金流量表中，其利息应计入财务费用。为维持项目正常运营，还应分析短期借款的可靠性。通常项目运营期初的还本付息负担较重，应特别注重运营期前期的财务生存能力分析。

(2) 财务生存能力分析亦应结合偿债能力分析进行，如果拟安排的还款期过短，致使还本付息负担过重，导致为维持资金平衡必须筹借的短期借款过多，可以调整还款期，以减轻各年还款负担。

(3) 财务生存能力分析亦可用于资金结构分析，通过调整项目资本金与债务资金结构或资本金内部结构等，使得财务计划现金流量表中不出现或少出现短期借款。

(四) 财务分析报表

(1) 项目投资现金流量表，用于计算项目投资财务内部收益率、净现值和投资回收期等财务分析指标。

(2) 项目资本金现金流量表，用于计算项目资本金财务内部收益率。

(3) 投资各方现金流量表，用于计算投资各方财务内部收益率。

(4) 利润与利润分配表，反映项目计算期内各年营业收入、总成本费用、利润总额，以及所得税后利润的分配等情况，用于计算总投资收益率、项目资本金净利润率等指标。

(5) 财务计划现金流量表，反映项目计算期各年的投资、融资及经营活动的现金流入和流出，用于计算累计盈余资金，分析项目的财务生存能力。

（6）资产负债表，用于综合反映项目计算期内各年年末资产、负债和所有者权益的增减变化及对应关系，计算资产负债率。

（7）借款还本付息计划表，反映项目计算期内各年借款本金偿还和利息支付情况，用于计算偿债备付率和利息备付率指标。

第五节　经济费用效益分析

经济费用效益分析是从资源合理配置的角度，分析项目投资的经济效益和对社会福利所做出的贡献，评价项目的经济合理性，即原来的国民经济评价。

一、评价方法

经济效益费用分析包括定性分析和定量分析两个方面。对于效益费用能够用货币表示的应尽量进行定量分析；不能用货币表示的，应用其他定量指标表示；确实难以定量的，可定性描述。

二、经济费用效益分析

（一）计算原则

经济评价应遵循效益和费用计算口径对应一致的原则。财务分析只计算项目财务主体发生的效益和费用；经济费用效益分析应计算项目对社会的直接贡献和直接费用，还应计算项目的间接效益和间接费用，即项目的外部效果。

凡项目为经济所做的贡献，均计为项目的效益；凡项目给经济造成的损失，均计为项目的费用。计算时要正确判断哪些是项目的效益，哪些是项目的费用。

经济费用效益分析可以直接进行，也可以在财务分析（项目投资现金流量表）的基础上利用货物的影子价格、影子工资和影子汇率进行调整计算，从经济的角度考察项目的费用和效益，利用社会折现率等经济参数和经济费用效益流量表进行分析。经济费用效益分析使用的影子价格在计算期内均不考虑物价总水平上涨因素。

（二）直接估算项目的经济费用和效益

1. 项目的直接经济费用

主要是指为满足项目投入（包括建设投资、流动资金及项目运行期间的经营成本）需要而付出的代价，这些投入物用影子价格计算的经济价值即为项目的直接费用。

2. 项目的间接经济费用

指经济上为项目付出了代价，而项目的直接费用中未得到反映的部分。如使其他部门遭受的损失、对环境的影响等。

燃气冷热电联供项目的实施和运行期间对其他产业部门的负面影响较小，有利于环境保护和社会的持续发展，污染物的排放符合环保部门要求，而且环境改善的正面意义也是显而易见的。因此，项目的间接费用可忽略不计。

3. 项目的直接经济效益

燃气冷热电联供项目的直接效益表现为用影子价格计算的项目营业收入（供暖费收入和蒸汽、生活热水、电以及集中空调系统用热等产品的销售收入等）。

4. 项目的间接经济效益

指项目为经济做出的贡献，而在直接效益中未得到反映的那部分效益。

燃气冷热电联供项目的间接效益主要表现为：

（1）节约资源和能源（水、土地、热能、燃料和电力等）的效益；同时减少运输量而节约的运输费用，缓解交通压力；减少的污染物总体排放量，进而节省大气环境污染治理的投资费用及改善环境的效益等。

1）节约能源效益计算公式为：

节约能源(燃料、电等)效益＝Σ节约能源量×市场价(含税)

式中节省能源量＝Σ分散供热供冷能源消耗量－三联供能源消耗量

2）节约土地资源效益计算公式为：

节约土地资源效益＝节约占地量×土地影子价格

式中节约占地量＝供能范围内的分散供热锅炉房占地量－供能范围内的能源站、热交换站占地量

3）节约运输费用效益计算公式为：

节约运输＝Σ节约燃料、灰渣减少量×运输单价

式中，节约燃料量＝供能范围内的分散供热燃料运输量－供能范围内的三联供燃料运输量，减少灰渣量＝供能范围内的分散供热运输量－供能范围内的三联供灰渣运输量

4）减少污染物总体排放量计算公式为：

减少污染物总体排放＝Σ(分散供热污染物排数量－三联供污染物排放量)

减少物总体排放量表示三联供比分散供热可减少飘尘及二氧化硫等污染物的年排放量，减少疾病、增进健康，提高城市卫生水平，从而提高社会劳动生产率，降低医疗费用。

（2）对于旅游城市，由于城市环境的改善，使旅游收入提高等。

三、转移支付

转移支付是指仅将资源的支配从社会的一个群体转移到另一个群体，是国民收入的重分配，如一些税赋和补贴就属于转移支付，而非经济费用。

四、影子价格及有关参数

经济效益和经济费用应采用影子价格计算。对于具有市场价格的投入和产出，影子价格的计算应符合下列要求：

（1）可外贸货物的投入或产出的影子价格应根据口岸价格，按下列公式计算：

出口产出的影子价格(出厂价)＝离岸价(FOB)×影子汇率－出口费用

进口投入的影子价格(到厂价)＝到岸价(CIF)×影子汇率＋进口费用

(2) 对于非外贸货物，其投入或产出的影子价格应根据下列要求计算：

1) 如果项目处于竞争性市场环境中，应采用市场价格作为计算项目投入或产出的影子价格的依据。

2) 如果项目的投入或产出的规模很大，项目的实施将足以影响其市场价格，导致“有项目”和“无项目”两种情况下市场价格不一致，在项目评价中，取二者的平均值作为测算影子价格的依据。

3) 投入与产出的影子价格中流转税按下列原则处理：

① 对于产出品，增加供给满足国内市场供应的，影子价格按支付意愿确定，含流转税；替代原有市场供应的，影子价格按机会成本确定，不含流转税。

② 对于投入品，用新增供应来满足项目的，影子价格按机会成本确定；不含流转税挤占原有用户需求来满足项目的，影子价格按支付意愿确定，含流转税。

③ 在不能判别产出或投入是增加供给还是挤占（替代）原有供给的情况下，可简化处理为：产出的影子价格一般包含流转税，投入的影子价格一般不含流转税。

(3) 当项目的产出效果不具有市场价格，或市场价格难以真实反映其经济价值时，应遵循消费者支付意愿和（或）接受补偿意愿的原则，按下列方法测算其影子价格：

1) 采用“显示偏好”的方法，寻找揭示这些影响的隐含价值，对其效果进行间接估算。

2) 采用“陈述偏好”的意愿调查方法，通过对被评估者的直接调查，直接评价调查对象的支付意愿或接受补偿的意愿，从中推断出项目造成的有关外部影响的影子价格。

(4) 特殊投入物的影子价格按下列方法计算：

1) 土地是一种重要的经济资源，项目占用的土地无论是否支付费用，均应计算其影子价格。项目所占用的农业、林业、牧业、渔业及其他生产性用地，其影子价格应按照其未来对社会可提供的消费产品的支付意愿及因改变土地用途而发生的新增资源消耗进行计算；项目所占用的住宅、休闲用地等非生产性用地，市场完善的，应根据市场交易价格估算其影子价格；无市场交易价格或市场机制不完善的，应根据受偿意愿估算其影子价格。

2) 项目因使用劳动力所付的工资，是项目实施所付出的代价，劳动力的影子工资。等于劳动力机会成本与因劳动力转移而引起的新增资源消耗之和。

3) 项目投入的自然资源，无论在财务上是否付费，在经济费用效益分析中都必须测算其经济费用。不可再生自然资源的影子价格应按资源的机会成本计算；可再生自然资源的影子价格应按资源再生费用计算。

五、在财务分析的基础上进行费用与效益的调整

（一）固定资产投资的调整计算

(1) 剔除固定资产投资中的购置设备及材料的关税和增值税（非应税项目）、土地使用税、投资方向调节税、涨价预备费。

（2）以影子汇率、影子价格调整进口设备及材料价格。

（3）以影子价格换算系数调整国内设备价格。

（4）根据建筑工程消耗的人工、三材、其他大宗材料、电力等，用影子工资、货物和电力的影子价格调整建筑工程费。

（5）土地影子费用应反映土地的机会成本和社会新增资源消耗，要分析土地的基准价或机会成本，尽量反映土地资源的稀缺程度。

（二）流动资金的调整计算

（1）采用分项详细估算法计算流动资金时，应根据以影子价格调整后的经营费用重新估算流动资金。

（2）采用扩大指标估算法测算流动资金时，应根据用影子价格调整后的销售收入或成本费用重新估算流动资金。

（三）经营成本的调整计算

（1）可变成本中的原材料、燃料、动力费用等，要采用影子价格调整。

（2）固定成本中的职工薪酬，应以影子工资换算系数进行换算。要注意两者的口径范围应保持一致。

（3）固定成本中的修理费用，应按调整后的固定资产投资数值计算。

（4）其他需要调整部分，根据项目情况，仅对价格扭曲加大因素进行合理调整。

（四）销售收入的调整计算

结合燃气冷热电联供项目情况按非贸易产出物影子价格计算原理进行计算。

供热供冷销售价格调整计算中，可将项目所在地相同地段“二手房”交易中有无供暖制冷设施的房交易差价视为“显示偏好”，调整测算销售影子价格。

影子价＝现行热价/冷价＋房价差年金(按 20 年折现计算等额年金,折现率按长期国债利率)

房价差额年金的现值以现行市场交易价格为比较基准，调整其他因素（房屋朝向、层、采光等）对价格影响，剔除供暖制冷设施购置费用，谨慎确定现值。

燃气冷热电联供项目一般采用在财务分析的基础上进行费用与效益调整的方法进行经济费用效益分析。

六、经济费用效益分析报表

经济费用效益分析报表主要有：

（1）项目投资经济费用效益流量表；

（2）经济费用效益分析投资费用估算调整表；

（3）经济费用效益分析经营费用估算调整表；

（4）项目直接效益估算调整表；

（5）项目间接费用估算表；

（6）项目间接效益估算表。

第六节 不确定性分析和风险分析

一、不确定性分析

不确定性是指在缺乏足够信息的情况下，估计可变因素变化对项目产出期望值所造成的偏差，不确定性分析包括盈亏平衡分析、敏感性分析。盈亏平衡分析只适用于项目的财务评价，敏感性分析可同时用于财务分析和经济费用效益分析。

（一）盈亏平衡分析

盈亏平衡分析的目的就是找出由盈利到亏损的临界点，即盈亏平衡点（BEP），据此判断项目风险的大小及对风险的承受能力。

盈亏平衡点通过正常年份的产量或销售量、可变成本、固定成本、产品价格和销售税金及附加等数据计算。可变成本主要包括原材料、燃料、动力消耗、包装费和计件工资等。固定成本主要包括职工薪酬（计件工资除外）、折日费、无形资产及其他资产摊销费、修理费和其他费用等。为简化计算，财务费用一般也作为固定成本。正常年份应选择还款期间的第一个达产年和还款后的年份分别计算，以便分别给出最高和最低的盈亏平衡点区间范围。盈亏平衡点一般采用公式计算，也可利用盈亏平衡图求取。项目评价中通常采用以产量和生产能力利用率表示的盈亏平衡点，其计算公式为：

$$BEP_{\text{生产能力利用率}}=\frac{\text{年固定成本}}{\text{年营业收入}-\text{年可变成本}-\text{年营业税金及附加}}\times100\%$$

$$BEP_{\text{产量}}=\frac{\text{年固定成本}}{\text{单位产品价格}-\text{单位产品可变成本}-\text{单位产品营业税金及附加}}$$

当采用含增值税价格时，上式中分母还应扣除增值税。

盈亏平衡点亦可通过绘制盈亏平衡图进行分析。盈亏平衡点越低，其项目适应市场变化的能力越大，抗风险能力越强。

燃气冷热电三联供项目盈亏平衡分析采用生产能力利用率和产量表示盈亏平衡点。

（二）敏感性分析

敏感性分析是经济决策中最常用的一种不确定性分析方法，它通过分析、预测项目主要影响因素发生变化时对项目经济评价指标（如 NPV、IRR 等）的影响程度的大小，找出敏感性因素，从而为采取必要的风险防范措施提供依据。

单因素敏感性分析。在进行敏感性分析时，假定只有一个因素是变化的，其他的因素均保持不变，分析这个可变因素对经济评价指标的影响程度和敏感程度。

根据项目的特点、不同的研究阶段、指标的重要程度来选择一至两个指标为研究对象，经常用到的经济评价指标是净现值（NPV）和内部收益率（IRR）。影响项目经济评价指标的主要敏感因素，经常用到的是销售收入、项目建设投资、经营成本。

对所选定的不确定性因素，按照一定的变化幅度（如±5%、±10%、20%）改变它的数值，进而计算出这种变化对 *NPV* 或 *IRR* 的影响数值，并将其与原始值做比较，列入敏感性分析表，并据此绘制敏感性分析图。图中与横坐标相交角度较大的变化曲线所对应的因素就是相对敏感性的因素。绘出变量因素的变化曲线与临界曲线的交点。交点处的横坐标就表示该变量因素允许变化的最大幅度，即项目由盈到亏的极限变化值（临界值）。

多因素敏感性分析。在进行敏感性分析时，有两个或两个以上因素同时发生变化，分析这些因素变化对经济评价指标的影响。在特定情况下或投资方有要求时才需要做多因素敏感性分析。

燃气冷热电三联供项目敏感性分析一般采用单因素敏感性分析，影响因素主要有建设投资、发电产品数量、冷价等因素。

二、风险分析

风险分析的目的就是识别潜在的各种分析因素。预测风险发生概率，判别风险程度和影响，提出规避风险的对策措施，根据联供项目特点和要求进行风险分析。定量分析可采用简单概率分析法，对难以定量化和非经济风险因素可进行定性分析。

燃气冷热电三联供项目一般只做定性分析。分析的风险因素主要有：

（1）用户风险。市场需求、规划建设用户规模、种类等情况与实际情况偏差较大，达不到预期负荷需求。

（2）工程建设。不能正常建成、建设期延长、建设内容发生重大变化、建设投资的偏差较大，达不到预期供能负荷能力等。

（3）融资风险。资金不能及时到位，利率、汇率变动及其他融资条件发生重大变化造成的损失。

（4）经营风险。由于外部经营环境的变化，如经济的不景气、通货膨胀、协作单位没有履行合同等因素造成的风险，生产成本风险，管网运行过程中出现的风险（如突然断水、断电等）以及收费风险等。

（5）自然灾害风险。如风灾、火灾、水灾和地震等自然灾害对项目运营等产生的影响。

（6）其他风险。项目前期研究、论证审批、工程设计、施工建设、运营等各环节可能遇到的其他各种风险，包括能源政策、法律环境、投资建设环境等各种风险。

第七节　不同投资运营模式下的经济评价

燃气冷热电联供项目在我国已发展了20余年，投资模式也从单一的用户自主投资、建设和运营，转变为与国际接轨的多样化投资、建设、运营模式，因此经济评价就要考虑各种不同模式的特点，进行有针对性的分析。

一、燃气冷热电联供项目的投资运营模式

（一）业主自主投资建设运营模式

楼宇式燃气冷热电联供项目最早均采用这种模式，该模式由业主自行筹资、自行组织建设、自行运营项目。该模式适合于具有专业的建设和运营力量的业主，其优点是管理界面少，不会出现多头管理或分界管理的情况。目前我国大约有 50%的燃气冷热电联供项目仍然采用自主模式，该模式是最普遍、最经典、最传统的模式，本章第八节就是此模式的案例。

（二）BOT 模式

即建设—运营—移交模式，由业主或政府授权委托有资格的能源服务企业以一定期限的特许经营权，许可其投资建设运营燃气冷热电联供系统，并准许其收取能源供应费用以回收投资和获取必要的利润，特许经营届满后，项目无偿移交给业主。该模式的优点是降低了业主的投资负担和投资风险，转移给更专业的能源服务公司，有利于提高项目建设、运营、维护和管理的效率。

（三）BOO 模式

即建设—拥有—运营模式，能源服务公司被业主赋予特许权，拥有燃气冷热电联供项目的所有权，与 BOT 不同，项目永不移交回业主。该模式的优点是彻底免除了业主的投资负担和投资风险，终身交给专业的能源服务公司，有利于项目建设、运营、维护和管理的高效率。

（四）BOOT 模式

即建设—拥有—运营—转让模式，能源服务公司被业主赋予特许权，建设燃气冷热电联供项目，拥有所有权，负责运行管理，项目经营合同期满后，投资主体可将该项目按协议价格转让给业主或第三方。转让后项目可以由受让方自行经营，也可委托转让方经营，只是需付一定的服务管理费用。BOOT 与 BOT 的区别在于，特许期内不仅有经营权，还有所有权，因此特许期到期时项目有处置价值存在，且能源服务公司在项目特许期内对项目可以全权做主。

（五）BT 模式

即交钥匙工程，能源服务公司或建设公司负责燃气冷热电项目建设所需的资金、技术和建设，承担建设风险，项目建成后移交给业主方，业主方拥有项目的所有权和经营权。优点是可为业主缓解建设期的资金压力，有利于降低工程造价和工程实施难度。BT 模式通常在非经营性的基础设施和公用事业项目中广泛采用。

（六）EMC 模式

即能源合同管理模式，能源服务公司与用户签订能源管理合同，为用户提供节能方案并实施，以节能效益分享的方式回收投资和获得合理的利润，主要分为：节能效益分享型、能源费用托管型、节能量保证型和融资租赁型。

（1）节能效益分享型：在项目期内项目业主和能源服务公司双方分享节能效益的合同

类型。节能改造工程的投入按照能源服务公司与项目业主的约定共同承担或由能源服务公司单独承担。项目建设施工完成后，经双方共同确认节能量后，双方按合同约定比例分享节能效益。项目合同结束后，节能设备所有权移交给项目业主，以后所产生的节能收益全归项目业主。节能效益分享型是我国政府大力支持的模式类型。

（2）能源费用托管型：项目业主委托能源服务公司出资进行能源系统的节能改造和运行管理，并按照双方约定将该能源系统的能源费用交由能源服务公司管理，系统节约的能源费用归能源服务公司。项目合同结束后，能源服务公司改造的节能设备无偿移交给项目业主使用，以后所产生的节能收益全归项目业主。

（3）节能量保证型：项目业主投资，能源服务公司向项目业主提供节能服务并承诺保证项目节能效益。项目实施完毕，经双方确认达到承诺的节能效益，项目业主一次性或分次向能源服务公司支付服务费，如达不到承诺的节能效益，差额部分由能源服务公司承担。

（4）融资租赁型：融资公司投资购买能源服务公司的节能设备和服务，并租赁给项目业主使用，根据协议定期向项目业主收取租赁费用。能源服务公司负责对项目业主的能源系统进行改造，并在合同期内对节能量进行测量验证，保证节能效果。项目合同结束后，节能设备由融资公司无偿移交给项目业主使用，以后所产生的节能收益全归项目业主。

（七）PPP 模式

民间参与公共基础设施建设或公共事务管理的模式统称为公私（民）伙伴关系（Public Private Partnership，PPP）。即政府、企业基于某个项目形成合作的一种特许经营融资模式。适用于投资大、建设周期长、资金回报慢的项目。

二、联供项目的不同收益模式

联供项目的不同收益模式主要有以下五种：

（1）以量计价模式：分别为电、热、冷等能源制订固定的价格，根据用户的实际使用量，收取能源使用费。可仿效电网制订峰、谷价格，引导用户在用能低谷时增加使用量，以保障设备的平稳运行。

（2）能源物业模式：根据用户建筑使用面积，按照约定的单价，打包收取电、热、冷等能源使用费。也可采用电力费用单独以量计价，热、冷能源以使用面积计价的方式。该模式属于固定收费，无论用户是否使用能源，都要按照面积来缴纳费用，项目的收益较为稳定。

（3）混合收益模式：为用户设定最低能源使用量，不论用户是否使用能源都要缴纳固定的能源使用费。超出最低使用量的部分可以量计价，也可按面积计价。该模式保证了项目的最低收益，也是较为理想的商业模式之一。

（4）固定收益模式：根据分布式能源项目的投资规模，用户给予能源投资商固定的投资回报和运营管理收益，项目运营成本全部由用户承担，能源使用量与项目的固定收益不相关。该模式使能源投资商规避投资风险，并能获取一定的投资回报和运营管理收益。

（5）合同能源模式：以用户使用分布式能源前的能源支出为基数，与使用分布式能源后的实际能源支出的差额部分，按照约定的比例分成。该模式由于无法控制用户的能源使用量，用户可能会出于自身利益过度使用能源，运营风险相对较大。

三、不同投资模式和收益模式的经济评价

在项目经济评价时，应紧密结合项目的投资运营模式和收益模式进行，否则很难全面、公正地评判项目的经济性，应注意以下几点：

（1）严格按照特许经营合同的约定进行评价。特许经营合同中通常会约定经营期限、收益模式、资产运营责任和义务、到期后资产的处置等，这些都是项目经济效益评价的关键边界条件。

（2）站在多个角度测算项目的经济性。不同投资运营模式下的燃气冷热电联供项目的业主方、建设期投资方、运营方可能都是不同的主体，需要站在不同主体的角度测算项目的经济性。不同主体的收益需求往往是不同的，对经济性的要求也不同。

（3）需要更多关注项目不确定性的风险。不同投资运营模式下的燃气冷热电联供项目的边界条件较多，比单一业主自投资模式复杂，除了一般项目不确定性分析的风险因素外，尤其需要考虑合同执行的风险和收益模式执行的风险对项目经济性的直接影响。

综上所述，燃气冷热电联供项目的经济评价，在考虑项目本身的经济性的基础上，还要考虑不同投资运营模式对经济评价的影响。

第八节　案例

某生物医药基地工程规划建筑面积全部采用三联供机组供暖、制冷，能源中心包括机房站内建筑、工艺、电控系统等设备安装和配套冷热管道、站外燃气工程的投资。能源中心三联供系统主要设备为燃气轮机发电机组 1 台，配余热锅炉 1 台和燃气蒸汽锅炉 1 台。该项目建设期 1 年，建成后投入运行即达到 100%设计负荷，计算期 20 年。

一、资金来源与融资方案

项目报批总投资为 19974 万元，其中建设投资为 19413 万元，建设期利息 323 万元，铺底流动资金 239 万元。

资金来源为商业银行贷款金额 14468 万元，占总投资的 70%，资本金 30%，由企业自筹。建设投资贷款利率为 4.75%，流动资金贷款利率为 4.35%。

二、财务效益与费用估算

（一）年营业收入和年营业税金及附加估算

项目具体产品销售价格如下：

供热价格（含税）：40 元/m^2，取费标准根据集中供热价格进行确定；由于制冷价格（含税），国家没有相应规定，属于市场价格，各地差别较大，该项目按当地物价水平测算成本价为 80 元/m^2。

供电价格（含税）：按照当地的非普工业电价进行核算，尖峰 1.53 元/kWh、高峰 1.4

元/kWh、平段 0.87 元/kWh、低谷 0.37 元/kWh。

该项目增值税是按 2019 年 4 月 1 日前的税率标准取值，供热、供冷及天然气的增值税率为 10%，水的增值税率为 10%，电的增值税率为 16%，教育费附加和城市维护建设税分别按应缴增值税的 3%和 7%计取。

营业收入、营业税金及附加和增值税估算表如表 13-2 所示。

营业收入、营业税金及附加和增值税估算表（单位：万元）　　表 13-2

序号	项目	计算期(年)									
		1	2	3	4	5	6	7	8	9	10
	生产负荷(%)	0%	100%	100%	100%	100%	100%	100%	100%	100%	100%
1	营业收入	0	6732	6732	6732	6732	6732	6732	6732	6732	6732
1.1	热力销售收入	0	4703	4703	4703	4703	4703	4703	4703	4703	4703
1.2	供冷收费	0	3135	3135	3135	3135	3135	3135	3135	3135	3135
1.3	供电销售收入	0	2029	2029	2029	2029	2029	2029	2029	2029	2029
2	营业税金及附加	0	33	33	33	33	33	33	33	33	33
2.1	营业税	0	0	0	0	0	0	0	0	0	0
2.2	城市建设维护税	0	21	21	21	21	21	21	21	21	21
2.3	教育费附加	0	13	13	13	13	13	13	13	13	13
3	增值税额	0	418	418	418	418	418	418	418	418	418
	销项税额	0	707	707	707	707	707	707	707	707	707
	进项税额	0	289	289	289	289	289	289	289	289	289

序号	项目	计算期(年)										合计
		11	12	13	14	15	16	17	18	19	20	
	生产负荷(%)	100%	100%	100%	100%	100%	100%	100%	100%	100%	100%	
1	营业收入	6732	6732	6732	6732	6732	6732	6732	6732	6732	6732	127902
1.1	热力销售收入	4703	4703	4703	4703	4703	4703	4703	4703	4703	4703	89353
1.2	供冷收费	3135	3135	3135	3135	3135	3135	3135	3135	3135	3135	59569
1.3	供电销售收入	2029	2029	2029	2029	2029	2029	2029	2029	2029	2029	38549
2	营业税金及附加	33	33	33	33	33	33	33	33	33	33	636
2.1	营业税	0	0	0	0	0	0	0	0	0	0	0
2.2	城市建设维护税	21	21	21	21	21	21	21	21	21	21	397
2.3	教育费附加	13	13	13	13	13	13	13	13	13	13	238
3	增值税额	418	418	418	418	418	418	418	418	418	418	7945
	销项税额	707	707	707	707	707	707	707	707	707	707	13440
	进项税额	289	289	289	289	289	289	289	289	289	289	5495

（二）产品成本估算

(1) 原材料、辅助材料价格以市场价为基础，天然气价格（含税）：冬季 2.64 元/m^3，夏季 2.2 元/m^3；电价（含税）：尖峰 1.53 元/kWh、高峰 1.4 元/kWh、平段 0.87 元/kWh、低谷 0.37 元/kWh。自来水价（含税）：8.15 元/t。

（2）固定资产折旧和无形及递延资产摊销计算。固定资产折旧按平均年限法计算，折旧年限为 20 年，残值率为 5%；无形资产按 10 年摊销，递延资产按 5 年摊销。

（3）修理费、管理费及其他费用计算。系统运营管理费用成本构成中的修理费按固定资产原值的 2%计取，其他费用按职工薪酬的 40%计算，其他制造费用按生产成本的 1%计算，其他营业费用按营业收入的 0.5%计算。

（4）人员薪酬按 8.02 万元/（人・a）计算，含福利费按照工资的 14%计取，项目运行管理人员数量为 14 人。

（5）电力容量备用费，根据《关于企业自备电厂收费政策有关问题的通知》计算，征收标准为 15.00 元/（kW・月），征收容量按照企业自备电厂在役发电机组额定功率的 70%确定。

总成本费用估算表如表 13-3 所示。

（三）利润总额与分配

所得税率按利润总额的 25%计取，法定盈余公积金按税后利润的 10%计取。

利润与利润分配表如表 13-4 所示。

（四）流动资金估算

按分项详细估算法计算，估算值为 795 万元，其中应收账款的周转天数为 1 天，现金的周转天数为 30 天，应付账款的周转天数为 15 天。

三、财务分析

（一）盈利能力分析

经计算，该项目全投资财务内部收益率（所得税后）为 8.12%，全投资回收期（所得税后）P_t 为 10.8 年。项目资本金净利润率（*ROE*）为 15.2%，总投资收益率（*ROE*）为 6.8%。说明项目具有较好的盈利能力。

项目投资现金流量表如表 13-5 所示。项目资本金流量表如表 13-6 所示。

（二）偿债能力分析

计算利息备付率（*ICR*）在还款期间各年大于 2、偿债备付率（*DSCR*）在还款期间各年大于 1，说明项目财务主体具有一定偿债能力。

资产负债表如表 13-7 所示。

（三）财务生存能力分析

通过编制财务计划现金流量表，累计盈余资金未出现负值，说明项目具有财务生存能力。

财务计划现金流量表如表 13-8 所示。

总成本费用估算表（单位：万元） 表 13-3

序号	项目	计算期(年)									
		1	2	3	4	5	6	7	8	9	10
1	外购水费	0	162	162	162	162	162	162	162	162	162
2	外购燃料及动力费	0	2992	2992	2992	2992	2992	2992	2992	2992	2992
2.1	燃料费	0	2968	2968	2968	2968	2968	2968	2968	2968	2968
2.2	外购电费	0	24	24	24	24	24	24	24	24	24
3	工资及福利费	0	115	115	115	115	115	115	115	115	115
4	修理费	0	388	388	388	388	388	388	388	388	388
5	其他费用	0	198	198	198	198	198	198	198	198	198
5.1	其他管理费	0	46	46	46	46	46	46	46	46	46
5.2	系统备用费	0	82	82	82	82	82	82	82	82	82
5.3	其他营业费	0	34	34	34	34	34	34	34	34	34
5.4	其他制造费	0	37	37	37	37	37	37	37	37	37
6	经营成本	0	3855	3855	3855	3855	3855	3855	3855	3855	3855
7	折旧费	0	947	947	947	947	947	947	947	947	947
8	摊销费	0	1	1	1	1	1	0	0	0	0
9	财务费用	0	673	602	529	454	376	295	213	127	39
	其中:长期贷款利息	0	661	590	517	442	364	283	200	115	27
	流动资金利息	0	12	12	12	12	12	12	12	12	12
10	总成本费用	0	5476	5405	5332	5257	5179	5098	5015	4929	4841
	其中:固定成本	0	2322	2251	2178	2103	2025	1944	1861	1775	1687
	可变成本	0	3154	3154	3154	3154	3154	3154	3154	3154	3154

续表

序号	项目	计算期(年)										合计
		11	12	13	14	15	16	17	18	19	20	
1	外购水费	162	162	162	162	162	162	162	162	162	162	3077
2	外购燃料及动力费	2992	2992	2992	2992	2992	2992	2992	2992	2992	2992	56851
2.1	燃料费	2968	2968	2968	2968	2968	2968	2968	2968	2968	2968	56394
2.2	外购电费	24	24	24	24	24	24	24	24	24	24	458
3	工资及福利费	115	115	115	115	115	115	115	115	115	115	2183
4	修理费	388	388	388	388	388	388	388	388	388	388	7375
5	其他费用	198	198	198	198	198	198	198	198	198	198	3764
5.1	其他管理费	46	46	46	46	46	46	46	46	46	46	873
5.2	系统备用费	82	82	82	82	82	82	82	82	82	82	1556
5.3	其他营业费	34	34	34	34	34	34	34	34	34	34	640
5.4	其他制造费	37	37	37	37	37	37	37	37	37	37	695
6	经营成本	3855	3855	3855	3855	3855	3855	3855	3855	3855	3855	73250
7	折旧费	947	947	947	947	947	947	947	947	947	947	17994
8	摊销费	0	0	0	0	0	0	0	0	0	0	5
9	财务费用	12	12	12	12	12	12	12	12	12	12	3428
	其中:长期贷款利息	0	0	0	0	0	0	0	0	0	0	3198
	流动资金利息	12	12	12	12	12	12	12	12	12	12	230
10	总成本费用	4814	4814	4814	4814	4814	4814	4814	4814	4814	4814	94678
	其中:固定成本	1660	1660	1660	1660	1660	1660	1660	1660	1660	1660	34750
	可变成本	3154	3154	3154	3154	3154	3154	3154	3154	3154	3154	59928

利润与利润分配表（单位：万元） 表 13-4

序号	项目	合计	计算期(年)									
			1	2	3	4	5	6	7	8	9	10
	生产负荷(%)		0%	100%	100%	100%	100%	100%	100%	100%	100%	100%
1	营业收入	127902	0	6732	6732	6732	6732	6732	6732	6732	6732	6732
2	营业税金及附加	636	0	33	33	33	33	33	33	33	33	33
*	增值税	7945	0	418	418	418	418	418	418	418	418	418
3	总成本费用	94678	0	5476	5405	5332	5257	5179	5098	5015	4929	4841
4	补贴收入											
5	利润总额 1－2－3＋4－*	24643	0	804	875	948	1023	1101	1182	1265	1351	1439
6	弥补以前年度亏损	0	0	0	0	0	0	0	0	0	0	0
7	应纳税所得额 5-6	24643	0	804	875	948	1023	1101	1182	1265	1351	1439
8	所得税	6161	0	201	219	237	256	275	296	316	338	360
9	净利润 5－8	18482	0	603	656	711	767	826	887	949	1013	1079
10	期初未分配利润											
11	可供分配利润 9＋10	18482	0	603	656	711	767	826	887	949	1013	1079
12	提取法定盈余公积金	1848	0	60	66	71	77	83	89	95	101	108
13	可供投资者分配的利润 11－12	16634	0	543	590	640	691	743	798	854	912	971
14	应付优先股股利											
15	提取任意盈余公积金	0	0	0	0	0	0	0	0	0	0	0
16	应付普通股股利	0	0	0	0	0	0	0	0	0	0	0
17	投资各方利润分配											
18	未分配利润 13－14－15－17	16634	0	543	590	640	691	743	798	854	912	971
	累计未分配利润	152312	0	543	1133	1773	2463	3206	4004	4858	5770	6741
19	息税前利润(利润总额＋利息支出)	28071	0	1477	1477	1477	1477	1477	1478	1478	1478	1478
20	息税折旧摊销前利润（息税前利润＋折旧＋摊销）	46070	0	2425	2425	2425	2425	2425	2425	2425	2425	2425

续表

序号	项目	计算期(年)										合计
		11	12	13	14	15	16	17	18	19	20	
	生产负荷(%)	100%	100%	100%	100%	100%	100%	100%	100%	100%	100%	
1	营业收入	6732	6732	6732	6732	6732	6732	6732	6732	6732	6732	127902
2	营业税金及附加	33	33	33	33	33	33	33	33	33	33	636
*	增值税	418	418	418	418	418	418	418	418	418	418	7945
3	总成本费用	4814	4814	4814	4814	4814	4814	4814	4814	4814	4814	94678
4	补贴收入											0
5	利润总额 1－2－3＋4－*	1466	1466	1466	1466	1466	1466	1466	1466	1466	1466	24643
6	弥补以前年度亏损	0	0	0	0	0	0	0	0	0	0	0
7	应纳税所得额 5－6	1466	1466	1466	1466	1466	1466	1466	1466	1466	1466	24643
8	所得税	366	366	366	366	366	366	366	366	366	366	6161
9	净利润 5－8	1099	1099	1099	1099	1099	1099	1099	1099	1099	1099	18482
10	期初未分配利润											0
11	可供分配利润 9＋10	1099	1099	1099	1099	1099	1099	1099	1099	1099	1099	18482
12	提取法定盈余公积金	110	110	110	110	110	110	110	110	110	110	1848
13	可供投资者分配的利润 11－12	989	989	989	989	989	989	989	989	989	989	16634
14	应付优先股股利											0
15	提取任意盈余公积金	0	0	0	0	0	0	0	0	0	0	0
16	应付普通股股利	0	0	0	0	0	0	0	0	0	0	0
17	投资各方利润分配											0
18	未分配利润 13－14－15－17	989	989	989	989	989	989	989	989	989	989	16634
	累计未分配利润	7730	8720	9709	10698	11687	12677	13666	14655	15645	16634	152312
19	息税前利润(利润总额＋利息支出)	1478	1478	1478	1478	1478	1478	1478	1478	1478	1478	28071
20	息税折旧摊销前利润(息税前利润＋折旧＋摊销)	2425	2425	2425	2425	2425	2425	2425	2425	2425	2425	46070

项目投资现金流量表（单位：万元） 表 13-5

序号	项目	合计	计算期(年)									
			1	2	3	4	5	6	7	8	9	10
1	现金流入	130433	0	6732	6732	6732	6732	6732	6732	6732	6732	6732
1.1	营业收入	127902	0	6732	6732	6732	6732	6732	6732	6732	6732	6732
1.2	补贴收入	0										
1.3	回收固定资产余值	1736										
1.4	回收流动资金	795										
2	现金流出	102040	19413	5102	4307	4307	4307	4307	4307	4307	4307	4307
2.1	建设投资	19413	19413	0	0	0	0	0	0	0	0	0
2.2	流动资金	795	0	795	0	0	0	0	0	0	0	0
2.3	经营成本	73250	0	3855	3855	3855	3855	3855	3855	3855	3855	3855
2.4	营业税金及附加	636	0	33	33	33	33	33	33	33	33	33
*	增值税	7945	0	418	418	418	418	418	418	418	418	418
2.5	维持运营投资	0										
3	所得税前净现金流量	28394	−19413	1629	2425	2425	2425	2425	2425	2425	2425	2425
4	累计所得税前净现金流量		−19413	−17783	−15359	−12934	−10509	−8084	−5660	−3235	−810	1615
5	调整所得税	7018	0	369	369	369	369	369	369	369	369	369
6	所得税后净现金流量	21376	−19413	1260	2056	2056	2056	2056	2055	2055	2055	2055
7	累计所得税后净现金流量		−19413	−18153	−16097	−14041	−11986	−9930	−7875	−5820	−3764	−1709
备注	项目投资财务内部收益率(%)		所得税后：	8.12%		所得税前：	10.41%					
	项目投资财务净现值 i_c=	8.0%		164			3448					
	项目投资回收期(年)			10.83			9.33					

续表

序号	项目	计算期(年)										备注
		11	12	13	14	15	16	17	18	19	20	
1	现金流入	6732	6732	6732	6732	6732	6732	6732	6732	6732	9263	130433
1.1	营业收入	6732	6732	6732	6732	6732	6732	6732	6732	6732	6732	127902
1.2	补贴收入											
1.3	回收固定资产余值										1736	1736
1.4	回收流动资金										795	795
2	现金流出	4307	4307	4307	4307	4307	4307	4307	4307	4307	4307	102040
2.1	建设投资	0	0	0	0	0	0	0	0	0	0	19413
2.2	流动资金	0	0	0	0	0	0	0	0	0	0	795
2.3	经营成本	3855	3855	3855	3855	3855	3855	3855	3855	3855	3855	73250
2.4	营业税金及附加	33	33	33	33	33	33	33	33	33	33	636
*	增值税	418	418	418	418	418	418	418	418	418	418	7945
2.5	维持运营投资											
3	所得税前净现金流量	2425	2425	2425	2425	2425	2425	2425	2425	2425	4956	28394
4	累计所得税前净现金流量	4039	6464	8889	11314	13738	16163	18588	21013	23437	28394	
5	调整所得税	369	369	369	369	369	369	369	369	369	369	7018
6	所得税后净现金流量	2055	2055	2055	2055	2055	2055	2055	2055	2055	4587	21376
7	累计所得税后净现金流量	346	2402	4457	6512	8568	10623	12678	14734	16789	21376	
备注	项目投资财务内部收益率(%)				所得税后：	8.12%			所得税前：	10.41%		
	项目投资财务净现值 i_c=			164			3448					
	项目投资回收期(年)			10.83			9.33					

项目资本金现金流量表（单位：万元）　　表 13-6

序号	项目	合计	计算期(年)									
			1	2	3	4	5	6	7	8	9	10
1	现金流入	130433	0	6732	6732	6732	6732	6732	6732	6732	6732	6732
1.1	营业收入	127902	0	6732	6732	6732	6732	6732	6732	6732	6732	6732
1.2	补贴收入	0										
1.3	回收固定资产余值	1736										
1.4	回收流动资金	795										
2	现金流出	111395	5824	6910	6666	6661	6655	6649	6643	6637	6630	5266
2.1	项目资本金	6062	5824	239	0	0	0	0	0	0	0	0
2.2	借款本金偿还	13912	0	1491	1538	1588	1639	1691	1745	1801	1859	560
2.3	借款利息支付	3428	0	673	602	529	454	376	295	213	127	39
2.4	经营成本	73250	0	3855	3855	3855	3855	3855	3855	3855	3855	3855
2.5	营业税金及附加	636	0	33	33	33	33	33	33	33	33	33
*	增值税	7945	0	418	418	418	418	418	418	418	418	418
2.6	所得税	6161	0	201	219	237	256	275	296	316	338	360
2.7	维持运营投资											
3	净现金流量	19039	−5824	−178	66	71	77	83	89	95	101	1466
	累计净现金流量		−5824	−6002	−5937	−5865	−5789	−5706	−5618	−5523	−5421	−3955
备注	资本金财务内部收益率(%)		所得税后：10.99%									

续表

序号	项目	计算期(年)										备注
		11	12	13	14	15	16	17	18	19	20	
1	现金流入	6732	6732	6732	6732	6732	6732	6732	6732	6732	9263	130433
1.1	营业收入	6732	6732	6732	6732	6732	6732	6732	6732	6732	6732	127902
1.2	补贴收入											
1.3	回收固定资产余值										1736	1736
1.4	回收流动资金										795	795
2	现金流出	4685	4685	4685	4685	4685	4685	4685	4685	4685	4685	111395
2.1	项目资本金	0	0	0	0	0	0	0	0	0	0	6062
2.2	借款本金偿还	0	0	0	0	0	0	0	0	0	0	13912
2.3	借款利息支付	12	12	12	12	12	12	12	12	12	12	3428
2.4	经营成本	3855	3855	3855	3855	3855	3855	3855	3855	3855	3855	73250
2.5	营业税金及附加	33	33	33	33	33	33	33	33	33	33	636
*	增值税	418	418	418	418	418	418	418	418	418	418	7945
2.6	所得税	366	366	366	366	366	366	366	366	366	366	6161
2.7	维持运营投资											
3	净现金流量	2046	2046	2046	2046	2046	2046	2046	2046	2046	4578	19039
	累计净现金流量	−1909	137	2183	4230	6276	8322	10368	12415	14461	19039	
备注	资本金财务内部收益率(%)	所得税后：10.99%										

资产负债表（单位：万元） 表 13-7

序号	项目	计算期(年)									
		1	2	3	4	5	6	7	8	9	10
1	资产	19736	19774	18892	18015	17144	16278	15420	14568	13722	14241
1.1	流动资产总额	0	987	1053	1124	1200	1283	1372	1466	1568	3034
1.1.1	货币资金	0	86	152	223	300	382	471	566	667	2133
1.1.2	应收账款	0	11	11	11	11	11	11	11	11	11
1.1.3	预付账款	0	0	0	0	0	0	0	0	0	0
1.1.4	存货	0	890	890	890	890	890	890	890	890	890
1.1.5	其他										
1.2	在建工程	19736	0	0	0	0	0	0	0	0	0
1.3	固定资产净值	0	18783	17836	16889	15942	14995	14048	13101	12154	11207
1.4	无形及其他资产净值	0	4	3	2	1	0	0	0	0	0
2	负债及所有者权益	19736	19774	18892	18015	17144	16278	15420	14568	13722	14241
2.1	流动负债总额	0	131	131	131	131	131	131	131	131	131
2.1.1	短期借款										
2.1.2	应付账款	0	131	131	131	131	131	131	131	131	131
2.1.3	预收账款	0	0	0	0	0	0	0	0	0	0
2.1.4	其他										
2.2	建设投资借款	13912	12421	10883	9295	7656	5965	4220	2419	560	0
2.3	流动资金借款	0	557	557	557	557	557	557	557	557	557
2.4	负债小计	13912	13109	11571	9983	8344	6653	4908	3107	1248	688
2.5	所有者权益	5824	6665	7321	8032	8799	9625	10512	11460	12473	13553
2.5.1	资本金	5824	6062	6062	6062	6062	6062	6062	6062	6062	6062

续表

序号	项目	计算期(年)									
		1	2	3	4	5	6	7	8	9	10
2.5.2	资本公积										
2.5.3	累计盈余公积	0	60	126	197	274	356	445	540	641	749
2.5.4	累计未分配利润	0	543	1133	1773	2463	3206	4004	4858	5770	6741
计算指标	指标:										
	资产负债率(%):	70.49	66.29	61.25	55.42	48.67	40.87	31.83	21.33	9.10	4.83
	流动比率(%):		750.99	800.90	854.98	913.36	976.19	1043.66	1115.86	1192.94	2308.43
	速动比率(%):		73.87	123.78	177.86	236.24	299.07	366.53	438.73	515.81	1631.30

序号	项目	计算期(年)									
		11	12	13	14	15	16	17	18	19	20
1	资产	15340	16439	17538	18637	19737	20836	21935	23034	24133	25233
1.1	流动资产总额	5080	7126	9173	11219	13265	15311	17358	19404	21450	23496
1.1.1	货币资金	4179	6226	8272	10318	12364	14411	16457	18503	20549	22596
1.1.2	应收账款	11	11	11	11	11	11	11	11	11	11
1.1.3	预付账款	0	0	0	0	0	0	0	0	0	0
1.1.4	存货	890	890	890	890	890	890	890	890	890	890
1.1.5	其他										
1.2	在建工程	0	0	0	0	0	0	0	0	0	0
1.3	固定资产净值	10260	9313	8366	7419	6472	5525	4577	3630	2683	1736
1.4	无形及其他资产净值	0	0	0	0	0	0	0	0	0	0

续表

序号	项目	计算期(年)									
		11	12	13	14	15	16	17	18	19	20
2	负债及所有者权益	15340	16439	17538	18637	19737	20836	21935	23034	24133	25233
2.1	流动负债总额	131	131	131	131	131	131	131	131	131	131
2.1.1	短期借款										
2.1.2	应付账款	131	131	131	131	131	131	131	131	131	131
2.1.3	预收账款	0	0	0	0	0	0	0	0	0	0
2.1.4	其他										
2.2	建设投资借款	0	0	0	0	0	0	0	0	0	0
2.3	流动资金借款	557	557	557	557	557	557	557	557	557	557
2.4	负债小计	688	688	688	688	688	688	688	688	688	688
2.5	所有者权益	14652	15751	16850	17949	19049	20148	21247	22346	23445	24544
2.5.1	资本金	6062	6062	6062	6062	6062	6062	6062	6062	6062	6062
2.5.2	资本公积										
2.5.3	累计盈余公积	859	969	1079	1189	1299	1409	1518	1628	1738	1848
2.5.4	累计未分配利润	7730	8720	9709	10698	11687	12677	13666	14655	15645	16634
计算指标	指标：										
	资产负债率(%)：	4.49	4.19	3.92	3.69	3.49	3.30	3.14	2.99	2.85	2.73
	流动比率(%)：	3865.44	5422.45	6979.46	8536.47	10093.48	11650.49	13207.50	14764.51	16321.52	17878.53
	速动比率(%)：	3188.31	4745.32	6302.33	7859.35	9416.36	10973.37	12530.38	14087.39	15644.40	17201.41

财务计划现金流量表（单位：万元）　　表 13-8

序号	项目	合计	计算期(年)									
			1	2	3	4	5	6	7	8	9	10
	生产负荷		0%	100%	100%	100%	100%	100%	100%	100%	100%	100%
1	经营活动净现金流量(1.1-1.2)	39910	0	2224	2206	2188	2169	2150	2129	2108	2087	2065
1.1	现金流入	127902	0	6732	6732	6732	6732	6732	6732	6732	6732	6732
1.1.1	营业收入	127902	0	6732	6732	6732	6732	6732	6732	6732	6732	6732
1.1.2	补贴收入	0										
1.1.3	其他流入	0										
1.2	现金流出	87992	0	4508	4526	4544	4563	4582	4602	4623	4645	4667
1.2.1	经营成本	73250	0	3855	3855	3855	3855	3855	3855	3855	3855	3855
1.2.2	营业税金及附加	636	0	33	33	33	33	33	33	33	33	33
1.2.3	增值税	7945	0	418	418	418	418	418	418	418	418	418
1.2.4	所得税	6161	0	201	219	237	256	275	296	316	338	360
1.2.5	其他流出	0										
2	投资活动净现金流量	−20531	−19736	−795	0	0	0	0	0	0	0	0
2.1	现金流入	0										
2.2	现金流出	20531	19736	795	0	0	0	0	0	0	0	0
2.2.1	建设投资	19736	19736	0	0	0	0	0	0	0	0	0
2.2.2	维持运营投资	0										
2.2.3	流动资金	795	0	795	0	0	0	0	0	0	0	0
2.2.4	其他流出	0										

续表

序号	项目	合计	计算期(年)									
			1	2	3	4	5	6	7	8	9	10
3	筹资活动净现金流量	3191	19736	−1368	−2141	−2117	−2092	−2067	−2041	−2014	−1986	−599
3.1	现金流入	20531	19736	795	0	0	0	0	0	0	0	0
3.1.1	项目资本金投入	6062	5824	239	0	0	0	0	0	0	0	0
3.1.2	建设投资借款	13912	13912	0	0	0	0	0	0	0	0	0
3.1.3	流动资金借款	557	0	557	0	0	0	0	0	0	0	0
3.1.4	债券	0										
3.1.5	短期借款	0										
3.1.6	其他流入	0										
3.2	现金流出	17340	0	2164	2141	2117	2092	2067	2041	2014	1986	599
3.2.1	各种利息支出	3428	0	673	602	529	454	376	295	213	127	39
3.2.2	偿还债务本金	13912	0	1491	1538	1588	1639	1691	1745	1801	1859	560
3.2.3	应付利润(股利分配)	0	0	0	0	0	0	0	0	0	0	0
3.2.4	其他流出	0										
4	净现金流量(1+2+3)	22570	0	60	66	71	77	83	89	95	101	1466
5	累计盈余资金		0	60	126	197	274	356	445	540	641	2107

序号	项目	计算期(年)									
		11	12	13	14	15	16	17	18	19	20
	生产负荷	100%	100%	100%	100%	100%	100%	100%	100%	100%	100%
1	经营活动净现金流量(1.1-1.2)	2058	2058	2058	2058	2058	2058	2058	2058	2058	2058
1.1	现金流入	6732	6732	6732	6732	6732	6732	6732	6732	6732	6732

续表

序号	项目	计算期(年)									
		11	12	13	14	15	16	17	18	19	20
1.1.1	营业收入	6732	6732	6732	6732	6732	6732	6732	6732	6732	6732
1.1.2	补贴收入										
1.1.3	其他流入										
1.2	现金流出	4673	4673	4673	4673	4673	4673	4673	4673	4673	4673
1.2.1	经营成本	3855	3855	3855	3855	3855	3855	3855	3855	3855	3855
1.2.2	营业税金及附加	33	33	33	33	33	33	33	33	33	33
1.2.3	增值税	418	418	418	418	418	418	418	418	418	418
1.2.4	所得税	366	366	366	366	366	366	366	366	366	366
1.2.5	其他流出										
2	投资活动净现金流量	0	0	0	0	0	0	0	0	0	0
2.1	现金流入										
2.2	现金流出	0	0	0	0	0	0	0	0	0	0
2.2.1	建设投资	0	0	0	0	0	0	0	0	0	0
2.2.2	维持运营投资										
2.2.3	流动资金	0	0	0	0	0	0	0	0	0	0

续表

序号	项目	计算期(年)									
		11	12	13	14	15	16	17	18	19	20
2.2.4	其他流出										
3	筹资活动净现金流量	−12	−12	−12	−12	−12	−12	−12	−12	−12	−12
3.1	现金流入	0	0	0	0	0	0	0	0	0	0
3.1.1	项目资本金投入	0	0	0	0	0	0	0	0	0	0
3.1.2	建设投资借款	0	0	0	0	0	0	0	0	0	0
3.1.3	流动资金借款	0	0	0	0	0	0	0	0	0	0
3.1.4	债券										
3.1.5	短期借款										
3.1.6	其他流入										
3.2	现金流出	12	12	12	12	12	12	12	12	12	12
3.2.1	各种利息支出	12	12	12	12	12	12	12	12	12	12
3.2.2	偿还债务本金	0	0	0	0	0	0	0	0	0	0
3.2.3	应付利润(股利分配)	0	0	0	0	0	0	0	0	0	0
3.2.4	其他流出										
4	净现金流量(1+2+3)	2046	2046	2046	2046	2046	2046	2046	2046	2046	2046
5	累计盈余资金	4153	6200	8246	10292	12338	14385	16431	18477	20523	22570

四、不确定性分析

（一）盈亏平衡分析

盈亏平衡示意图如图 13-1 所示，达产期第一年盈亏平衡点为 74.29%，以后逐年降低至 53.12%（见图 13-2），说明项目的抗风险能力较强。

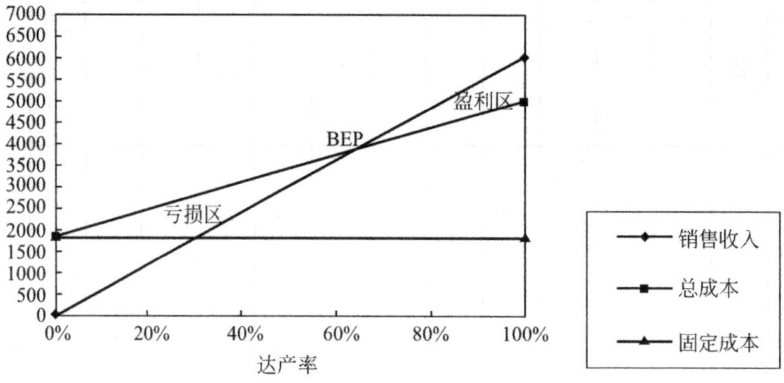

图 13-1　盈亏平衡示意图

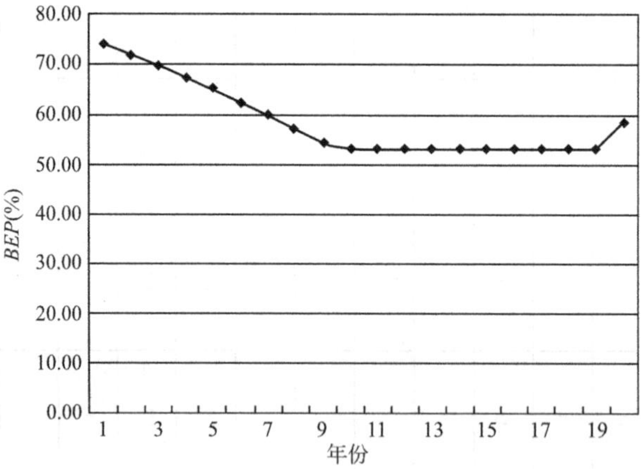

图 13-2　各年盈亏平衡点变化图

（二）敏感性分析

预计本项目经营成本中的天然气价格、电价、制冷价格及固定资产投资变化的可能性比较大，做单因素+10%、−10%变化进行敏感性分析（见图 13-3）。

经过计算各单因素+10%、−10%变化的敏感性分析，计算结果分析对项目影响较大的是制冷价格，其次是天然气价和投资，电价敏感性较低。

五、结论

项目主要财务评价指标汇总表如表 13-9 所示。从上述财务评价看，按现行天然气价 2.2 元/m^3（2.64 元/m^3）、综合售电电价 1.14 元/kWh，供热价 40 元/m^2、供冷价 80 元/

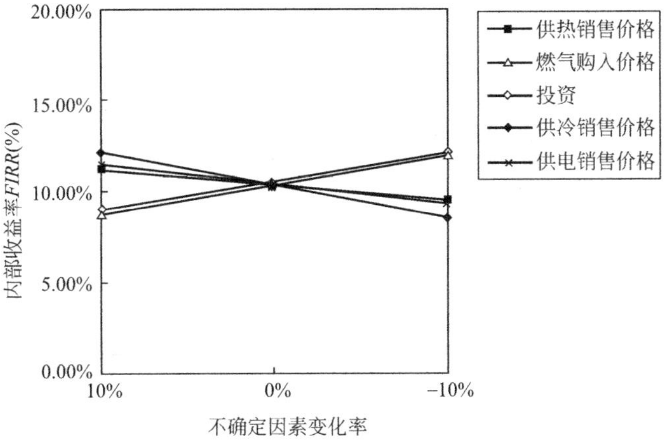

图 13-3 敏感性分析图

m^2，项目财务内部收益率（税后）为 8.12%，高于期望的基准收益率（8%），财务净现值大于零。因此，本项目在经济上是可行的。

主要经济数据与经济指标汇总表 **表 13-9**

序号	项目	单位	指标值	备注
1	项目总投资(用于报批项目总投资)	万元	19974	
1.1	建设投资	万元	19413	
1.2	建设期利息	万元	323	
1.3	铺底流动资金	万元	239	
2	生产期年均销售收入	万元	6395	
3	生产期年均总成本费用	万元	4983	
4	年总成本(达产后第一年)	万元	5405	
4.1	经营成本	万元	3855	
4.2	折旧及摊销费用	万元	948	
5	生产期年均销售税金及附加总额	万元	32	
6	生产期年均利润总额	万元	1232	
	融资前			
7	盈利指标			
7.1	项目投资财务内部收益率(所得税前)		10.41%	
7.2	项目投资财务内部收益率(所得税后)		8.12%	
7.3	项目投资回收期(所得税前)	年	9.3	含建设期
7.4	项目投资回收期(所得税后)	年	10.8	含建设期
	融资后			
8	盈利指标			
8.1	项目资本金财务内部收益率		11.0%	
8.2	总投资收益率(ROI)		6.8%	
8.3	资本金净利润率(ROE)		15.2%	

第十四章　综合评价

燃气冷热电联供系统的评价除了第十三章介绍的经济评价之外，还应重视能效评价、环境影响评价和项目投资后评价，以及与常规供能方式的比较。燃气冷热电联供系统作为能源供应系统，能效评价是衡量系统是否达到了规定的能效水平的重要依据。能源消耗和建设活动都会造成环境影响，因此必须进行环境影响评价。燃气冷热电联供系统属能源综合利用项目类，项目要经历方案、可行性研究、施工图设计、建设、运行等一系列的过程，经过一个或几个完整年度的运行，很有必要对项目进行后评价。是否选择联供系统供应冷热电负荷，还应与其他可能的供能方式进行对比。

第一节　能效评价

燃气冷热电联供系统的优势在于能源梯级利用，可以获得较高的综合能源效率和良好的节能效果，所以科学合理地进行系统能效评价尤为重要，既是对系统设计和运行优劣的衡量，也是申请国家和地方政府支持的需要。本节重点介绍年平均能源综合利用率、余热利用率、节能率和综合能效评价指标的计算及评价方法。

一、年平均能源综合利用率

燃气冷热电联供系统的年平均能源综合利用率是衡量系统利用燃气发电及发电后余热有效利用情况的指标。根据国标标准《燃气冷热电联供工程技术规范》GB 51131-2016 的要求，联供系统的年平均能源综合利用率应大于 70%，年平均能源综合利用率可按下式计算：

$$\nu = \frac{3.6W + Q_1 + Q_2}{B \times Q_L} \times 100\%$$

式中　ν——年平均能源综合利用率，%；

W——年净输出电量，kWh；

Q_1——年余热供热总量，MJ；

Q_2——年余热供冷总量，MJ；

B——年燃气消耗总量，Nm^3；

Q_L——燃气低位发热值，MJ/Nm^3。

下面就以一个工程实例来说明燃气冷热电联供系统的年平均能源综合利用率计算。

某燃气分布式能源站达产后，年发电量 474.24 万 kWh，发电机年耗气量 116.44 万 Nm^3，燃气低位热值为 35.16MJ/Nm^3。能源站冷热电联供系统发电余热用于供冷、供热，燃气内燃发电机组烟气和高温冷却水直接接入余热型溴化锂吸收式冷（温）水机组提供空调冷、热负荷，年余热供冷量 0.94 万 GJ，年余热供热量 0.88 万 GJ，联供系统的运行节省了部分用于冷、热供应的能源。

该项目联供系统年平均能源综合利用率为 $\nu=(3.6W+Q_1+Q_2)/(B\times Q_L)\times 100\%=(3.6\times 474.24\times 10000+0.88\times 10000000+0.94\times 10000000)/(116.44\times 10000\times 35.16)\times 100\%=86.16\%$。

二、余热利用率

根据国家标准《燃气冷热电联供工程技术规范》GB 51131-2016 的要求，联供系统的年平均余热利用率应大于 80%，年平均余热利用率可按下式计算：

$$\nu_l=\frac{Q_1+Q_2}{Q_3+Q_4}\times 100\%$$

式中　ν_l——年平均余热利用率，%；

Q_1——年余热供热总量，MJ；

Q_2——年余热供冷总量，MJ；

Q_3——排烟温度降至 120℃时烟气可利用的热量，MJ；

Q_4——温度大于或等于 75℃冷却水可利用的热量，MJ。

三、节能率

燃气冷热电联供系统的节能率是以常规系统或“分供”系统为基准，分析其系统的节能效果。根据国家标准《燃气冷热电联供工程技术规范》（GB 51131-2016）的要求，联供系统的节能率应大于 15%，节能率可按下式计算：

$$r=1-\frac{B\times Q_L}{\dfrac{3.6W}{\eta_{eo}}+\dfrac{Q_1}{\eta_o}+\dfrac{Q_2}{\eta_{eo}\times COP_0}}$$

$$\eta_{eo}=122.9\times\frac{1-\theta}{M}$$

式中　r——节能率，%；

B——联供系统年燃气总耗量，Nm^3；

Q_L——燃气低位发热量，MJ/Nm^3；

W——联供系统年净输出电量，kWh；

Q_1——联供系统年余热供热总量，MJ；

Q_2——联供系统年余热供冷总量，MJ；

η_{eo}——常规供电方式的平均供电效率；

η_o——常规供热方式的燃气锅炉平均热效率，可按 90%取值；

COP_0——常规供冷方式的电制冷机平均性能系数，可按 5.0 取值；

M——电厂供电标准煤耗，g/kWh，可取上一年全国统计数据；

θ——供电线路损失率，可取上一年全国统计数据。

下面就以一个工程实例来说明燃气冷热电联供系统的节能率计算。

某燃气分布式能源站达产后，年发电量 474.24 万 kWh，发电机年耗气量 116.44 万 Nm^3，燃气低位热值为 35.16MJ/Nm^3。能源站冷热电联供系统发电余热用于供冷、供热，燃气内燃发电机组烟气和高温冷却水直接接入余热型溴化锂吸收式冷（温）水机组提供空调冷、热负荷，年余热供冷量 0.94 万 GJ，年余热供热量 0.88 万 GJ，联供系统的运行节省了部分用于冷、热供应的能源。

若以燃煤电力供电制冷、燃气锅炉供暖计算，电厂供电标准煤耗及供电线路损失率均取上一年全国统计数据，常规供冷方式的电制冷机平均性能系数取 5.0，常规供热方式的燃气锅炉平均热效率取 90%。按上述参数计算，常规供电方式的平均供电效率 $\eta_{eo}=122.9\times(1-\theta)/M=122.9\times(1-0.0647)/312=36.84\%$，该项目联供系统的节能率为 $r=1-\{(B\times Q_L)/[3.6W/\eta_{eo}+Q_1/\eta_o+Q_2/(\eta_{eo}\times COP_0)]\}=1-\{(116.44\times10000\times35.16)/[3.6\times474.24\times10000/0.3684+0.88*10000000/0.9+0.94\times10000000/(0.3684\times5.0)]\}=33.13\%$。

四、综合能效评价指标

目前天然气发电项目仍然面临政策少、成本高、自主技术缺等困难，但随着经济的不断发展，环保压力的不断增长，有条件的城市对电价的承受能力增强，这些都会给天然气发电行业带来发展机会。越来越多的地方政府出台支持性政策，提出对符合燃气冷热电联供“综合能效评价指标”的项目给予政策性扶持，即燃气冷热电联供项目需满足系统年平均能源综合利用效率、年利用小时数、节能率等的要求。

例如，2017 年 1 月 4 日上海市人民政府办公厅印发的《上海市天然气分布式供能系统和燃气空调发展专项扶持办法》第四条“支持方式和标准”中提到：“对天然气分布式供能项目，按照 1000 元/千瓦给予设备投资补贴。对年平均能源综合利用效率达到 70%及以上且年利用小时在 2000 小时及以上的天然气分布式供能项目，给予 2000 元/千瓦的节能补贴；对年平均能源综合利用效率达到 80%及以上且年利用小时在 3000 小时及以上的天然气分布式供能项目，再给予 500 元/千瓦的节能补贴。”

郑州市人民政府发布《郑州市清洁取暖试点城市示范项目资金奖补政策》，文件提出将“鼓励实施天然气分布式能源站等清洁能源供暖工程，按照建设项目装机容量每千瓦 1000 元进行奖补，且单个项目不超过 3000 万元和项目总投资的 10%”，这是国内第 4 个出台天然气分布式能源项目装机容量补贴的城市，也标志着我国天然气分布式能源项目得到越来越多的认可。

随着我国气田不断开发，进口天然气快速增加，国内天然气管道持续延伸，天然气在一次能源消费结构中占比会不断提高，天然气综合利用项目的前景也会越来越光明。未来燃气冷热电联供项目也将由点及面，逐步向全国推广。地方对于天然气分布式发电项目有明确补贴价格的主要政策性文件见表 14-1，地方建设补贴标准如表 14-2 所示。

地方对于天然气分布式发电项目有明确补贴价格的主要政策性文件　　表 14-1

文件名称	发布时间	发布部门
《关于印发青岛市加快清洁能源供热发展若干政策的通知》(青政办发〔2014〕24 号)	2014 年 12 月	青岛市人民政府办公厅

续表

文件名称	发布时间	发布部门
《上海市天然气分布式供能系统和燃气空调发展专项扶持办法》(沪府办发[2017]2号)	2017年1月	上海市发展改革委、住房城乡建设管理委、经济信息化委、科委、财政局
《长沙市促进天然气分布式能源发展办法》(长政办发〔2017〕9号)	2017年2月	长沙市人民政府办公厅
《郑州市清洁取暖试点城市示范项目资金奖补政策》(郑政文[2018]95号)	2018年4月	郑州市人民政府

地方建设补贴标准汇总 **表 14-2**

<table>
<tr><th>城市</th><th colspan="2">补贴标准(元/kW)</th><th colspan="2">最高限额(万元)</th></tr>
<tr><td rowspan="3">上海</td><td>基础情形</td><td>1000</td><td colspan="2" rowspan="3">5000</td></tr>
<tr><td>年平均能源综合利用效率70%及以上,
年利用小时2000h及以上</td><td>2000</td></tr>
<tr><td>年平均能源综合利用效率80%及以上,
年利用小时3000h及以上</td><td>2500</td></tr>
<tr><td rowspan="2">长沙</td><td rowspan="2">统一标准</td><td rowspan="2">2000</td><td>楼宇型</td><td>500</td></tr>
<tr><td>区域型</td><td>1500</td></tr>
<tr><td rowspan="2">青岛</td><td>基础情形</td><td>1000</td><td colspan="2" rowspan="2">3000</td></tr>
<tr><td>年平均能源综合利用效率70%及以上</td><td>2000</td></tr>
<tr><td>郑州</td><td>统一标准</td><td>1000</td><td colspan="2">3000
总投资的10%</td></tr>
</table>

为提高能源利用效率，促进结构调整和节能减排，根据国家发展改革委、财政部、住房和城乡建设部、国家能源局联合印发的《关于发展天然气分布式能源的指导意见》（发改能源〔2011〕2196号）的有关要求，四部委组织专家对全国申报的项目按能源综合利用率大于80%等综合评价指标进行了评审，发布了发改能源［2012］1571号文，批准首批国家天然气分布式能源示范项目（见表14-3），分别给予每个项目建设投资30%的补贴，极大地促进了全国范围内分布式能源的发展。

首批国家天然气分布式能源示范项目 **表 14-3**

序号	项目名称	项目地址	装机容量(kW)
1	华电集团泰州医药城楼宇式能源站工程	江苏	4000
2	中海油天津研发产业基地分布式能源项目	天津	4358
3	北京燃气中国石油科技创新基地(A-29)能源中心项目	北京	13312
4	华电集团湖北武汉创意天地分布式能源站项目	湖北	19160

第二节　环境影响评价

燃气是相对清洁的能源，尤其是天然气作为清洁能源对大气污染防治有着重要作用，对二氧化硫和颗粒物减排贡献突出，但燃气燃烧的氮氧化物排放不容忽视，尤其是燃气内燃机的氮氧化物排放远远大于燃气锅炉，应引起高度重视。另外，燃气冷热电联供系统中存在大量动设备，噪声、振动问题突出；废水、废液量尽管不大，但也需妥善处理；而且联供系统在施工过程中对环境的影响也不容忽视。因此，按照相关规范开展环境影响评价意义重大。

一、环境影响评价概述

（一）环境影响评价的工作程序

环境影响评价工作一般分为三个阶段，即前期准备、调研和工作方案阶段，分析论证和预测评价阶段，环境影响评价文件编制阶段。具体流程如图 14-1 所示。

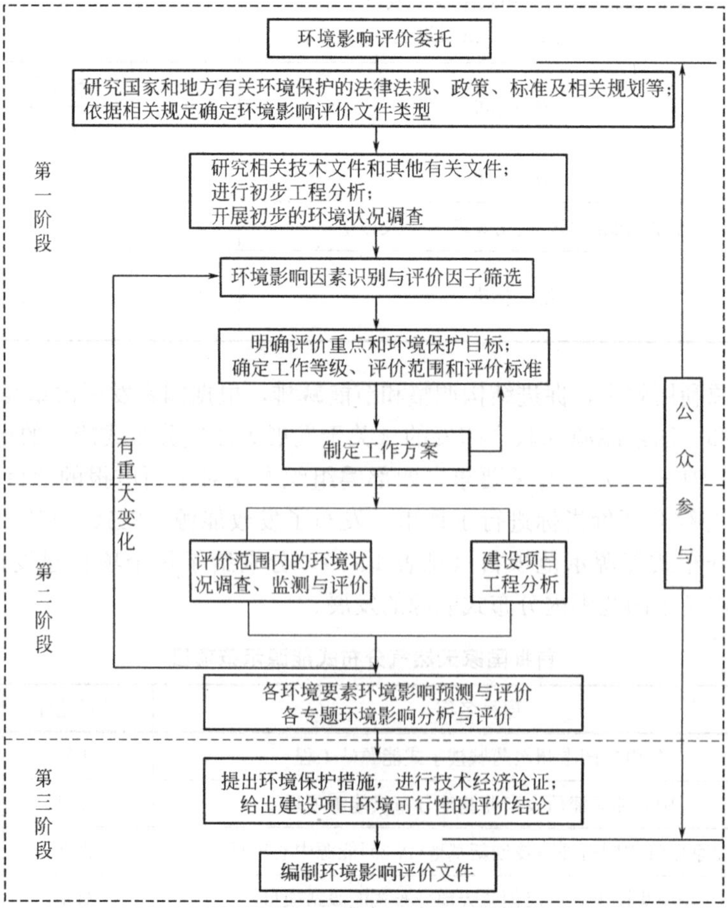

图 14-1　环境影响评价工作程序图

(二) 环境影响评价原则

按照以人为本、建设资源节约型、环境友好型社会和科学发展的要求，遵循以下原则开展环境影响评价工作：

1. 依法评价原则

环境影响评价过程中应贯彻执行我国环境保护相关的法律法规、标准、政策，分析建设项目与环境保护政策、资源能源利用政策、国家产业政策和技术政策等有关政策及相关规划的相符性，并关注国家或地方在法律法规、标准、政策、规划及相关主体功能区划等方面的新动向。

2. 早期介入原则

环境影响评价应尽早介入工程前期工作，重点关注选址（或选线）、工艺路线（或施工方案）的环境可行性。

3. 完整性原则

根据建设项目的工程内容及其特征，对工程内容、影响时段、影响因子和作用因子进行分析、评价，突出环境影响评价重点。

4. 广泛参与原则

环境影响评价应广泛听取相关学科和行业的专家、有关单位和个人及当地环境保护管理部门的意见。

(三) 资源利用及环境合理性分析

1. 资源利用合理性分析

工程所在区域未开展规划环境影响评价的，需进行资源利用合理性分析。根据建设项目所在区域的资源禀赋，量化分析建设项目与所在区域的资源承载能力的相容性，明确工程占用区域资源的合理份额，分析项目建设的制约因素。

2. 环境合理性分析

调查建设项目在所在区城、流域或行业发展规划中的地位，与相关规划和其他建设项目的关系，分析建设项目选址、选线、设计参数及环境影响是否符合相关规划的环境保护要求。

二、环境影响评价适用标准

(一) 环境质量标准

1. 环境空气质量标准

大气环境质量评价执行《环境空气质量标准》GB 3095 中的有关规定。

2. 水环境质量标准

（1）地表水

地表水环境质量评价执行《地表水环境质量标准》GB 3838 中的有关规定。

（2）地下水

地下水环境质量评价执行《地下水环境质量标准》GB/T 14848 中的有关规定。

3. 声环境质量标准

环境噪声评价执行《声环境质量标准》GB3096 中的有关规定。

（二）污染物排放标准

1. 废气

（1）燃气轮机大气污染物排放标准

北京市地方标准《固定式燃气轮机大气污染物排放标准》DB11/847-2011 中规定，燃气轮机大气污染物最高允许排放浓度如表 14-4 所示。

燃气轮机大气污染物最高允许排放浓度　　表 14-4

污染物	最高允许排放浓度(mg/m³)
氮氧化物	30
二氧化硫	20
烟尘	5

（2）燃气内燃机大气污染物排放标准

1）国外内燃机大气污染物排放标准

① 美国

美国 EPA 标准：美国环保署于 2008 年发布了 SINSPS 新污染源排放标准，对于新、改建的固定式燃气内燃机制定了大气污染物排放限值标准，气体燃料类型分为天然气和其他燃料气体两类。标准规定，从 2011 年 1 月 1 日起，燃料类型为天然气、额定功率不小于 100 马力的内燃机，NO_x 及 CO 排放限值分别执行 82ppm 及 270ppm（折合到 5%含氧量，其排放浓度限值分别为 449mg/m³ 和 900mg/m³）；燃料类型为其他气体燃料的，NO_x 及 CO 排放限值分别执行 150ppm 及 610ppm（折合到 5%含氧量，其排放浓度限值分别为 821mg/m³ 和 2033mg/m³）。具体排放限值详见表 14-5。

美国环保局固定式火花点火燃气内燃机排放限值（单位：ppm，15%O_2）　表 14-5

燃料类型	额定功率	NO_x	CO	VOC	执行日期
天然气	100≤*HP*<500 (73.5～367.5kW)	160	540	86	2008 年 7 月 1 日
		82	270	60	2011 年 1 月 1 日
	500≤*HP* (≥367.5kW)	160	540	86	2007 年 7 月 1 日
		82	270	60	2010 年 7 月 1 日
其他燃气	—	220	610	80	2008 年 7 月 1 日
		150	610	80	2011 年 1 月 1 日

加州南海岸空气质量管理地区：《rule 1110.2—固定式内燃机排放规定》于 2010 年 7 月修订发布，对加州南海岸空气质量管理区的固定式内燃机排放进行了规定。要求到 2011 年 7 月以后，额定功率不小于 50bhp（36.75kW）的固定式内燃机的 NO_x 及 CO 排放限值分别执行 11ppm 及 250ppm（折合到 5%含氧量，其排放浓度限值分别为 60mg/m³ 和 833mg/m³），这也是目前世界上最严格的标准限值要求，详见表 14-6。

南海岸空气质量管理区固定式内燃机排放标准（单位：ppm，15%O_2） 表 14-6

额定功率	NO_x	CO	VOCs	达标时段
500≤*HP* (≥367.5kW)	36	2000	250	2008 年 2 月 1 日
	11	250	30	2010 年 7 月 1 日
50≤*HP*<500 (36.75～367.5kW)	45	/	/	2008 年 2 月 1 日
	45	2000	250	2010 年 7 月 1 日
	11	250	30	2011 年 7 月 1 日

另外，该地区还要求此类设备安装烟气排放连续监测系统（CEMS）。燃用天然气内燃机 750bhp（551.25kW）根据额定功率分为两个执行时间段：大于或等于该功率的于 2008 年 8 月 1 日之前向当地主管机构提交 CEMS 建设申请；小于该功率的可以延后一年，时间期限为 2009 年 8 月 1 日。燃用沼气等其他气体燃料的内燃机必须于 2011 年 1 月 1 日向当地主管机构提交 CEMS 建设申请。

加州圣华金河谷空气质量管理地区：圣华金河谷空气质量管理地区于 2003 年 8 月 21 日发布了《rule 4702 号—固定式内燃机排放标准》规定，该规定适用于额定功率大于 50bhp（36.75kW）的固定式点火内燃机，具体限值要求详见表 14-7。

圣华金河谷空气质量管理地区固定式内燃机排放限值（单位：ppm，15% O_2） 表 14-7

内燃机类型	NO_x	CO	VOCs
废气燃料(如沼气) 其他	工况 1：		
	50 或 90%处理率	2000	250
	25 或 96%处理率	2000	250
二冲程、其他燃料， 小于 100bhp 其他	工况 2		
	75 或 85%处理率	2000	750
	65 或 90%处理率	2000	750

注：工况 1：燃烧废气进入任一排放控制装置之前，其氧含量小于 4%。
工况 2：燃烧废气进入任一排放控制装置之前，其氧含量大于等于 4%。

该地区对废气中氧含量小于 4%的内燃机排放要求偏严，其中天然气 NO_x 排放要求达到 137mg/m^3（@5%），或者实现 96%的 NO_x 处理率；对于沼气等废气燃料的 NO_x 排放限值比天然气略松，执行 274mg/m^3（@5%），或者实现 90%的 NO_x 处理率。

② 欧盟

欧盟 CLRTAP 空气污染公约（CLRTAP 欧盟“哥德堡协议”）：1999 年欧盟执行机构签署了修改后的哥德堡协议，其中固定式内燃机排放限值规定于 2005 年 5 月 17 日开始生效，具体限值要求详见表 14-8。

欧盟固定式内燃机 NO_x 排放的建议值①（单位：mg/m^3，5% O_2） 表 14-8

内燃机类型	燃料类型/操作方式	NO_x
火花点火(燃气内燃机) 额定功率>1MW	限值 1	500
	限值 2②	250

续表

<table>
<tr><th>内燃机类型</th><th>燃料类型/操作方式</th><th>NO_x</th></tr>
<tr><td rowspan="3">压缩点火(柴油/双燃料)
额定功率>5MW</td><td>天然气(喷射点火)</td><td>500</td></tr>
<tr><td>重油</td><td>600</td></tr>
<tr><td>柴油或汽油</td><td>500</td></tr>
</table>

① 年运行时间小于 500h 的不在此限值范围内。

② 对于选择性催化还原（SCR）技术目前因为技术和维护等原因不能利用，如在偏远岛屿，或者没有足够的高质量燃料可用的地方，在开始生效后有一个 10 年的过渡期。

③ 德国

德国大气质量控制技术指导 TA-LUFT（2002 年）对各类固定式内燃机的大气污染排放限值进行了规定，污染物包括 NO_x、CO、SO_2、尘以及甲醛，详见表 14-9。

德国 TA-LUFT 固定式内燃机大气污染物排放限值（单位：mg/m^3，5% O_2）　　表 14-9

<table>
<tr><th>燃料类型</th><th>内燃机类型</th><th>额定功率(MW)</th><th>NO_x</th><th>CO</th><th>SO_2</th><th>尘</th><th>甲醛</th></tr>
<tr><td>天然气</td><td>喷射点火/稀薄燃烧内燃机</td><td>—</td><td>500</td><td>300</td><td>10</td><td rowspan="7">80</td><td rowspan="9">60</td></tr>
<tr><td>煤层气</td><td>—</td><td>—</td><td>500</td><td>650</td><td rowspan="8">350</td></tr>
<tr><td rowspan="4">沼气</td><td rowspan="2">喷射点火</td><td><3</td><td>1000</td><td>2000</td></tr>
<tr><td>≥3</td><td>500</td><td>650</td></tr>
<tr><td rowspan="2">火花点火</td><td><3</td><td rowspan="2">500</td><td>1000</td></tr>
<tr><td>≥3</td><td>650</td></tr>
<tr><td>填埋气</td><td>—</td><td>—</td><td>500</td><td>650</td></tr>
<tr><td rowspan="2">燃油</td><td rowspan="2">压燃机</td><td><3</td><td>1000</td><td rowspan="2">300</td><td rowspan="2">20</td></tr>
<tr><td>≥3</td><td>500</td></tr>
</table>

注：1. NO_x 及 CO 排放限值不适用于应急备用或年运行时间小于 300h 的内燃机。

2. 二冲程内燃机的 NO_x 限值为 $800mg/m^3$。

④ 意大利

意大利对于内燃机的排放限值规定详见表 14-10。

意大利固定式内燃机大气污染物排放限值（单位：mg/m^3，5% O_2）　　表 14-10

污染物	NO_x	CO	HC①	SO_2	烟尘
排放限值	500	650	600	500	130

① 丁烷-庚烷。

⑤ 芬兰

芬兰从 2003 年 10 月开始管理小型燃烧设施，要求这些设施的 SO_2、NO_x 以及颗粒物排放实现使用最佳可行技术所能实现的排放值。对于小于 50MW 的新建固定式内燃机，其排放限值如表 14-11 所示。其中，新建项目燃气内燃机的 NO_x 排放限值为 $400mg/m^3$（@5% O_2）。

芬兰新建内燃机排放限值（单位：mg/m³，15% O_2） 表 14-11

内燃机类型	NO_x		SO_2	颗粒物
	主要方法	次要方法		
柴油	<1400①	<650②	<500	<50
燃气	<150			
双燃料	<150			

① 主要方法：内燃机内部措施（一般情况）。

② 次要方法：内燃机外部措施（特殊情况：如城市地区）

⑥ 瑞士

瑞士清洁空气指令对额定功率大于 100kW 的固定式内燃机大气污染物排放限值进行了规定，该规定于 2005 年 12 月 7 日生效，详见表 14-12。

瑞士 P>100kW 固定式内燃机大气污染物排放限值（单位：mg/m³，5% O_2）

表 14-12

燃料类型	NO_x	CO	烟尘
气体①	250	650	50
其他	400	650	50

① 天然气、沼气、净化气、填埋气。

⑦ 日本

日本国家环保署《大气污染防治法》中对固定式内燃机的 PM 及 NO_x 排放限值规定详见表 14-13。

日本固定式内燃机 PM 及 NO_x 排放限值（单位：mg/m³，5% O_2） 表 14-13

内燃机类型		PM	NO_x
内燃机		38	940
燃油内燃机	缸径<400mm	200	3900
	缸径≥400mm	200	4900

日本各自治区则分别制定了严于日本国家关于固定式内燃机 NO_x 的排放限值，其中东京、大阪、横滨、神奈川县、爱知县等地区所执行的固定式内燃机排放限值约为国家排放限值的 1/2 或 1/3，这里不再具体列出。

⑧ 国际金融公司（IFC）

国际金融公司（IFC）是世界银行集团的成员组织，是发展中国家规模最大、专门针对私营部门的全球性发展机构，其制定的行业排放限值代表了国际行业惯例（GIIP）。解决气候变化问题、确保环境和社会的可持续性是国际金融公司的战略重点之一，为了保护环境和人体健康制定了《环境健康和安全》（EHS）指导方针，要求主要投资银行遵循其制定的指导方针和性能标准，以期通过此种途径降低投资项目中的财务风险。

《环境健康和安全》关于固定式内燃机的排放限值规定详见表 14-14。

国际金融公司 EHS（2007 年）3～50MW 固定式内燃机排放限值（15% O_2）　　表 14-14

燃料类型	PM	SO_2	NO_x	
液体	50～100	1.5%～3%	缸径<400mm	1460～1600
			缸径≥400mm	1850
气体	—	—	火花点火或者其他方式点火的内燃机	200
			双燃料内燃机	400
			柴油机	1600

2）我国内燃机大气污染物排放标准

目前，我国尚无此类内燃机大气污染物排放的国家标准，之前上海在其《分布式供能系统工程技术规程》DGT J08-115-2008 中提出了分布式供能系统的大气污染防治要求，具体为：分布式供能系统的烟气排放应符合国家或地方大气污染物排放标准的相关规定；机组选型时宜有降低 NO_x 排放的措施。对于采用内燃机的机组，NO_x 排放浓度应小于 500mg/m³（过量空气系数 $\alpha=1$），折合到 5%含氧量时，其浓度限值为 380mg/m³。

后来北京市发布了固定式内燃机大气污染物排放地方标准《固定式内燃机大气污染物排放标准》DB11/1056-2013。该地方标准由北京市人民政府于 2013 年 12 月 26 日批准，2014 年 1 月 1 日正式实施。该标准主要内容如下：

大气污染物最高允许排放浓度：新建内燃机自标准实施日起执行内燃机大污染物最高允许排放浓度限值，在用内燃机自 2016 年 1 月 1 日执行内燃机大气污染物最高允许排放浓度限值，见表 14-15。

内燃机大气污染物最高允许排放浓度（单位 mg/m³）　　表 14-15

燃料类型	CO	烟尘	NO_x	氨①
天然气、人工煤气②	800	5	75	2.5
沼气等其他气体③	1000	—	250	—

① 适用于内燃机烟气脱硝使用含氨还原剂的情况。

② 燃柴油及其他液体燃料内燃机执行燃天然气内燃机大气污染物排放限值。

③ 沼气等其他气体包括生物沼气、污泥沼气、垃圾填埋气等。

（3）燃气锅炉大气污染物排放标准

1）全国标准

新建锅炉自 2014 年 7 月 1 日起、10t/h 以上在用蒸汽锅炉和 7MW 以上在用热水锅炉自 2015 年 10 月 1 日起、10t/h 及以下在用蒸汽锅炉和 7MW 及以下在用热水锅炉自 2016 年 7 月 1 日起执行《锅炉大气污染物排放标准》GB 13271-2014。重点地区锅炉执行表 14-16 规定的大气污染物特别排放限值。

2）北京标准

2015 年 5 月，北京市环保局、北京市质量技术监督局联合发布了《锅炉大气污染物排放标准》DB11/139-2015，并于 2015 年 7 月 1 日起实施。要求 2017 年 3 月 31 日以前新建燃气锅炉 NO_x 排放浓度需低于 80mg/m³；2017 年 4 月 1 日以后新建燃气锅炉 NO_x 排放浓度需低于 30mg/m³，在用燃气锅炉 NO_x 排放浓度需低于 80mg/m³。

大气污染物特别排放标准（单位：mg/m^3）　　表 14-16

污染物项目	限值			污染物排放监控位置
	燃煤锅炉	燃油锅炉	燃气锅炉	
颗粒物	30	30	20	烟囱或烟道
二氧化硫	200	100	50	
氮氧化物	200	200	150	
汞及其化合物	0.05	—	—	
烟气黑度(林格曼黑度,级)	≤1			烟囱排放口

3）国内其他地区标准

天津市地方标准《锅炉大气污染物排放标准》DB12/151-2003；

河北省地方标准《石家庄市锅炉大气污染物排放标准》DB13/841-2007；

山东省地方标准《山东省锅炉大气污染物排放标准》DB37/2374-2013；

广东省地方标准《锅炉大气污染物排放标准》DB44/765-2010；

重庆市地方标准《重庆市大气污染物综合排放标准》DB50/418-2012；

甘肃省地方标准《兰州市锅炉大气污染物排放标准》DB62/1922-2010。

（4）燃气直燃型溴化锂吸收式冷（温）水机组大气污染物排放标准

燃气直燃型溴化锂吸收式冷（温）水机组废气排放浓度参照执行《锅炉大气污染物排放标准》GB 13271-2014 及相关地方锅炉排放标准。

2. 废水

燃气冷热电三联供项目排出的废水主要是空调系统需补充软化水的水处理排水和设备检修排水，排水无有害物质且温度不高，可直接排入城市污水管道。

3. 噪声

（1）建筑施工场界噪声

施工期噪声执行《建筑施工场界环境噪声排放标准》GB12523-2011 中的有关规定。

（2）运营期厂界噪声

运营期厂界噪声排放限值执行《工业企业厂界环境噪声排放标准》GB12348-2008 中的有关规定。

三、环境影响评价内容

（一）大气环境影响评价

1. 工作任务

通过调查、预测等手段，对项目在建设施工期及建成后运营期所排放的大气污染物对环境空气质量影响的程度、范围和频率进行分析、预测和评估，为项目的厂址选择、排污口设置、大气污染防治措施制定以及其他有关的工程设计、项目实施环境监测等提供科学依据或指导性意见。

2. 工作程序

（1）第一阶段。主要工作包括研究有关文件、环境空气质量现状调查、初步工程分析、环境空气敏感区调查、评价因子筛选、评价标准确定、气象特征调查、地形特征调查、编制工作方案、确定评价工作等级和评价范围等。

（2）第二阶段。主要工作包括污染源的调查与核实、环境空气质量现状监测、气象观测资料调查与分析、地形数据收集和大气环境影响预测与评价等。

（3）第三阶段。主要工作包括给出大气环境影响评价结论与建议、完成环境影响评价文件的编写等。

3. 评价范围的确定

（1）根据项目排放污染物的最远影响范围确定项目的大气环境影响评价范围。即以排放源为中心点，以 D 为半径的圆或 $2\times D$ 为边长的矩形作为大气环境影响评价范围；当最远距离超过 25km 时，确定评价范围为半径 25km 的圆形区域，或边长为 50km 的矩形区域。

（2）评价范围的直径或边长一般不应小于 5km。

4. 大气污染物排放现状

（1）燃气轮机大气污染物排放现状

燃用天然气的燃气蒸汽联合循环是人类已经掌握的高效洁净发电技术，目前最先进的联合循环电站效率高达 75%～90%，NO_x 排放降低到 15mL/m^3 甚至个位数，没有 SO_x 和粉尘排放，二氧化碳排放只有超临界燃煤电站的 40%左右。

（2）微型燃气轮机大气污染物排放现状

微型燃气轮机 NO_x 排放降低到 10mg/m^3，几乎没有 SO_x 和粉尘排放。

（3）燃气内燃机大气污染物排放现状

燃气内燃机发电装置主要特点　　表 14-17

	品牌	Jenbacher,Cummis,Caterpillar,Deutz,Wartsila
效率	发电效率(%)	25～45
	总效率(%)	75～90
排气	NO_x(×10^{-6},体积比)	45～200(无控制时);4～20(SCR)
	CO(×10^{-6},体积比)	140～700(无控制时);4～10(Oxidation Catalyst)
	废气温度(℃)	400～500
	余热回收	高温烟气,热水或蒸汽
	机器价格(美元/kW)	300～900,成本较低
经济	维护周期(h)	700～1000(更换润滑油及过滤器);8000(更换发动机头)
	维护(美元/kW)	0.008～0.0015
特点	技术成熟、工艺稳定、启动快、运行维护成本高、余热回收的方式复杂、需要的燃气压力较低、低频噪声不易处理、输出功率及效率会受环境温度压力影响;气温每升高 1℃,效率降低 0.2%～0.4%;海拔每升高 304.8m,出力降低 2%～3%	

由表 14-17 可以看出燃气内燃机的污染物排放现状情况。

目前，燃气内燃机直接排放烟气中 NO_x 排放浓度在 250～500mg/m^3。采用相应尾气脱硝技术（SCR）后，NO_x 排放浓度可降低到 50mg/m^3 以下。由于受内燃机燃烧方式限制，直接排放烟气中 NO_x 排放浓度难以降低，现在主要研究通过尾气处理方式进一步降

低 NO_x 排放浓度，但难以有大的突破。

（4）燃气直燃型溴化锂吸收式冷（温）水机组大气污染物排放现状

目前在用燃气直燃型溴化锂吸收式冷（温）水机组 NO_x 排放浓度低于 $150mg/m^3$，北京的直燃机可以达到低于 $80mg/m^3$。LG 率先引入低氮技术，通过采用进口低氮燃烧器与溴化锂专用锅炉结构等设计相结合，三重技术保障，实现氮氧化物排放量最低（$30mg/Nm^3$ 以下）。

（二）水环境影响评价

1. 建设项目分类

根据建设项目对地下水环境影响的特征，将建设项目分为以下三类：

Ⅰ类：指在项目建设、生产运行和服务期满后的各个过程中，可能造成地下水水质污染的建设项目；

Ⅱ类：指在项目建设、生产运行和服务期满后的各个过程中，可能引起地下水流场或地下水水位变化，并导致环境水文地质问题的建设项目；

Ⅲ类：指同时具备Ⅰ类和Ⅱ类建设项目环境影响特征的建设项目。

根据不同类型建设项目对地下水环境影响程度与范围的大小，将地下水环境影响评价工作分为一、二、三级。

2. 评价基本任务

地下水环境影响评价的基本任务包括：进行地下水环境现状评价，预测和评价建设项目实施过程中对地下水环境可能造成的直接影响和间接危害（包括地下水污染、地下水流场或地下水位变化），并针对这种影响和危害提出防治对策，预防与控制地下水环境恶化，保护地下水资源，为建设项目选址决策、工程设计和环境管理提供科学依据。

地下水环境影响评价应按划分的评价工作等级开展相应深度的评价工作。

3. 工作程序

地下水环境影响评价工作可划分为准备、现状调查与工程分析、预测评价和报告编写四个阶段。

4. 各阶段主要工作内容

（1）准备阶段

搜集和研究有关资料、法规文件；了解建设项目工程概况；进行初步工程分析；踏勘现场，对环境状况进行初步调查；初步分析建设项目对地下水环境的影响，确定评价工作等级和评价重点，并在此基础上编制地下水环境影响评价工作方案。

（2）现状调查与工程分析阶段

开展现场调查、勘探、地下水监测、取样、分析、室内外试验和室内资料分析等，进行现状评价工作，同时进行工程分析。

（3）预测评价阶段

进行地下水环境影响预测；依据国家、地方有关地下水环境管理的法规及标准，进行影响范围和程度的评价。

（4）报告编写阶段

综合分析各阶段成果，提出地下水环境保护措施与防治对策，编写地下水环境影响专题报告。

5. 地下水环境影响评价

（1）评价原则

1）评价应以地下水环境现状调查和地下水环境影响预测结果为依据，对建设项目不同选址方案、各实施阶段（建设、生产运行和服务期满后）不同排污方案及不同防渗措施下的地下水环境影响进行评价，并通过评价结果的对比，推荐地下水环境影响最小的方案。

2）地下水环境影响评价采用的预测值未包括环境质量现状值时，应叠加环境质量现状值后再进行评价。

3）Ⅰ类建设项目应重点评价建设项目污染源对地下水环境保护目标（包括已建成的在用、备用、应急水源地，在建和规划的水源地、生态环境脆弱区域和其他地下水环境敏感区域）的影响。

4）Ⅱ类建设项目应重点依据地下水流场变化，评价地下水水位（水头）降低或升高诱发的环境水文地质问题的影响程度和范围。

（2）评价方法

1）Ⅰ类建设项目的地下水水质影响评价，可采用标准指数法进行评价，具体方法见《环境影响评价技术导则地下水环境》HJ 610-2011 第 8.4.2 节。

2）Ⅱ类建设项目评价其导致的环境水文地质问题时，可采用预测水位与现状调查水位相比较的方法进行评价，具体方法见《环境影响评价技术导则地下水环境》HJ 610-2011 第 10.3.2 节。

（三）声环境影响评价

1. 基本任务

评价建设项目实施引起的声环境质量的变化和外界噪声对需要安静建设项目的影响程度：提出合理可行的防治措施，把噪声污染降低到允许水平；从声环境影响角度评价建设项目实施的可行性；为建设项目优化选址、选线、合理布局以及城市规划提供科学依据。

2. 评价类别

（1）按评价对象划分，可分为建设项目声源对外环境的环境影响评价和外环境声源对需要安静建设项目的环境影响评价。

（2）按声源种类划分，可分为固定声源和流动声源的环境影响评价。

固定声源的环境影响评价：主要指工业（工矿企业和事业单位）和交通运输（包括航空、铁路、城市轨道交通、公路、水运等）固定声源的环境影响评价。

流动声源的环境影响评价：主要指在城市道路、公路、铁路、城市轨道交通上行驶的车辆以及从事航空和水运等运输工具，在行驶过程中产生的噪声环境影响评价。

（3）施工期施工设备、运行期物料运输和装卸设备等，可分别划分为固定声源或流动声源。

（4）建设项目既拥有固定声源，又拥有流动声源时，应分别进行噪声环境影响评价；同一敏感点既受到固定声源影响，又受到流动声源影响时，应进行叠加环境影响评价。

3. 评价量

（1）声环境质量评价量

根据《声环境质量标准》GB 3096，声环境功能区的环境质量评价量为昼间等效声级、夜间等效声级，突发噪声的评价量为最大 A 声级。

（2）厂界、场界、边界噪声评价量

根据《工业企业厂界环境噪声排放标准》GB 12348、《建筑施工场界环境噪声排放标准》GB 12523，工业企业厂界、建筑施工场界噪声评价量为昼间等效声级、夜间等效声级、室内噪声倍频带声压级，频发、偶发噪声的评价量为最大 A 声级。

根据《社会生活环境噪声排放标准》G822337，社会生活噪声源边界噪声评价量为昼间等效声级、夜间等效声级，室内噪声倍频带声压级、非稳态噪声的评价量为最大 A 声级。

4. 声环境影响评价

（1）评价标准的确定

应根据声源的类别和建设项目所处的声环境功能区等确定声环境影响评价标准，没有划分声环境功能区的区域由地方环境保护部门参照《声环境质量标准》GB 3096 和《声环境功能区划分技术规范》GB/T 15190 的规定划定声环境功能区。

（2）评价的主要内容

1）评价方法和评价量

根据噪声预测结果和环境噪声评价标准，评价建设项目在施工、运行期噪声的影响程度、影响范围，给出边界（厂界、场界）及敏感目标的达标分析。

进行边界噪声评价时，新建建设项目以工程噪声贡献值作为评价量；改扩建建设项目以工程噪声贡献值与受到现有工程影响的边界噪声值叠加后的预测值作为评价量。

进行敏感目标噪声环境影响评价时，以敏感目标所受的噪声贡献值与背景噪声值叠加后的预测值作为评价量。

2）影响范围、影响程度分析

给出评价范围内不同声级范围覆盖下的面积，主要建筑物类型、名称、数量及位置，影响的户数、人口数。

3）噪声超标原因分析

分析建设项目边界（厂界、场界）及敏感目标噪声超标的原因，明确引起超标的主要声源，对于通过城镇建成区和规划区的路段，还应分析建设项目与敏感目标间的距离是否符合城市规划部门提出的防噪声距离的要求。

4）对策建议

分析建设项目的选址、规划布局和设备选型等的合理性，评价噪声防治对策的适用性和防治效果，提出需要增加的噪声防治对策、噪声污染管理、噪声监测及跟踪评价等方面的建议，并进行技术、经济可行性论证。

第三节　项目后评价

投资项目后评价应依据《中华人民共和国公司法》、《中华人民共和国企业国有资产法》、《企业国有资产监督管理暂行条例》等法律法规，并结合工作实际而制定可行的评估办法，目的是加强项目执行的监督，提高和改善企业投资决策水平、管理水平和投资效益，加强项目论证阶段的严谨性和科学性，防范投资风险。尤其是燃气冷热电联供系统等新型能源系统更应重视项目后评价，以期客观了解项目投后情况。

一、项目后评价的目的

所谓项目后评价是指项目投资完成之后所进行的评价。遵循客观公正、科学规范、以项目为主体、全面真实的原则，通过对项目实施过程、结果及其影响进行系统调查和全面回顾，与项目决策时确定的目标以及技术、经济、环境、社会指标进行对比，找出差别和变化，分析原因，总结经验与教训，提出对策建议，以改善项目投资管理，提高决策水平，达到提高投资效益的目的。

二、主要依据与方法

开展项目后评价的主要依据包括：国家关于投资管理的相关法律、法规、规章及规定；地方经济发展规划以及项目审批文件；项目建议书、可行性研究报告、关于项目决策和批准程序的相关规章制度、初步设计文件、环境评估报告、节能评估报告、招投标文件、主要合同、工程概算调整报告、监理报告、竣工验收和结算资料、审计和稽查的结论性资料、财务决算资料、经核准或备案的资产评估结果及其相关的批复文件、生产期间的经营管理资料等。

项目后评价的主要分析评价方法是对比法，即根据后评价调查得到的项目实际情况，对照项目立项时所确定的直接目标和间接目标，以及其他指标，找出偏差和变化，分析原因，得出结论和总结经验教训。

三、评价内容

项目后评价的内容主要包括项目实施过程、项目实施效果和项目总结，具体可根据项目的大小、类型、委托要求和评价时点等有所区别、侧重和简化，如表 14-18 所示。

项目后评价的主要内容及指标　　表 14-18

评价分类	项目评价内容	主要指标
项目实施过程	立项决策阶段评价	项目可行性研究、项目决策和批准程序等
	准备阶段评价	项目合同及投资协议的签订、项目设计、资金来源和融资方案、采购招投标、开工准备等
	实施阶段评价	项目合同及投资协议的执行、项目“三大控制”(进度、投资、质量)、资金支付及财务管理、项目管理等
	运营阶段评价	项目验收、运营和财务状况、经济和社会效益等

续表

评价分类	项目评价内容	主要指标
项目实施效果	经济目标评价	投资、收益、营业收入、成本、税利、投资收益率、资产负债率等现实情况。重新测算项目的财务评价指标、经济评价指标、偿债能力等。财务和经济评价应当通过投资增量效益的分析，突出项目对企业效益的作用和影响
	技术目标评价	项目先进性、适用性、经济性以及安全性、资源、能源合理利用水平率等
	环境和社会影响评价	项目污染控制、地区环境生态影响、环境治理与保护及带动区域经济社会发展、推动产业升级等
	管理评价	项目管理体制与机制、项目管理水平、经营者水平和能力等
	持续能力评价	资源、环境、生态、物流条件、政策环境、市场变化以及自身竞争能力
项目总结	项目成功的经验、失误的教训、得出的启示、对策建议等方面，通过深入分析成功与失误的原因，为今后类似项目的投资决策或改进方案提供参考和借鉴。对因决策失误或投产后经营管理不善或国家产业政策、宏观经济环境改变导致生产经营处于困境的项目，研究提出解决的措施。对发展前景不乐观的项目制定补救方案，使项目尽快达到预期效益	

四、职责划分

企业作为投资主体，负责项目后评价的组织和管理。其主要职责是：制订本企业项目后评价实施细则；根据项目的进度情况和政府的要求，按年度对项目后评价实施计划管理；负责本企业及纳入本企业合并报表范围内子企业的项目后评价的组织实施等。

企业投资项目的后评价由企业自行组织实施或聘请具有相应资质和能力的中介机构实施。其主要职责是：按照国家的有关规定，遵循项目后评价的基本原则，完成后评价工作，并对项目后评价报告质量及相关结论负责，同时承担国家机密、商业机密相应的保密责任。凡是承担项目可行性研究报告编制、评估、设计、监理、项目管理、工程建设等业务的机构不得作为该项目的后评价承担机构。

主管部门负责项目后评价指导、监督、检查。其主要职责是：对企业后评价制度的建立和实施工作进行指导；根据需要，对企业及纳入企业合并报表范围内子企业的投资项目组织开展项目后评价；根据需要，定期或者不定期抽查企业相关投资项目后评价报告。

五、实施

实施后评价的投资项目，应为已投入正常运行的，且其持续运行的时间应不少于一个完整的会计年度。企业应当在项目运行后 36 个月内或收到主管部门项目后评价通知后 6 个月内完成《项目后评价报告》。已完成后评价的投资项目，在存续期间企业应当根据项目实际情况适时组织后评价工作。

企业应当制定项目后评价工作方案，明确项目后评价承担机构、组成人员、工作职责、工作目标、完成时间、经费保障等内容。项目后评价承担机构应当对项目后评价报告质量及相关结论负责。如有弄虚作假行为或评价结论严重失实等情形，根据情节和后果，由企业依法追究其责任，不得再聘任该机构承担评价工作。项目后评价成果经企业董事会通过后，有关经验、教训和政策建议应当作为企业编制、修订规划和投资决策的参考和依据。冷热电三联供项目后评价内容见表 14-19。

燃气冷热电联供项目后评价内容 **表 14-19**

评价分类	评价内容	评价指标
过程后评价	前期工作情况和评价 项目实施情况和评价 投资执行情况和评价 运营情况和评价 管理及服务设施情况和评价	前期决策 前期工作 初步设计 招投标管理 施工图设计 工程建设水平 施工监理水平 项目调试水平 竣工验收水平
效益后评价	财务效益后评价 国民经济效益后评价 投资使用情况后评价	财务净现值(*FNPV*) 财务内部收益率(*FIRR*) 投资回收期
影响后评价	社会经济影响评价 环境影响评价	发电机组、锅炉以及直燃机的污染物排放 冷却塔、发电机组、水泵等运行噪声
目标持续性后评价	外部条件 内部条件	能源综合利用率 单位面积总耗能量 用户负荷 燃料成本 电力体制
	服务水平能力 营运能力的	运行模式 内部管理及服务情况 客户投诉率 项目净利润率

第四节　与常规清洁供能形式的比较

公共建筑供能除了采用燃气冷热电联供系统供应建筑的冷热电负荷之外，还有很多常规的清洁供能形式，公共建筑是否适合选择燃气冷热电联供形式进行供能，除了应针对该项目进行采用燃气冷热电联供系统的技术经济比较之外，还应与常规的可行的清洁供能形式进行对比分析，应比较负荷特性、技术特点、工程投资、运行成本、经济效益、占地、安全、可靠性等各种因素，尤其燃气冷热电联供项目与常规清洁供能项目比存在增量差额投资，是否可以通过发电收益快速回收增量投资，也是项目决策的重要依据。

一、常规清洁供能形式

一般城市建筑的电负荷需求都是由市政供电解决，市政供电系统是城市基础设施的重要组成部分，只有在城市边缘区域或欠发达区域才有可能出现市政电网无法覆盖的情况。市政电力供应是城市建筑用电的可靠、稳定保障，也是燃气冷热电联供系统并网运行的依托。

建筑供热常规形式较多，一般会因地制宜地采用热电联产的热力网供热、燃气锅炉房供热、燃气直燃机供热等，均可满足建筑物清洁供热需求。但不同的供热形式存在不同的市政配套要求、不同的占地需求、不同的工程投资和运行成本。

建筑物冷负荷一般采用电制冷或燃气直燃机制冷。电制冷的设备种类很多，有活塞式、螺杆式、离心式、涡旋式的不同类型，效率较高，*COP* 值可达 5～7；燃气直燃机的 *COP* 值较低，一般为 1.4 以下，但由于燃气直燃机可有效平衡燃气供应侧的冬夏负荷差，因此被城市燃气企业推崇。

建筑物供能的方案还有很多，例如太阳能、水源热泵、空气源热泵等可再生能源供应也很多，但可与燃气冷热电联供（简称“三联供方案”）形成对比的主要常规清洁供能方案（简称“常规方案”）如下：

（1）外购市电＋燃气锅炉供热＋电制冷机供冷；

（2）外购市电＋燃气直燃机供热和制冷；

（3）外购市电＋热电联产热力网供热＋电制冷机供冷。

二、燃气冷热电联供系统与常规供能系统的比较

一般情况下，燃气冷热电联供项目由于采用的小型发电机组为国外进口设备，因此初投资较高，与常规方案比存在增量差额投资，加之不同项目的用能规律不同、一次能源价格和冷、热的销售价格也不同，造成项目的经济效益差别较大。增量差额投资能否通过发电的额外收益快速回收，也是评价项目是否可行的重要指标。

在下面的案例中，由于目前对销售冷能的价格没有统一的规定，为避免能源销售价格对分析结果的干扰，所有的项目都和常规方案相比较。另外，为减少财务费用的影响，资金来源均按 100％自有资金考虑。

下面以北京市不同公共建筑类型为案例，在特定的能源价格下，对不同类别、不同规模的项目与常规清洁供能方案进行经济性对比。公共建筑分为数据中心、综合商务区、产业园区、办公、学校、宾馆和医院七大类，分别就三联供方案和常规方案对比分析投资、运行成本、差额投资回收期、能源价格影响等，以此判断是否适合建设三联供系统。

（一）数据中心类项目

1. 项目分析

通过对典型案例中数据中心类建筑的分析，发现数据中心类的建筑负荷密度较大，数

据中心需要常年供电、供冷，因此电负荷和冷负荷均较大，而热负荷相对较小，其单位面积的负荷指标如表 14-20 所示。

数据中心类负荷指标　　　　表 14-20

电负荷(W/m^2)	热负荷(W/m^2)	冷负荷(W/m^2)
490～510	90～110	350～380

数据中心需要常年供冷、供电，仅办公部分在冬季有热负荷需求，而供电和供冷是全年每时都有负荷需求，且电和冷的负荷比较稳定，电负荷的波动范围为 0.9～1，冷负荷的波动范围为 0.91～1，热负荷的变化规律同常规建筑，变化范围在 0.48～1 之间。其单位面积的耗能较大，见表 14-21。

数据中心类单位面积能耗　　　　表 14-21

单位面积电耗(kWh/m^2)	单位面积冷耗(GJ/m^2)	单位面积热耗(GJ/m^2)	单位面积耗气量(Nm^3/m^2)
4247.7	10.9	0.5	1046

共设计了 4 个方案，分别为外购市电＋常规电制冷机＋燃气锅炉方案、外购市电＋直燃机方案、三联供并网方案、三联供切网方案。投资和运行成本见图 14-2。

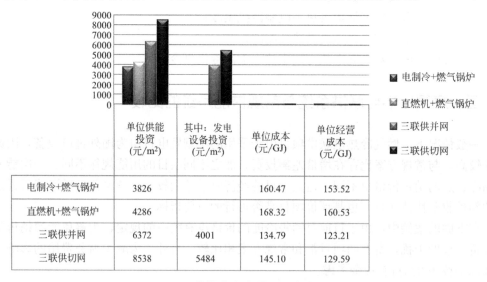

	单位供能投资(元/m²)	其中：发电设备投资(元/m²)	单位成本(元/GJ)	单位经营成本(元/GJ)
电制冷+燃气锅炉	3826		160.47	153.52
直燃机+燃气锅炉	4286		168.32	160.53
三联供并网	6372	4001	134.79	123.21
三联供切网	8538	5484	145.10	129.59

图 14-2　数据中心类项目经济指标图

数据中心类的联供项目，因冷、电负荷稳定，负荷密度大，在与常规方案供能的安全性一致的情况下，其发电机的年满负荷运行时间都在 7000h 以上，单位面积的耗气量在 $1050m^3/m^2$，采用三联供方案，项目具有较好的经济性。因此，数据中心类的项目适合采用燃气冷热电联供系统。

由于目前电力并网仍然存在较大阻力，实操性较低，项目往往只能独立运行脱网运行，为保证数据中心类项目的供能安全性，设备的冗余度必须加大，设备的初投资增加，且在独立运行方式下，为保证发电机组的运行安全性，发电机组不能带满负荷，最高负荷率在85%左右，造成效率下降，耗气量增加，运行成本增加。

通过对典型案例的分析，并网方案在经济性上更优越。并网方案的投资为6372元/m^2，运行成本为常规方案的80%；切网方案的投资为8538元/m^2，运行成本为常规方案的84%。

2. 能源价格变动对数据中心类项目的影响

三联供项目消耗的一次能源为天然气与电力，因此当天然气与电力价格波动时，项目的运营成本会随之发生变化。同时作为对比方案的常规方案其运营成本也会发生变化。一次能源价格变化对运营成本的影响见表14-22。

一次能源价格波动对数据中心类项目运营成本的影响表 **表14-22**

序号	项目	燃气价格(元/m^2)			电价(元/kWh)			建设投资(万元)		
		2.08	2.28	2.48	0.7629	0.7929	0.8129	−10%	0%	10%
1	电制冷+燃气锅炉	160.35	160.47	160.59	160.47	166.14	169.92	159.77	160.47	161.16
2	直燃机+燃气锅炉	166.48	168.32	170.15	168.32	173.46	176.89	166.79	167.48	168.18
3	三联供并网	126.95	134.79	142.63	134.79	135.29	135.62	135.69	136.85	138.01
4	三联供切网	137.08	145.10	153.12	145.10	145.60	145.93	143.55	145.10	146.65

也可以从图14-3和图14-4中的差额投资回收期上看出一次能源变化对项目经济性的影响。可见，当气价由2.08元/m^3变化至2.48元/m^3时，差额投资回收期将延长4年。当平均电价由0.7629元/kWh变化至0.8129元/kWh时，差额投资回收期将缩短2年。

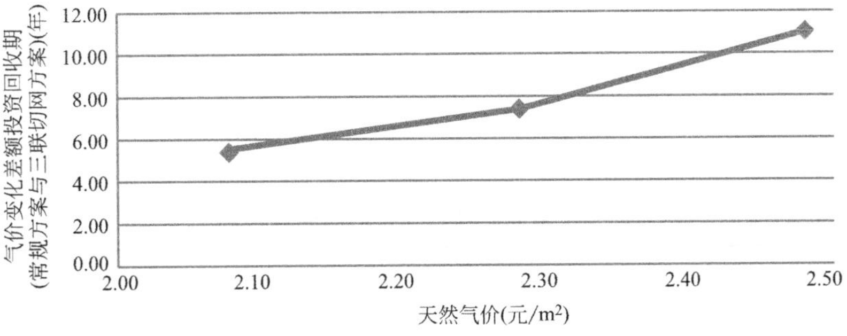

图14-3 数据中心类项目差额投资回收期受气价波动影响图

3. 数据中心类项目小结

数据中心类项目因单位面积的负荷密度大、负荷较稳定、全年运行，运行时间长，因此适合发展燃气冷热电联供系统。并网方案可以减少设备的冗余度、提高设备运行效率，经济性更优，因此优先采用并网运行模式。

(二) 综合商务园类项目

1. 项目分析

综合商务园类建筑性质大都为办公楼、研发中心、大型商业、超市、酒店式公寓、高档宾馆等，不同类型建筑物的用能规律不同，如办公类建筑的用能高峰在白天，而酒店类

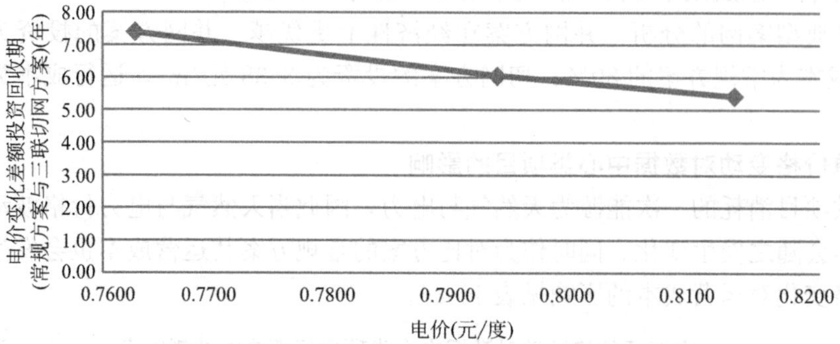

图 14-4　数据中心类项目差额投资回收期受电价波动影响图

建筑的用能高峰在下班后，商业则从早十点到晚上十点都有负荷，办公类建筑在节假日负荷较小，商业类建筑节假日负荷较大，因此对于综合商务区，各种类型建筑物的用能规律容易互补，使得负荷较为稳定。另外，高档办公、商业和酒店对空调的品质要求较高，全年的空调负荷时间较长，也为采用燃气冷热电三联供系统提供了很好的条件。单位面积负荷指标见表 14-23。

综合商务园类项目负荷指标　　　　表 14-23

电负荷(W/m^2)	热负荷(W/m^2)	冷负荷(W/m^2)
60	107	101

尽管综合商务区建筑物本身的冷、热、电负荷日、月都有变化，但由于建筑用能的互补性，如办公建筑在下午 17：00 点之后负荷较小，但此时酒店负荷处于高峰期，而在白天，酒店负荷较小时，办公建筑负荷较大，商业和超市建筑全天负荷都较均匀。因此，综合商务区的负荷波动较单一形态的建筑物的负荷波动小、全天的用能时间长，采暖季和制冷季的时间较长。单位面积的能耗指标见表 14-24。

综合商务园类项目单位面积能耗指标　　　　表 14-24

单位面积热耗(GJ/m^2)	单位面积冷耗(GJ/m^2)	单位面积耗气量(Nm^3/m^2)
0.58	0.30	15.9

注：项目单位面积耗气量低主要是由于其补充供热采用市政热力。

针对 10 万 m^2 以上的建筑群和 10 万 m^2 以下的建筑群，采用三联供和常规方案比较综合商务园类建筑的初投资和运行成本，见图 14-5、图 14-6。对于 10 万 m^2 以上的项目，三联供系统尽管初投资较常规方案高，但运行成本较常规方案低，且差额投资回收期较短，项目的经济性较好。而对于 10 万 m^2 以下的项目，尽管三联供的运营成本较常规方案低，但初投资较常规方案增加较多，导致增量投资很难回收，项目经济性较差。

2. 能源价格变动对综合商务园类项目的影响

针对 10 万 m^2 以上的综合商务园项目，当一次能源价格变化时对项目经济性的影响，见表 14-25。

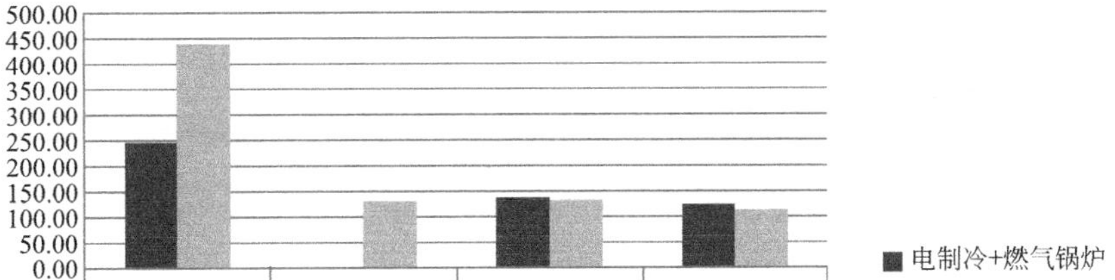

	单位供能投资(元/m²)	其中：发电设备投资(元/m²)	单位成本(元/GJ)	单位经营成本(元/GJ)
电制冷+燃气锅炉	245.62		136.43	122.93
三联供	438.77	129.04	130.14	110.94

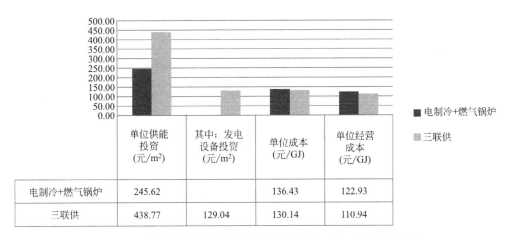

图 14-5　综合商务园类项目经济指标图（10 万 m^2 以上建筑）

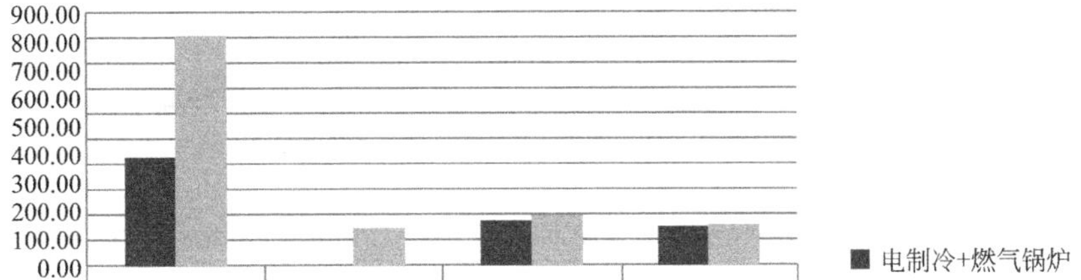

	单位供能投资(元/m²)	其中：发电设备投资(元/m²)	单位成本(元/GJ)	单位经营成本(元/GJ)
电制冷+燃气锅炉	387.26		160.51	140.19
三联供	819.17	134.39	179.43	145.49

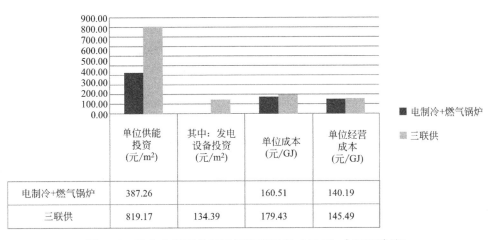

图 14-6　综合商务园类项目经济指标图（10 万 m^2 以下建筑）

一次能源价格波动对综合商务园类项目运营成本的影响表　　表 14-25

项　目	燃气价格(元/m³)			电价(元/kWh)			建设投资(万元)		
	2.08	2.28	2.48	0.9004	0.9304	0.9504	−10%	0%	10%
电制冷＋燃气锅炉	136.43	136.43	136.43	136.43	138.85	140.46	135.36	136.43	137.51
三联供	127.28	130.14	133.01	130.14	130.94	131.46	128.22	130.14	132.06

也可以从图 14-7 和图 14-8 中的差额投资回收期上看出一次能源变化对项目经济性的影响。当气价由 2.08 元/m^3 上升至 2.48 元/m^3 时，增量投资的差额投资回收期将延长约 4 年；当电价由 0.9004 元/kWh 上升至 0.9504 元/kWh 时，增量投资的差额投资回收期将缩短约 1.8 年。

3. 综合商务园类项目小结

通过分析比较 10 万 m^2 以上和 10 万 m^2 以下的综合商务区采用三联供和常规方案的优劣，发现 10 万 m^2 以上的综合商务区因建筑物负荷的互补性较强、负荷波动小、用能时

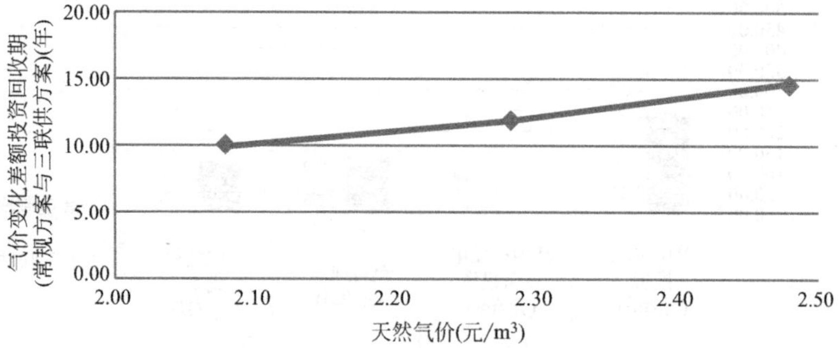

图 14-7　综合商务园类项目差额投资回收期受气价波动影响图

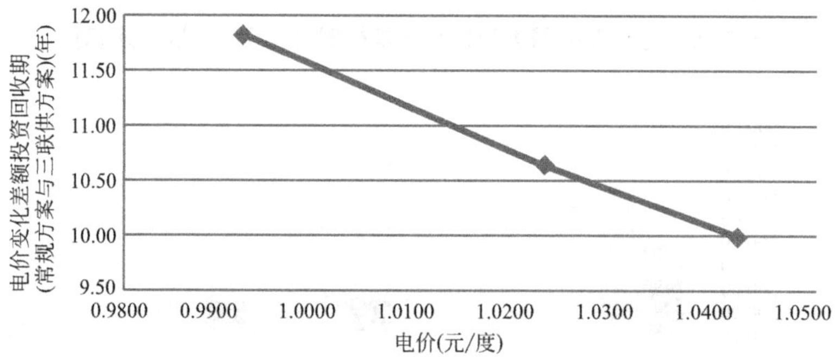

图 14-8　综合商务园类项目差额投资回收期受电价波动影响图

间长，适合采用三联供系统，与常规方案相比，项目经济性较好，差额投资回收期为 11 年。综合商务区的经济性与项目规模有关，大于 10 万 m^2 的项目经济性较好，小于 10 万 m^2 的项目与常规方案相比，没有明显优势。

（三）产业园区类项目

1. 项目分析

产业园区类与综合商业类项目类似，其建筑物性质大多为教育科研、多功能、综合商业金融、康体娱乐、酒店、仓储、二类工业等的混合体。因建筑物业态的多样性，使得项目负荷的互补性较强，负荷波动较单一形态的建筑小，比较适合采用三联供系统。针对 10 万～70 万 m^2 的项目，单位面积负荷指标见表 14-26，单位面积能耗见表 14-27。

产业园区类项目负荷指标　　表 14-26

电负荷(W/m²)	热负荷(W/m²)	冷负荷(W/m²)
50	89～86	104～100

产业园区类项目单位面积能耗指标　　表 14-27

单位面积热耗(GJ/m²)	单位面积冷耗(GJ/m²)	单位面积耗气量(Nm³/m²)
0.46～0.49	0.32～0.3	30.5～30.2

小于 10 万 m^2 的产业园区经济指标见图 14-9，大于 40 万 m^2 小于 70 万 m^2 的产业园区项目经济指标见表 14-28。

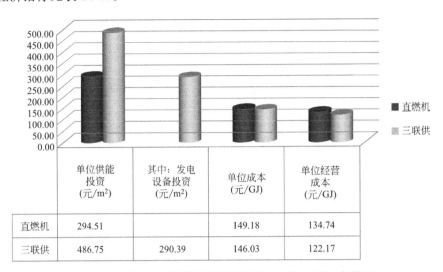

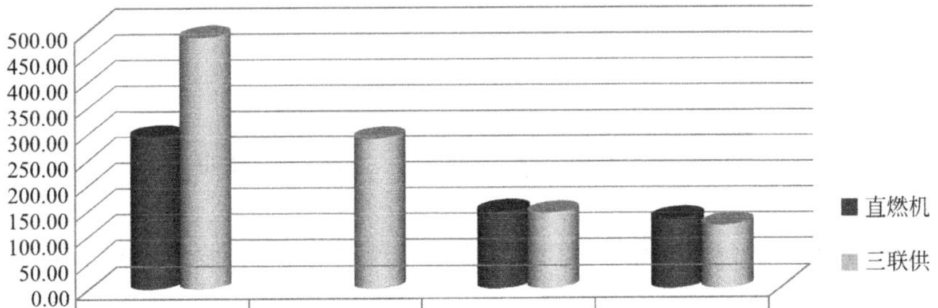

	单位供能投资(元/m^2)	其中：发电设备投资(元/m^2)	单位成本(元/GJ)	单位经营成本(元/GJ)
直燃机	294.51		149.18	134.74
三联供	486.75	290.39	146.03	122.17

图 14-9　产业园区类项目经济指标图（小于 10 万 m^2 项目）

产业园区类项目经济指标表（大于 10 万 m^2 小于 70 万 m^2 项目）　　表 14-28

项　目	单位供能投资(元/m^2)	其中:发电设备投资(元/m^2)	单位成本(元/GJ)	单位经营成本(元/GJ)
三联供	454.23	163.87	141.30	119.12

从以上图表可以看出，采用三联供系统，其初投资比常规方案高，但运行成本较常规方案低。项目具有较好的经济效益。当项目规模大于 10 万 m^2 时，单个项目的规模对经济性的影响很小，其经济性是类似的，影响项目规模的主要因素是冷水管线的路由、集中供冷对负荷的适应性等因素。

2. 能源价格变动对产业园区类项目的影响

燃气价格和电价波动时对项目的经济性影响见表 14-29。也可以从图 14-10 和图 14-11 中的差额投资回收期上看出一次能源变化对项目经济性的影响。当气价由 2.08 元/m^3 上升至 2.48 元/m^3 时，增量投资的差额投资回收期将延长约 5 年；当电价由 0.9257 元/kWh 上升至 0.9757 元/kWh 时，增量投资的差额投资回收期将缩短约 2.8 年。

一次能源价格波动对产业园区类项目运营成本的影响表　　表 14-29

序号	项　目	燃气价格(元/m^3)			电价(元/kWh)			建设投资(万元)		
		2.08	2.28	2.48	0.9257	0.9557	0.9757	−10%	0%	10%
1	直燃机	144.98	149.18	153.37	149.18	151.41	152.89	147.73	149.18	150.62
2	三联供	139.86	146.03	152.20	146.03	146.50	146.81	143.64	146.03	148.42

3. 产业园区类项目小结

产业园区因建筑物的负荷互补性较强、负荷波动相对较小、用能时间较长，适合采用

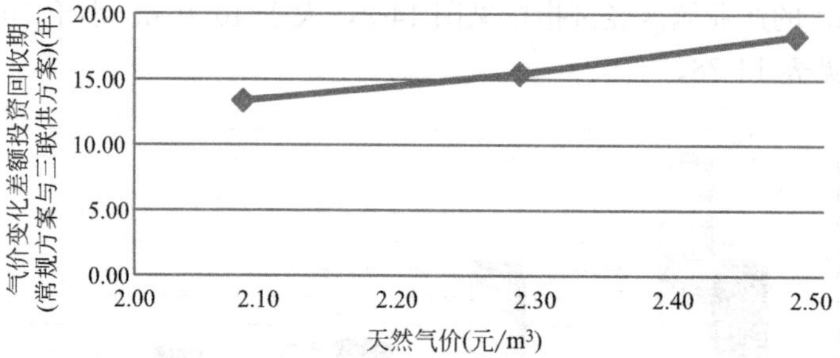

图 14-10　产业园区类项目差额投资回收期受气价波动影响图

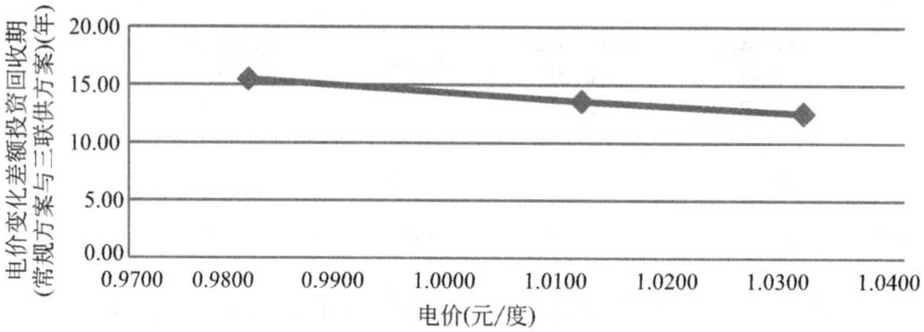

图 14-11　产业园区类项目差额投资回收期受电价波动影响图

三联供系统，与常规方案相比，项目经济性较好。大于 40 万 m^2 的产业园区，不同规模的项目经济性类似，制约单个项目规模的是非经济因素，影响项目规模的主要因素是冷水管线的路由、集中供冷对负荷的适应性等因素。

(四) 办公类项目

1. 项目分析

一般的办公是从上午 9：00 至下午 17：00 或 16：00，全天的用能时间较短，一天也就 8～9h，全年供暖制冷期按较长时间 288 天计算，则全年的供热制冷时间为 2304～2592h。而三联供若要发挥效益，其发电机组的折算年满负荷运行小时数需接近 4000h，纯办公类建筑即使负荷没有波动，全按峰值负荷运行，发电机组的年满负荷运行小时数只有 2304～2592h，实际上由于存在负荷的波动，发电机组的年满负荷运行小时数是小于上述数值的。因此，单纯的办公类项目采用三联供系统与常规方案相比，并没有明显优势。对 1 万～10 万 m^2 的建筑进行了研究，单位面积负荷指标见表 14-30，单位面积能耗见表 14-31。

办公类项目负荷指标　　表 14-30

电负荷(W/m^2)	热负荷(W/m^2)	冷负荷(W/m^2)
45	80～85	67～90

办公类项目单位面积能耗指标　　表 14-31

单位面积热耗(GJ/m^2)	单位面积冷耗(GJ/m^2)	单位面积耗气量(Nm^3/m^2)
0.4～0.32	0.2～0.19	19.5～29.4

纯办公类项目，因用能时间短，三联供项目初投资大，运行成本较常规项目也高，因此增量投资很难回收。项目规模越小，经济性越差。图 14-12 反映的是大于 5 万 m^2 小于 10 万 m^2 的项目，图 14-13 反映的是小于 5 万 m^2 的项目。可以很明显地看出，5 万～10 万 m^2 的项目三联供方案与常规方案的差距比 5 万 m^2 的项目的差距小。另外，由于三联供方案初投资较大，如果降低发电机组的装机容量，可以提高项目的经济性。

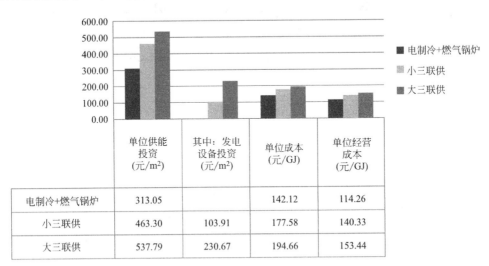

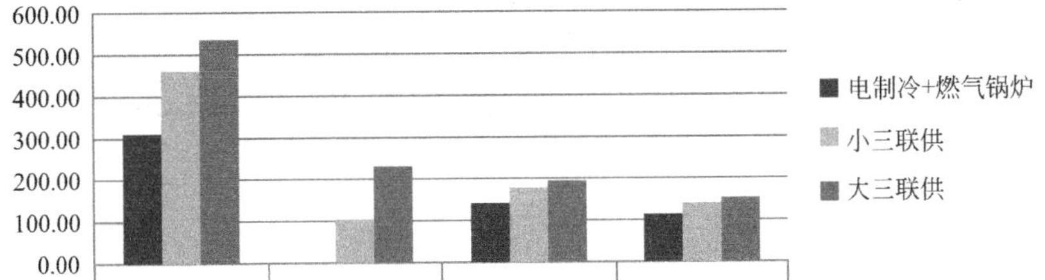

	单位供能投资(元/m²)	其中：发电设备投资(元/m²)	单位成本(元/GJ)	单位经营成本(元/GJ)
电制冷+燃气锅炉	313.05		142.12	114.26
小三联供	463.30	103.91	177.58	140.33
大三联供	537.79	230.67	194.66	153.44

图 14-12　办公类项目经济指标图（5 万～10 万 m^2 项目）

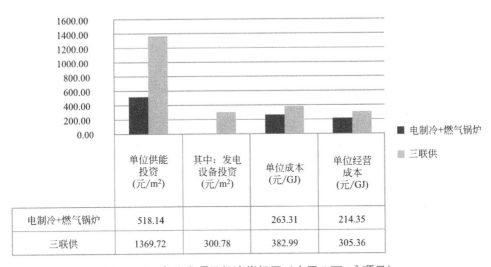

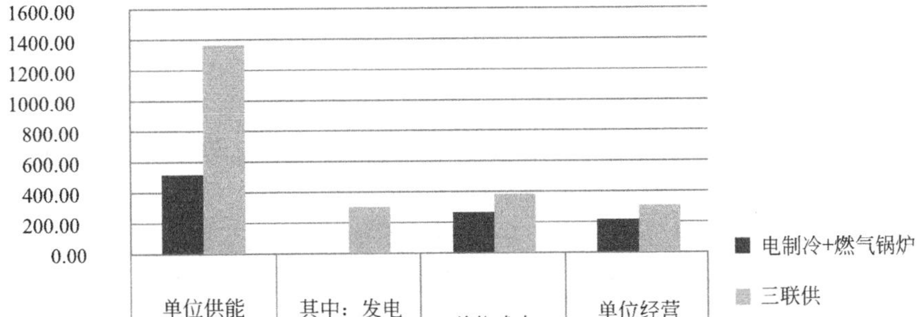

	单位供能投资(元/m²)	其中：发电设备投资(元/m²)	单位成本(元/GJ)	单位经营成本(元/GJ)
电制冷+燃气锅炉	518.14		263.31	214.35
三联供	1369.72	300.78	382.99	305.36

图 14-13　办公类项目经济指标图（小于 5 万 m^2 项目）

制约办公类项目经济性的主要原因是项目用能时间较短，如果延长项目用能时间，可以改善项目经济性。如图 14-14 所示，当每天用能时间增加时，三联供方案与常规方案的差距在缩小。

2. 能源价格变动对办公类项目的影响

天然气价格和电价变化时对项目经济性的影响见表 14-32。在现有电价 0.8814 元/kWh 的情况下，只有当气价降低至 1.5～1.7 元/m^3 时，三联供方案的运行成本才能和常规方案持平。

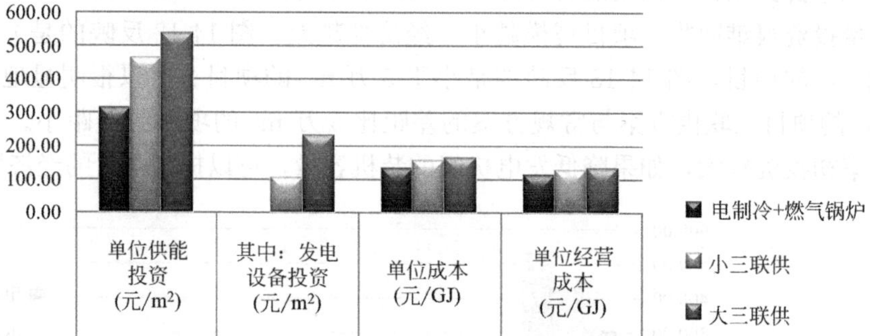

	单位供能投资(元/m²)	其中：发电设备投资(元/m²)	单位成本(元/GJ)	单位经营成本(元/GJ)
电制冷+燃气锅炉	313.05		132.61	112.92
小三联供	463.30	103.91	156.36	127.21
大三联供	537.79	230.67	164.58	132.38

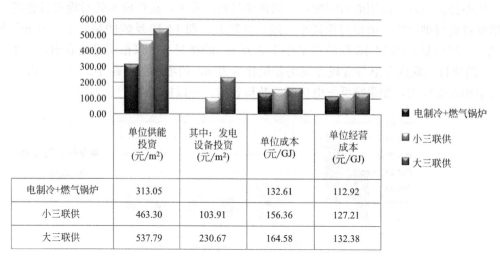

图 14-14　办公类项目经济指标图（5 万～10 万平方米项目增加用能时间）

一次能源价格波动对办公类项目运营成本的影响表　　　　表 14-32

序号	项　目	燃气价格(元/m³)			电价(元/kWh)			建设投资(万元)		
		2.08	2.28	2.48	0.8814	0.9114	0.9314	−10%	0%	10%
1	电制冷＋燃气锅炉	128.65	132.61	136.58	132.61	134.15	135.17	130.64	132.61	134.58
2	小三联供	150.21	156.36	162.52	156.36	156.61	156.77	153.45	156.36	159.28
3	大三联供	158.27	164.58	170.89	164.58	164.85	165.03	161.36	164.58	167.80

3. 办公类项目小结

办公类项目因用能时间短，与常规项目相比没有明显优势。10 万 m^2 以下的项目经济性更差。用能时间增加后，总成本与常规方案的差距减小。可考虑重点发展用能时间长的办公类建筑，如创意产业园等项目。项目规模不能太小，低于 5 万 m^2 以下的项目建议不采用三联供。为提高项目经济性，可以适当减少发电设备装机容量。

(五) 学校类项目

1. 项目分析

学校类项目同办公类项目一样，用能时间都较短，主要是学校存在寒暑假，在寒暑假期间，除图书馆正常用能外，大部分建筑冬季只有值班供暖需求，夏季没有冷负荷需求，而且寒暑假，正是常规用能高峰时间，而学校类建筑在此期间负荷很小。常规项目的采暖制冷期在 240～290 天左右，学校去掉 3 个月的寒暑假 90 天，用能时间较短，因此发电机组的满负荷利用小时数也较低，从而造成该类项目经济性较差。学校类项目的单负荷指标见表 14-33，能耗指标见表 14-34。

学校类建筑负荷指标　　　　表 14-33

电负荷(W/m²)	热负荷(W/m²)	冷负荷(W/m²)
35	95	83

学校类建筑面积能耗指标　　　　表 14-34

单位面积热耗(GJ/m^2)	单位面积冷耗(GJ/m^2)	单位面积耗气量(Nm^3/m^2)
0.35	0.2	38.42

学校类项目的经济指标见图 14-15。从图中可以看出，采用三联供后，初投资和运行成本都较常规方案高。项目在经济上没有优势。

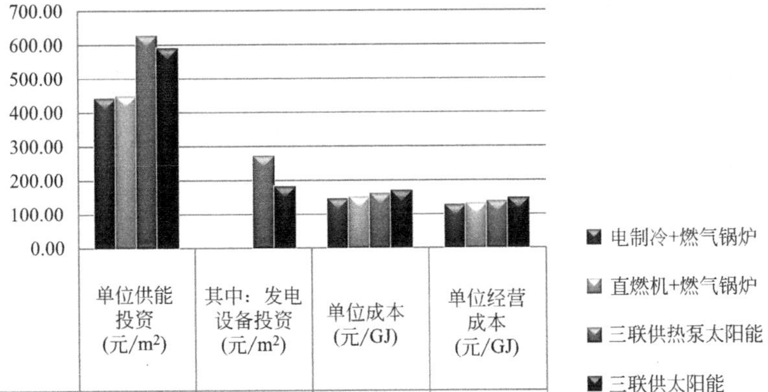

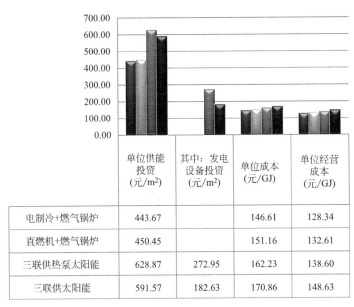

	单位供能投资(元/m²)	其中：发电设备投资(元/m²)	单位成本(元/GJ)	单位经营成本(元/GJ)
电制冷+燃气锅炉	443.67		146.61	128.34
直燃机+燃气锅炉	450.45		151.16	132.61
三联供热泵太阳能	628.87	272.95	162.23	138.60
三联供太阳能	591.57	182.63	170.86	148.63

图 14-15　学校类项目经济指标图

2. 能源价格变动对学校类项目的影响

天然气价格和电价变化时对项目经济性的影响见表 14-35。在现有电价 0.856 元/kWh 的情况下，只有当气价降低至 1.5～1.7 元/m^3 时，三联供方案的运行成本才能和常规方案持平。

一次能源价格波动对学校类项目运营成本的影响表　　　　表 14-35

序号	项　目	燃气价格(元/m^3)			电价(元/kWh)			建设投资(万元)		
		2.08	2.28	2.48	0.8560	0.8860	0.9060	−10%	0%	10%
1	电制冷+燃气锅炉	142.95	146.61	150.26	146.61	148.31	149.44	144.96	146.61	148.26
2	直燃机+燃气锅炉	146.16	151.16	156.15	151.16	152.32	153.09	149.26	150.90	152.55
3	三联供热泵太阳能	156.79	162.23	167.66	162.23	162.49	162.66	251.29	253.65	256.01
4	三联供太阳能	164.30	170.86	177.43	170.86	171.09	171.25	168.64	170.86	173.09

3. 学校类项目小结

由于寒暑假期间负荷较低，用能时间短，因此学校类项目的经济效益较差，除非是没有寒暑假的培训类学校，否则不应采用三联供系统。

（六）宾馆类项目

宾馆类项目三联供方案的经济性主要取决于入住率因素，为保证项目经济效益，入住率至少在80％以上。

对于带游泳池、洗浴桑拿的宾馆，为降低投资，可以配备小容量发电机组，且余热只带生活热水负荷。

（七）医院类项目

医院类项目从用能负荷性质来说，比较适合三联供的负荷部分是住院部等，医院的门诊楼和办公部分的负荷一般只有白天负荷，用能时间较短，但是，北京的医院电价较低，会影响项目的经济效益。

第十五章　燃气冷热电联供工程典型项目简介

天然气分布式能源发展至今已经历二十余年历程。本章选取了较典型的应用于园区、机场、数据中心、医院、酒店、综合体等用户的已建成的冷热电联供工程项目实例，分别对项目概况、主要特点、设备装机等内容进行介绍。

第一节　市场发展状况

据不完全统计①，从1998年国内第一个天然气分布式能源项目建成开始，截至2015年年底，我国天然气分布式能源项目（单机规模小于或等于50MW，总装机容量200MW以下）共计288个，总装机超过11123MW，其中已建项目127个，装机1405.5MW。

2015年一年间，天然气分布式能源已建项目14个，装机95.774MW；在建项目69个，装机1603.2MW；已建在建项目合计装机3008.6MW；筹建项目92个，装机8114.8MW。

天然气分布式能源产业在2015年间，从在建、筹建项目的数量和规模等多方面表现出了明显的发展拐点和加速趋势，2015年成为天然气分布式能源的“快速发展年”，2020年各地规划装机总量将超过20000MW。

第二节　发展前景展望

《电力发展“十三五”规划（2016—2020年）》中“重点任务”：有序发展天然气发电，大力推进分布式气电建设。推广应用分布式气电，重点发展热电冷多联供。“十三五”期间，全国气电新增投产5000万kW，2020年达到1.1亿kW以上，其中热电冷多联供1500万kW。

2017年6月，国家发展改革委、科技部、工业和信息化部、财政部等13个部门联合发布《加快推进天然气利用的意见》（发改能源〔2017〕1217号），指出：大力发展天然气分布式能源。在大中城市具有冷热电需求的能源负荷中心、产业和物流园区、旅游服务区、商业中心、交通枢纽、医院、学校等推广天然气分布式能源示范项目，探索互联网+、能源智能微网等新模式，实现多能协同供应和能源综合梯级利用。

同时，分布式能源方面的国家规范、行业标准，以及有关分布式能源并网问题的相关文件近年相继出台，如《燃气冷热电联供工程技术规范》GB 51131—2016、《分布式电源

---

① 中国城市燃气协会分布式能源专业委员会.天然气分布式能源产业发展报告2016.

并网技术要求》GB/T 33593-2017、《分布式电源并网运行控制规范》GB/T 33592-2017 等，天然气分布式能源项目有着大好发展前景。

第三节　工程项目简介

我国天然气分布式能源工程主要为工业园区、生态园区、综合商业体、数据中心、医院、酒店、交通枢纽和学校等提供能源供应，这些用户具有比较稳定的电、冷、热需求，也是天然气分布式能源冷热电联供工程的重点用户。

下文将分别列举园区、机场、数据中心、酒店、医院、综合体等不同类型用户的分布式能源落地项目工程实例，供参考借鉴。

一、园区工程

（一）上汽大众安亭工厂分布式能源项目

1. 项目概况

近年来，上海市政府大力推动燃煤（重油）锅炉和窑炉清洁能源替代工作，作为汽车行业领军企业的上海大众为响应政策号召，对其位于上海市嘉定区的安亭工厂实施锅炉“煤改气”工程。由于天然气锅炉运行成本远高于原燃煤锅炉，为降低生产成本，提升企业竞争力，经过多种方案比选，采用天然气分布式能源系统集成供应工厂用电和蒸汽。

上海大众汽车安亭工厂全年运营，产品线几乎不间断生产，工厂用电量较高且较稳定，同时生产厂房全年都有较大的蒸汽需求。根据大众汽车安亭工厂的能源需求情况，依据“满足常用电力负荷及基础蒸汽负荷，热电平衡”的原则对分布式能源系统进行配置和设计。针对大众汽车安亭工厂负荷特性，通过对不同机型性能及运行成本的对比，选用 4 套模块化天然气分布式供能模块，每套供能模块由 1 台燃气轮机与 1 台余热锅炉组成，露天布置（见图 15-1）。除此之外，在大众汽车工厂设置调峰及备用燃气锅炉房，配置 4 台天然气蒸汽锅炉，并预留 1 台位置供后续发展。

图 15-1　上汽大众安亭工厂分布式能源项目

2. 主要特点

上海大众汽车安亭工厂分布式能源项目是国内首个工业燃气轮机煤改气项目，可视为模块化分布式能源站，即由多套热电联产机组组合而成。主要特点包括：

（1）依据实际电负荷，自发电“并网不上网”，全部为工厂自用。

（2）联供系统满足常用电力负荷及基础蒸汽负荷，热电平衡，配置得当。

（3）满足全年蒸汽负荷供应，提供全年卫生热水供应。

3. 项目效益

发电机年设计运行 335 天，联供系统年平均综合能源利用率 80%。

年节约标准煤 1.6 万 t，减排 CO_2 3.52 万 t，减排 SO_2 19.22t。

4. 设备装机（见表 15-1）

上海大众安亭工厂分布式能源项目设备装机情况　　表 15-1

燃气轮发电机组	6500kW	4 台
余热蒸汽锅炉	14.3t/h	4 台
燃气蒸汽锅炉	55t/h	4 台

5. 建设情况

2014 可行性研究及立项；

2015 年建设安装；

2016 年交付投产。

（二）北京蟹岛生态园分布式能源项目

1. 项目概况

蟹岛生态园度假村总建筑面积 20.2 万 m^2，包括农庄（四合院）、游泳馆、会议楼、文化中心、酒店、健身俱乐部、娱乐中心、温室等（见图 15-2）。

该项目在天然气高效梯级利用的基础上结合可再生能源应用，为蟹岛生态园提供电力、供暖、空调、生活热水等多种用能形式，采用了创新的系统集成形式，解决了冷热电三联供系统负荷不易匹配的问题，系统总能源综合利用率更高，节能示范效果和经济效益显著。项目总体技术水平和主要技术经济指标达到国际同类技术的先进水平，系统集成方法实用化程度高，取得了显著的经济效益和社会效益，有广阔的推广应用前景，可提高燃气应用的整体技术水平、竞争能力和创新能力，对促进能源领域科技进步有重大作用。

该项目能源站系统以天然气为一次能源用于发电，并利用发电余热制冷、供热，由系统产生的电能带动热泵机组，配合蓄冷、蓄热装置作为供冷、供热的补充，能源站优先利用发电余热通过烟气热水型冷温水机组供应空调负荷，当发电余热不能满足供应时，由热泵机组配合蓄能设备补充供冷、供热。通过热泵机组的使用，不仅提高了燃气发电机组的负载率、延长开机运行时间；而且降低运行成本，使投资获得更好的经济效益；同时可以使能源站以燃气、电能双能源供冷、供热，增加了空调负荷供应的安全性、可靠性。

该项目共设置 4 台发电机组，孤网运行，通过负荷追踪系统自动启停并分配发电机组电负荷。

图 15-2 北京蟹岛生态园分布式能源项目

2. 主要特点

蟹岛生态园分布式能源站是世界银行赠款项目，是国内第一个多能互补能源站，荣获全国优秀工程勘察设计行业二等奖。主要特点包括：

(1) 自发电孤网运行，大小容量发电机根据电负荷自动调控。

(2) 发电余热、热泵机组、燃气锅炉、蓄冷、蓄热等多种供能方式多能互补。

(3) 人工湖作为冷却系统冷源及热泵机组低位热源。

3. 项目效益

发电机年设计运行 300 天，联供系统年平均综合能源利用率 83%。

年节约标准煤 0.53 万 t，减排 CO_2 1.17 万 t，减排 SO_2 6.37t。

4. 设备装机（见表 15-2）

北京蟹岛生态园分布式能源项目设备装机情况 表 15-2

燃气内燃发电机组	1360kW	2 台
	360kW	2 台
烟气热水型冷温水机组	制冷 1740kW，供热 1400kW	2 台
三工况热泵机组	制冷 1590kW，制冰 1000kW，制热 2050kW	6 台
燃气热水锅炉	4200kW	1 台
	2800kW	1 台
冰蓄冷装置		1 套

5. 建设情况

2007 年可行性研究及立项；

2008 年开工建设；

2009 年 9 月投产。

二、机场工程

（一）上海浦东机场分布式能源项目

1. 项目概况

上海浦东国际机场一期工程总体规划占地 12km^2，南北长约 8km，东西平均长约 4km，整个地形属狭长形。需要供冷供热用户遍布整个机场，冷、热源由机场区域型能源中心集中供应（见图 15-3），对象包括候机楼、综合办公楼、配餐中心、商务设施区等主要建筑物，总面积达 60 万 m^2。

图 15-3　上海浦东机场分布式能源项目

能源中心于 1999 年 10 月投运。2002 年 6 月底并网点负荷调整改造，自 2002 年 7 月起，燃气轮机以 70%～80%的额定功率运行，实行并网送电与能源中心用电抵扣，经济性大大提高。根据供气协议，由进机场 2.5MPa 高压天然管道供应，经专用调压站至燃气轮机正常工作压力 1.5～2.0MPa 范围直接供应。2002 年以后出现天然气管网压力经常不能满足燃气轮机正常工作压力要求，在 2004 年年底在次高压管道上设置了一套天然气增压机，保证了正常供气压力需要。经过并网改造和燃气增压机配置完成，冷、热、电联供系统正在高效运转。

天然气进户处设自动紧急切断阀，与机房燃气泄漏报警器联锁。机房采用自然通风与机械排风相结合的通风系统。燃气轮机燃烧空气进风、发电机冷却风吸口及机罩壳排风均经风道接至屋顶，空气过滤装置安装在屋顶上，不与室内空间发生关系。

该冷热电联供能源中心创造了良好的经济效益和社会效益，为天然气能源综合利用提供一个好的实例，并为新建同类分布式供能系统提供了有益借鉴。

2. 主要特点

上海浦东机场能源中心是最早投运的燃气轮机分布式能源项目，也是国内首例机场燃气冷热电联供项目。燃气轮机发电余热产生蒸汽，供应双效溴化锂吸收式制冷机、除氧器等，蒸汽供应不足由燃气蒸汽锅炉补充。主要特点包括：

（1）燃气轮机、蒸汽锅炉均为油气两用，燃料供应充分保障。

（2）燃气轮机余热产生蒸汽，与蒸汽锅炉共同供应用户。

（3）电力系统 35kV 并网、燃气系统增设燃气增压机保证联供系统高效、稳定运行。

3. 项目效益

机组额定工况下发电效率为 28.5%，热效率为 48.5%，总效率为 77%。

4. 设备装机（见表 15-3）

上海浦东机场分布式能源项目设备装机情况　　表 15-3

燃气轮发电机组	4000kW	1 台
余热锅炉	0.9MPa 9.7t/h	1 台

续表

燃气蒸汽锅炉	20t/h、30t/h	1/2 台
离心式冷水机组	85800kW	3 台

5. 建设情况

1997 年开始设计；

1999 年 10 月建成投产；

2001 年 03 月并网；

2002 年 7 月电气系统改造；

2004 年燃气系统改造。

(二) 长沙黄花机场分布式能源项目

1. 项目概况

2009 年 4 月长沙黄花机场启动了 15.4 万 m^2 新航站楼扩建工程，以满足 2015 年客吞吐量 1560 万人次的要求，总设计冷负荷 27MW，热负荷 18MW，原计划采用直燃机方案，后改为燃气冷热电联供方案。建设分布式能源站，为机场提供冷、热、电（见图 15-4）。

能源站长 90m，宽 33m，为地下一层布置，总建筑面积 3075m^2。能源站设有燃气内燃发电机间、电空调间、水处理间、水泵间、配电室、控制室、休息室等，同时设有通风、采光井，满足地下室采光和通风管线布置要求。能源站设计采用 *DN*800 的供回水母管向航站楼提供热（冷）水。供热季供/回水温度 60℃/50℃；制冷季供/回水温度 7℃/13℃。航站楼空调水系统为二次泵变流量系统，一级泵设在能源站内，二级泵设在航站楼内，要求能源站热（冷）水供应的一级泵随航站楼的二级泵变流量运行。

图 15-4 长沙黄花机场分布式能源项目

余热制冷及燃气直燃机可独立满足 64%的制冷量，电力制冷可满足 36%的制冷量，合计满足 100%的制冷量，其中余热供冷量约占年供冷量的 35%。供热装机比例容量主要以燃气直燃机为主，余热的制热量占总供热能力的 62%。

黄花机场分布式能源站于 2011 年 7 月 8 日顺利完成竣工验收，7 月 19 日正式实现商业营运。该项目在分布式能源技术应用和商业化运营方面均作出了有益的尝试，为分布式能源在湖南、民航系统及全国的发展奠定了坚实的基础。

2. 主要特点

黄花机场分布式能源站为我国民航系统第一个采用 BOT 方式建设的能源供应项目，荣获湖南省科学技术进步奖。主要特点包括：

（1）自发电 400V 并网，能源站自用后余电供应机场航站楼。

（2）余热制冷、燃气制冷供应全年大部分冷量。

（3）良好的商业模式促进能源供应系统持续运营。

3. 项目效益

与常规能源供应方式相比，一次能源节能率约 41%，年节约标准煤 3640t，年二氧化碳减排量为 8956t。

4. 设备装机（见表 15-4）

长沙黄花机场分布式能源项目设备装机情况　　**表 15-4**

燃气内燃发电机组	1160kW	2 台
烟气热水型冷温水机组	制冷 4652kW，供热 4312kW	2 台
直燃型冷温水机组	制冷 4652kW，供热 5021kW	1 台
燃气热水锅炉	2800kW	2 台
离心式冷水机组	4571kW	2 台

5. 建设情况

2009 年 1 月立项；

2009 年 12 月开工建设；

2011 年 7 月正式运营、8 月并网发电。

三、数据中心工程

（一）中石油数据中心分布式能源项目

1. 项目概况

中石油科技园数据中心建设在中国石油科技创新基地 A-29 地块，位于北京市昌平区。建设用地东邻京藏高速路绿化带，北、西、南分别为科技创新基地的 A-15、A-33、A-42 地块。其中 A-15 为教育科研用地，A-29、A-33、A-42 为高新技术产业用地。数据中心规划用地面积 6.1 万 m^2。

数据中心的用能特点是设备总用电负荷大，24h 连续稳定运行，但单台机柜电负荷小，仅 4～8kW，是非常适宜的发电机负载。同时数据中心散热量大，需 24h 连续供冷，可利用发电余热供冷。因此，数据中心项目非常适宜采用三联供供电、供冷的项目。中石油科技园，以燃气冷热电联供形式满足数据中心冷、电负荷供应，并向周边地块供冷、供热（见图 15-5）。

由于市电保障性不能满足数据中心用电要求，燃气发电系统的加入，大大增强了数据中心供电安全保证。该项目燃气发电机组替代柴油发电机作为备用电源。利用北方地区冬季室外温度低的特点引入自然冷却免费冷源，发电余热冬季为周边建筑供热，使联供系统经济性更佳。

图 15-5　中石油数据中心分布式能源项目

2. 主要特点

中石油数据中心能源站是国家能源局首批四个天然气分布式能源示范项目之一，也是国内第一个并网运行数据中心分布式能源项目。该项目获全国优秀工程勘察设计一等奖。主要特点包括：

（1）自发电具备并网、切换、备用等多种运行模式。

（2）余热、直燃、电制冷、自然冷却等多种制冷方式，互补互备。

（3）能源站除供应数据中心电、冷需求外，同时为周边建筑供冷、供热。

3. 项目效益

发电机年设计运行 335 天，联供系统年平均综合能源利用率 77%。

年节约标准煤 3.49 万 t，减排 CO_2 7.68 万 t，减排 SO_2 41.92t。

4. 设备装机（见表 15-5）

中石油数据中心分布式能源项目设备装机情况　　表 15-5

燃气内燃发电机组	3349kW	5 台
烟气热水型冷温水机组	制冷 2910kW，制热 2557kW	5 台
燃气热水锅炉	4200kW	2 台
自然冷却板换	3120kW	5 台
离心式冷水机组	4219kW	4 台

5. 建设情况

2011 年可行性研究及立项；

2012 年开工建设；

2013 年 11 月投产。

（二）腾讯上海云数据中心分布式能源项目

1. 项目概况

随着云计算、大数据、移动互联的快速发展，数据中心作为基础载体及云服务背后的刚性保障，源源不断地为各类业务提供奔跑的动力。在实体经济全面数字化转型的过程中，云和数据将会提供互联网的基础设施和技术支撑。腾讯上海云数据中心和电子商务基地是上海市推进“云海计划”过程中的重大项目，将给“云计算”产业带来高等级的基础设施、开放式的平台和平台上丰富的应用。

该项目位于上海青浦经济技术开发区，占地面积 6.7 万 m^2，建筑面积 5.7 万 m^2。由 4 栋数据中心楼、1 栋配套业务楼、1 座 35kV 变电站，1 座三联供能源站组成，可容纳 10 万台服务器，是辐射全国的云计算基地，也是亚太地区最先进的云计算和云存储基础设施服务平台之一（见图 15-6）。

图 15-6　腾讯上海云数据中心分布式能源项目

2017 年 5 月，该数据中心已成功通过工业和信息化部（数据中心联盟\云计算发展与政策论坛）和绿色网格（TGG）的“数据中心绿色等级（运行类）”5A 评估认证。

园区内建设冷热电联供能源站，一方面为数据中心提供电力保障，另一方面能够为园区提供清洁能源，利用发电余热，通过溴化锂吸收式冷水机组向数据中心提供冷源，降低数据中心能耗。

2. 主要特点

腾讯上海云数据中心是上海市推进“云海计划”过程中的重大项目，通过了“数据中心绿色等级（运行类）”5A 评估认证。能源站燃气发电机组可与市电或柴油发电机组并网运行。项目主要特点包括：

（1）燃气发电与市电并网运行，市电故障时燃气发电与柴油发电并网运行。

（2）燃气制冷（余热+补燃）、电制冷、自然冷却均满足供冷，充分保证供冷安全。

（3）配置 UPS 及蓄冷罐，保证不同供电方式和不同供冷方式的无缝转换。

3. 项目效益

发电机年设计运行 350 天，联供系统年平均综合能源利用率 79%。

年节约标准煤 2.48 万 t，减排 CO_2 5.45 万 t，减排 SO_2 29.74t。

4. 设备装机（见表 15-6）

腾讯上海云数据中心分布式能源项目设备装机情况　　**表 15-6**

燃气内燃发电机组	2500kW	4 台
烟气热水型冷水机组(补燃)	制冷 3050kW	4 台

续表

自然冷却板换	3400kW	6台
离心式冷水机组	2813kW	6台

5. 建设情况

2014年可行性研究及立项；

2015年开工建设；

2016年4月投产。

四、医院工程

（一）哈医大群力分院分布式能源项目

1. 项目概况

哈医大群力分院燃气联供分布式能源站为改建全地下能源机房，采用燃气联供系统供能。供能对象为哈尔滨医科大学附属第一医院群力分院，医院建筑面积13万m^2。能源机房内安装3台燃气内燃发电机供应群力医院在用电峰/平时段的基本电力负荷，对应3台发电机分别设置3台冷却水板式换热器及3台烟气冷凝器，用于回收发电机冷却水及烟气余热，发电余热全部作为医院生活热水水箱和手术室辅热水箱的加热热源，供应院区热水负荷（见图15-7）。

图15-7 哈医大群力分院分布式能源项目

通过对医院实际运行电负荷、热水负荷的数据记录进行分析，配置的发电容量和余热产生的热水量可全部消纳。该项目于2016年6月竣工后投产运行，经运营一年后业主反馈，能源机房内各设备出力正常，系统运行效果良好。设备在电价峰/平时段运行时，发电机余热通过冷却水板换和烟气冷凝器回收制热，能源综合利用率高，具有较好的节能效益。

2. 主要特点

该项目为我国东北地区第一个并网运行的三联供项目。能源站为在既有机房安装三联供系统的改造项目，充分结合场地现状。该项目荣获中国能源网优秀项目奖、优秀设计奖。主要特点包括：

(1) 发电余热全部转换为热水，充分利用冷却水余热和低温烟气余热。

(2) 机房送风混合部分周边室内空气，有效避免冬季进气温度过低对发电机的不良影响。

(3) 系统形式、设备布置充分利用现场有限空间，系统形式简单有效、布置紧凑。

3. 项目效益

发电机年设计运行 300 天，联供系统年平均综合能源利用率 76%。

年节约标准煤 0.23 万 t，减排 CO_2 0.51 万 t，减排 SO_2 2.81t。

4. 设备装机（见表 15-7）

哈医大群力分院分布式能源项目设备装机情况　　表 15-7

燃气内燃发电机组	600kW	1 台
	360kW	2 台
冷却水换热器		4 台
烟气冷凝换热器		3 台
生活热水储热水箱	$100m^3$	1 台
医用热水储热水箱	$35m^3$	1 台

5. 建设情况

2014 年可行性研究报告通过专家评审；

2015 年开工建设；

2016 年 6 月投产。

（二）上海市第一妇婴保健院分布式能源项目

1. 项目概况

医院是用能量较大的建筑，用能特点（用能稳定和时间长，以及用能安全性和对环境要求等）有其自身特殊的因素。而医院暖通系统（空调和热水）用能约占整个医院用能的一半以上，因此其节能潜力有很大的空间。

上海市第一妇婴保健院东院是上海市市级专科医院，建成于 2013 年，占地面积 60 亩，床位数 500 张。医院全年热水需求较高且需要全天 24 小时供应，冬季最大热水负荷约为 80t/天，夏季最小热水负荷约为 20t/天，春秋季负荷约为 50t/天。具备利用分布式能源的基础条件。

天然气分布式能源项目采用 2 台微燃机发电机组分布式供能一体化机组，模块化组合优化医院能源系统（见图 15-8）。项目占地面积约 $50m^2$，机组烟气无需处理，直接排放。噪声低，对环境没有污染。机组采用空气轴承，空气进气冷却，无需润滑油冷却。维护和运行简单，机组采取远程操作和检测，现场无人值守。能源站发电机组发出的电力通过电缆由电缆桥架引入配电室，通过 TD 变压器与市电并网，所发电力采用并网不上网的模式；发电机组的高温烟气，通过一体化的换热器回收余热产生的热水，进入热水箱储存，然后引至医院的热水循环管道。夏季可以开一备一，在春秋季和冬季高负荷时可以 2 台全开。

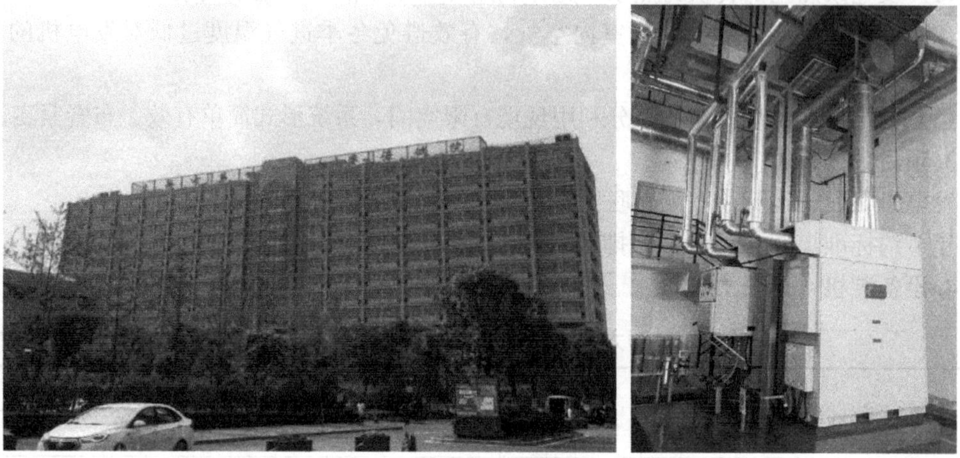

图 15-8　上海市第一妇婴保健院分布式能源项目

2. 主要特点

该项目是采用微型燃气轮机的一体化集成小型热电联供典型工程，实现无人值守。该项目被评为中国能源网优秀项目奖。主要特点包括：

（1）微型燃气轮机集成余热设备一体化机组模块化组合，占地小，施工简单。

（2）体积小，尾气无需处理可直接排放，小型楼宇推广性好。

（3）可远程监控和操作，现场无人值守，操作简单。

3. 项目效益

发电机年设计运行 330 天，联供系统年平均综合能源利用率 78%。

年节约标准煤 156.7t，减排 CO_2 0.04 万 t，减排 SO_2 0.19t。

4. 设备装机（见表 15-8）

上海市第一妇婴保健院分布式能源项目设备装机情况　　表 15-8

微燃机发电机组	65kW	2 台
烟气换热器		2 台
保温水箱		2 台

5. 建设情况

2012 年可行性研究并立项；

2013 年开工建设；

2013 年 8 月投产。

五、酒店工程

（一）北京日出东方凯宾斯基酒店分布式能源项目

1. 项目概况

北京日出东方凯宾斯基酒店为五星级饭店，位于北京市怀柔区，为 2014 年 APEC 会议接待酒店，建筑面积 8.3 万 m^2。酒店配套新建三联供能源中心一座，设 4 台燃气发电机组，总装机容量替代柴油发电机容量，日常发电满足饭店基本用电负荷，能源中心同时供应饭店空调冷负荷、空调热负荷、生活热水负荷（含泳池加热负荷）、地板供暖负荷和蒸汽负荷（见图 15-9）。

图 15-9 北京日出东方凯宾斯基酒店分布式能源项目

为满足酒店供能需求，能源中心配置 4 台燃气内燃发电机组，2 台全补燃烟气热水型冷温水机组，1 台螺杆式冷水机组和 1 台离心式冷水机组，2 台燃气热水锅炉，2 台燃气蒸汽锅炉，自然冷却板换等。

该项目能源中心燃气发电机总装机容量替代备用柴油发电机，单台容量及台数兼顾常用电负荷，优化发电机与冷温水机组的对接方式。室外平台烟囱采用钢支架结构支撑，其造型装饰与建筑风格很好地融合。制冷包含发电余热、直燃、电制冷、自然冷却等系统；供热包括余热、直燃、燃气真空锅炉等多方式，能源梯级利用，节能高效。设置冬季自然冷却系统并配置小容量螺杆式电制冷机，供应空调低负荷（夜间负荷、初末夏负荷、冬季冷负荷）。

能源中心其中 1 台燃气发电机与酒店旁雁栖湖大坝光伏发电组成微电网，通过中控调度，可以为核心岛、会展中心、酒店三个用户供电。

2. 主要特点

北京日出东方凯宾斯基酒店是北京 APEC 会议酒店，供能安全、保障性要求高。该项目除燃气冷热电联供外，还实施了燃气发电＋光伏发电组成微电网的供电系统。该项目获全国优秀工程勘察设计一等奖。主要特点包括：

（1）燃气发电与光伏发电组成微电网，可为核心岛、会展中心、酒店三个用户供电。

（2）燃气发电机供电系统设计兼顾常用电负荷与备用电负荷。

（3）充分利用室外平台空间，烟囱、冷却塔等设施与饭店整体景观协调一致。

3. 项目效益

发电机年设计运行 300 天，联供系统年平均综合能源利用率 80%。

年节约标准煤 0.31 万 t，减排 CO_2 0.69 万 t，减排 SO_2 3.79t。

4. 设备装机（见表 15-9）

北京日出东方凯宾斯基酒店分布式能源项目设备装机情况 **表 15-9**

燃气内燃发电机组	637kW	4 台
烟气热水型冷温水机组	制冷 1740kW,供热 1400kW	2 台

续表

燃气蒸汽锅炉	2t/h	2 台
真空热水锅炉	4200kW	2 台
冷水机组	3516kW/1382kW	1/1 台

5. 建设情况

2012 年可行性研究并立项；

2013 年开工建设；

2014 年 11 月投产。

（二）西安绿地假日酒店分布式能源项目

1. 项目概况

西安绿地假日酒店位于西安高新技术开发区的商业区核心位置，由英国洲际酒店管理集团运营管理。酒店总建筑面积 5.4 万 m^2，楼高 24 层，客房 381 间，1 个无柱式大宴会厅，5 个多功能厅以及 1 个贵宾接待厅。

西安市政府 2012 年制订了《西安市全面提升环境空气质量工作规划（2012 年—2020 年）》，要求优化城市、工业、交通、能源结构和布局，加快城市大水大绿工程建设，深化机动车尾气、扬尘、燃煤锅炉烟气、工业废气、挥发性有机物、农业生物质燃烧等重点污染源防治工作；建立符合《环境空气质量标准》GB3095—2012 要求的环境空气质量监测、评价、预测预警体系。

该项目为改造工程，通过对酒店 2012 年度、2013 年度天然气费、电费、水费，以及典型日逐时电负荷、电费和设备耗气量的分析研究，确定适合酒店的三联供机组配置（见图 15-10）。利用酒店有限的地下室空间及部分室外场地，布置紧凑，布局合理。项目建成后，节能及节省运行费用效果显著，起到了良好的节能减排示范作用。

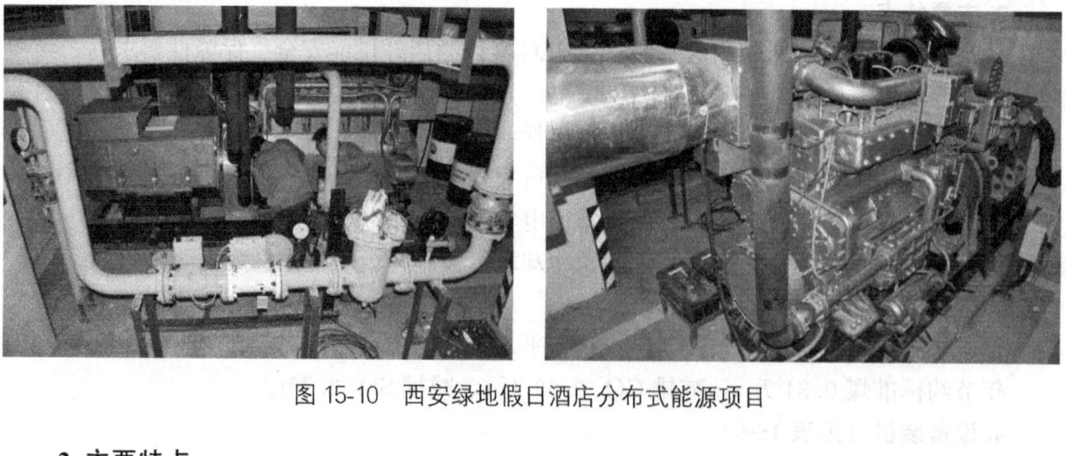

图 15-10　西安绿地假日酒店分布式能源项目

2. 主要特点

该项目为我国西北地区首例酒店式天然气分布式能源项目，能源站设置有多种热源蓄能。该项目用户方零投资，同时可大幅节省运行费用。主要特点包括：

（1）2 台发电机组不同容量配置，灵活适应电负荷需求。

（2）因地制宜采用热水型冷温水机组吸收发电余热。

（3）蓄热工况热源可来自缸套冷却、冷温水机组利用余热、热泵、烟气换热器。

3. 项目效益

发电机年设计运行 300 天，联供系统年平均综合能源利用率 75%。

年节约标准煤 0.1 万 t，减排 CO_2 0.22 万 t，减排 SO_2 1.22t。

4. 设备装机（见表 15-10）

西安绿地假日酒店分布式能源项目设备装机情况 表 15-10

燃气内燃发电机组	600kW/400kW	1/1 台
热水型冷温水机组	制冷 875kW，供热 575kW	1 台
蓄能水箱		1 台
风冷热泵机组	制冷 526kW，供热 579kW	2 台

5. 建设情况

2013 年可行性研究并立项；

2014 年开工建设；

2014 年 12 月投产。

六、综合体工程

（一）中关村壹号分布式能源项目

1. 项目概况

“中关村壹号”位于北京市海淀区中关村核心区永丰组团内Ⅱ-14/Ⅱ-22/Ⅳ-4 地块，为海淀区区委区政府决定启动北部产业聚集区的首批重点项目，项目建成后将成为中关村高新技术产业发展的展示窗口，北部研发服务和高新技术产业聚集区标志性建筑群，具有促进产业创新发展，凸显引领示范的重要意义。中关村壹号以办公建筑为主，并包含两栋商业建筑，地下室为车库、厨房、餐厅及设备用房。总建筑面积 26.3 万 m^2。

新建三联供能源站设 2 台燃气发电机组，日常发电满足供能区域部分电负荷；对应发电机组设置 2 台烟气热水型冷温水机组，与调峰电制冷机、燃气锅炉共同满足供能区域全部空调冷负荷、空调热负荷；同时，利用发电机中温冷却水余热，结合蓄热水箱可供应部分卫生热水负荷（见图 15-11）。

新建能源站位于建筑地下室，除通向室内的安全出口外，还专门设置有直通室外的安全出口，能源站主机间和变配电室可通过共用楼梯直通至室外安全处。独立运输通道和吊装孔，可根据项目投产情况分期分步投入能源站设施。

2. 主要特点

该项目为楼宇分布式能源站，位于建筑地下室，设备布置分层设置，合理利用空间。能源站设备分期安装分批投产以配合建筑逐步达产，可降低初始投资。主要特点包括：

（1）楼宇分布式能源 10kV 并网，由主配电室分配至各分配电室供电。

（2）充分利用中冷水热量配合蓄热水箱供应卫生热水。

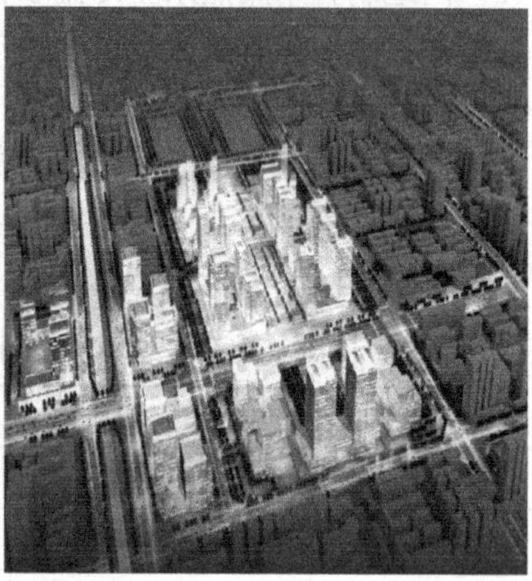

图 15-11 中关村壹号分布式能源项目

(3) 调峰系统设计可满足项目分期投产及部分负荷需求。

3. 项目效益

发电机年设计运行 300 天，联供系统年平均综合能源利用率 84%。

年节约标准煤 0.39 万 t，减排 CO_2 0.87 万 t，减排 SO_2 4.77t。

4. 设备装机（见表 15-11）

中关村壹号分布式能源项目设备装机情况　　表 15-11

燃气内燃发电机组	1200kW	2 台
烟气热水型冷温水机组	制冷 1740kW，供热 1400kW	2 台
真空热水锅炉	2800kW	3 台
冷水机组	4219kW	3 台
蓄热水箱		1 台

5. 建设情况

2013 年可行性研究并立项；

2015 年开工建设；

2016 年 11 月投产。

（二）华电产业园分布式能源项目

1. 项目概况

该项目位于北京市丰台区花乡中关村科技园东区三期 1516-19 号地华电产业园，地块内包括办公、商业、运动娱乐场馆、餐饮、4 星级商务酒店、精品商务设施及附属建筑等。总建筑面积 25 万 m^2，其中地上建筑 17 万 m^2，地下 8 万 m^2（见图 15-12）。

华电产业园冷、热、电负荷需求量较大且比较集中，园区内没有冷、热源，为提高园区的能源使用效率、降低碳排放，决策建设燃气冷热电分布式能源站，由能源站供应园区建筑全部冷、热、生活热水负荷；能源站发电首先自用，余电送至园区建筑使用，供电不足由市电补充。该项目符合国家分布式能源产业政策，投产后发挥分布式能源站优势；实

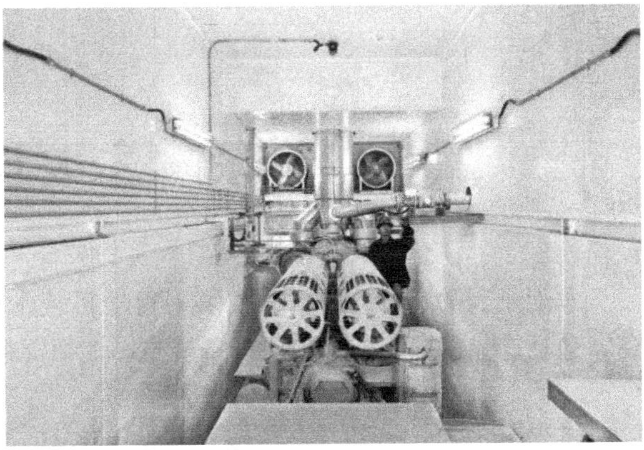

图 15-12 华电产业园分布式能源项目

现冷热电联供，满足园区各用户用冷、用热、用电需求。能源站位于产业园内部东侧绿地下，冷却塔、进出风口、烟囱等均做景观处理，与周围环境融合很好。

能源站的装机容量以“以冷热定电、欠匹配”为设计原则，并充分利用烟气余热供卫生热水，最高综合能源利用率可达 88%。

2. 主要特点

该项目荣获北京市节能低碳十佳技术案例。能源站设置在园区绿地内地下室，采用直燃机调峰降低电耗。主要特点包括：

（1）利用中冷水余热及烟气热水型冷温水机组尾部烟气余热供生活热水。

（2）供冷、供热调峰设备选用直燃机，进一步缓解电网压力。

（3）内燃机、水泵、风口、烟囱、冷却塔等采取特殊降噪措施。

3. 项目效益

发电机年设计运行 300 天，联供系统年平均综合能源利用率 81%。

年节约标准煤 0.67 万 t，减排 CO_2 1.49 万 t，减排 SO_2 8.19t。

4. 设备装机（见表 15-12）

华电产业园分布式能源项目设备装机情况　　表 15-12

燃气内燃发电机组	3349kW	2 台
烟气热水型冷温水机组	制冷 3043kW，供热 2987kW	2 台
烟气换热器		2 台
直燃机	制冷 4652kW，供热 3582kW	2 台
电冷机	1000kW	1 台

5. 建设情况

2012 年可行性研究并立项；

2013 年开工建设；

2014 年 1 月投产。

附录　主要设备索引

本附录列举了目前冷热电联供工程项目较常用的燃气内燃机、燃气轮机、微燃机设备，包括产品厂商简介和主要设备规格。详细资料还需联系厂家或代理机构查询。

第一节　燃气内燃机

一、卡特彼勒（Caterpillar）

（一）卡特彼勒 G 系列燃气发电机组

借助灵活的燃料选项，卡特彼勒发电机组可以将客户最富足的气源用作燃料，适用于天然气、沼气等燃料的定制设计，并致力于提高效率、降低生命周期成本并符合全球大多数排放法规。机组具有可定制的选件，易于选择、获得许可和安装。新型的发动机技术以及世界一流的电力效率和热效率提供电力、热力或热电联供。利用世界一流的电力使梦想成真。

G-A：出色的可靠性。具有出众的正常运行时间和保养方便性；可提供多样化的热能；燃料的灵活性和环境的适应性较高。

G-B：最佳平衡性和适应性。G3500B 系列是第一个引进多项先进技术的 Cat 燃气发电机组；适应性强，可处理 Cat 甲烷值低至 60MN 的燃气，近期更实现了较低甲烷值燃气（如丙烷）的高效运行；机动性第一，G3516B 发电机组是全球首个实现稀薄燃烧的燃气发电机组，被广泛用于全移动、集装箱式发电站。

G-C：最佳的响应性和耐用性。经过特殊处理的后冷器芯、气缸盖和后齿轮系轴承能有效抵御生物气的腐蚀，在腐蚀性燃料处理方面位居业界领先地位；由于采用了专门的控制架构，C 系列发电机组的孤网模式版本为实现独立于公用电网的有效运行提供了最佳选择；卡特彼勒正在投资研究和开发有关 C 系列平台使用特殊燃料（如合成气、高炉煤气、焦炉煤气和超低浓度的甲烷煤气）的项目。

G-E、G-H：电效率高。E 和 H 系列机组将电效率提高到一个新的水平，提升后的效率高达 44.7%（1.0PF，ISO）；E 和 H 系列机组都能提供量身定制的涡轮增压器、空气系统和控制装置；每年可少消耗 14000 美元的机油，计划全面检修间隔期可长达 80000h，确保用尽可能低的成本实现长期运营。

G 系列天然气发电机组参数如附表 1 所示。

卡特彼勒 G 系列天然气发电机组参数 附表 1

序号	型号	电功率(kW)	效率(%)		
			电效率(%)	热效率(%)	总效率(%)
1	G3406	126/166	31.9/32.2	57.5/50.2	89.4/82.4
2	G3412C	374	33.7	50.4	84.1
3	G3516	983	34.8	48.3	83.0
4	G3512E	1015	41.4	44.7	86.7
5	G3516B	1068	37.1	47.8	84.9
6	G3512E	1211	42.2	44.2	86.4
7	G3512H	1500	44.6	41.3	85.9
8	G3516E	1603	41.6	44.4	86.0
9	G3516C	1603	40.0	46.5	86.5
10	G3520C	1991	40.1	46.3	86.4
11	G3516H	2027	44.7	41.8	86.5
12	G3520E	2022	41.6	45.3	86.8
13	G3520H	2519	45.4	40.9	86.3

(二) 卡特彼勒 CG 系列燃气发电机组

卡特彼勒 CG 系列燃气发电机组，生产于德国曼海姆工厂，在被卡特彼勒全资收购前，原 MWM 是世界领先的燃气发电机组及柴油发电机组生产厂家，作为提供高效清洁能源及能源解决方案的世界领先企业，拥有超过 140 年的悠久发动机生产历史。

卡特彼勒 CG 系列气发电机组拥有高效的优化型弥勒配气循环和稳健的孤岛运行模式，使用范围广，电效率高，其参数如附表 2 所示。

卡特彼勒 CG 系列天然气发电机组参数 附表 2

序号	型号	电功率(kW)	效率(%)		
			电效率(%)	热效率(%)	总效率(%)
1	CG132-8	400	42.3	45.2	87.5
2	CG132-12	600	42.0	45.8	87.8
3	CG132-16	800	42.5	45.3	87.8
4	CG170-12(K1)	1000	40.0	47.0	87.0
5	CG170-12(K)	1125	40.9	45.6	86.5
6	CG170-12	1200	43.6	43.3	86.9
7	CG170-16(K)	1500	40.9	45.7	86.6
8	CG170-16(K)	1560	43.2	43.8	87.0
9	CG170-20	2000	43.7	43.2	86.9

续表

序号	型号	电功率(kW)	效率(%)		
			电效率(%)	热效率(%)	总效率(%)
10	CG260-12	3333	44.1	42.4	86.5
11	CG260-16	4300	44.1	42.7	86.8
12	CG260-16	4500	44.6	41.4	86.0

二、康明斯（Cummins）

康明斯燃气发电机组由全球最大的独立发动机制造商、生产商康明斯提供动力，康明斯是全球领先的动力设备制造商，设计、制造和分销包括燃油系统、控制系统、进气处理、滤清系统、尾气处理系统和电力系统在内的发动机及其相关技术，并提供相应的售后服务。1919 年 2 月 3 日，康明斯发动机公司正式成立，开创柴油发动机汽车的先河。

康明斯稀薄燃烧燃气发电机组构成了其燃气动力解决方案的核心。该系列机组的额定功率可至 2000kW（见附表 3），可使用天然气和替代气体燃料，是具有极高可靠性、更长的维护间隔、高燃气效率、极低的排放和高功率密度的紧凑型发电机组。耐用性、经济性和环保组合在一起，使无论项目规模或应用地点如何，其稀薄燃烧燃气发电机组成为全球范围内常载、备载、调峰和热电联产项目的最佳选择。

康明斯燃气发电机组参数 **附表 3**

序号	型号	电功率(kW)	机械效率(%)	电效率(%)	重量(kg)	外形尺寸(mm)
1	C995 N5C	995	41.9	40.6	14440	5120×2230×2770
2	C1200 N5C	1200	41.9	40.7	15450	5120×2230×2770
3	C1540 N5CC	1540	44.1	42.8	15887	5210×1990×2980
4	C1750 N5CB	1750	39.1	37.9	18976	6170×2100×2940
5	C2000 N5C	2000	42.1	40.9	93000	6170×2160×2860

三、颜巴赫（Jenbacher）

GE 颜巴赫燃气内燃机在以可燃气体为燃料的活塞往复式内燃机、成套发电机组和热电联供系统领域中处于全球领先地位。颜巴赫是世界上为数不多的专门致力于开发燃气内燃机技术的制造商之一。GE 颜巴赫内燃机可以提供从 0.25MW 至 9.5MW 发电功率的燃气内燃机（见附表 4）。它们既能使用天然气，又能使用多种可燃气体，如生物沼气、垃圾填埋气、煤层气、污水沼气、可燃工业废气等。商业、工业和市政的用户广泛使用颜巴赫产品，生产电能、热能和制冷。具有专利技术的燃烧系统、内燃机控制监视系统使用户在获得高效、持久、可靠性能的同时，也能够满足世界上最严格的尾气排放要求。

GE颜巴赫的产品团队有着自己的总部以及生产设施，并在全世界拥有超过2600名员工，其中有1700名在奥地利的颜巴赫工作。

在超过50年的时间里，GE在奥地利为基地的燃气内燃机业务已被公认为在使用燃气驱动内燃机获得高效热能、电能的研发和生产领域中占据全球领先地位。颜巴赫0.25～4MW发电功率范围内燃气内燃机被设计为固定式、具有连续运行能力的发电设备，并且具备高效率、低排放、耐久性和高可靠性等特点。

GE颜巴赫燃气发电机组参数　　附表4

序号	型号	电功率（kW）	电效率（%）	热效率（%）	总效率（%）	外形尺寸（mm）	机组重量（kg）
1	J208GS	330	38.8	43.6	82.4	4900×1700×2000	4900
2	J321GS	637	41.1	46.1	87.2	4700×1800×2300	8000
3	J316GS	834	41.1	46.7	87.8	5200×1800×2300	8800
4	J320GS	1067	41.1	46.6	87.7	5700×1700×2300	10500
5	J420GS	1487	43.4	43.5	86.9	7100×1900×2200	14400
6	J612GS	2000	45.0	42.3	87.3	7600×2200×2800	20600
7	J616GS	2679	45.5	42.1	87.6	8300×2200×2800	26000
8	J620GS	3356	45.6	42.0	87.6	8900×2200×2800	30700
9	J624GS	4401	46.3	42.4	88.7	12100×2450×2900	49900
10	J624GS	9500	48.7	41.3	90.0	13600×2900×3300	154500

四、瓦锡兰（WARTSILA）

瓦锡兰公司是一家芬兰公司，成立于1834年，总部在赫尔辛基，主要经营陆用电厂和船用方面的燃油燃气内燃机发电机组。

到2017年，瓦锡兰公司在陆用和船用发电领域已有183年的历史，在陆用和船用方面总的动力容量达到了1亿8千多万千瓦，是全球发电市场中领先的灵活发电厂供应商。至今，瓦锡兰在全球的176个国家的4769个陆用电厂提供了10930台内燃机发电机组，总的内燃机发电厂装机容量达到了6500多万千瓦，位居世界同行之首。瓦锡兰为全球最大容量的内燃机发电厂约旦的IPP3提供了38台发电机组，总装机容量为573MW。该电厂于2014年10月取得了世界上内燃机发电厂最大装机容量的吉尼斯世界纪录。

瓦锡兰公司在分布式清洁能源发电和冷热电三联供市场中是世界领先的供应商。瓦锡兰公司的内燃机发电机组具有高可靠性和高可利用率。其在中国已有30多年的发展历史，著名的雪龙号科考船的发电机组就是由瓦锡兰提供的。其燃气发电机组参数如附表5所示。

瓦锡兰燃气发电机组参数　　附表5

序号	型号	电功率（kW）	热耗（kJ/kWh）	电效率（%）	重量（kg）	外形尺寸（mm）
1	9L34SG	4343	7843	45.9	77000	10400×2780×3840

续表

序号	型号	电功率(kW)	热耗(kJ/kWh)	电效率(%)	重量(kg)	外形尺寸(mm)
2	16V34SG	7744	7819	46.0	120000	11300×3300×4240
3	20V34SG	9730	7779	46.3	130000	12890×3300×4440
4	18V50SG	18321	7411	46.6	360000	18800×5330×6340

五、胜动

胜利油田胜利动力机械集团有限公司是中国最早发展燃气发电利用产业的先行者。2005年，“胜动”品牌荣膺中国名牌称号，“胜动”燃气发电产品成为国家发展和改革委员会推荐使用的产品，2006年公司被科技部认定为“国家火炬计划重点高新技术企业”；2008年公司被认定为“国家高新技术企业”；2010年被评为“中国新能源企业30强”；2013年获得“中国驰名商标”的称号。是中国燃气内燃机行业中颇具影响力的燃气内燃机生产基地。

该公司拥有自主专利150多项，掌握了利用天然气等各种可燃气体发电的关键和核心技术，产品国内市场占有率较高，产品远销欧洲、美洲、大洋洲、非洲、亚洲等40多个国家和地区，在东南亚、非洲等国际市场领域具备了较强的市场竞争力。

该公司2001年开始致力于冷热电三联供的技术开发，并于2002年建立了第一座以天然气发电机组为核心设备、配置溴化锂冷水机组的冷热电三联供项目，至今一直稳定运行。2011年胜动集团公司新厂区三联供项目被住房城乡建设部评为“节能示范工程”，此项目可为约10万m^2的厂区提供制冷、供暖及电力供应。胜动集团不仅生产先进的三联供核心设备——燃气发电机（见附表6），也可提供EPC设计安装建造及运营服务。

该公司现拥有CE认证、GOST认证、CC认证、API认证等多种产品的国际市场认定证书。为实现新能源利用项目的一体化实施，提供国际化的BOO、BOT等服务模式。

胜动冷热电三联供专用燃气发电机组参数 **附表6**

序号	型号	电功率(kW)	电效率(%)	总效率(%)	重量(kg)	外形尺寸(mm)
1	300GFZ	300	36.0	83.7	8160	4650×1970×2264
2	500GFZ	500	35.9	83.6	11560	5400×2000×2780
3	700GFZ	700	38.0	84.5	14360	5330×2130×2385
4	1200GFZ	1200	40.0	85.5	24090	7905×2190×2990

六、济柴

中国石油集团济柴动力有限公司（济柴），是中国石油集团公司下属的动力装备研发制造企业，主要从事内燃机、压缩机、液力传动装置、燃气动力集成及电气控制等产品的研发、制造、销售与服务。

济柴是中国内燃机协会副理事长单位；全国往复式内燃燃气发电设备标准化技术委员会、全国内燃机标准化技术委员会燃气发动机工作组、全国石油钻采动力标准化工作部等秘书处设在济柴，拥有 69 项国家及行业标准制定权。济柴技术中心为国家级企业技术中心；国家标准化 4A 级企业。

济柴拥有国家级内燃机研发中心，拥有完备的内燃机研发平台及试验设备，可对各种类、用途的内燃机进行研发设计。拥有国家级内燃机测试中心，现有 8 个大型单机试验台架，3 个大型配套机试验台架和 1 个专供新产品研发用多功能单缸机试验台架，可对 9000kW 以下功率段的内燃机进行性能开发试验、不同油品、不同气体成分模拟试验等各种试验。

济柴燃气发电机组参数如附表 7 所示。

济柴燃气发电机组参数　　附表 7

序号	型号	电功率 (kW)	电效率 (%)	机油耗 (g/kWh)	重量 (t)	外形尺寸 (mm)
1	300GF	300	36.0	0.8	3.3	3620×1270×1655
2	400GF	400	33.7	1.6	11.8	6470×2110×2195
3	600GF	600	33.8	1.6	12.0	5120×2040×2540
4	1200GF	1200	36.0	1.0	21.0	6390×2520×2540
5	3000GF	3000	42.5	0.5	55.0	8330×2930×3538
6	4000GF	4000	42.5	0.5	70.0	9400×2930×3538
7	2300GF	2300	44.0	0.4	68.0	9833×2746×4970
8	3400GF	3400	44.0	0.4	89.0	11523×2746×4970
9	4600GF	4600	44.5	0.4	98.5	10255×3402×4950
10	5200GF	5200	44.5	0.4	99.0	10500×3402×4950

七、潍柴

潍柴创建于 1946 年，在全球拥有员工 7.4 万余人。潍柴集团是国内唯一同时拥有整车整机、动力总成、豪华游艇和汽车零部件四大业务平台的企业，是一家跨领域、跨行业经营的国际化公司，分子公司遍及欧洲、北美、东南亚等地区。潍柴集团在国内建立了由 46 家办事处，5000 余家特约维修服务中心组成的服务网络；在海外 30 多个国家建立了办事处，发展了 400 余家授权服务站，产品远销俄罗斯、伊朗、沙特、越南、印尼、巴西等 110 多个国家和地区。

潍柴电力发电机组的生产位于潍柴工业园内，公司占地面积 25200m^2，具备先进的产品研发及试验设备。潍柴年生产各类发电机组可达 5 万台以上，机组功率覆盖 10～8700kW，使用潍柴自主研发生产的发动机，配套知名品牌电机，目前广泛应用于国防、通信、石油、医疗、高原、铁路、野外救援、农牧业等领域。至2015年，潍柴电力发电机组产品全面进入通信、军品、电力、油气田等行业市场。潍柴电力以领先的技术和创新意识，严谨的管理体系和健全的服务网络，不断为用户提供全方位的安全、高效、完备的电力解决方案。潍柴燃气发电机组参数见附表8。

潍柴燃气发电机组参数 **附表8**

序号	型号	电功率（kW）	进气压力（kPa）	重量（kg）	外形尺寸（mm）
1	WPG41B9NG	30	1～3	945	1850×840×1180
2	WPG68.5B9NG	50	1～3	1225	1950×920×1180
3	WPG88B9NG	64	3	1621	2350×920×1515
4	WPG110B9NG	80	3	1624	2400×920×1515
5	WPG123.5B9NG	90	3	1724	2400×920×1515
6	WPG137.5B9NG	100	3	1724	2400×920×1515
7	WPG165B8NG	120	3	1954	2700×1035×1585
8	WPG206B8NG	150	3	2099	2700×1090×1585
9	WPG247.5B8NG	180	3	2618	2980×1090×1685
10	WPG275B8NG	200	3	2618	2980×1090×1685
11	WPG344B8NG	250	3	2940	2980×1240×1590
12	WPG687.5B7NG	500	5～10	6340	3480×1521×1927
13	WPG206B5NG	150	3	4776	3160×1146×2001
14	WPG275B5NG	200	3	5896	3160×1146×2001
15	WPG550B5NG	400	5～10	12538	4700×1900×2400
16	WPG687.5B5NG	500	5～10	14074	5100×1900×2400
17	WPG1100B5NG	800	5～10	21463	5600×1750×2900

八、康菱

广东康菱动力科技有限公司创建于1992年，是中国领先的电力解决方案集成服务商，致力于成为全球领先的动力制造商和电力解决方案集成服务商。

康菱公司专业从事燃气、双燃料、柴油发动机和发电机组及其相关领域的研发、咨询、生产、销售、安装和服务。产品应用领域包括：天然气分布式发电、煤层气和石油伴生气发电、垃圾填埋气发电、有机废水厌氧沼气发电、有机固废物沼气发电等。

清洁能源市场主营业务包括：

（1）沼气预处理设备的研发、设计、生产、安装、调试与运维；

（2）燃气（天然气/沼气/煤层气/石油伴生气等）发电机组及余热设备的研发、设计、生产、安装、调试与运维；

（3）燃气（天然气/沼气/煤层气/石油伴生气等）发电项目的投资及运营；

（4）燃气发电机组的维护和保养。

康菱天然气发电机组参数如附表9所示。

康菱天然气发电机组参数　　附表9

序号	型号	电功率（kW）	电效率（%）	机油耗（g/kWh）	重量（kg）	外形尺寸（mm）
1	GPAC-275-400	200	34.5	0.4	2550	3700×1130×1660
2	GPAC-315-400	240	34.8	0.4	2565	3700×1130×1660
3	GPAC-350-400	260	35.5	0.4	2665	3700×1130×1660
4	GPAC-375-400	280	35.5	0.4	2755	3740×1450×2215
5	GPAC-450-400	320	35.8	0.4	3500	3900×1450×2215
6	GPAC-500-400	360	36.2	0.4	3550	3900×1450×2215
7	GPAC-565-400	420	36.2	0.4	3900	4060×1450×2215
8	GPAC-600-400	452	36.5	0.4	3900	4060×1450×2215
9	GPAC-700-400	520	36.0	0.5	5250	4800×2200×2500
10	GPAC-750-400	560	36.5	0.5	5450	4800×2200×2500
11	GPAC-800-400	600	36.8	0.5	5650	4800×2200×2500
12	GPAC-900-400	680	37.0	0.5	6650	5300×2140×2500
13	GPAC-940-400	700	37.3	0.5	6950	5300×2140×2500
14	GPAC-1000-400	720	37.5	0.5	7250	5300×2140×2500
15	GPAC-1350-400	1024	38.3	0.5	8800	4200×1800×2450
16	GPAC-1400-400	1080	38.5	0.5	9200	4300×1800×2450
17	GPAC-1788-400	1280	38.5	0.5	11200	4800×1800×2450
18	GPAC-1875-400	1452	39.0	0.5	12800	5000×1800×2450

九、康达

康达新能源设备股份有限公司是集研发、设计、制造、销售和系统工程服务于一体，产业涵盖能源、电力、环保、节能四大领域的国家高新技术企业，拥有机电设备安装工程专业承包资质，是在燃气燃油发电、生物质能综合利用、槽式太阳能热发电等清洁能源领域拥有核心技术和自主知识产权的整体解决方案的提供商、关键设备的制造商和系统工程的运营商。在燃气/燃油发电系统全套工程设计、设备供应、工程施工和电力系统管理等方面拥有丰富的经验，能独立系统化完成气体的收集、输送、处理、发电、并网等设备提供、安装、调试及运营，具备电力系统全套设备的维护、维修、保养能力和运营管理的专业团队。

康达H系列燃气发电机组在世界著名品牌——康明斯柴油发动机的基础上，针对燃气在气缸内的燃烧特点及控制特性，采用燃气发动机设计理念对柴油发动机重新设计及生产。配以法国利莱森玛交流发电机，智能控制系统。具有自动/手动控制、电子调速、自动故障监管、自动停机功能。

其中，H 系列 KDGH300-G 机组是专门为适应燃气发电设计，低压进气，采用文丘里混合器调节精度高，满足客户对于发电机组的性能及功率要求（见附表 10）。

康达天然气发电机组参数 **附表 10**

序号	型号	电功率 (kW)	电效率 (%)	机油耗 (g/kWh)	重量 (kg)	外形尺寸 (mm)
1	KDGH300-G	300	33.0	0.8	3380	3470×1230×2300
2	KDGH500-G	500	33.0	1.0	6080	3900×1450×2215

第二节　燃气轮机

一、索拉（Solar）

索拉是卡特彼勒（Caterpillar）的全资子公司。索拉公司在过去的五十多年里不仅是燃气轮机系统设计、制造和配套等领域的先锋，而且在中型工业燃气轮机行业中起着领导作用。在全球超过 90 个国家安装了 13500 多台燃气轮机系统，累计超过 14 亿 h 的运行时数。作为中小功率 1～22MW 燃气轮机顶尖供应商，索拉公司依据 ISO 9001 质量体系设计制造坚固、可靠的产品，满足很多领域客户的能源需求和优化（见附表 11）。

索拉工业燃气轮机参数 **附表 11**

序号	型号	电功率 (kW)	电效率 (%)	产汽率 (t/h)	重量 (kg)	外形尺寸 (mm)
1	Centaur40	3515	27.9	8.9	31620	9800×2600×3200
2	Centaur50	4600	29.3	11.5	38945	9800×2600×3200
3	Mercury50	4600	38.5	6.3	45660	11200×3200×3700
4	Taurus60	5670	31.5	13.5	39055	9800×2600×3200
5	Taurus65	6300	32.9	14.6	39618	9800×2600×3200
6	Taurus70	7965	34.3	16.4	62935	11900×2900×3700
7	Mars100	11350	32.9	24.2	86180	14200×2800×3800
8	Titan130	15000	35.2	29.3	86850	14000×3200×3300

二、西门子（Siemens）

西门子作为全球能源与电力系统解决方案的领导者，很早就开始了对天然气分布式能源这一应用的研究与开发。凭借在燃气轮机和蒸汽轮机领域丰富的技术、设计、制造与运行维护经验，以及对客户需求的充分理解，西门子可以为遍布全球的客户提供高效率、低排放和高可靠性的天然气分布式能源解决方案。

西门子拥有9种类型的工业燃气轮机，机组容量范围5～50MW（见附表12），其设计理念始终以提高客户的盈利为准。无论何种用途，其燃气轮机完全可满足客户对效率、可靠性及环保的要求。其生命周期总体费用低，可带来最大限度的投资回报。

西门子燃气轮机一律采用干式低排放（DLE）燃烧技术，可以最大限度地降低 NO_x 排放，保证满足国际以及各国有关排放标准。凭借其领先技术，西门子燃气轮机在选用燃料方面具有极大的灵活性，在降低燃料消耗和 CO_2 排放方面均有出色的表现。

西门子工业燃气轮机参数　　附表12

序号	型号	电功率(MW)	电效率(%)	排气温度(℃)	NOx排放(≤ppmV)
1	SGT-100	5.05	30.2	545	25
2	SGT-200	6.75	31.5	466	25
3	SGT-300	7.90	30.6	542	15
4	SGT-400	12.90	34.8	555	15
5	SGT-500	19.06	33.7	369	42
6	SGT-600	24.48	33.6	543	25

三、川崎重工（Kawasaki）

燃气轮机发明在18世纪后期，由于优点突出，从那时候开始它就主导了市场，长年作为飞机的原动机占领着市场。经过效率、成本等的改进后，目前进入到发电机市场。川崎重工的燃气轮机，基于长年在飞机喷气式发动机上多年的经验，用自己开发的技术，现在随时可为用户的备用基本负荷和热电联产等发电的需求提供服务，其机组参数见附表13。

川崎重工燃气轮机发电机组参数　　附表13

序号	型号	电功率(kW)	电效率(%)	产汽率(t/h)	排气温度(℃)
1	GPB/GPC 06	610	18.9	2.5	477
2	GPB/GPC 15	1450	23.8	4.6	524
3	GPB/GPC 15D	1450	15.8	4.7	534
4	GPB/GPC 17D	1630	26.0	4.7	526
5	GPB/GPC 30	2850	23.5	9.2	523
6	GPB/GPC 30D	2850	23.2	9.4	534
7	GPB/GPC 80D	7250	32.5	15.3	512

四、和兰透平

上海和兰透平动力技术有限公司是上海联合投资有限公司控股的国有企业，从事

10MW 以下小型燃气轮机的研发、制造、销售以及与叶轮机械相关的技术咨询工作。

该公司位于上海市嘉定工业区，拥有百余人规模的国际化团队，成员来自中国科学院上海高等研究院及本领域国内外知名机构。公司拥有完整的开发能力、功能完备的实验台架，涵盖了总体设计、气动设计、结构设计、辅助系统设计、装配与测试、电气系统设计等能力。

秉承燃气轮机领域的经典名言“devil is in details”，公司同仁深耕细作，专注细节，努力为客户提供可靠与完美的工业产品。

企业愿景：世界一流的小型燃气轮机技术与装备提供商。

企业使命：以高质产品和持久创新，为客户创造业绩，为股东创造价值，为员工创造未来。

企业文化：坚持公平公正、注重团队合作、提倡极简主义。

和兰透平燃气轮机参数见附表 14。

和兰透平燃气轮机参数 **附表 14**

序号	型号	电功率(MW)	电效率(%)	产汽率(t/h)	排气温度(℃)
1	ZK2000	2.0	24.9	6.4	472

五、南方燃机

株洲航发动科南方燃气轮机有限公司成立于 1988 年，三十年来一直致力于燃气轮机事业。公司具有独立法人资格，致力于燃气轮机的研究，生产中小型国产航改机发电机组。

公司下属南方燃机设计院、成套厂、机加厂、运行服务中心，主营业务包括国产航改机和西门子工业型燃气轮机成套项目设计、制造、安装、调试、运行、修理、技术培训等。机组涉及天然气、焦炉煤气、瓦斯气、黄磷尾气、甲醇弛放气等各个领域。

其中，QDR20（A）型燃气轮机发电机组是以国产航空发动机改型的 WJ6G1 型燃气轮机为原动机，燃用液体或气体燃料，带动发电机发电的一种发电装置（见附表 15）。南方燃机拥有独立设计、制造、安装、调试、维修等能力。

南方燃机燃气轮机参数 **附表 15**

序号	型号	电功率(MW)	电效率(%)	产汽率(t/h)	排气温度(℃)
1	QDR20(A)	2.0	23.0	7.4	410

第三节　微型燃气轮机

一、凯普斯通（Capstone）

凯普斯通（Capstone）微燃机是基于航空发动机技术开发出来的、应用在地面固定式发电的一种微型燃气轮机发电机组。

作为最早研发也是目前最成功的微燃机，Capstone 微燃机集航空涡轮发动机技术、高效军用回热器技术、专利的空气轴承技术、高速永磁发电技术、清洁的超低排放技术、高度集成的数字电力转换技术等核心技术于一体。整台机组只有一个运动部件，使得结构更加紧凑；机组采用空气冷却，无需润滑油和冷却液，几乎无运行维护费用。另外，机组能够适应多种燃料，排出的烟气具有较高的余热，可以回收利用。微燃机整台模块化设计，便于自由组合使用。

Capstone 微燃机功率范围覆盖 30～1000kW，有 C30、C65、C200、C600、C800 和 C1000 等系列微燃机（见附表 16）。由于出色的可靠性与连续运行性能，采用微燃机发电成为无人值守站 2MW 以下供电系统的最佳解决方案。

作为最成功的新一代微型燃气轮机发电机组，Capstone 微燃机以其高效可靠、清洁环保占据了超过 80%以上的微燃机市场份额。

Capstone 微燃机　　附表 16

序号	型号	电功率（kW）	电效率（%）	排气温度（℃）	重量（kg）	外形尺寸（mm）
1	C30	30	26(±2)	275	578	1524×762×1956
2	C65	65	29(±2)	309	758	1956×762×2110
3	C200	200	33(±2)	280	2270	3660×1700×2490
4	C600	600	33(±2)	280	11475	9100×2968×2900
5	C800	800	33(±2)	280	12791	9100×2968×2900
6	C1000	1000	33(±2)	280	14106	9100×2968×2900

二、热电一体机

上海航天能源股份有限公司新近开发了“航天能源站产品系列”，该产品由微型燃气轮机与换热器集成在一起组成一体化热电联产设备，直接对外供应电能、热水。适用于医院、酒店、健身房、游泳池、别墅、桑拿会所、洗浴中心、蔬菜养殖大棚等小型热电联供用户。目前已推出成熟产品 NY40/PN—EA，该设备主要性能参数如附表 17 所示。

NY40 热电联产一体机　　附表 17

名称	指标	名称	指标
额定发电功率	22kW	天然气供气压力	1.8～2.5kPa
功率调节范围	10～25kW	排烟温度	≤70℃
发电效率	33%	NO_x 排放	≤50mg/Nm^3
额定电压/频率	400V/50Hz	噪声(开放空间 1m 距离)	≤70dB(A)
额定热功率	45kW	外形尺寸(长×宽×高)	1550mm×800mm×1720mm
供水温度范围	50～80℃	整机质量	1000kg

参考文献

[1] 中国华电科工集团有限公司. 燃气分布式供能系统设计手册 [M]. 北京：中国电力出版社，2018.

[2] 中国城市燃气协会分布式能源专业委员会. 天然气分布式能源产业发展报告 2016 [R]，2016.

[3] 国家电网公司. 分布式电源接入系统典型设计——接入系统分册 [M]. 北京：中国电力出版社，2014.

[4] 工业锅炉房设计手册编写组. 工业锅炉房设计手册 [M]. 北京：机械工业出版社，2016.

[5] 关文吉. 供暖通风空调设计手册 [M]. 北京：中国建材工业出版社，2016.

[6] 中国航空规划设计研究总院有限公司组编. 工业与民用供配电设计手册. 第四版 [M]. 北京：中国电力出版社，2016.

[7] 林世平. 燃气冷热电分布式能源技术应用手册 [M]. 北京：中国电力出版社，2014.

[8] 杨旭中等. 燃气三联供系统规划设计建设与运行 [M]. 中国电力出版社，2014.

[9] 项友谦，王启. 天然气燃烧过程与应用手册 [M]. 北京：中国建筑工业出版社，2008.

[10] 燃油燃气锅炉房设计手册编写组. 燃油燃气锅炉房设计手册 [M]. 机械工业出版社，2013.

[11] 中国华电集团公司. 大型燃气-蒸汽联合循环发电技术丛书（综合分册）[M]，北京：中国电力出版社，2009.

[12] 住房和城乡建设部工程质量安全监管司. 全国民用建筑工程设计技术措施给水排水（2009 年版）[M]. 北京：中国计划出版社，2009.

[13] 安大伟. 暖通空调系统自动化 [M]. 北京：中国建筑工业出版社，2009.

[14] 刘蓉，刘文斌. 燃气燃烧与燃烧装置 [M]. 北京：机械工业出版社，2009.

[15] 郭全. 燃气壁挂锅炉及其应用技术 [M]. 北京：中国建筑工业出版社，2008.

[16] 孟凡生，阴秀丽，蔡建渝等. 我国低热值燃气内燃机的研究现状 [J]. 内燃机，2007，3：46-49.

[17]《中小型热电联产工程设计手册》编写组. 中小型热电联产工程设计手册 [M]. 北京：中国电力出版社，2006.

[18] 钱成绪. DL/T 5121-2000 火力发电厂烟风煤粉管道设计技术规程配套计算方法 [M]. 北京：中国电力出版社，2004.

[19] 工业锅炉房实用设计手册编写组. 工业锅炉房实用设计手册 [M]. 北京：机械工业出版社，1991.

[20] 小型热电站实用设计手册编写组. 小型热电站实用设计手册 [M]. 北京：中国电力工业出版社，1989.

[21] 陆耀庆. 供暖通风空调设计手册 [M]. 北京：中国建筑工业出版社，1987.

[22] 刘万琨. 燃气轮机与燃气-蒸汽联合循环 [M]. 北京：化学工业出版社，2006.

[23] 段常贵. 燃气输配 [M]：北京：中国建筑工业出版社，2001.

[24] 严铭卿，廉乐明. 天然气输配工程 [M]. 北京：中国建筑工业出版社，2005.

[25] 国家发展改革委，建设部. 建设项目经济评价方法与参数 [M]. 北京：中国计划出版社，2006.

[26] 住房和城乡建设部标准定额研究所. 市政公用设施建设项目经济评价方法与参数 [M]. 北京：中国计划出版社，2008.

[27] 环境保护部. 环境影响评价技术导则与标准. 沈阳：辽宁大学出版社，2015.

[28] GB/T 13611-2018. 城镇燃气分类和基本特性 [S]. 北京：中国标准出版社，2018.
[29] GB 50084-2017 自动喷水灭火系统设计规范 [S]. 北京：中国计划出版社，2017.
[30] GB 51245-2017 工业建筑节能设计统一标准 [S]. 北京：中国计划出版社，2017.
[31] GB 50222-2017 建筑内部装修设计防火规范 [S]. 北京：中国建筑工业出版社，2017.
[32] GB/T 33593-2017 分布式电源并网技术要求 [S]. 北京：中国标准出版社，2017.
[33] GB 51131-2016. 燃气冷热电联供工程技术规范 [S]. 北京：中国建筑工业出版社，2016.
[34] GB 50019-2015. 工业建筑供暖通风与空气调节设计规范 [S]. 北京：中国计划出版社，2015.
[35] GB/T 50087-2013. 工业企业噪声控制设计规范 [S]. 北京：中国建筑工业出版社，2015.
[36] GB 50974-2014. 消防给水及消火栓系统技术规范 [S]. 北京：中国计划出版社，2014.
[37] GB 50219-2014. 水喷雾灭火系统技术规范 [S]. 北京：中国计划出版社，2014.
[38] GB 50016-2014（2018 年版）. 建筑设计防火规范 [S]. 北京：中国计划出版社，2018.
[39] GB 50898-2013. 细水雾灭火系统技术规范 [S]. 北京：中国计划出版社，2013.
[40] GB 50034-2013. 建筑照明设计标准 [S]. 北京：中国计划出版社，2013.
[41] GB 50051-2013. 烟囱设计规范 [S]. 北京：中国计划出版社，2013.
[42] GB/T 50823-2013. 油气田及管道工程计算机控制系统设计规范 [S]. 北京：中国计划出版社，2013.
[43] GB 50191-2012. 构筑物抗震设计规范 [S]. 北京：中国计划出版社,2012.
[44] GB 50736-2012. 民用建筑供暖通风与空气调节设计规范 [S]. 北京：中国建筑工业出版社，2012.
[45] GB Z1-2010. 工业企业设计卫生标准 [S]. 北京：中国计划出版社，2010.
[46] GB 50193-1993. 二氧化碳灭火系统设计规范（2010 年版）[S]. 北京：中国计划出版社，2010.
[47] GB 50052-2009. 供配电系统设计规范 [S]. 北京：中国计划出版社，2010.
[48] GB 50041-2008. 锅炉房设计规范 [S]. 北京：中国计划出版社，2008.
[49] GB 50046-2018. 工业建筑防腐蚀设计规范 [S]. 北京：中国计划出版社，2018.
[50] GB 50028-2006，城镇燃气设计规范 [S]. 北京：中国标准出版社，2006.
[51] GB 50370-2005. 气体灭火系统设计规范 [S]. 北京：中国计划出版社，2006.
[52] GB 50229-2006. 火力发电厂与变电站设计防火规范 [S]. 北京：中国计划出版社，2006.
[53] GB 50140-2005. 建筑灭火器配置设计规范 [S]. 北京：中国计划出版社，2005.
[54] GB 50352-2019. 民用建筑设计通则 [S]. 北京：中国建筑工业出版社，2019.
[55] GB 50049-2003. 小型火力发电厂设计规范 [S]. 北京：中国计划出版社，2004.
[56] CJJ/T 259- 2016. 城镇燃气自动化系统技术规范 [S]. 北京：中国建筑工业出版社，2016.
[57] CJJ/T 241- 2016. 城镇供热监测与调控系统技术规程 [S]. 北京：中国建筑工业出版社，2016.
[58] CJ/T 521-2018. 生活热水水质标准 [S]. 北京：中国标准出版社，2018.
[59] CJJ 34-2010. 城镇供热管网设计规范 [S]. 北京：中国建筑工业出版社，2010.
[60] JGJ 158-2018. 蓄冷空调工程技术标准 [S]. 北京：中国建筑工业出版社，2018.
[61] NY/T 1220. 沼气工程技术规范 [S]. 北京：中国建筑工业出版社，2017.
[62] Q/GDW 1480-2015. 分布式电源接入电网技术规定 [S]. 北京：中国电力出版社. 2016.
[63] DL/T 5508-2015. 燃气分布式供能站设计规范 [S]. 北京：中国计划出版社，2015 .
[64] HG/T 20507-2014. 自动化仪表选型设计规范 [S]. 北京：中国化学工业出版社，2014.
[65] NB/T 32015-2013. 分布式电源接入配电网技术规定 [S]. 北京：中国电力出版社. 2014.
[66] DL 5022-2012. 火力发电厂土建结构设计技术规程 [S]. 北京：中国计划出版社，2012.
[67] DL/T 5240-2010. 火力发电厂燃烧系统设计计算技术规程 [S]. 中国电力出版社，2011.

[68] HG/T 20698-2009. 化工采暖通风与空气调节设计规定 [S]. 北京：中国计划出版社，2010.

[69] 2009JSCS-4. 全国民用建筑工程设计技术措施（暖通空调·动力）[S]. 北京：中国计划出版社，2009.

[70] DL5035-2016. 发电厂供暖通风与空气调节设计规范 [S]. 北京：中国电力出版社，2016.

[71] DL/T 5121-2000. 火力发电厂烟风煤粉管道设计技术规程 [S]. 北京：中国计划出版社，2001.

[72] 景源，牛启智等. 小型公共建筑供能方式技术经济性比较 [J]. 煤气与热力，2016，36（6）：13-17.

[73] 胡周海，福鹏，刘建伟. 天然气技术指标对燃气轮机安全运行的影响 [J]. 煤气与热力，2016，4：22-24.

[74] 杨杰. 燃气冷热电联供工程的标准规定与设计要点 [J]. 电气应用，2014，21：6-11.

[75] 徐相军. 谈燃气锅炉房的安全设计 [J]. 工程建设与设计，2013，(06)：87-88+92.

[76] 张杰，李德英等. 燃气冷热电联供系统优化研究 [J]. 煤气与热力，2012，32（12）：21-24.

[77] 杨杰，王峥等. 热泵在燃气冷热电联供系统的应用 [J]. 煤气与热力，2011，31（10）：16-18.

[78] 白丽萍，孙明烨，陈皖华等. 天然气贸易能量结算方式探讨 [J]. 煤气与热力. 2010，30（3）：39-41.

[79] 冯继蓓，高峻等. 楼宇式天然气冷热电联供技术在北京的应用 [J]. 煤气与热力，2009，3：10-13.

[80] 冯继蓓，梁永健等. 燃气冷热电三联供系统运行分析 [J]. 中国建设信息供热制冷，2006，3.

[81] 冯继蓓，梁永健等. 燃气内燃机的余热利用形式分析 [J]. 供热制冷，2006，6：41-44.

[82] 林在豪，刘毅，柯宗文. 分布式供能系统站房布置形式及选用条件 [J]. 上海节能，2005，(06)：62-65.

[83] 段洁仪，冯继蓓等. 楼宇式天然气热电冷联供技术及应用 [J]. 煤气与热力，2003，23（6）：337-341.

[84] 段洁仪. 日本燃气热电项目的发展. 国际电力 [J]，2002，6（4）：35-37.

[85] 安玉娇，李琳. 燃气冷热电联供系统节能率测算方法研究 [C] //中国制冷学会学术年会论文集，2017.

[86] 冯继蓓，高峻等. 冷热电三联供系统提高燃气内燃机余热利用率的途径 [C] //中国电机工程学会热电专业委员会团体大会暨热电产学术交流会，2007.

[87] 冯继蓓，刘素亭等. 北京中关村国际商城热电冷三联供系统设计介绍 [C] //第四届海峡两岸热电联产汽电共生学术交流会，2006.

[88] 冯继蓓，高峻等. 北京京会花园酒店（奥运媒体酒店）冷热电三联供系统设计介绍 [C] //中国机电工程学会热电联产为“十一五”节能 20%做贡献研讨会，2006.

[89] 段洁仪，冯继蓓等. 北京市燃气集团楼宇冷热电三联供项目的调试与试运行 [C] //全国节约能源与热电联产分布式能源的发展学术交流会，2005.

[90] 段洁仪，冯继蓓等. 天然气利用方式-热电冷联供系统在北京的应用 [C] //第五届国际热电联产分布式能源联盟年会，2004.

[91] 李雅兰，丛万军等. 次渠城市接收站热电冷三联供工程 [C] //中国机电工程学会分布式能源热电冷联产研讨会，2003.

[92] 段洁仪，冯继蓓等. 北京中关村软件园燃气轮机冷热电三联供方案 [C] //中国机电工程学会分布式能源热电冷联产研讨会，2003.

[93] 李雅兰，丛万军等. 北京市燃气集团指挥调度中心热电冷三联供工程 [C] //中国机电工程学会分布式能源热电冷联产研讨会，2003.

[94] 王书文.热电冷三联供系统控制系统简介［C］//中国机电工程学会分布式能源热电冷联产研讨会，2003.
[95] 段洁仪，刘素亭.楼宇式热电冷三联供发电机并网问题初探［C］//中国机电工程学会分布式能源热电冷联产研讨会，2003.
[96] 刘素亭，段洁仪等.楼宇式燃气热电冷三联供工程电气设计初探［C］//中国机电工程学会分布式能源热电冷联产研讨会，2003.
[97] 糜洪元，张继平.燃气轮机气体燃料分类、使用特点、技术规范及燃油电厂天然气改造［C］//第四届全国火力发电技术学术年会，2005.
[98]（社）日本エネルギー学会编.天然ガスヅエネレーッヨソ計画・設計マニュアル［M］.日本.日本工業出版株式会社，2005.